# 气候变化与可持续发展入门教程

——事实、政策分析及应用

莫汉·穆纳辛哈　罗布·斯沃特　著
徐　影　马世铭　郭彩丽　等译
秦大河　丁一汇　罗　勇　译校

气象出版社
China Meteorological Press

*Primer on Climate Change and Sustainable Development*—Facts, Policy Analysis, and Applications (ISBN 978-0-521-00888-4) by Mohan Munasinghe & Rob Swart first published by Cambridge University Press **2005**
All rights reserved.
This **simplified Chinese** edition for the People's Republic of China is published by arrangement with the Press Syndicate of the University of Cambridge, Cambridge, United Kingdom.
© Cambridge University Press & China Meteorological Press 2013

This book is in copyright. No reproduction of any part may take place without the written permission of Cambridge University Press and China Meteorological Press.

This edition is for sale in the People's Republic of China (excluding Hong Kong SAR, Macau SAR and Taiwan Province) only.
此版本仅限在中华人民共和国境内（不包括香港、澳门特别行政区及台湾省）销售。

### 图书在版编目(CIP)数据

气候变化与可持续发展入门教程/(斯)穆纳辛哈(Mohan Munasinghe)，(美)斯沃特(Rob Swart)著；徐影等译. —北京：气象出版社，2013.11
书名原文：Primer on climate change and sustainable eevelopment
ISBN 978-7-5029-5844-2

Ⅰ.①气… Ⅱ.①穆… ②徐… Ⅲ.①气候变化-教材②可持续发展-教材 Ⅳ.①P467②X22

中国版本图书馆 CIP 数据核字(2013)第 265986 号
北京市版权局著作权合同登记：图字 01-2013-8951 号

**气候变化与可持续发展入门教程——事实、政策分析及应用**
Qihou Bianhua yu Kechixu Fazhan Rumen Jiaocheng——Shishi、Zhengce Fenxi ji Yingyong

| | | |
|---|---|---|
| 出版发行：气象出版社 | | |
| 地　　址：北京市海淀区中关村南大街 46 号 | 邮政编码：100081 | |
| 总 编 室：010-68407112 | 发 行 部：010-68409198 | |
| 网　　址：http://www.cmp.cma.gov.cn | E-mail：qxcbs@cma.gov.cn | |
| 责任编辑：张　斌 | 终　　审：周诗健 | |
| 封面设计：博雅思企划 | 责任技编：吴庭芳 | |
| 责任校对：石　仁 | | |
| 印　　刷：北京京科印刷有限公司 | | |
| 开　　本：710 mm×1000 mm　1/16 | 印　　张：22.25 | |
| 字　　数：448 千字 | | |
| 版　　次：2013 年 11 月第 1 版 | 印　　次：2013 年 11 月第 1 次印刷 | |
| 定　　价：80.00 元 | | |

本书如存在文字不清、漏印以及缺页、倒页、脱页等，请与本社发行部联系调换

# 气候变化与可持续发展入门教程

—— 事实、政策分析及应用

**翻　译：** 徐　影　马世铭　郭彩丽　高学杰
　　　　张婉佩　董文杰　苗秋菊　赵宗慈
　　　　刘洪滨　罗　勇　黄　磊　汪　方
　　　　许红梅　周波涛

**译　校：** 秦大河　丁一汇　罗　勇
**统　稿：** 徐　影　许崇海　郝泽飞　彭友兵

# 中文版序

近100年来,以全球变暖为主要特征的全球气候与环境发生了重大变化:水资源短缺,生态系统退化,土壤侵蚀加剧,生物多样性锐减,臭氧层耗损,大气成分改变,渔业产量下降等。这些变化由自然因素和人类活动共同造成,近50年主要是由人类活动造成。(由于全球变化的幅度已经超出了地球本身自然变动的范围,对人类的生存、世界各国的国家安全和经济社会的发展构成了严重威胁,业已成为21世纪颇受关注的主要环境问题。)这使人们意识到必须在可持续发展框架内考虑气候变化的减缓及其潜在影响。

这本《气候变化与可持续发展入门教程》从全新的、综合的和明晰的视角介绍了气候变化和可持续发展之间的联系。本书的两位作者莫汉·穆纳辛哈(Mohan Munasinghe)教授和罗布·斯沃特(Rob Swart)教授都参加了IPCC过去的系列评估报告。基于上述评估报告,他们总结了气候变化和可持续发展关系的最新研究成果,介绍了当前已有的有关气候变化的基础科学知识,并通过理论探讨、政策分析和应用,分析了从全球尺度到区域尺度气候变化政策的有效实施。

气候变化与可持续发展是一个新的气候与环境问题,不少人对此还缺乏全面的了解,迫切需要一些比较通俗的读物或教材,因此,我们选择了穆纳辛哈教授和斯沃特教授编写的这本专著进行翻译,来满足国内读者在这方面的需求。我们相信,对于对气候变化和可持续发展的任一领域感兴趣的决策者、科学家、学生和有关公众来说,这都将是一本必读书籍。

穆纳辛哈教授先后在麻省理工学院(MIT)、麦吉尔(McGill)大学和肯考迪娅(Concordia)大学获得工程、物理和经济学的硕士或博士学位。目前,他是科伦坡穆纳辛哈发展研究所(MIND)的所长,同时是政府间气候变化专门委员会(IPCC)副主席、耶鲁大学的客座教授以及斯里兰卡政府名誉首席的能源问题顾问。1974—2002年期间,他曾就职于世界银行从主管到高级顾问的多个职位。1982—1987年期间,他担任了斯里兰卡总统的高级能源顾问。1990—1992年他还担任过美国总统环境质量委员会的顾问。他已从事国际发展计划三十余年,并且致力于IPCC工作十五年。他的研究曾多次获得国际奖励和表彰。他编撰著作八部,发表论文数百篇,并且为十几种国际学术刊物担任编委。

斯沃特教授曾在荷兰代尔夫特工程大学进修,在阿姆斯特丹自由大学获气候变化风险评估方向的博士学位。从1980年起他先后就职于荷兰公共卫生和环境国家研究所(RIVM)的多个岗位,也参与世界卫生组织和美国环境保护局的一些工作。他还参与了斯德哥尔摩环境研究所、经济合作与发展组织(OECD)和联合国环境署(UNEP)全球变化和可持续发展领域的一些计划。他是IPCC第三工作组技术支撑小组的前任组长,也是《2001年IPCC第三工作组评估报告:减缓》(剑桥大学出版社,2001)以及《IPCC第三工作组特别报告:IPCC排放情景》(剑桥大学出版社,2000)的共同编辑。目前,他是欧洲环境局大气和气候变化欧洲研究中心的主管。

穆纳辛哈教授和斯沃特教授对此书在中国的出版感到十分高兴,我们对他们的热情支持表示深切的谢意。

秦大河

2007年7月

# 原版序

目前我们已经越来越清楚,对于气候变化问题不能狭隘地来看待。科学研究表明,不管全球采取什么样的行动来尽快减少温室气体的排放,温室气体,尤其是二氧化碳的浓度在相当长的一段时间内仍会居高不下,所以气候变化是不可避免的。因此,无论人类如何减排,全球气候都会持续变化几十年,甚至数百年。

政府间气候变化专门委员会(IPCC)的工作既阐明了气候变化的科学证据,也强调了气候变化给人类带来的挑战。首先,面对世界上所有的生命和敏感的生态系统,我们必须清楚地意识到自己的责任——要使自然界永远保持平衡;其次,我们必须保证使我们的子孙后代无需承受不必要的艰辛和无法忍耐的风险就可以生存。我们必须保证,我们的发展途径对地球气候系统的影响程度要达到最小,同时又足以适应无法回避的气候变化。

本书由两位作者联合撰写:一位是IPCC的副主席莫汉·穆纳辛哈(Mohan Munasinghe)教授,他是评估气候变化和可持续发展关系的国际知名专家;另一位是IPCC第三工作组技术支撑小组的前组长罗布·斯沃特(Rob Swart)博士,他是一位知识渊博且颇有建树的学者。本书填补了全世界再也不能忽视的一个重要空白,它告诉我们,人类走真正可持续的发展之路至关重要,因为只有这样才能使气候变化保持在一个可接受的限度内。

本书言简意赅,针对气候变化对贫困的影响,包括现实存在的收入不公的不断加剧进行了深刻剖析;同时应用穆纳辛哈教授1992年在里约热内卢地球峰会上提出的新的极具权威性的可持续发展科学框架,分析并阐明我们迫切需要使现存的发展模式更加可持续。

这一发展战略的要素包括温室气体减排和适应两个方面,以使未来气候变化的影响达到最小。总而言之,这本书只要您认真阅读,就能真正产生影响。为此,作者受到多方赞扬。此外,人类也应该有另一种机遇,开创一种全新的发展道路,使这颗星球上任何形式的生命都能够远离危险。本书将会帮助所有利益攸关方,包括决策者、政策分析专家、研究者、学生、执业者和有识公众,抓住转瞬即逝的又一次机遇。

拉金德拉·帕乔里
(Rajendra Pachauri)
IPCC 主席
印度能源和资源研究所所长

2004 年 1 月

# 原版前言

本书的缘起可以追溯至政府间气候变化专门委员会（IPCC）的工作以及我们自己在气候和发展领域几十年的独立工作经历。我们两人都是从一开始就参与了IPCC的工作，并且一直对IPCC评估的全面性、准确性和公正性充满信心。

不过，我们同时也发现，厚厚的成卷成册的报告，加上过分专业化的语言，使得IPCC评估报告对全世界科学家以外的读者群体，包括重要的决策者、学生以及其他感兴趣的读者尤其是发展中国家的读者趣味索然。所以，我们撰写本书的一个非常重要的动机就是把一个更加简单明了、通俗易懂但又全面准确地反映IPCC的权威性评估结论，同时又尽可能包含最新进展的读本，以一种更富吸引力的形式呈献给更广泛的读者群。

本书的另一目标是强化这样一个正在不断深化的理念——对气候变化和可持续发展问题不能孤立地看待和处理。的确，如果按照我们在本书中给出的方法去做，那么这两方面的政策将是相互受益的，从这个意义上来讲，它们是在同一框架内制定和实施的。

我们希望我们的努力将有助于决策者、研究者、学生和有关公众更加了解气候和发展的关系部分所涌现的主要观点。尽管我们在很大程度上借鉴了IPCC的工作，但我们没有从其报告中遴选观点并进行阐释的职责。我们的观点并不一定代表IPCC或者我们供职机构的观点。

如果不借鉴全世界主要同行和学者的基础工作，此书难以完成。我们要对为IPCC评估报告以及对全球变化和可持续发展领域的国际国内研究项目做出无私奉献的数以千计的专家致以衷心的感谢！

在本书的撰写过程中，有很多同仁和朋友对我们提出建议，给予鼓励，只是名单过长，此处难以一一列出。不过，这里我们要对IPCC主席团成员表达真挚的谢意，是他们近年来一直指导着IPCC报告不断有新的进展，尤其是要感谢那些激励和支持我们把气候变化和可持续发展两者联系起来的那些同事。我们还要感谢穆纳辛哈发展研究所的德拉尼亚加拉（Yvani Deraniyagala）和德席尔瓦（Nishanthi de Silva），他们帮助准备了本书的初稿。

# 目　录

中文版序

原　版　序

原版前言

**第1章　气候变化:科学背景和介绍** (1)
　1.1　目标和背景 (1)
　1.2　各章概要 (4)
　1.3　历史记录、近期观测和气候系统展望 (6)
　1.4　影响和脆弱性 (30)
　1.5　行动的基本原理:把适应和减排作为可持续发展战略的一部分 (39)

**第2章　未来发展情景与气候变化** (46)
　2.1　引言和方法 (46)
　2.2　政府间气候变化专门委员会气候变化情景 (47)
　2.3　可持续情景:全球情景小组 (69)
　2.4　其他情景 (74)

**第3章　可持续发展框架(MDMS):概念与分析工具** (82)
　3.1　初步构想 (82)
　3.2　可持续经济学的关键要素 (86)
　3.3　经济—社会—环境综合因素 (92)
　3.4　使发展更加可持续:决策标准与分析工具 (99)
　3.5　改进传统增长的可持续性 (104)

**第4章　气候与发展的相互作用** (114)
　4.1　气候变化与可持续发展之间的循环关系 (114)
　4.2　将可持续经济学框架应用于气候变化的原理 (116)
　4.3　可持续发展与适应 (118)
　4.4　可持续发展与减缓 (119)
　4.5　气候变化与可持续发展:在全球水平上的相互作用 (121)
　4.6　气候变化与可持续发展:国家和地方各级的相互作用 (126)

# 第5章 适应气候变化:概念及其与可持续发展的联系 (137)
## 5.1 适应性简介 (137)
## 5.2 适应能力 (147)
## 5.3 适应的未来成本和效益 (152)

# 第6章 部门及系统的脆弱性,影响和适应 (163)
## 6.1 水文学和水资源 (163)
## 6.2 有序的自然生态系统 (166)
## 6.3 沿海地带和海洋生态系统 (169)
## 6.4 能源,工业和人居 (170)
## 6.5 金融资源和服务 (173)
## 6.6 人类健康 (175)

# 第7章 区域脆弱性、影响和适应性 (183)
## 7.1 非洲 (183)
## 7.2 亚洲 (189)
## 7.3 澳大利亚和新西兰 (193)
## 7.4 欧洲 (195)
## 7.5 拉丁美洲和加勒比地区 (197)
## 7.6 北美 (199)
## 7.7 极区 (202)
## 7.8 小岛国 (204)

# 第8章 减缓气候变化:概念及其与可持续发展的关系 (214)
## 8.1 基本概念和方法综述 (214)
## 8.2 长期减缓和稳定方案 (222)
## 8.3 关于发展、公平和可持续性的问题 (236)

# 第9章 减缓措施:技术、实践、障碍与政策工具 (241)
## 9.1 温室气体减排技术概况 (241)
## 9.2 生物学温室气体减排方法 (261)
## 9.3 结构经济变化和行为方案 (270)
## 9.4 实施的障碍和范围 (272)
## 9.5 政策,措施和手段 (277)
## 9.6 发展中国家的特殊问题 (286)

**第 10 章　减缓的成本和效益评估**……………………………………………（295）
　10.1　温室气体减排成本计算模型…………………………………………（295）
　10.2　国内外减缓政策及相关措施的部门性成本和效益…………………（297）
　10.3　国家政策和相关措施引起的国家、区域以及全球的成本和效益 ……（311）
　10.4　无悔、综合效益、双重红利、"溢出"效益、泄漏和避免损失………（316）
　10.5　符合一系列稳定性目标的成本………………………………………（321）
**第 11 章　气候变化和可持续发展：总结**……………………………………（332）
　11.1　主要结论…………………………………………………………………（332）
　11.2　加强可持续发展科学并将其知识应用于气候变化…………………（336）
**后记**

# 第1章 气候变化:科学背景和介绍

## 1.1 目标和背景

气候在发生变化吗? 如果答案是肯定的,那么气候变化会怎样影响可持续发展的机会? 人类又该如何应对这种变化呢? 是适应还是减缓? 抑或两者兼顾? 这些应对措施的成本是什么? 在应对气候变化和更广泛的可持续发展战略二者之间,人类如何去做才能使其最大程度地协调一致,而将其矛盾缩至最小? 这些就是本书要重点论述的中心问题。

自从 1992 年全球气候变化被提上国际政治议程以来,由于气候变化问题的复杂性及其涉及的利害关系,气候科学和气候政策都获得迅速发展。在政治方面,1992 年国际社会签署了《联合国气候变化框架公约》(UNFCCC),后来又于 1997 年签订了具有法律约束力的《京都议定书》。到 2001 年,由于美国政府的大肆批判而使《京都议定书》的实施陷入停滞不前的状态。不过,在这个多极化发展的世界中,UNFC-CC 仍然继续是主要的谈判平台以及唯一得到国际公认的科学体系,这一体系必须迎接当前的巨大挑战,即人类将倚靠它来完成协调各国气候变化应对政策的任务,以实现全世界的共同目标——避免使气候系统受到危险的干扰(见专栏 1.1)。在 2000 年的海牙谈判,2001 年夏的波恩谈判,以及最后 2001 年秋的马拉喀什谈判期间,人类终于打破了层层壁垒,决议通过关于《京都议定书》执行形式的详细说明书——《马拉喀什协定》。希望在 2002 年,在即使没有美国参与的情况下,也有足够多的国家批准《京都议定书》使其生效[①]。这些政治对话得到科学评估,尤其是来自政府间气候变化专门委员会(IPCC)的评估结果的支持。IPCC 是世界气象组织(WMO)和联合国环境署(UNEP)在 1988 年建立的一个机构。它于 1990,1995 和 2001 年出版了三卷主要的综合评估报告,此外,还发表了一系列论述具体科学问题的技术文章和专题报告(另见专栏 1.2)。这些报告涉及多种交叉学科,反映了人类在对气候系统的科

---

[①] 为了使《京都议定书》生效,必须有不少于 55 个国家批准《京都议定书》,其中所包括的附件 I 国家的 $CO_2$ 排放总量应至少占所有附件 I 国家 1990 年 $CO_2$ 排放总量的 55%。

学认识、气候变化的影响和脆弱性,以及应对这些变化的技术和政策选择(包括适应和减缓)等方面所取得的快速进展。

> **专栏 1.1 《联合国气候变化框架公约》(UNFCCC)和《京都议定书》**
>
> 1992 年在里约热内卢召开的联合国环境与发展大会(UNCED,以下简称里约环发大会)上,各国政府签署了《联合国气候变化框架公约》(UNFCCC)。UNFCCC 的最终目标(第二款)是将大气中的温室气体浓度稳定在防止气候系统受到危险的人为干扰的水平上。处于该水平的温室气体浓度要能在足够长的时间框架内使生态系统能够自然地适应气候变化,确保粮食生产不受威胁,并使经济发展以可持续的方式进行。UNFCCC 还明确规定了一系列原则(第三款),如预防原则,为了在公平的基础上保护气候系统,要求发达国家带头遏制气候变化及其引起的负面效应,充分考虑发展中国家的具体需求和特殊环境,并寻求可持续发展。考虑到应对气候变化的政策和措施必须是成本有效,为了保证用最低的成本来造福全球,UNFCCC 还强调,不得以某地有严重或不可逆转的损失以及缺乏充分的科学确定性为借口来拖延应对气候变化措施的施行。UNFCCC 从 1994 年开始生效,截至 2004 年 5 月,已获 189 个缔约方批准。
>
> 经过了五年的谈判,《京都议定书》于 1997 年正式签署。该议定书规定了具有法律约束力的义务,例如:附件 I 中列出的缔约方应采取独立或联合的行动,以保证总的人为排放温室气体的 $CO_2$ 当量不超过附件 A 最高目标中规定的数量。该数量是根据附件 B 中量化的排放限制和减排义务而计算出来的,并与本条款的规定相一致,期望在 2008—2012 年的承诺期内将总排放量至少减至比 1990 年低 5% 的水平。为了推动执行,议定书还制定了三个国际机制:国际排放贸易(IET)、联合履行(JI)和清洁发展机制(CDM)。尽管这些机制是专门为满足美国的需要而制订的,但美国仍然在 2001 年初发表声明拒绝批准《京都议定书》。出人意料的是,其他国家在 2001 年 11 月经努力,在议定书的实施细则上达成共识,签署了《马拉喀什协定》。虽然有很多人将该协定看做是《京都议定书》原定义务的缩水版本,然而,通过降低原始目标和为不同国家提供不同解决方案的方法,《马拉喀什协定》增大了议定书被绝大多数国家接受并批准的可能性。这将避免因各国应对气候变化的框架不同而引发重新谈判,重新谈判即使不用几十年也要用好几年的时间。根据 UNFCCC 秘书处的统计,到 2004 年的年中,已有 126 个国家批准了《京都议定书》,占 1990 年全球排放总量的 44% 以上。接下来,在 2004 年 10 月俄罗斯(占总排放量的 17%)批准《京都议定书》之后,《京都议定书》于 2005 年 2 月起生效,但美国仍然没有参与其中。议定书的生效推动了下一个进一步减排承诺期的讨论。

面对气候变化的威胁,为什么达成一个一致的国际应对方案如此艰难?一个关键原因就在于各国都有自身更为急迫的优先发展领域,而经济发展首当其冲。并且,即便就是在环境问题领域中,也不是只有气候变化一个问题,或者说对很多国家而言它并不是最重要的,而且它是和其他环境问题混杂在一起的。UNFCCC 只是 1992 年在里约环发大会期间通过的多边环境公约中的一个,一起通过的还有《防治沙漠化公约》和《生物多样性公约》。里约环发大会的《21 世纪议程》行动纲领提出,人类必须在谋求经济发展和保护地球自然资源二者之间达成平衡,从而全面勾勒出一个公平和可持续发展的世界蓝图。《21 世纪议程》从全球、区域和地区三个层面上阐述了上述三大全球环境问题以及其他环境问题。

然而在 1992 年以后,《21 世纪议程》的实施进程非常缓慢,而有关各种世界环境问题的争议几乎也大都是在各地区独立开展。在许多领域(如可供使用的充足而安全的淡水资源和肥沃的农业耕地),世界很多地区的情况实际上已经恶化,大部分地区都抵挡不住总体上的实证经济发展。因此,实施《21 世纪议程》提出是行动纲领的重要性和紧迫性一点也不亚于 1992 年的情况。然而,有关实施《21 世纪议程》的议题基本上把气候变化问题都留给了 UNFCCC,尽管 UNFCCC 及其《京都议定书》都提到过可持续发展,但 UNFCCC 谈判并没有将两个问题很好地联系在一起。甚至有些 UNFCCC 的缔约方还将这两者的联系视作一种威胁,而将注意力转移到他们要重点协商的问题气候变化上。而且,有关可持续发展和气候变化的科学论文大多是独立发展的。原因之一是 20 世纪 80 年代末自然科学家在利用气候模式模拟气候变化时将其与社会背景相分离,并且在很长时间内都忽视了社会因素的诸多方面(Cohen 等 1998)。尽管 20 世纪 90 年代的气候变化研究和评估增加了社会因子,但也主要与定量经济分析有关而没有包括其他的社会和人文科学。直到最近,IPCC 才在其第三次评估报告(IPCC 2001a,2001b,2001c)中表示,气候变化研究要更紧密地联系社会问题,这一点非常重要。

IPCC 在其报告中指出,无论是在自然过程方面还是在政策响应方面,气候变化都是与其他环境和社会经济问题密切相关的。气候变化应对策略如果与更广泛的可持续发展努力相结合会更为有效(Munasinghe 2000,Munasinghe 等 2000)。这是本书的核心观点。

本书旨在就有关适应和减缓气候变化及其经济、社会和环境影响的选择措施提供全面的、最新的综述。而且,在第 1 章里还简要介绍了气候变化科学及其可能影响研究的最新进展。出发点是应对气候变化应该以发展、公平和可持续性等更广泛的目标为指导。我们两个作者都从 1988 年 IPCC 成立伊始就以各种角色密切地参与其中的工作,因此本书在很大程度上都建立在权威的 IPCC 报告上,但又不局限于这些评估结果。我们认为,气候变化诚然是一个威胁自然和人类系统的严重问题,但人类也具有研发和应用科学技术从而有效地应对气候变化的智慧,也具有根据有关的技术水平调整自身生活方式,使之保持在地球承载力之内的能力。关键是如何选择。

> **专栏 1.2 政府间气候变化专门委员会(IPCC)的组织机构与职责**
>
> IPCC 是由世界气象组织(WMO)和联合国环境署(UNEP)于 1988 年成立的,它定期地对与全球气候变化有关的科学、技术和经济问题进行评估。IPCC 于 1990、1995[①]和 2001 年发布了三次综合性评估报告。自 1999 年以来,它又出版了一系列专门论述科学问题的技术文章和针对特殊问题的专题报告,例如《区域影响》、《航空业与全球大气》、《排放情景》、《技术转让的方法和技术问题》以及《土地利用、土地利用变化和林业》。目前,IPCC 主要包括三个工作组,其工作领域分别是:1)气候系统科学;2)影响、脆弱性和适应;3)减缓。每个工作组设两个联合主席,一个来自发达国家,另一个来自发展中国家。IPCC 报告的内容由来自世界各地的跨学科专家编写小组全权负责。所有 IPCC 报告均经过严格的科学同行评审,包括由很多独立专家对报告草稿进行的全面科学评审。而且,IPCC 的政府间性质在报告完成的三个阶段中也起到了重要作用:1)各国政府要通过报告涉及的主要范围或主要大纲;2)政府会参与报告第二稿的审阅(除专家科学评审之外);3)最终由政府逐行通过所谓的《决策者摘要》。在审稿阶段对《决策者摘要》进行的任何改变都必须与基本文件完全一致,而基本文件是由该阶段的作者确认的。通过这种方式,政府获得评估报告的所有权,而报告也充分保持了其科学完整性。IPCC 报告是支持 UNFCCC 谈判的重要背景材料,对于公约附属的科技咨询机构尤其重要。它们可以直接或间接地对谈判产生重大影响。1990 年第一次评估报告(IPCC 1990)就在 UNFCCC 缔约前出版,1995 年第二次评估报告(IPCC 1996a,1996b)在《京都议定书》签订前出版,第三次评估报告(IPCC 2001a,2001b,2001c)也是在《马拉喀什协定》签订之前出版。

## 1.2 各章概要

本书主要围绕气候变化和可持续发展的关系进行论述。尽管内容包括气候变化科学、气候变化潜在影响和气候变化应对措施,但重点放在后一部分,特别是适应和减缓措施,因为它们与可持续发展有关。全书的框架结构如图 1.1 所示。气候变化科学及其潜在影响的知识论述在 1.3 节概要介绍。气候变化虽然发生在今天,但其影响预计一直要延续到未来。无论是气候系统还是社会经济系统都具有惯性(见专

---

[①] 此处原文为 1996 年,应为 1995 年,改正后与全书正文 1995 年一致——译注

栏1.5)，因此，对于分析和评估气候变化、气候变化的影响，以及可能的应对措施来说，长期的情景研究是不可或缺的。第2章对大量长期的情景研究进行了综述，内容包括全球经济、人口、技术和关键资源(如能源和土地)利用的发展。本章重点介绍了IPCC在《排放情景专题报告》(SRES)中开发的温室气体排放情景以及更广泛的情景，特别是由全球情景研究组(Global Scenario Group)开发的情景。这些不同的情景系列都把选择发展道路的文字性描述与发展的关键指标及气候变化驱动力的定量化信息融合在一起。这一章还对在这些排放情景下未来可能的气候变化及其影响进行了综述。第3章和第4章主要论述可持续发展。第3章介绍可持续发展科学的跨学科框架，它使发展更加可持续，其中包括可持续发展的一些关键方法论原理、各种概念的定义和实施可持续发展的途径，以及可持续发展与气候变化的关系。本章还论述了气候变化分析中使用的各种决策分析工具，并讨论了用这些工具研究可持续发展问题的优缺点。第4章运用第3章中介绍的方法论，对气候变化背景下如何使发展更为可持续的研究成果进行了总结。并就以下两个问题进行了讨论：应对气候变化和可持续发展怎样才能双赢？这二者中只选择一个将会造成什么样的后果？

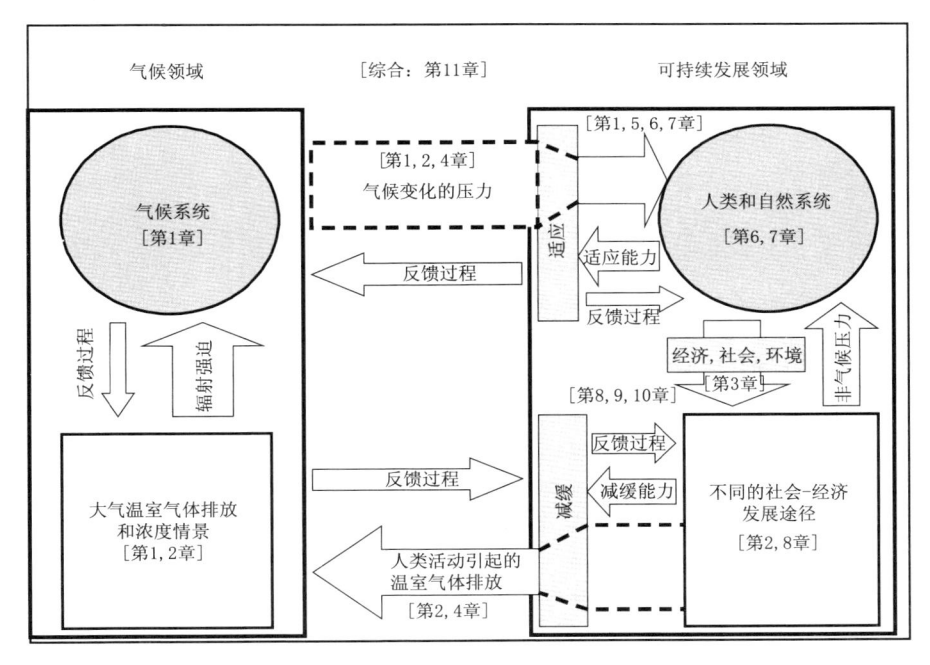

图1.1 全书结构框架

第5~10章的主要内容是气候变化的适应和减缓，其中尽可能多地关注适应和减缓与更为广泛的可持续发展问题的联系。第5~7三章讨论适应问题，而第8~10三章介绍减缓问题。在第5章中，我们阐释了发展途径的选择是如何影响气候变化的脆弱性和如何提高适应能力的。特别是,本章还综述了气候的影响和适应可能带来的未来的成本和效益。在第 5 章,我们仅仅是对气候变化适应进行一般性的讨论,但在第 6 章中,我们具体评价了以下几个领域的气候变化适应措施:1)水文和水资源;2)自然的和人类管理的生态系统;3)海岸带和海洋生态系统;4)能源、工业和人居;5)金融资源和服务;6)人类健康。适应措施不仅因不同的经济部门而异,还因不同的地区而不同。因此,在第 7 章里,我们对全球不同区域(包括发达国家和发展中国家)的适应性措施进行了综述。

在这三章气候变化适应的内容之后,第 8～10 章讨论了气候变化的减缓措施。第 8 章首先介绍了基本的概念、方法和途径,然后讨论了与 UNFCCC 最终目标相联系的、可能的长期目标。第 9 章给出了有关短期、中期和长期减缓措施的核心信息,例如,1)现在已知的可减少温室气体排放或增加汇的技术和方法有哪些;2)存在哪些社会、经济或制度壁垒在阻碍着气候变化减缓措施的施行;3)有哪些政策、措施和方法可以破除这些壁垒?第 10 章介绍了计算不同层次减缓成本的方法,并对结果进行了讨论。此外,还介绍了一些降低成本的重要方法,包括打破市场壁垒、考虑补助金,以及税收的循环利用,以实现经济和环境双赢。在第 11 章里,我们对有关可持续发展背景下气候变化应对策略的信息进行了综合和归纳:怎样做才能在向着发展、可持续性和公平的目标加速努力的同时,提高适应和减缓的能力。最后一章综述了我们在研究的未来方向和气候政策评估等方面的主要观点。

## 1.3 历史记录、近期观测和气候系统展望

### 1.3.1 引言:新的更有力的证据

**观测到的气候的变化**

1995 年,IPCC 指出,有证据表明,人类对气候产生了明显的影响(Houghton 等 1996)。到 2001 年,该发现得到进一步证实,因为有新的和更有力的证据表明,在过去 50 年中观测到的绝大部分变暖归因于人类活动(Houghton 等 2001)。由于气候本身的变率,人们很难检测到气候的变化,即使能够检测到气候的变化,也很难判断这些变化是由自然因素还是由人类活动的影响造成的。该领域的研究已经受到广泛关注,在对观测资料进行了详细的分析、严格的质量评估,并对不同来源的数据进行对比分析的基础上,研究者已经能够更好地认识气候的变化。图 1.2 给出了过去 140 年和 1000 年地球表面温度的变化情况。在 20 世纪,全球平均地表温度升高了约 0.6 ℃,比 Houghton 等(1996)评估的数值高出了 0.15 ℃。这主要缘于 1995 年

以来几个较暖年份的记录以及对数据处理的改进。2002 年全球平均地表温度比 1961—1990 年的均值高出 0.48 ℃,成为自 1861 年以来的第二最暖年份;而 1998 年是有记录以来的最暖年份,20 世纪 90 年代为最暖的 10 年。变暖在时间和空间上并不是均一的。例如,在 20 世纪后半叶,全球陆地上的夜间最低气温增幅是白天最高气温增幅的 2 倍(0.2 ℃/10 年对 0.1 ℃/10 年),而海面温度的上升仅是陆地表面平均温度增幅的一半左右。与北半球大部分地区的情况相比,南半球的部分海洋和南极洲在近期并没有出现增温现象。图 1.3a 示意性地给出了陆地和海洋温度变化的差异。

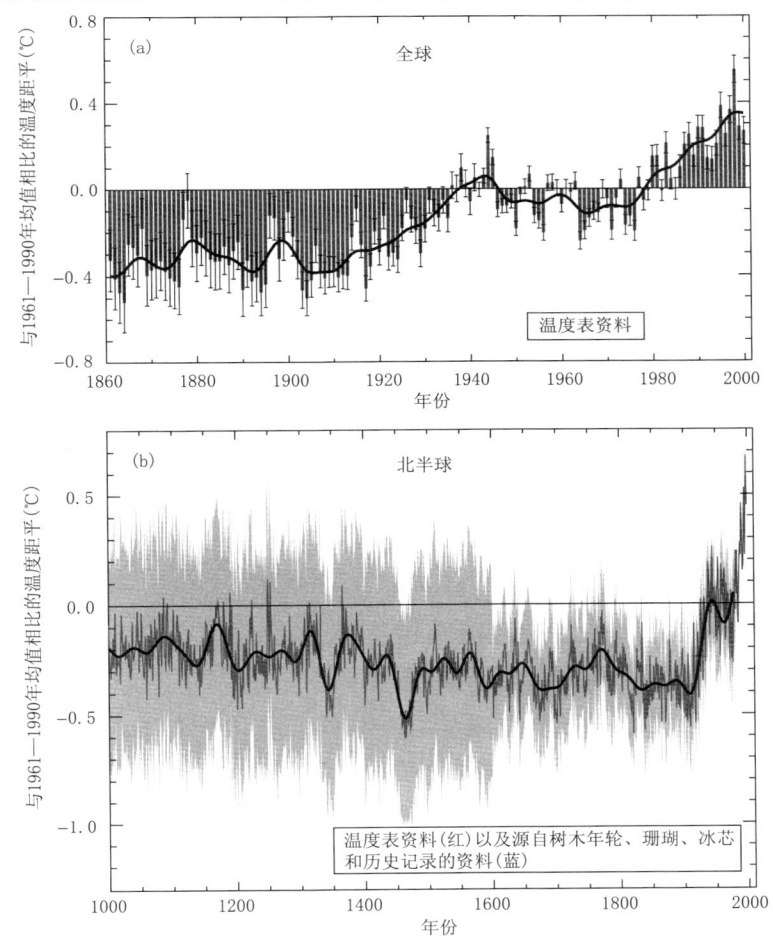

图 1.2 过去 140 年和 1000 年全球平均地表温度的变化。图 a 中的黑线表示 10 年滑动平均,图 b 中的黑线为 50 年滑动平均。图 a 中的须状柱和图 b 中的灰色阴影区表示 95% 的置信区间。对于直接数据源(温度表,红色线)和间接数据源(树木年轮、珊瑚、冰芯、历史记录,蓝色线)之间的差异,我们参阅了原文或网页 http://www.grida.no/climate/ipcctar/wg1/figspm-1.htm(来源:Houghton 等 2001)

(a) 温度指标

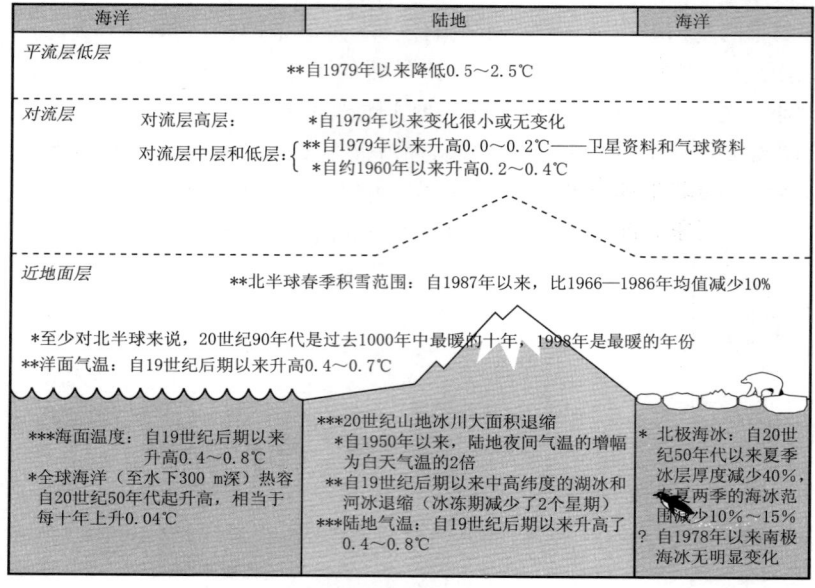

| 海洋 | 陆地 | 海洋 |
|---|---|---|

**平流层低层**
　　　　**自1979年以来降低0.5～2.5℃

**对流层**
　　对流层高层：*自1979年以来变化很小或无变化
　　对流层中层和低层：{ **自1979年以来升高0.0～0.2℃——卫星资料和气球资料
　　　　　　　　　　　*自约1960年以来升高0.2～0.4℃

**近地面层**
　　**北半球春季积雪范围：自1987年以来，比1966—1986年均值减少10%

*至少对北半球来说，20世纪90年代是过去1000年中最暖的十年，1998是最暖的年份
**洋面气温：自19世纪后期以来升高0.4～0.7℃

***海面温度：自19世纪后期以来升高0.4～0.8℃
*全球海洋（至水下300 m深）热容自20世纪50年代起升高，相当于每十年上升0.04℃

***20世纪山地冰川大面积退缩
*自1950年以来，陆地夜间气温的增幅为白天气温的2倍
*自19世纪后期以来中高纬度的湖冰和河冰退缩（冰冻期减少了2个星期）
***陆地气温：自19世纪后期以来升高了0.4～0.8℃

*北极海冰：自20世纪50年代以来夏季冰层厚度减少40%，春夏两季的海冰范围减少10%～15%
?自1978年以来南极海冰无明显变化

可能性：{ ***基本肯定（概率>99%）
　　　　**很可能（90%≤概率≤99%）
　　　　*可能（66%<概率<90%）
　　　　?中间可能（33%<概率<66%）

(b) 有关水文和风暴的指标

| 海洋 | 陆地 | 海洋 |
|---|---|---|

**平流层低层**
　　**平流层低层：自1980年以来水汽增多20%（18 km以上高度）

**对流层**
　　水汽{ 对流层高层：*自1980年以来没有明显的全球趋势；热带地区（10°N～10°S）增加15%
　　　　对流层：**大约自1960年以来许多地区水汽增多

?自1952年以来海洋上空的总云量上升2%
*20世纪陆地上空的总云量上升2%

**近地面层**
?龙卷风、雷暴日、冰雹没有系统性的大尺度变化
?温带风暴的频率和强度在20世纪没有一致性变化

*副热带减少2%～3%
*热带增加2%～3% } 20世纪陆地降水量

**自1900年以来北半球中高纬地区的降水量增加5%～10%，其中许多缘于强事件和极端事件
*1975—1995北半球地面水汽大范围增加

**20世纪热带风暴的频率和强度没有大范围变化

可能性：{ ***基本肯定（概率>99%）
　　　　**很可能（90%≤概率≤99%）
　　　　*可能（66%<概率<90%）
　　　　?中间可能（33%<概率<66%）

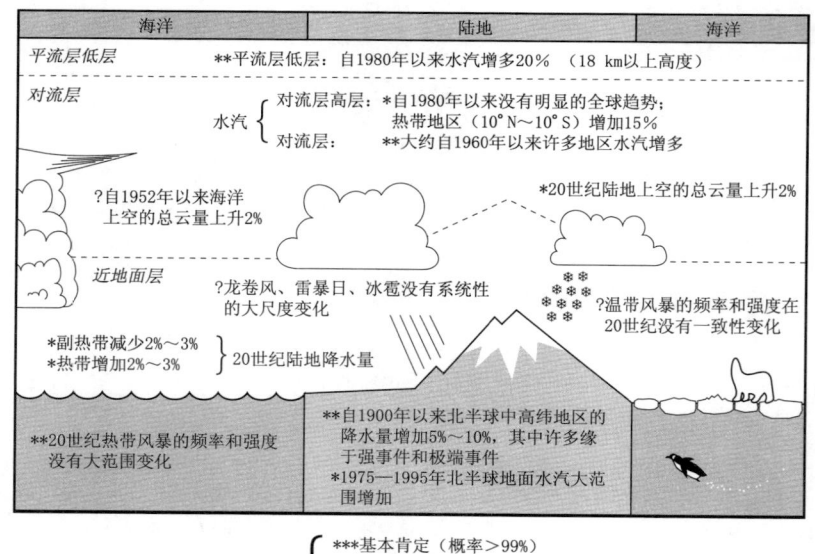

图1.3　(a)观测的温度变化示意图；(b)水文和有关风暴的指标（来源：Houghton等2001）

但是气候变化不仅仅是温度的变化。尽管还不太确定，但极有可能北半球中高纬大部分地区的降水量在 20 世纪每十年增加了 0.51%，热带地区每十年增加了 0.2%～0.3%，而北半球亚热带地区则是每十年减少了 0.3%（图 1.3b）。降水量的这些变化因其对生态系统和农业的重要意义而具有特别重要的影响（见 1.4 节）。同时，人们还对气候变率、极端天气和其他气候事件的变化也进行了观测，例如，北半球强降水事件增多，中高纬地区云量增加，极端低温的发生频率降低，在一些地区（如在亚洲和非洲的部分地区），干旱发生的频率和强度有所增加（Houghton 等 2001）。这些气候上的变化也伴随着积雪和冰盖范围的变化，这并不出乎意料。除了非极地区域的冰川普遍退缩之外，全世界的冬季积雪自 20 世纪 60 年代后期以来已减少了 10%。尽管目前尚没有发现南极冰盖有明显的变化，但北大西洋海冰自 20 世纪 50 年代以来已减少了 10%～15%，夏末秋初期间的海冰厚度已减少了约 40%。1999 年，到北极的游客甚至邂逅到了开阔的水面。这种非常现象到底是自然形成的还是人类活动引起的仍有待确定，然而，可以肯定的是，类似的情况在以前的几百万年中从没有发生过。

---

**专栏 1.3　IPCC 第三次评估报告第一工作组的关键结论**

**科学基础**

(1) 越来越多的观测数据表明，气候系统正在变暖并发生了如下的其他一些变化：

(a) 20 世纪全球平均地表温度升高了约 0.6℃。

(b) 大气圈最下层 8 km 的温度在过去 40 年中已经升高了。

(c) 积雪和冰盖的范围变小了。

(d) 全球平均海平面升高了，海洋的热容增大了。

(e) 气候的其他要素也发生了变化，如降水量、云量、极端低温的出现频率、厄尔尼诺—南方涛动事件的暖相位、全球遭受严重干旱或严重洪涝的陆地面积，以及干旱发生的频率和强度[1]。

(f) 但气候的某些要素似乎没有发生变化，如世界某些地区的温度、南极海冰范围、全球热带和温带风暴的强度，以及龙卷风、雷暴日和冰雹事件的发生频率等[1]。

(2) 人类活动排放的温室气体和气溶胶继续通过以下方式改变大气层并对气候产生影响：

(a) 由于人类活动的影响，大气温室气体的浓度及其辐射强迫继续升高。

(b) 人类源气溶胶的存在时间较短，主要产生负的辐射强迫。在过去一百年中自然因素对辐射强迫的贡献较小。

(3) 对于模式预估未来气候的能力,信心提高了。
(4) 新的和更有力的证据表明,过去 50 年中观测到的变暖大部分归因于人类活动。
(5) 人类活动的影响将在整个 21 世纪期间继续改变大气成分。
(6) 在 IPCC《排放情景专题报告》(SRES)中的所有排放情景下,预估全球平均温度和海平面都将升高[2]。
(7) 人类活动造成的气候变化将持续几百年时间。
(8) 人类需要进一步行动,来填补在信息和认识方面存在的不足。

[1] 这些结论都是根据原文归纳而得。如需确切的结论表述,请参考文献的原文(Houghton 等 2001)。
[2] 参见《排放情景专题报告》(SRES)

**增强的温室效应或全球变暖**

一个重要的问题是,前文讨论的观测到的变化到底是人类活动引起的还是自然原因形成的? 要回答这个问题,我们就必须知道自然因子和人类活动是怎样影响气候的。我们来简单讨论一下所谓增强的温室效应理论,这是一个发展得比较成熟的理论,内容是关于增加的温室气体浓度是如何影响气候的(图 1.4)。地球上的气候

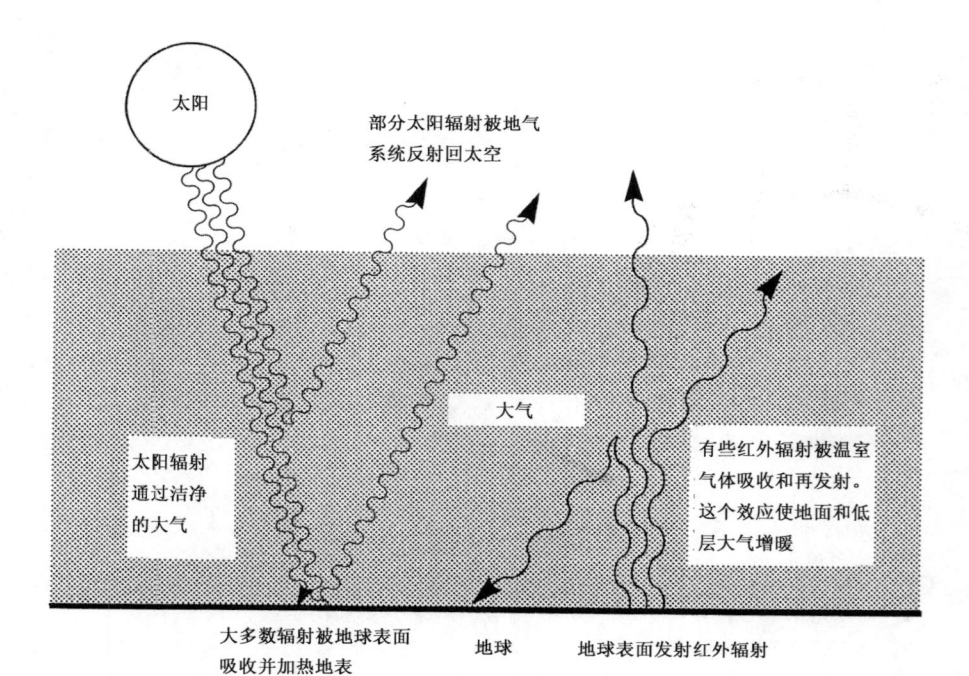

图 1.4 加强的温室效应:地球辐射和能量平衡(来源:Houghton 等 1990)

是受全球辐射收支影响的。地球吸收太阳辐射,并通过大气环流和海洋环流重新分配所含的能量。能量又以长波辐射的形式(红外线)发射回太空。对年平均和地球整体而言,入射的能量和出射的能量大体是平衡的。全球大气系统所获得的净能量的变化叫做辐射强迫:它可以是由自然原因引起的,也可以是由人类活动引起的,可以是正的(变暖),也可以是负的(冷却)。温室气体在辐射平衡中扮演着重要的角色:如果没有它们,地球的温度将比现在低大约34℃,而地球现存的生命也都不可能存在。如果大气中这些温室气体的浓度增加,则预计低层大气的全球平均温度将升高,观测结果确实如此。由于低层大气释放的能量较少,因此较高大气层(如平流层)的温度将会降低。而且,观测结果也确实如此:平流层低层的平均温度最近每十年降低约0.3~0.5℃。

能引起正的辐射收支(即引起变暖)的重要化合物包括水汽、二氧化碳、甲烷、氧化亚氮、卤代烃(如氯氟碳化物、氢氯氟碳化物、氢氟碳化物、全氟化碳)、六氟化硫和对流层臭氧。除了一些人造卤代烃之外,这些气体已在大气中自然存在几十亿年了。大气中的气溶胶、微粒子和水滴,通常由生物质和矿物燃料的燃烧产生,会引起负的辐射效应并由此导致冷却。由于气候系统的复杂性及其变率,以及人类社会及其温室气体排放的不可预测性,我们很难确定,温室气体的浓度到底增加多少、在什么地方增加,以及以多快的速度增加会改变未来的温度和其他气候要素(Houghton等1996,2001)。

**辐射强迫**

某种特定的温室气体对全球变暖有多大贡献?关键指标就是其产生的辐射强迫每平方米有多少瓦特,而辐射强迫就是由于气候系统内部的变化或者外强迫的变化(如温室效应增强的情况下)而导致的对流层顶净辐照度的变化(Houghton等2001)。如图1.5所示,不同的温室气体具有完全不同的辐射强迫效应,图中的强迫因子是根据科学认识水平排列的。图1.5还显示,二氧化碳、甲烷、氧化亚氮和卤代烃的直接辐射强迫是正的,并且是最确定的。二氧化碳对辐射强迫的贡献约占全球混合的长生命史温室气体的60%,甲烷约占20%,氧化亚氮约占6%,卤代烃约占14%。其他人类活动产生的正强迫由对流层臭氧和黑碳引起。据估计,太阳辐照度的变化也产生正的辐射强迫。这种强迫的大小要不确定得多。但不是所有的强迫都是正的。因臭氧耗减引起的平流层臭氧变化和由于土地利用变化而导致的地球反照率的变化估计会产生小的负强迫。最重要的负强迫是气溶胶产生的,包括人类源(比如矿物燃料燃烧和生物质燃烧)气溶胶和自然源(如火山爆发)气溶胶。尽管人们对与气溶胶有关的辐射过程的科学认识水平已经大大提高,但气溶胶的实际辐射效应仍然很不确定,因为气溶胶的浓度随区域变化很大,并且它们对排放的变化响应也很迅速。大多数气溶胶(矿物燃料的黑碳除外)都有直接和间接的负辐射效应,也就是说,它们具有冷却效应,可以部分抵消温室气体的增暖效应,这其中既包括通过其辐射性质而造成的直接效应,也包括通过改变云量和云的特征而产生的间接效应。

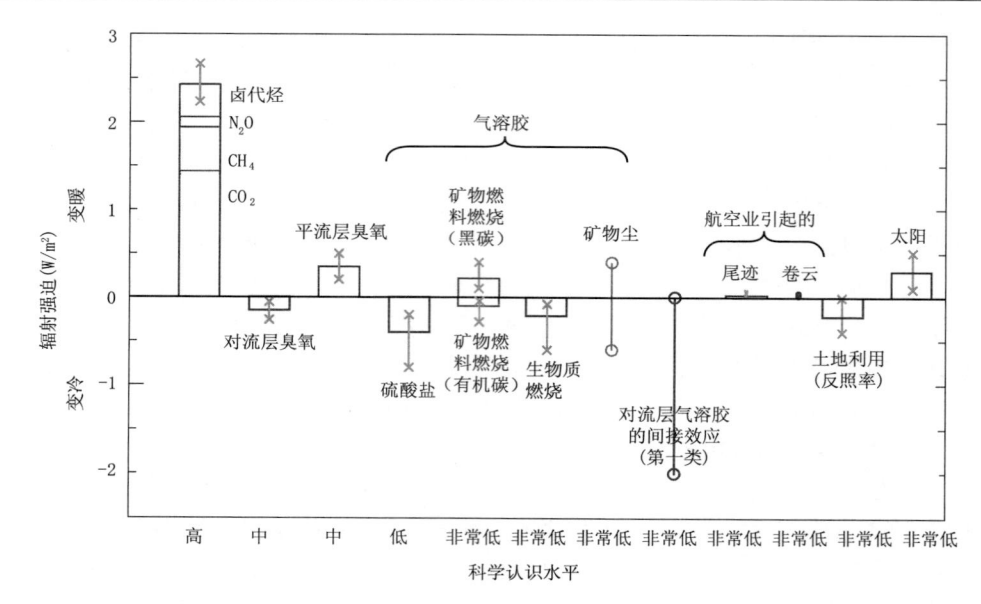

图 1.5 从1750年到现在多种作用引起的全球平均辐射强迫，包括科学认识水平
（来源：Houghton 等 2001）

从政策观点来看，如果能够比较不同温室气体的辐射强迫，或者把各种大气物质加在一起考虑其总的辐射强迫作用，那将是很有用的。为了满足这个需要，人们引进了全球增温潜势（GWP）的概念，GWP就是度量某段时间内某种特定物质与二氧化碳相比的相对辐射效应。这种度量方法已经被成功地使用了10年。表1.1给出了IPCC第三次报告对这个指标的估算。应该注意的是，这个指标并不是没有问题的，而是已经受到了批评。比如，对很多物质来说，GWP具有很大的不确定性。而且，这个指标也不是一个很明确的指标，因为它随主观选择的时间段而变化。GWP用排放脉冲造成的辐射强迫来计算。对生命史短的温室气体来说，这种效应很快就消失了，所以，如果所选择的时间段比较长，这些温室气体就无足轻重了。通常，人们在短期（对政策制定来说的重要时间尺度）和长期（对可能的气候变化来说的重要时间尺度）之间，折中选择世纪（百年）时间尺度。UNFCCC在《京都议定书》中综合考虑温室气体排放方案时，计算GWP采用的时间尺度是100年。事实上，辐射强迫并不是由排放脉冲引起的，而是由物质的连续释放引起的，因此，某段时间的辐射强迫取决于过去和未来的排放（由此与时间和情景有关）。由于这一点以及其他原因，GWP概念已经招致诸多批评，但目前还没有什么更好的替代性度量指标可用来对各种温室气体进行比较。专栏1.4对GWP概念和已提出的替代性度量指标给出了一个综合评估，在这些替代性度量指标中，有的已经考虑了与影响有关的经济因子。尽管这些度量指标可能更贴近决策者眼中的重要指标，但其不确定性和通常对主观假设的

表 1.1 相对于二氧化碳的直接全球增温潜势(GWP)。这种方法通过估计排放 1 kg 特定温室气体与排放 1 kg 二氧化碳相比对全球增暖的相对贡献而形成一种指数。不同时间范围的 GWP 表示大气中不同寿命气体的影响(来源:Houghton 等 2001)

| 气体 | | 生命周期 (a) | 全球变暖潜力(GWP) (时间范围,a) | | |
|---|---|---|---|---|---|
| | | | 20 | 100 | 500 |
| 二氧化碳 | $CO_2$ | | 1 | 1 | 1 |
| 甲烷[a] | $CH_4$ | 12.0[b] | 62 | 23 | 7 |
| 氧化亚氮 | $N_2O$ | 114[b] | 275 | 296 | 156 |
| 氢氟碳化物(HFCs) | | | | | |
| HFC-23 | $CHF_3$ | 260 | 9400 | 12000 | 10000 |
| HFC-32 | $CH_2F_2$ | 5.0 | 1800 | 550 | 170 |
| HFC-41 | $CH_3F$ | 2.6 | 330 | 97 | 30 |
| HFC-125 | $CHF_2CF_3$ | 29 | 5900 | 3400 | 1100 |
| HFC-134 | $CHF_2CHF_2$ | 9.6 | 3200 | 1100 | 330 |
| HFC-134a | $CH_2FCF_3$ | 13.8 | 3300 | 1300 | 400 |
| HFC-143 | $CHF_2CH_2F$ | 3.4 | 1100 | 330 | 100 |
| HFC-143a | $CF_3CH_3$ | 52 | 5500 | 4300 | 1600 |
| HFC-152 | $CH_2FCH_2F$ | 0.5 | 140 | 43 | 13 |
| HFC-152a | $CH_3CHF_2$ | 1.4 | 410 | 120 | 37 |
| HFC-161 | $CH_3CH_2F$ | 0.3 | 40 | 12 | 4 |
| HFC-227ea | $CF_3CHFCF_3$ | 33 | 5600 | 3500 | 1100 |
| HFC-236cb | $CH_2FCF_2CF_3$ | 13.2 | 3300 | 1300 | 390 |
| HFC-236ea | $CHF_2CHFCF_3$ | 10 | 3600 | 1200 | 390 |
| HFC-236fa | $CF_3CH_2CF_3$ | 220 | 7500 | 9400 | 7100 |
| HFC-245ca | $CH_2FCF_2CHF_2$ | 5.9 | 2100 | 640 | 200 |
| HFC-245fa | $CHF_2CH_2CF_3$ | 7.2 | 3000 | 950 | 300 |
| HFC-365mfc | $CF_3CH_2CF_2CH_3$ | 9.9 | 2600 | 890 | 280 |
| HFC-43-10mee | $CF_3CHFCHFCF_2CF_3$ | 15 | 3700 | 1500 | 470 |
| 全氟化物 | | | | | |
| $SF_6$ | | 3200 | 15100 | 22200 | 32400 |
| $CF_4$ | | 50000 | 3900 | 5700 | 8900 |
| $C_2F_6$ | | 10000 | 8000 | 11900 | 18000 |
| $C_3F_8$ | | 2600 | 5900 | 8600 | 12400 |
| $C_4F_{10}$ | | 2600 | 5900 | 8600 | 12400 |
| c-$C_4F_8$ | | 3200 | 6800 | 10000 | 14500 |
| $C_5F_{12}$ | | 4100 | 6000 | 8900 | 13200 |
| $C_6F_{14}$ | | 3200 | 6100 | 9000 | 13200 |

续表

| 气体 | | 生命周期（a） | 全球变暖潜力（GWP）（时间范围,a） | | |
|---|---|---|---|---|---|
| | | | 20 | 100 | 500 |
| 醚和卤化醚 | | | | | |
| $CH_3OCH_3$ | | 0.015 | 1 | 1 | <<1 |
| HFE-125 | $CF_3OCHF_2$ | 150 | 12900 | 14900 | 90200 |
| HFE-134 | $CHF_2OCHF_2$ | 26.2 | 10500 | 6100 | 2000 |
| HFE-143a | $CH_3OCF_3$ | 4.4 | 2500 | 750 | 230 |
| HCFE-235da2 | $CF_3CHClOCHF_2$ | 2.6 | 1100 | 340 | 110 |
| HFE-245fa2 | $CF_3CH_2OCHF_2$ | 4.4 | 1900 | 570 | 180 |
| HFE-254cb2 | $CHF_2CF_2OCH_3$ | 0.22 | 99 | 30 | 9 |
| HFE-7100 | $C_4F_9OCH_3$ | 5.0 | 1300 | 390 | 120 |
| HFE-7200 | $C_4F_9OC_2H_5$ | 0.77 | 190 | 55 | 17 |
| H-Galden 1040x | $CHF_2OCF_2OC_2F_4OCHF_2$ | 6.3 | 5900 | 1800 | 560 |
| HG-10 | $CHF_2OCF_2OCHF_2$ | 12.1 | 7500 | 2700 | 850 |
| HG-01 | $CHF_2OCF_2CF_2OCHF_2$ | 6.2 | 4700 | 1500 | 450 |

a 甲烷的 GWP 包括平流层水汽和臭氧产生的间接贡献。

b 甲烷和氧化亚氮的值是调整时间，合并了每种气体在其寿命周期中排放的间接影响。

需要也都增加了。在表 1.1 中，对甲烷和氧化亚氮来说，已经考虑了这些气体在大气中的释放对它们自身生命周期的影响。例如，大气中甲烷增多会减少氢氧根（氢氧根能够氧化甲烷）的数量，从而延长甲烷自身的生命周期。许多物质自身没有或几乎没有辐射强迫，但它们可能对辐射强迫有间接效应，如臭氧的前体物，包括氮氧化物、一氧化碳和非甲烷挥发性有机化合物。迄今为止还没有把它们列入温室气体的政策范围内，也没有列在表 1.1 中①。气溶胶或气溶胶前体物的负 GWP 也还没有确定，因为这些 GWP 没有什么意义——它们可能提示人们，温室气体引起的增暖可以用气溶胶引起的冷却来弥补，但它们的机制和空间分布很不相同，大多数温室气体在全球大气中是充分混合的，而气溶胶效应却主要是局地性的。除此之外，人们还提出了多种定量估计温室气体相对贡献的方法，但大部分方法也面临类似的科学不确定性和一定程度上主观臆断的问题。可以预计，在找到更能为人们所接受的更好的指标之前，人们还要使用 GWP，但同时要意识到其不足，这一点非常重要。

---

① 事实上，人们已经计算过二氧化碳的间接 GWP 范围（IPCC 2001e），在 100 年时间里，二氧化碳的 GWP 为 1~3。——译注

**温室气体浓度**

为了评估已观测到的气候变化中人类活动的可能影响,很重要的一点是了解温室气体的浓度在过去若干年里发生了怎样的变化。幸运的是,通过全球观测站网和大多数(长寿命)温室气体充分混合的特性,这些信息是可以得到的。大多数温室气体的浓度已经迅速增加了。自前工业化时代以来,二氧化碳的浓度从 270 ppm[①] 增加到约 360 ppm(超过 30%,图 1.6),增加率比过去 2 万年间的任何时期都快。当前的浓度在过去 42 万年当中从未出现过。在过去的几十年里,二氧化碳浓度的增加主要是工业化社会矿物燃料燃烧(约占 75%)以及森林转换成其他土地利用方式(约占 25%)造成的。与此类似,甲烷浓度的增加量超过 1000 ppb,从 750 ppb 增加到 1750 ppb,浓度水平超过过去 42 万年当中的任何时期。最近,甲烷浓度的增长率已经下降了,并且变得更不确定,至于原因目前尚未可知。甲烷的源比二氧化碳的源更具不确定性。据估计,约一半的甲烷来源于家畜饲养、垃圾填埋、稻谷种植,以及矿物燃料的生产、运输和燃烧等人类活动。此外,大气中一氧化碳排放增加,它在氧化过程中与甲烷争夺氢氧基,由此通过大气化学反应也导致甲烷浓度增加。第三种温室气体是氧化亚氮,其浓度自前工业化时代以来已经增加了约 17%,达到约 310 ppb,这是过去几千年以来从未达到的浓度水平。大约三分之一的氧化亚氮排放来自人类源,特别是燃烧、一些工业源以及氮肥的使用。氧化亚氮的源的不确定性比其他温室气体更大。由《关于臭氧层耗减的蒙特利尔议定书》限制的大多数气体,如氯氟碳化物(CFCs)及其最初的替代物氢氯氟碳化物(HCFCs),都是很强的温室气体,但由于响应《蒙特利尔议定书》提出的排放限制,它们的浓度已由较早时期的增长转变为下降或增速放缓。作为《蒙特利尔议定书》化合物的替代选择,氢氟碳化物(HFCs)的生产日益增多,这种气体虽然不破坏臭氧层,但确实会影响辐射强迫。与全氟化碳(PFCs)和六氟化硫($SF_6$)等其他化合物类似,大气中氢氟碳化物的浓度正在增加。对流层臭氧是最重要的温室气体之一,它并不是被排放到大气中的,而是所谓的臭氧前体物,如氮氧化物、一氧化碳以及碳氢化合物或挥发性有机化合物在大气中形成的。臭氧的寿命比其他大多数温室气体要短得多,因而在不同地区变化更大,随大气状况和前体物的排放而定。据估计,总体来看,对流层臭氧含量自前工业化时代以来已经增加了约三分之一。

**碳循环**

温室气体的浓度普遍在增加,因为它们的源超过了它们的汇。对大部分温室气体而言,最重要的汇是太阳辐射影响下大气中的化学氧化过程。有些气体的寿命相

---

① ppm(百万分之一)或 ppb(十亿分之一)或 ppt(万亿分之一),是温室气体分子数目与干燥空气总分子数目之比,如 300 ppm 的意思就是,在每 100 万个干燥空气分子中,有 300 个温室气体分子。——译注

### 专栏 1.4 比较不同温室气体气候效应的度量标准:GWP 和其他方法

为了比较不同温室气体浓度变化的气候效应,20 世纪 80 年代提出了 GWP 的概念,并被 IPCC 第一次评估报告(IPCC 1990)所采用。GWP 反映了当前大气中某种指定温室气体的脉动在一定时段累积的增暖效应,而且是相对于 $CO_2$ 而言的。从理论上来说,要比较这些效应,度量标准可以从排放链条(从浓度变化、辐射强迫、气候变化、气候变化的影响,到最终引起的破坏)中的任何一步进行选择。尽管随着沿此链条不断深入,政治影响逐渐增加,但其不确定性和必需的假设也在增加。那么,使用哪种度量标准是最恰当的? 关于这一点却并没有严重的原则性争议,正如 IPCC 第二次评估报告(IPCC 1996a,1996b)所指出的那样,《京都议定书》也规定用 100 年的 GWP。不过,关于 GWP 和其他度量标准的优缺点在科学上一直都有争论。在这一争论中,只有 IPCC 报告讨论了有关 GWP 概念本身的那些因子,主要是由 IPCC 第一工作组集中对其自然科学方面的意义进行了评价。

第一条批评意见是与以下事实有关,即很难对所有辐射活跃物质的 GWP 赋值,特别是那些有间接气候效应的物质,如臭氧和气溶胶前体物。其次,由名称使人联想到的概念以及与温度的联系(而实际上 GWP 是关于辐射强迫的)的简单化可能会误导决策者,使他们意识不到所涉及的科学问题的复杂性。例如,即使忽略因果链上的效应,排放物的辐射效应也依赖于浓度随时间的演化,从而和情景相关。累积时段的选择基本上是任意的,而这项选择对 GWP 的数值影响很大。第三,GWP 的度量标准是否真正表达了政治层面所要表达的内涵,即与气候变化有关的成本和损失,对这一点仍存有疑问。

最后一条也是最重要的批评来自经济分析师,他们争论说,对政策而言,实际上最重要的是将减少温室气体的成本最小化,或者使损失最小化。Fuglestvedt 等(2001)对所提出的各种替代指标做了颇有价值的总结。因为这些指标各有优缺点,所以对于哪一个更好,目前还没有公论。在经济领域使用这类指标,就将引入度量标准对所使用的经济模式,以及假定的损失和消除损失的成本曲线形状的依赖,以及对适当的贴现率的依赖。例如,采用成本—效益方法,就需要假定气候目标。而这些目标在政治上是很敏感的,选择不同的数值将导致不同的结果。比如,如果对长期温度变化设置某种限制,就将凸显长寿命温室气体更为重要;而如果限制温度变化率,结果则相反。对损失最小化的途径来说,损害曲线的形状至关紧要;对弯曲程度很大的曲线(较大气候变化的影响呈指数增长),长寿命物质更为重要,因为这种情况下,长期影响比短期影响更为重要。而用 GWP 概念的替代度量标准是否能够引起 UNFCCC 的争论似乎并不确定,这一点似乎与 IPCC 是否会拓

第1章 气候变化:科学背景和介绍

宽其评估至包括经济因素有关。这些因素将在评估涉及几种温室气体的政策措施或投资决定等方面为决策者提供重要的额外信息。

来源:Fuglestvedt等(2001),Houghton等(1990,1996)

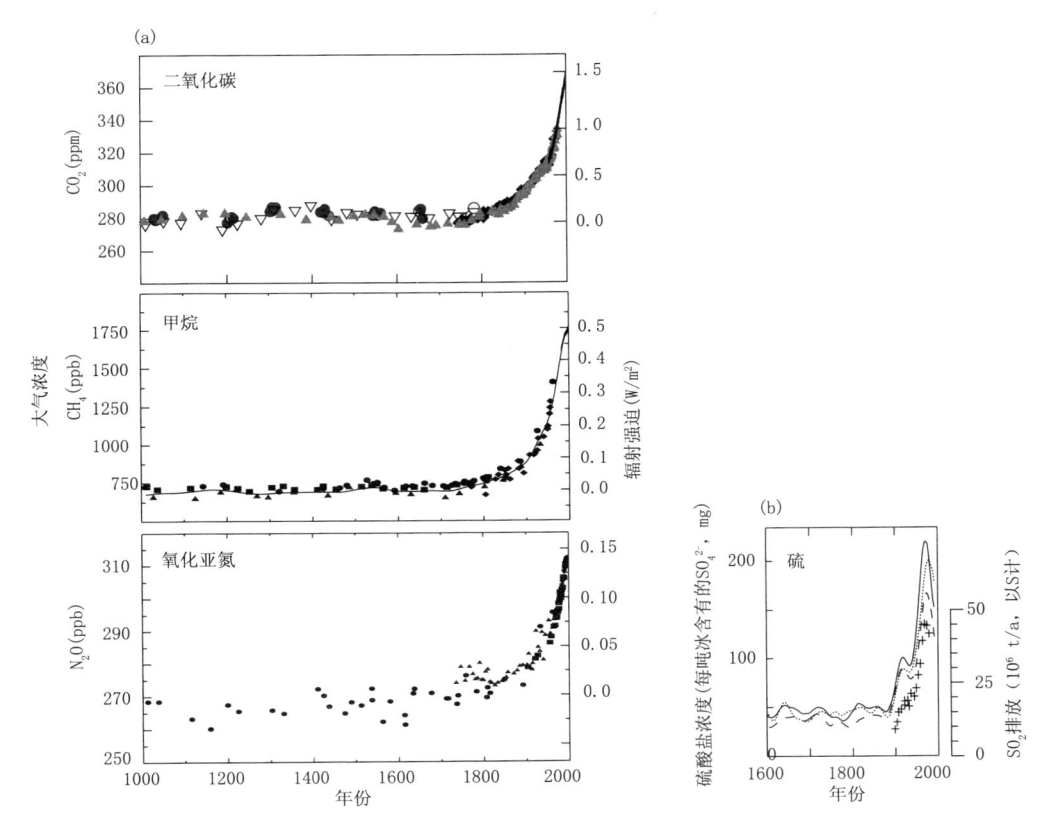

图1.6 大气成分过去变化的长期记录为评估人类活动排放的影响提供了背景
(来源:Houghton等2001)

(a)三种充分混合的温室气体的全球大气浓度;(b)沉降在格陵兰冰芯里的硫酸盐气溶胶

对较短,如甲烷(寿命约为12年);有些气体的寿命相对较长,如氧化亚氮(寿命超过100年)和CFCs(寿命达数百年);而有些全氟化物(如$SF_6$)、六氟化氯和其他碳氟化合物的寿命则上千年甚或上万年。二氧化碳是最重要的温室气体,它并不能在大气中分解,而只能在陆地生物圈、海洋、大气圈,以及(过程更缓慢的)沉积岩之间进行连续的交换。陆地、大气和海洋都有很大的贮碳库,其中最大的碳库是海洋。从增强温室效应的角度来看,各种库之间的碳交换至关重要(图1.7)。在过去的150年里,人类已经向大气排放了约(405±60)Gt的碳,其中约三分之二来自矿物燃料的燃烧,三分之一来自土地利用的变化(Watson 等 2000)。据估计,在 20 世纪中叶以前,与碳排放有关的土地利用主要来自中高纬度地区(约占与碳排放有关的累计土地利用的 40%),其后,主要来自热带地区(约占 60%),这与土地利用的开垦方式是一致的。这导致大气中的二氧化碳已经增加了约 28%;大气中的二氧化碳已经从 1850 年前后的 285 ppm 增加到 2000 年的约 368 ppm,浓度增长率经计算约为每年(3.2 ± 0.1) Gt 碳(每年 0.4%)。当前的二氧化碳排放,来自矿物燃料燃烧和水泥生产的约为(6.3 ± 0.6) Gt 碳,而来自土地利用变化的约为(1.6 ± 0.8) Gt 碳(表 1.2)。

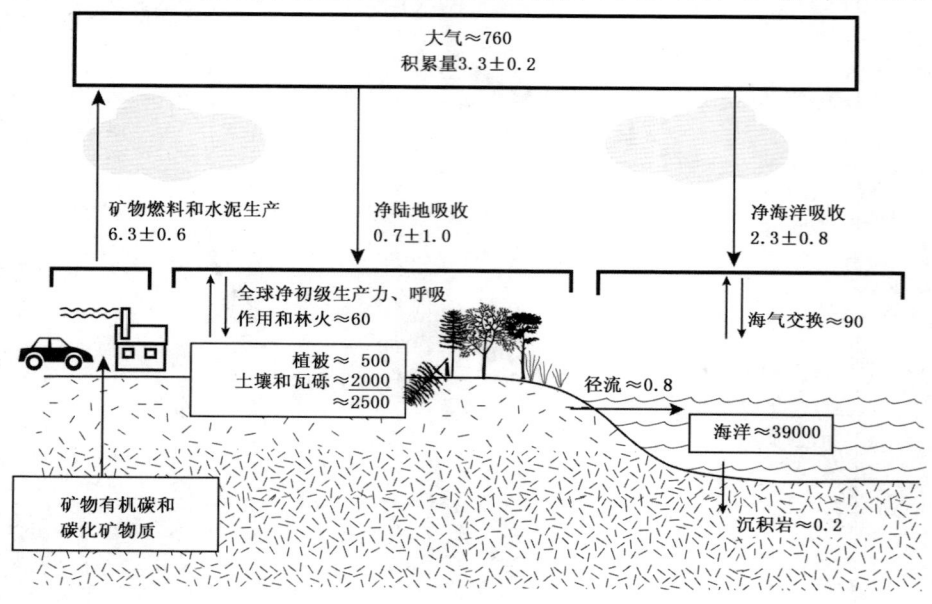

图 1.7　全球碳循环,给出了 1989—1998 年与人类扰动有关的年平均贮碳库
(Gt,以碳计)和碳流量(Gt/a,以碳计)(来源:Watson 等 2000)

自然循环通常导致约 60%(4.7/7.9)的碳排放总量进入海洋上层和陆地生态系统的植被中。据模拟结果,海洋的吸收已经从 20 世纪 80 年代的每年大约(1.9 ± 0.6) Gt 碳下降到 20 世纪 90 年代的每年大约 1.7 ± 0.5 Gt 碳。所以,据估计,全球陆地植被的吸收已经超过了人为土地利用造成的排放,净吸收已经从 20 世纪 80 年代的每年约 0.2 Gt 碳增加到 20 世纪 90 年代的每年 0.7 Gt 碳。然而,这些数字(每年约为 0.71 Gt 碳)存在很大的不确定性。这意味着陆地生态系统的剩余吸收总量可能已经从每年大约 1.9 Gt 碳增加到了 2.3 Gt 碳。增加的原因并不确定,而吸收也依赖于很多自然因子和人为因子。自然因子包括气候状况本身的变化。人为因子包括森林及其他土地的管理、植被的碳施肥,以及因磷、氮等营养物质的沉积而引起的植物生长。这些数量与碳在大气和陆地生物圈之间的总交换量相比是很小的。据估计,全球总初级生产力(由植物固定的碳量)为每年约 120 Gt 碳,其中约 60 Gt 碳

通过植物呼吸进入再循环,从而导致在全球水平上每年的净初级生产力约为 60 Gt 碳,同时 50 Gt 碳通过植物体分解、约 9 Gt 碳通过生态系统干扰(火灾、干旱、虫害)而损失掉,剩下不到 1 Gt 的碳成为长期的碳贮存(图 1.8)。

表 1.2　1980—1989 年和 1989—1998 年的年平均二氧化碳扰动收支。碳流和碳库的变化(Gt/a)均以碳计;误差限度相应到 90% 信度区间(来源:Watson 等 2000)

|  | 1980—1989 年 | 1989—1998 年 |
| --- | --- | --- |
| 1. 来自矿物燃料燃烧和水泥生产的排放 | 5.5±0.5 | 6.3±0.6 (a) |
| (a) 附件 1 国家[d] | 3.9±0.4[a] | 3.8±0.4[a] |
| (i) 不包括经济转型国家 | 2.6±0.3 | 2.8±0.3 |
| (ii) 包括经济转型国家[d] | 1.3±0.3[a] | 1.0±0.3[a] |
| (b) 世界其他国家[d] | 1.6±0.3[a] | 2.5±0.4[a] |
| 2. 大气贮存 | 3.3±0.2 | 3.3±0.2[b] |
| 3. 海洋吸收 | 2.0±0.8 | 2.3±0.8[c] |
| 4. 净陆地吸收 =(1)−[(2)+(3)] | 0.2±1.0 | 0.7±1.0 |
| 5. 土地利用变化造成的排放 | 1.7±0.8[e] | 1.6±0.8[f] |
| 6. 剩余陆地吸收 =(4)+(5) | 1.9±1.3 | 2.3±1.3 |

[a] 基于 Marland 等(1999)所做的直到 1996 年的排放评估和利用 1997—1998 年能量统计(British Petroleum Company 1999)进行的评估。

[b] 基于在冒纳罗亚(Mauna Loa)、巴罗(Barrow)和南极观测的大气二氧化碳浓度(Keeling 等 1999)。

[c] 基于 IPCC 第二次评估报告(IPCC 1996,Harvey 等 1997)所用的海洋碳循环模式(Jain 等 1995),与 20 世纪 80 年代每年 2.0 Gt 碳的吸收一致。

[d] 附件 I 国家和经济转型国家(附件 I 国家的一个子类型)见 UNFCCC 中的定义。排放包括在此定义之前有关地理区域的排放估计,并包括每个地区船用燃料的排放。

[e] 基于 Houghton (1999) 估计,并由 Houghton 等(1999,2000) 修改的土地利用变化排放,包括森林砍伐和农业土壤的净排放。

[f] 基于估算的 1989—1995 年年平均排放(Houghton 等 1999,2000)。

这些问题不仅从科学的角度是有意义的,而且在政治方面的意义也很突出:通过造林或再造林来固定碳是减少净的碳排放的有效方法之一,这为澳大利亚、新西兰、美国、加拿大等很多国家补偿因矿物燃料燃烧而增加的排放提供了重要机会(第 9 章)。因此,陆地碳汇的长期特征与决策者关系极为密切,不过,也存在很大的不确定性。根据 Watson 等(2000)的研究,当前的陆地碳汇在将来可能还能维持几十年(在适当的可持续的管理条件下),但在更长时间以后可能会逐渐减少。这种情况可能缘于几种原因。首先,生态系统的固碳能力可能会达到饱和。其次,随着二氧化碳浓度的不断上升,光合作用达到某种水平以后将不再进一步增加,而呼吸作用将随着温度的升高而进一步增加。最后,据预估,海洋的碳吸收将随着二氧化碳浓度的升高而降低,这将进一步增加大气中温室气体的浓度。

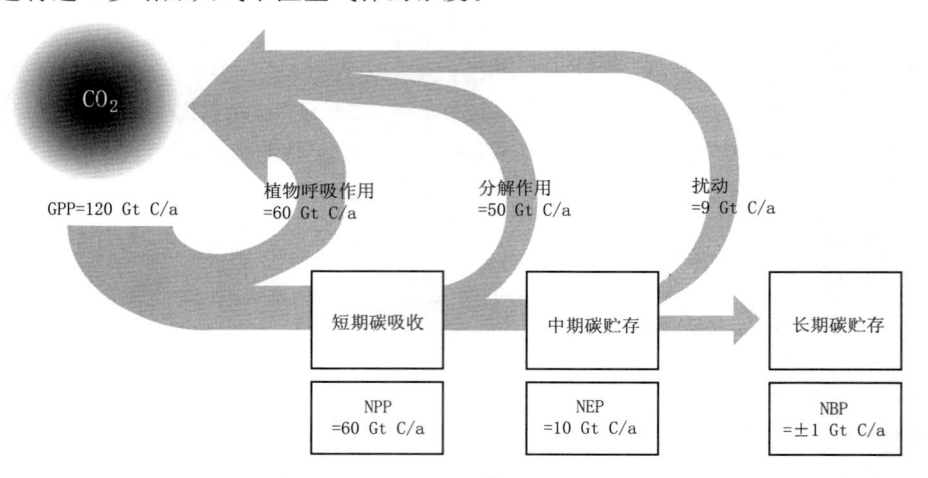

图 1.8 全球陆地碳吸收。植物(自养型)通过呼吸作用向大气释放二氧化碳,减少了总初级生产力(GPP)和净初级生产力(NPP),导致短期碳吸收。垃圾和土壤的分解(异养呼吸)超过释放到大气中的二氧化碳扰动的部分,减少 NPP 和 NEP,导致中期碳吸收。自然源和人类源(如收割)的扰动通过额外的异养呼吸和燃烧而导致二氧化碳进一步释放到大气中,导致长期碳贮存(来源:Watson 等 2000)

**归因研究**

对观测到的气候变化进行归因研究,看看这些变化是缘于人类活动的原因还是缘于自然原因,无论是从科学角度还是从政治角度来看,这都是很有意义的一件事。归因研究可以采用很多种方法进行。一种是把最近的温度变化与长期的气候变率进行比较。根据对气候变率的温度记录和模式模拟进行仔细的分析,发现 20 世纪观测到的变暖几乎不可能是由内部变率单独引起的。考虑过去 1000 年的记录,变暖好像也是非同寻常的。图 1.9 对这个问题给出了一种清楚的解释。如果只考虑自然因子(如太阳辐射和火山气溶胶),则在过去的半个世纪里,模式结果和观测的温度显著偏离,如图 1.9a 所示;如果模拟中只考虑了已知的人类活动因子,则除了 1940—1960 年这一段时间之外,在 20 世纪的大部分时间里,模式结果和观测的温度是一致的,见图 1.9b;如果模拟中既考虑了自然因子,也考虑了人类活动因子,则模拟结果和观测结果吻合得更好,说明在观测到的全球变暖中,有可能不仅自然因子而且人类活动因子都起了重要作用,见图 1.9c。这种证据并不能说是百分之百的确定,但对 IPCC 来说,足以将其 1995 年的研究结论"综合考虑各种证据,人类活动对气候产生了可辨识的影响"强化至"有新的和更有力的证据表明,在过去 50 年里所观测到的大部分变暖,可以归结是人类活动造成的"(Houghton 等 2001)。

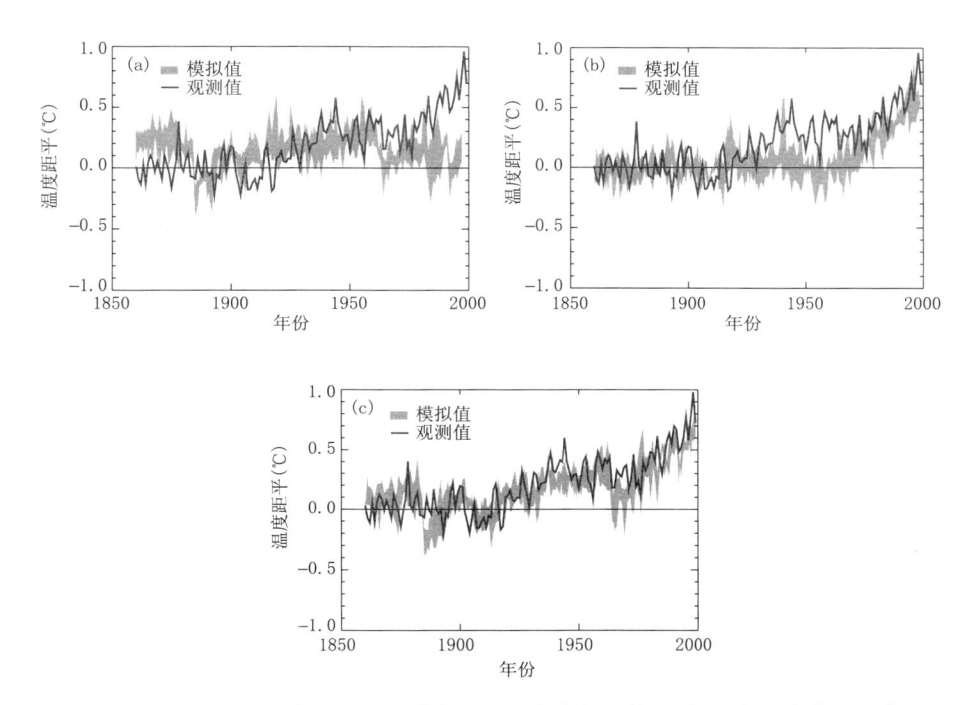

图 1.9 模拟的地球温度变化(℃)及其与观测的变化的比较,可揭示主要变化的根本原因
(来源:IPCC 2001)
(a)自然因子;(b)人类活动因子;(c)所有强迫

## 1.3.2 未来展望

如前所述,如果人类活动已经对最近的气候变化有所贡献,那么,与之紧密相关的问题是,在全球温室气体仍逐年增加的背景下,气候在未来将如何进一步变化。在过去几年里,科学家基于 SRES(Nakicenovic 等 2000)和其他出版物(详见第 2 章)发展的若干社会经济和温室气体排放情景,已经研发出若干种未来气候变化情景。SRES 中的情景都是"参考"情景,即这些情景并没有采取在研发情景时已经出台的气候政策所附加的任何政策(因而并不包含《京都议定书》的目标)。这些情景表明,未来世界有一个很大的可能范围,这与温室气体排放量的大范围变化是对应的,并依赖于自由发展和人类经过深思熟虑对经济、人口的增长速度与类型,以及技术发展的选择。如第 2 章里详细讨论的,在所有 SRES 情景中,二氧化碳排放仍是全球变暖最重要的因子。在这些参考情景中,全球二氧化碳排放可能在 100 年内回到或低于当前水平,也可能增长 5 倍。由于气候系统动力学及相应的滞后效应的影响(见专栏 1.5),所有 SRES 情景都给出,在 21 世纪末,二氧化碳浓度可能会继续增加,温度及

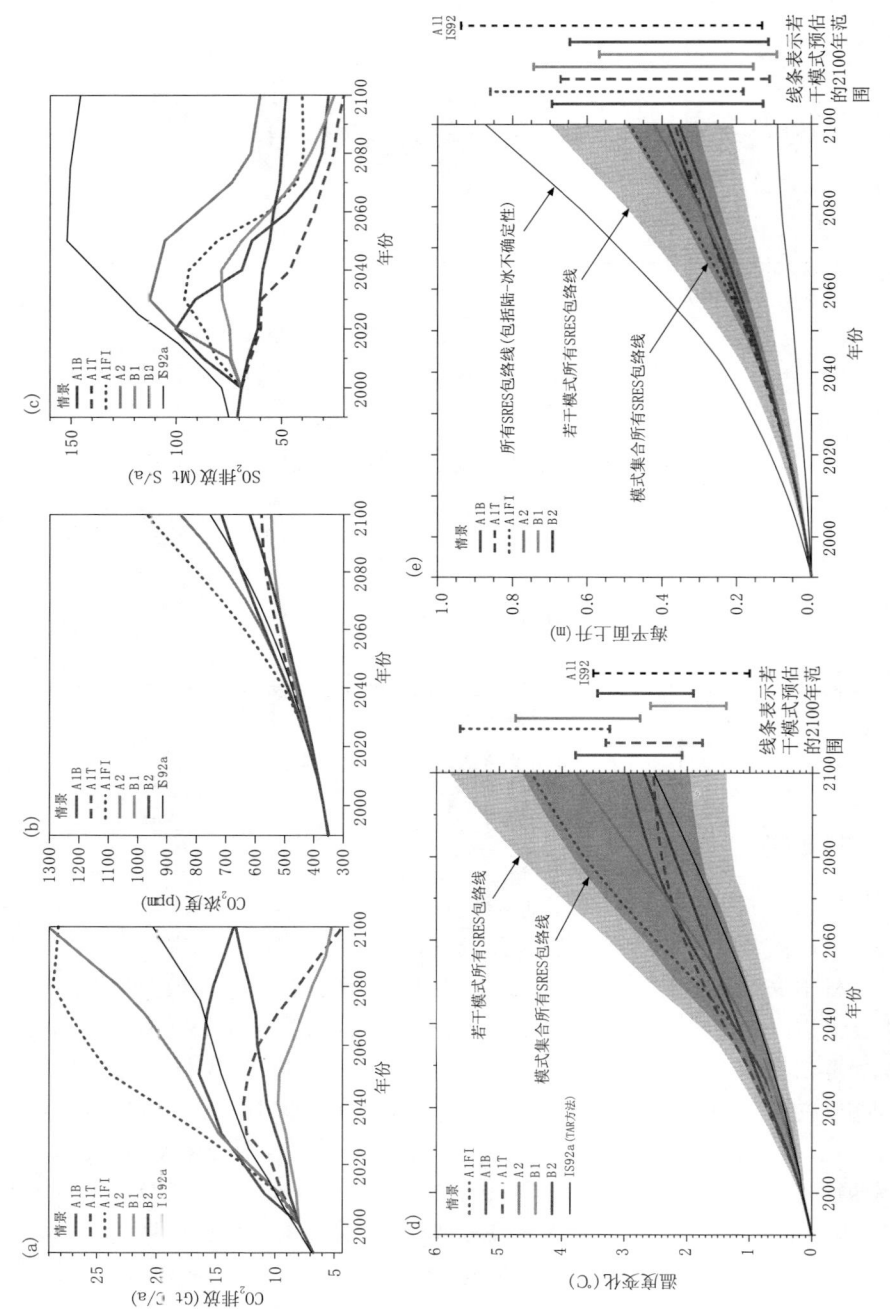

图1.10 21世纪的全球气候将取决于自然变化和气候系统对人类活动的响应。此图给出了第2章中讨论的6个SRES情景下的$CO_2$排放（a）、$CO_2$浓度（b）、$SO_2$排放（c）以及模拟的温度变化（d）和海平面上升（e）。灰色区域表示若干模式所有SRES包络线，线条表示若干模式预估的2100年范围更完全的情景和模式变率

海平面高度也可能继续升高(图 1.10)。其中有两个情景(B1 和 A1T),二氧化碳浓度的增加在 20 世纪末之前将趋于稳定(约分别稳定在 550 和 600 ppm),其后可能比较容易把浓度保持在一个稳定水平。而在其他情景中,在 21 世纪末二氧化碳浓度仍或多或少快速增加。这些预估表明,不同的世界发展状况可能导致完全不同的温室气体排放及相应的气候变化,而且,相似的温室气体排放也可能是由完全不同的世界发展状况引起的。情景间的差异不仅取决于不同的自由社会经济因子,而且还取决于人类对不同发展道路的选择。这个结论对本书的主题——气候变化与可持续发展——非常重要,将在第 2 章里详细讨论。

### 专栏 1.5　自然系统和社会经济系统的惯性

为什么当今世界民众和决策者可能已经真的认识到了气候变化问题,但却并未迫切意识到应该为此做些什么事情?也许其最重要的原因在于,人们没有预测到未来某个时候会发生严重的不利后果。似乎很难完全正确地评价气候系统的惯性,许多人也许过高地估计了社会经济系统未来快速变化的可能性(科学家认为这些变化对减缓气候变化来说是必需的)。图 1.11a 给出了气候变化和社会经济系统一些关键过程的特征时间尺度,其中植物生理过程不到 1 年,股份资本置换为数十年,某些关键温室气体的寿命为数百年,海平面停止升高超过 1000 年。据预估,大气中温室气体浓度不断上升的影响将会持续数百年。全世界的海洋和冰是决定气候系统惯性的主要因子,因为它们的热容和质量都很大——根据当前的气候-海洋模式,随着辐射强迫的改变,地表温度要历经几百年才能达到平衡。图 1.11b 对 100 年内二氧化碳的排放峰值和下降给出了一种虚拟结果:二氧化碳浓度在接下来的几百年里保持稳定;温度上升趋缓,但并未完全停止;由于热膨胀及积冰融化,海平面在未来数千年里继续升高。如果人们想将二氧化碳浓度在 2150 年之前稳定在 550 ppm[1],则排放将在 2020—2030 年间达到峰值,在稳定期前的大约 100 年(2030—2100 年),二氧化碳浓度可能会恢复到低于 1990 年的水平。

稳定在这个水平的可能性不仅受到自然过程的影响,而且还取决于社会经济变化的潜在速率。例如,情景分析表明,要实现这个水平的稳定,并维持相当长一段时间,就需要能源(尤其是燃料)效率的提高和在全球或区域水平上远离碳燃料(脱碳化)的速率都超过历史水平。目标水平越低,系统惯性就变得越重要(例如,因为需要提前收回股本),成本也越高。要稳定温室气体浓度就需要调整世界能源体系,这就像改变一个超级油轮的航向一样:为了避开前方的危险目标物,我们应该开始采取行动了!另一方面,在个别技术层面,像 B1 和 A1T 这样的低排放情景的渗透速率并没有超过历史上能源技术的渗透速率。

> 来源：IPCC(2001)，Nakicenovic 等(2000)
>
> [1] 这是欧盟(EU)正式接受的目标之一。欧盟的第二个气候目标——把全球温度升高控制在与工业革命前的水平相比不超过 2 ℃——可能会导致一个更严格的二氧化碳浓度目标，即 450 ppm，这是关于气候变率的中间假定。为将二氧化碳浓度稳定在 450 ppm，全球碳排放必须在 2005—2015 年之间达到峰值(IPCC 2001e)。

与 IPCC 及其他研究组的早期评估相比，这里预估的温度变幅偏大一点。现在预估的平均地表温度从 1990 年到 2100 年将增加 1.4～5.8 ℃(Houghton 等 2001)。与以前预估结果不同的原因之一是使用了最新改进的简单气候模式，但更重要的是，新的 SRES 情景与所谓的 IS92 情景在许多重要的方面是不同的。首先，碳排放的变幅有所增大，尤其是在排放范围的高端。主要原因是一些 SRES 情景——特别是矿物能源密集型的高增长情景 A1F1(见第 2 章)，高经济增长与忽视全球环境问题相结合，优先发展额外的以及通常是非常规的矿物燃料资源。其次，尽管据 1992 年预估，由于当前发展中国家正在进行的工业化过程，硫排放有可能持续增加，但主要发展中国家(如中国和印度)在最近的发展表明，这种未来趋势发生的可能性微乎其微。这些国家为了减轻当地的污染，通过在 20 世纪 70 年代采取措施减少酸沉降，已经开始减少硫排放，尽管他们的人均收入远低于工业化国家的水平。情景假设对硫酸盐气溶胶来说非常重要。例如，对像 A2 和 A1F1 那样二氧化碳排放较高的情景来说，值得注意的是，温度预估并不一定高于最初的其他情景，因为这些情景假设，在未来一个时期，那些以矿物燃料为基础进行快速工业化的发展中国家也是高硫排放。然而，从更长一个时期来看，二氧化碳的增暖效益在这些情景中也开始占主导地位。另外有趣的是，在有些情景中，对流层臭氧增加造成的气候强迫变得与甲烷增加引起的强迫同样重要[1]，而它同时还导致局地和区域污染加重。这两个例子表明，气候变化的原因与局地及区域污染的原因之间存在非常重要的联系。

在所有情景中，全球平均的水汽、蒸发量和降水量据预估都是增加的。在区域尺度上，SRES A2 和 B2 情景的降水量变化预估表明，高纬度地区的降水量可能在夏、冬两季增加。而计算表明，澳大利亚、中美洲、非洲南部等地区的冬季降水量将呈减少趋势。因为存在许多不确定性，目前还很难对极端事件的变化给出可信度较高的描述。然而，很有可能在大多数陆地区域出现更多的高温天气和热浪，而霜冻天气将减少且冷期将变短。据预估，极端降水事件的增多将超过平均水平，降水强度同样也会增加(Houghton 等 2001)。

---

[1] 在 1992 年 IPCC 情景后，关于硫排放的最新研究导致 SRES 情景中相应的假设问世，即当前已有的技术手段能够较为容易地减少全球的硫排放，所以，全球硫排放的增长可能不会像以前评估的那么多。同样可以想象，未来无论是发达国家还是发展中国家都能成功地实现臭氧前体物的减排(OECD 国家目前正在实施臭氧前体物减排政策，但还不是很成功，因为还存在与交通有关的氮氧化物的排放)。

第1章　气候变化:科学背景和介绍

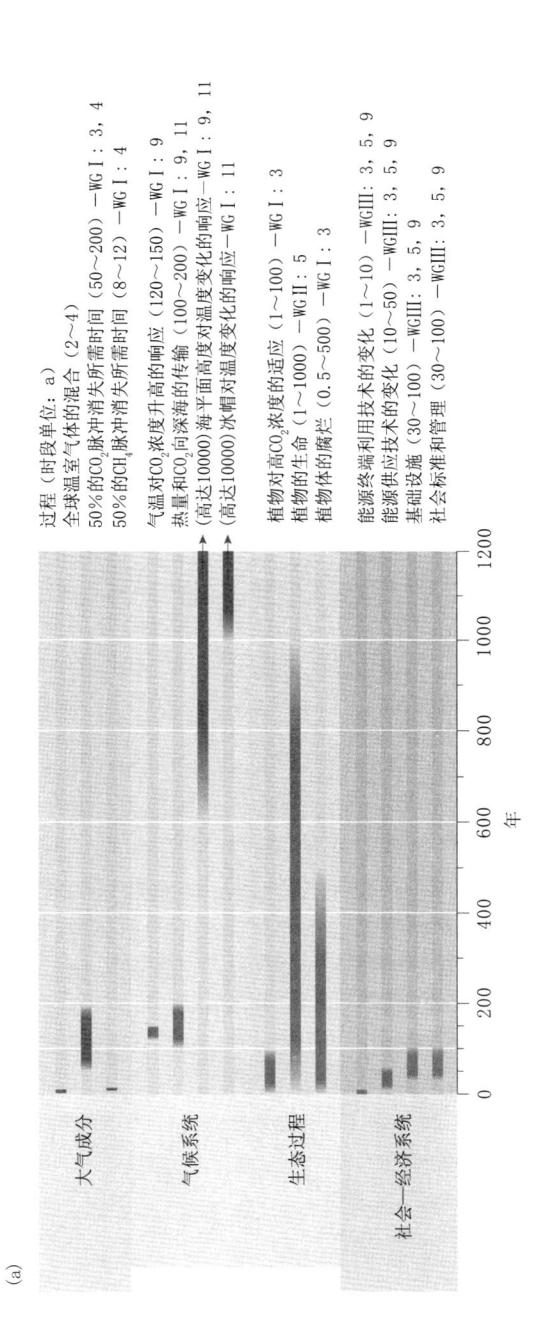

过程（时段单位: a）

**大气成分**
- 全球温室气体的混合 (2~4)
- 50%的$CO_2$脉冲消失所需时间 (50~200) —WG I: 3, 4
- 50%的$CH_4$脉冲消失所需时间 (8~12) —WG I: 4

**气候系统**
- 气温对$CO_2$浓度升高的响应 (120~150) —WG I: 9
- 热量和$CO_2$向深海的传输 (100~200) —WG I: 9, 11
- (高达10000)海平面高度对温度变化的响应—WG I: 9, 11
- (高达10000)冰帽对温度变化响应—WG I: 11

**生态过程**
- 植物对高$CO_2$浓度的适应 (1~100) —WG I: 3
- 植物的生命 (1~1000) —WG II: 5
- 植物体的腐烂 (0.5~500) —WG I: 3

**社会—经济系统**
- 能源终端利用技术的变化 (1~10) —WGIII: 3, 5, 9
- 能源供应技术的变化 (10~50) —WGIII: 3, 5, 9
- 基础设施 (30~100) —WGIII: 3, 5, 9
- 社会标准和管理 (30~100) —WGIII: 3, 5, 9

(a)

(b)

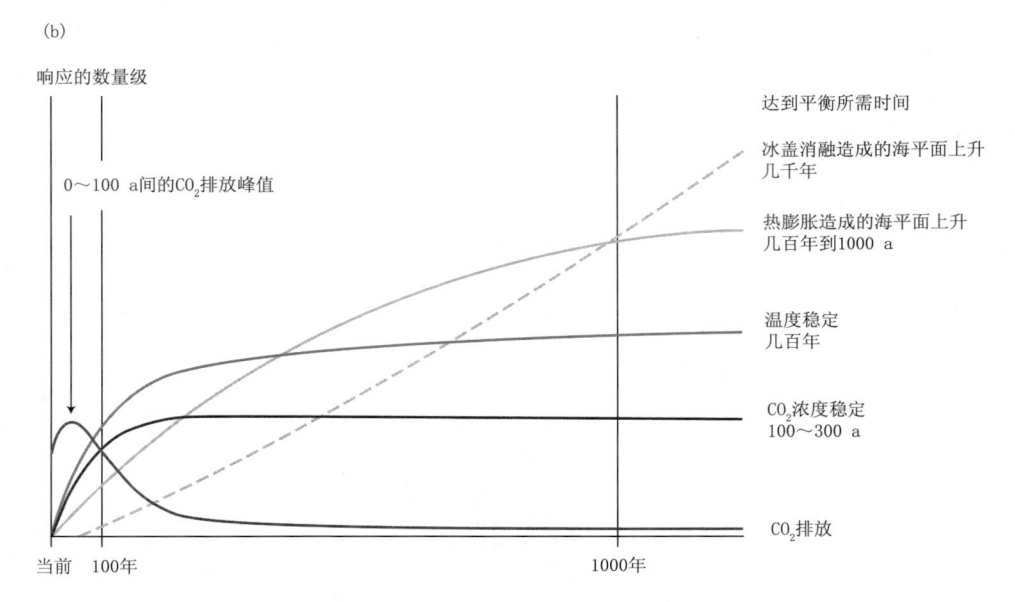

响应的数量级

0~100 a间的CO₂排放峰值

达到平衡所需时间

冰盖消融造成的海平面上升
几千年

热膨胀造成的海平面上升
几百年到1000 a

温度稳定
几百年

CO₂浓度稳定
100~300 a

CO₂排放

当前 100年　　　　　　　　　　　　1000年

图 1.11　惯性。(a)地球系统中一些关键过程(大气成分、气候系统、生态系统、社会经济系统)的特征时间尺度。这里的时间尺度定义为：在某个过程的驱动下，已经显示至少一半的变化结果所需要的时间。(b)在 $CO_2$ 减排以后，大气中的 $CO_2$ 浓度渐趋稳定，地表气温以每百年零点几度或更高的速率继续升高；海平面高度在未来数百年继续上升(来源：IPCC 2001)

在这些预估中，一个关键的不确定性是气候敏感性，气候敏感性一般定义为二氧化碳浓度加倍时全球平均气温平衡态的变化。十几年来达成的共识是：气候敏感性的不确定范围为 1.5~4.5 ℃[①]。尽管最近的一些全球环流模拟试验表明，气候敏感性的数值可能会接近或超出这个范围的上限，但像 IPCC 报告那样的全球评估并不认为这些试验足以改变长期依赖的估计范围。显然，世界将不会均衡地增暖。预估的区域差异是很大的，北半球高纬度地区将出现最大增温(见图 1.12 中 SRES A2 和 B2 的模拟结果)。请注意，A2 和 B2 并不代表排放情景估计的全部范围。专栏 1.6 阐述了变化的温室气体浓度对厄尔尼诺现象的潜在影响。

根据 SRES 情景预估，未来 100 年，全球平均海平面将升高 0.09~0.88 m，主要是由海洋热膨胀和冰川融化退缩引起的。模拟结果认为，这个时期格陵兰和南极洲冰盖变化的贡献是不一样的，格陵兰冰盖的贡献可能为正(冰消融)，而南极冰盖的贡献为负(冰积累)。图 1.10 表明，到大约 2050 年，这些情景几乎没有什么差异；但在此之后，情景预估开始出现显著差异。更重要的是，即使温室气体浓度达到稳定状

---

① 在图 1.10 中，使用的是一个相似的范围，即 1.7~4.2 ℃。

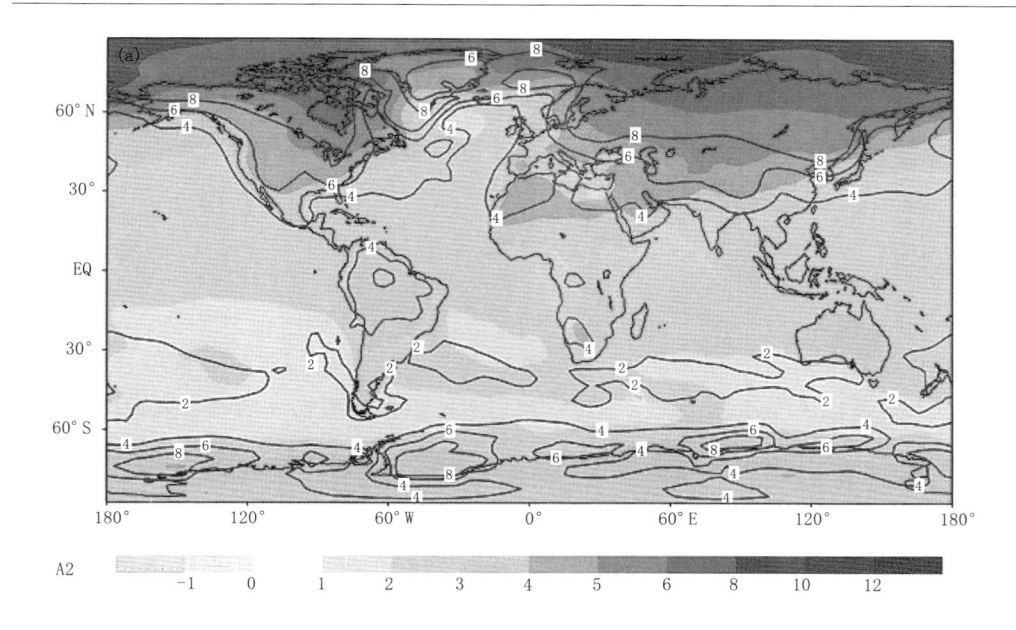

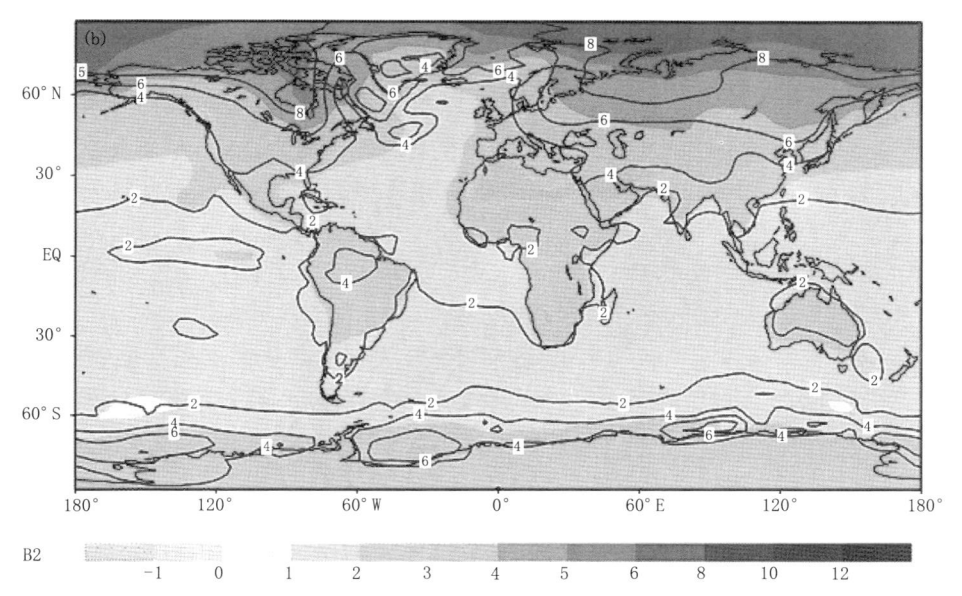

图1.12 温度变化的区域差异:SRES A2 情景(a)和 B2 情景(b)中年平均温度的变化及其变幅。SRES 两个情景都给出了 2071—2100 年和 1961—1990 年两个时段的对比,都是用全球海气耦合模式计算的(来源:Houghton 等 2001)

态,不再增加,海平面还将继续升高几百年。如果二氧化碳浓度稳定在工业革命前的 2 倍,则海平面升高将达 0.52 m;如果二氧化碳浓度稳定在工业革命前的 4 倍,则海平面升高将达 14 m。从超长时间尺度来看，应该意识到，格陵兰和南极冰盖所包含的冰足以使海平面高度几乎上升 70 m。所以，即使对其冰质量(ice mass)作用较小，也会产生显著的影响。比如，局部地区在几千年内持续增暖，如果增温幅度超过 3 ℃，就可能导致格陵兰冰盖融化，使海平面升高约 7 m；增温 5.5 ℃（与中期稳定情景一致），则会导致海平面在 1000 年内升高约 3 m；增温 8 ℃，海平面升高 6 m(Houghton 等 2001)。悲观一点，考虑到格陵兰的局地温度可能超出全球平均温度 1.2～3.1 倍，即使大气中的二氧化碳浓度稳定在 450 ppm 的低水平上，但由于冰盖融化，海平面仍可能升高 3 m；如果从长期来看，二氧化碳浓度稳定在 550 ppm，则海平面将升高 6 m（图 1.13）。只有二氧化碳浓度稳定在低水平且气候敏感性较小，格陵兰冰盖的融化风险才会比较低。尽管我们对南极洲冰盖在冰动力学方面的作用还认识不足，但在未来 1000 年，科学家认为，冰盖显著消融的风险（如因为西南极冰盖的坍塌）还是很小的。

> **专栏 1.6　气候变化与厄尔尼诺及其对自然系统和人类系统的影响**
>
> 厄尔尼诺是热带太平洋上发生的一种对海洋—大气系统的破坏现象，它对全球天气都有重要的影响。在一些特殊的年份，秘鲁和厄瓜多尔近岸海水从春末夏初开始变暖，至年末一直保持增温态势。它与热带内地面气压型的波动，以及印度洋和太平洋的洋流——南方涛动——有关。当厄尔尼诺事件发生时，盛行信风减弱，赤道逆流增强，导致印度尼西亚地区的表层暖海水向东流动，叠加在秘鲁冷洋流之上(Houghton 等 2001)。厄尔尼诺现象会破坏当地的渔业，而且还在全球许多地区产生旱涝影响，有时甚至使当地社区陷入混乱。许多自然和人工生态系统对厄尔尼诺事件的发生频率较为敏感。受厄尔尼诺事件高频发生的影响，全世界受天气灾害负面影响的人数呈上升趋势(McCarthy 等 2001)。
>
> 厄尔尼诺的周期在过去显示出很大的变率，大部分是缘于自然原因，如气候系统的内部变率和外强迫（如地球轨道的变化）。过去 20 多年里发生了一些极端事件，但原因还不清楚。根据 Houghton 等(2001)，当前的预估表明，在未来 100 年，厄尔尼诺事件的振幅几乎没什么变化，或仅有小幅增加，但由于模式对复杂过程的描述具有很大的不确定性，因此对热带太平洋厄尔尼诺事件在未来的发生频率、振幅和空间分布型来说，预估的信度是有限的。不同的模式给出的结果不同。然而，即使是厄尔尼诺事件的振幅几乎或根本没有变化，全球变暖仍可能导致许多地区发生更为极端的干旱和降水。

UNFCCC 的目标是稳定大气中的温室气体浓度。最重要的温室气体二氧化碳也是在这方面研究得最多的。图 1.13 给出了二氧化碳随时间的排放廓线、其浓度水平稳定在 450 和 1000 ppm，以及相应温度变化之间的关系。气候系统的迟滞效应是

第 1 章　气候变化:科学背景和介绍　　　·29·

这种关系的决定性因素(见专栏 1.5)。科学界普遍认为,为了使温室气体浓度稳定在 450 ppm 水平上,全球排放必须在未来几十年下降到当前的水平之下;如果是 550 ppm,这个时期大致是 100 年。如果是 1000 ppm,则大致要 200 年。如第 10 章要讨论的那样,从减缓角度讲,排放控制的时限问题取决于首选的稳定水平和达到该水平的时间路径。一般情况下,我们可以说,最终的浓度稳定水平主要取决于累计的碳排放,而不是排放的时间廓线。而且,浓度达到稳定的时间对排放廓线有影响——浓度达到稳定水平的时间越靠后,就会给未来留下越多的减排量。模拟者一般会假设温室气体浓度在未来几百年都是稳定的。要在 21 世纪实现浓度稳定,就需要尽早地减排。在浓度达到稳定水平之后,温度将继续升高一段时间,尽管其上升的速率可能放慢了;浓度的稳定水平越低,增温速率越慢。

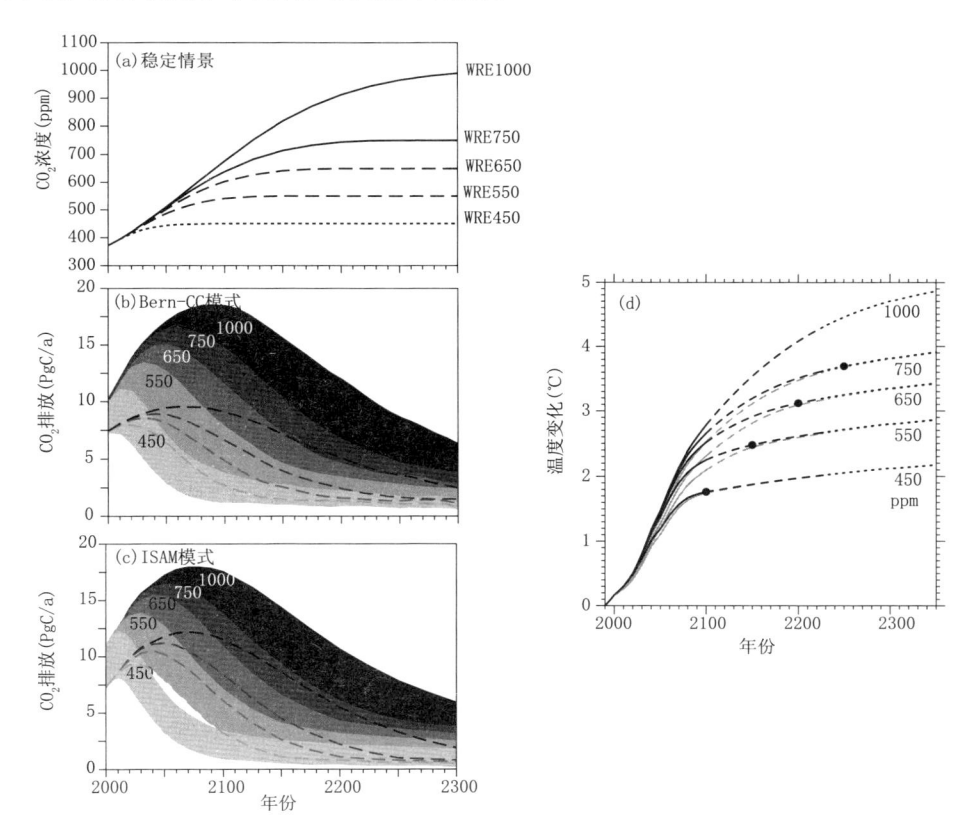

图 1.13　$CO_2$ 浓度(a)、两种模式的 $CO_2$ 排放(b 和 c),以及 $CO_2$ 浓度稳定在 450～1000 ppm 的几种情景的温度变化(d)之间的关系预估(来源:Houghton 等 2001)

## 1.4 影响和脆弱性

### 1.4.1 引言:避免气候系统的危险干扰

如前一节所述,有越来越多的证据显示,全球的气候已经在发生变化,可能还将继续变化,而且人类活动是这些变化的原因。问题是,这些变化影响了生态系统和社会的功能。按照 UNFCCC 的说法:人类活动对气候系统的干扰有可能是"危险的"。的确,UNFCCC 的谈判各方都把缔约方大会可能采用的目标确定为最终目标,即

> 与 UNFCCC 的有关条款一致,实现"把大气中温室气体的浓度稳定在防止使气候系统发生危险的人为干扰水平上。处于该水平的温室气体浓度要能在足够长的时间框架内使生态系统能够自然地适应气候变化,确保粮食生产不受威胁,并使经济发展以可持续的方式进行"(见专栏 1.1)。

然而,什么样的影响水平是危险的和应该避免的?这是一个价值判断。科学家已经研究了各种系统对气候变化的脆弱性,并用一系列情景方法预估了对这些系统的影响。这些研究结果能有助于人们进行明智的判断,确定什么样的影响水平是危险的。人们已经确认,对气候变化来说,无论是自然系统还是人类系统都是脆弱的。由于许多人类系统比自然系统有更强的适应能力,所以自然系统特别脆弱。脆弱性取决于变化(如温度、降水量、变率、极端事件的发生)的类型、变化的量级和速率、暴露程度和适应能力。未来的气候变化将改变其影响的水平和范围。主要影响领域包括公共卫生、农业和食物安全、森林、水文和水资源、海岸带地区、生物多样性、人居、能源、工业和金融部门等(图 1.14)。专栏 1.7 概要总结了 IPCC 第三次评估报告(IPCC 2001a,2001b,2001c)关于脆弱性和影响的一些重要发现。

---

**专栏 1.7　IPCC 第三次评估报告第二工作组(IPCC 2001a,2001b,2001c)的关键结论**

影响、脆弱性和适应

1. 最近的区域气候变化,尤其是温度的升高,已经影响了许多物理系统和生物系统。
2. 有指标初步显示,有些人类系统已经受到最近旱涝增加的影响。
3. 自然系统对气候变化比较脆弱,而且有些损害将是不可逆的。
4. 许多人类系统对气候变化比较敏感,有些系统比较脆弱。
5. 预估的极端气候事件的变化可能产生严重的后果。

6. 大尺度和可能不可逆转的影响存在潜在风险，因此，仍必须对其进行可靠的定量研究。
7. 适应是一种必要策略，它能在各个层面弥补减缓气候变化行动中所存在的不足。
8. 那些资源最少的人群，其适应能力最低，因而也是最脆弱的。
9. 适应能力、可持续发展和增进公平能够相互补充。
10. 在不同地区之间以及同一地区内的不同种群之间，各个人群和自然系统对气候变化的脆弱性相差甚远。基线气候的区域差异和预计的气候变化使各地区对气候变化产生不同的反应。
11. 为确保决策者在有关响应气候变化的可能后果方面能够获取足够的信息，必须在加强对未来的评估和减少不确定性方面进行更多的研究，包括在发展中国家和由发展中国家开展的研究。

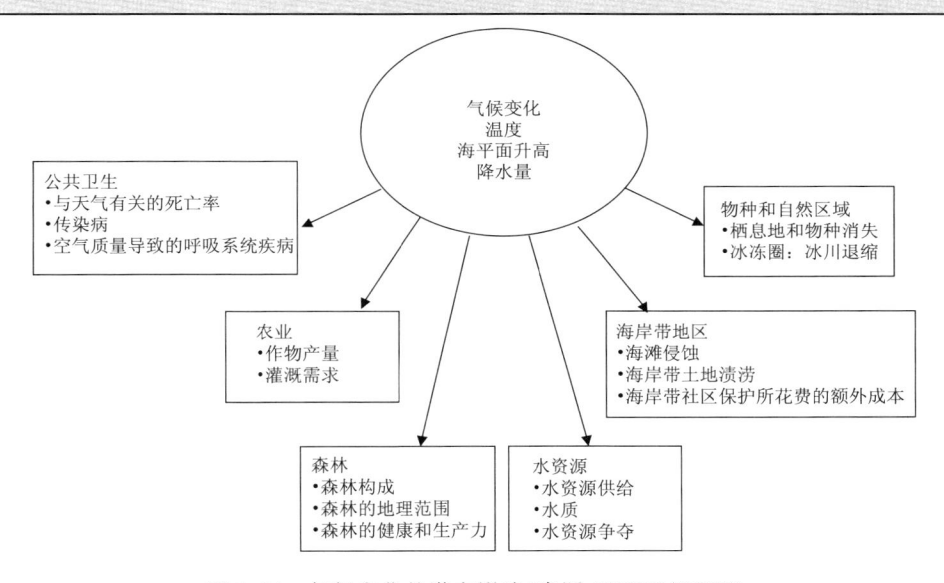

图1.14 气候变化的潜在影响（来源：UNEP/GRID）

## 1.4.2 观测到的指示性物种的变化

在1995年，IPCC确认，气候正在发生变化，并认为人类活动已经对气候产生了可辨识的影响。因此，人们可能猜想，这些变化——其在多大程度上受人类活动的影响尚未可知——肯定也是可观测的。实际上，1995年以后的重要资料揭示，确实有证据表明这些影响的确存在。人们已经在许多地区辨识出自然系统、生态系统和社会经济系统的变化。对这些变化的检测并把它们和气候变化联系在一起，使人们发现了许多重大科学问题，因为这些系统还经常遭受除气候变化之外许多胁迫因子的影响。不过，人们已经发展了多种方法来研究这些问题，他们根据观测或预测的气候变化，利用脆弱的物种和系统，在那些预期一致的许多研究中寻找变化的系统型(McCarthy 等 2001)。应用这样的方法，人们在观测的系统变化和区域气候变化之间辨识出许多相互联系的例子。在全球范围内，与所观测的温度变化一致的例子包括(其地理位置见图 1.15)：

——极区之外冰川退缩。
——多年冻土解冻。
——北冰洋海冰的范围和厚度都变小。
——河冰和湖冰的冻结期推迟，消融期提前。
——植物的开花期提前，生长季变长。
——植物、昆虫(如蝴蝶)、鸟类和动物向两极方向和高处迁徙。
——某些动物种群减少，而某些动物种群则增加。
——鸟类提前到达和产蛋，昆虫提前出现。
——珊瑚白化事件增加。
——极端天气事件造成更大的经济损失。

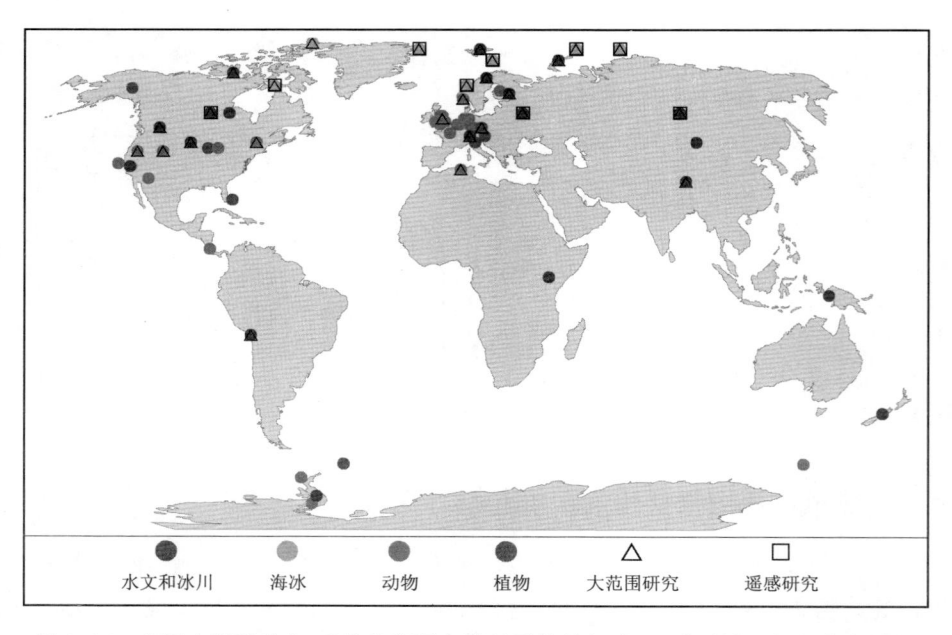

图 1.15　在图中所示地点，系统长期研究满足严格的标准，证明了最近与温度有关的区域气候变化对自然系统和生物系统具有明显的影响(来源：McCarthy 等 2001)

## 1.4.3 影响和脆弱性

在过去 20 多年间,研究人员对一系列敏感的人类系统和自然系统评估了其潜在的未来影响,这些系统包括自然的(陆地、淡水和海洋)生态系统和生物多样性、农业和食物安全、人类健康、水资源、海岸带和低地岛屿,以及人居和经济部门(表 1.3)。大多数这类分析都是利用在二氧化碳浓度加倍的气候情景进行的,这是用全球环流模式最常进行的一类模拟。只有在最近,由其他情景,如 IPCC IS92(Leggett 等 1992)和 IPCC SRES(Nakicenovic 等 2000),确定的时间廓线气候情景才可供使用,从而使基于这类情景的影响分析水平仍很有限。减缓和稳定排放情景的影响分析工作水平更为有限①。

**表 1.3 气候变化影响示例**

| 敏感系统 | 影响示例 |
| --- | --- |
| 自然的陆地和淡水生态系统 | 生境的丧失和破碎,物种丧失,特别是在脆弱地区(如高山、北方地区和极区)<br>地理范围、森林构成和其他生态系统的变化<br>生态系统(如森林)生产力的变化<br>湿地变为森林或荒野<br>多年冻土生态系统受到破坏 |
| 人工生态系统/农业和食物安全 | 二氧化碳增多提高了净初级生产力<br>气候变化[在热带(或亚热带)几乎在所有尺度都变暖,温带的增温超过几度]导致作物减产<br>某些中纬度地区增温几度,使某些作物增产,并增加了全球木材供应量<br>总体上,全球食物供应在总量上短期内不会受到威胁,但分配不均将加剧<br>需要灌溉用水 |
| 人类健康 | 传染病/菌媒疾病(如疟疾和登革热)的分布发生变化<br>与天气有关的发病率和死亡率(如中暑)发生变化<br>与空气污染有关的呼吸系统疾病<br>与食物和饮用水短缺有关的健康问题 |

---

① 请参考 Arnell 等(2002)和 Parry 等(2001),这两篇文献对一个参考情景(IS 92a)和两个稳定排放情景(550 和 750 ppm)的大范围受影响地区基于大气环流模式(GCM)进行了分析;还请参考 Swart 等(1998),这篇文章用一个综合评估模式(包含一个简单气候模式),在一系列稳定排放情景下,就对自然生态系统和人工生态系统的影响给出了一些研究结果。

续表

| 敏感系统 | 影响示例 |
|---|---|
| 水资源 | 水资源供给(地表水径流和地下水补给)发生变化<br>与水资源短缺相联系的变化,特别是对许多(但不是所有)干旱和半干旱地区产生了不利的影响<br>洪涝事件的发生频率和强度增加<br>与水温变化有关的水质变化<br>水资源分配 |
| 海岸带、低地岛屿和海洋生态系统 | 海滩侵蚀<br>海岸红树林、盐沼和环礁受到破坏<br>鱼群分布发生变化<br>珊瑚礁白化<br>海岸带和其他低洼地带被淹没<br>海岸带保护的成本 |
| 人居和经济部门 | 对空调需求的增加使能源消费增加,对暖气需求的减少使能源需求减少<br>水力发电的能源供给发生变化<br>洪涝、海平面升高和干旱增加了人口转移的风险<br>在洪涝和多年冻土解冻的易发地区,基础设施受损<br>旅游业(如冬季运动)受损<br>保险业损失增加 |

适应能力和脆弱性分布极不均匀,发展中国家的适应能力较低而脆弱性较高。

## 1.4.4 未来影响和关注的原因

如在本节引言中提到的,气候政策的一个关键问题是:用什么来表征人类活动对气候系统干扰的危险水平? McCarthy等(2001)试图根据 IPCC SRES(另见第 2 章)情景中全球平均温度升高的预估与科学家关注该问题的五方面原因(图 1.16),就这个问题给出一些信息。这五方面的原因如下:

(1)独特生态系统和受威胁生态系统的风险。
(2)极端气候事件的风险。
(3)影响的分布。
(4)总体(经济)影响。
(5)未来大规模、间断事件的风险。

这些原因有环境方面的(1,2,3,5),有社会方面的(2,3,5),也有经济方面的(3,4),而且可以与 UNFCCC 第二条关于可持续发展的内容直接联系起来。

独特系统和受威胁系统的风险已被单独列出,因为这些系统不仅在一般情况下因其地理范围相对较小而对气候变化表现得特别脆弱,而且其独特性还使它们在全球具有重要意义（Smith 等 2001）。独特系统和受威胁系统包括自然系统（如热带地区和其他地区的冰川）、生物系统（如物种和生态系统）和人类系统（如小岛国、低海岸带地区和土著人群）。对生态系统的威胁可以表现为物种丧失，生态系统发生移动或破碎化。特别敏感的生态系统是高山系统、生物多样性热点地区、生态交错带（不同环境的过渡区）、珊瑚礁和红树林。目前，这些系统中有许多都因气候变化和非气候变化因素而受到严重威胁。这一点也被反映在图 1.16 的彩色条栅中。有关不同情景下生态系统随时间会如何变化的研究分析还很少。表 1.4 给出了 IMAGE 模式的结果，这里自然植被和自然保护区随温度而发生变化——温度变化越大，影响也越大，而且很小的变化所产生的影响就已经很显著了（Swart 等 1998，转引自 Smith 等 2001）。Arnell 等（2002）指出，在一个类似 IS92a 的参考情景中，二氧化碳浓度稳定在 550 和 450 ppm，植被枯萎病显著减少。图 1.16 不仅给出了不同情景得出的风险是如何的不同，而且还表明减缓气候变化还可以降低生态系统的风险。

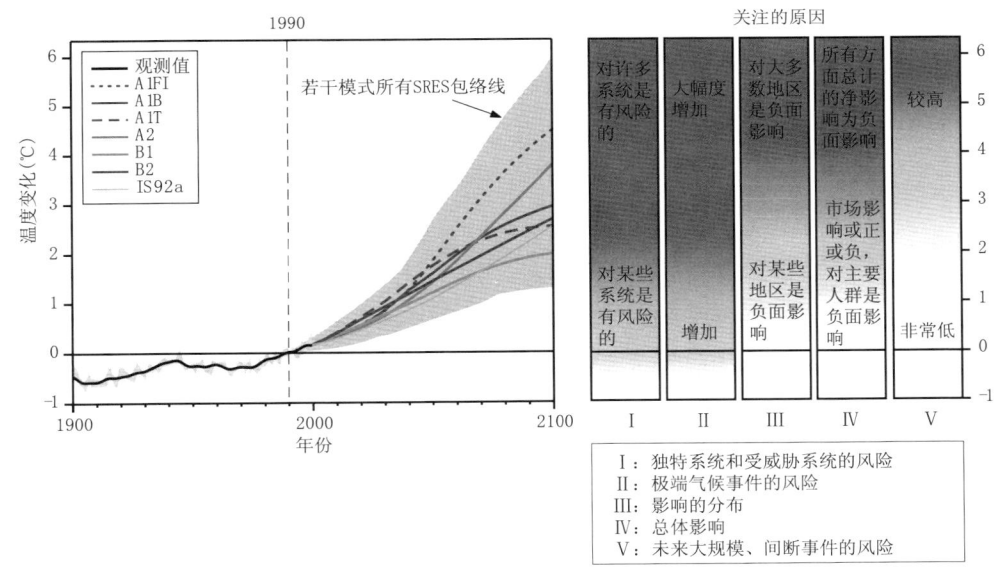

图 1.16　预估的气候变化影响的有关原因。气候变化负面影响的风险随着气候变化
幅度的增加而增大（来源：McCarthy 等 2001）

**极端气候事件和大规模的间断事件**　人们已经确认，极端气候事件和大规模的间断事件是人们关注气候变化的重要原因。关于气候的逐渐变化已有许多科学讨论。而由暴雨、干旱、洪水等重大天气事件带来的破坏表明，极端气候事件和气候变率可能更为重要。许多社会部门、社区，连同自然系统，在应对气候的渐变方面都有相当的能力，但对极端事件却非常脆弱。不过，在这个问题上仍存在最大的科学不确定性，即全球气候变化是怎样通过极端天气事件和气候变率的变化来表现的。据预

表 1.4　气候变化对生态系统的总体影响(来源:McCarthy 等 2001)

| 影响指标 | 情景(℃) | | | | | |
|---|---|---|---|---|---|---|
| | 0.5 | 1.0 | 1.5 | 2.0 | 2.5 | 3.0 |
| 温带谷物(面积变化) | | | | | | |
| 产量降低[a] | 12 | 16 | 18 | 20 | 20 | 22 |
| 产量增加[a] | 2 | 3 | 4 | 8 | 12 | 15 |
| 玉米(土地面积变化) | | | | | | |
| 产量降低[a] | 13 | 18 | 22 | 26 | 29 | 33 |
| 产量增加[a] | 2 | 4 | 6 | 9 | 13 | 17 |
| 自然植被变化[b] | 11 | 19 | 26 | 32 | 37 | 43 |
| 受威胁的自然保护区[c] | 9 | 17 | 24 | 32 | 37 | 42 |

[a] 产量增加和降低是指面积百分率,其中潜在雨养产量至少有10%的变化。参考面积是当前的作物面积。
[b] 自然植被的变化是指从一种植被类型转变为另一种植被类型的土地面积百分率。参考面积是全球土地面积。
[c] 受威胁的自然保护区是指其占保护区的百分率,在那些地方原始植被已消失,所以实现不了保护的目的。参考数量为保护区总数。

估,在这类事件中,有一些事件的强度将变大,发生频率将增加。假设极端事件发生的可能性具有正态分布,则图 1.17 表明某一气候指标(如温度)的平均值的增加将如何引起极端事件发生概率的增大。所以,气候变化在未来有可能导致极端事件更频繁、更严重。这些可能事件的例子包括:1)最高温度更高;2)炎热天气和热浪事件更多;3)最低温度更低;4)寒冷和霜冻日数更少;5)春寒事件更少;6)降水事件的强度增大;7)干旱时段更长;8)热带气旋的风力和降水强度增加;9)与厄尔尼诺事件有关的干旱和洪涝加剧;10)亚洲季风降水变率增大;11)中纬度风暴的强度更强[①]。请注意,这些例子当中有一些(如上述第 5 项)可能会有正面影响。

气候系统呈非线性变化,其组成也具有很大的不稳定性,这两方面的风险特别难评估。有关例子包括:北大西洋温盐环流减弱,它将通过改变墨西哥湾流从而在根本上改变北美洲和欧洲的气候;南极西部冰盖的崩解;格陵兰冰盖的坍塌;气候变化导致陆地生态系统将排放大量的温室气体,而且陆地碳汇将达到饱和。这些事件中有些(如温盐环流的变化)可能是不可逆转的。然而与气候相关的许多变化是逐渐发生的,一些基本的变化可能是在几十年的年代际尺度上发生的。尽管人们认为这些风险是具有重大影响的小概率事件,但这种观点从百年时间尺度来看似乎是有根据的。不过,如果我们可以看得比百年时间更远,则这种情况还要发生变化(见 1.3.2 节)。

---

① 最后一项特别不确定,不同模式的模拟结果并不一致。

# 第1章 气候变化：科学背景和介绍

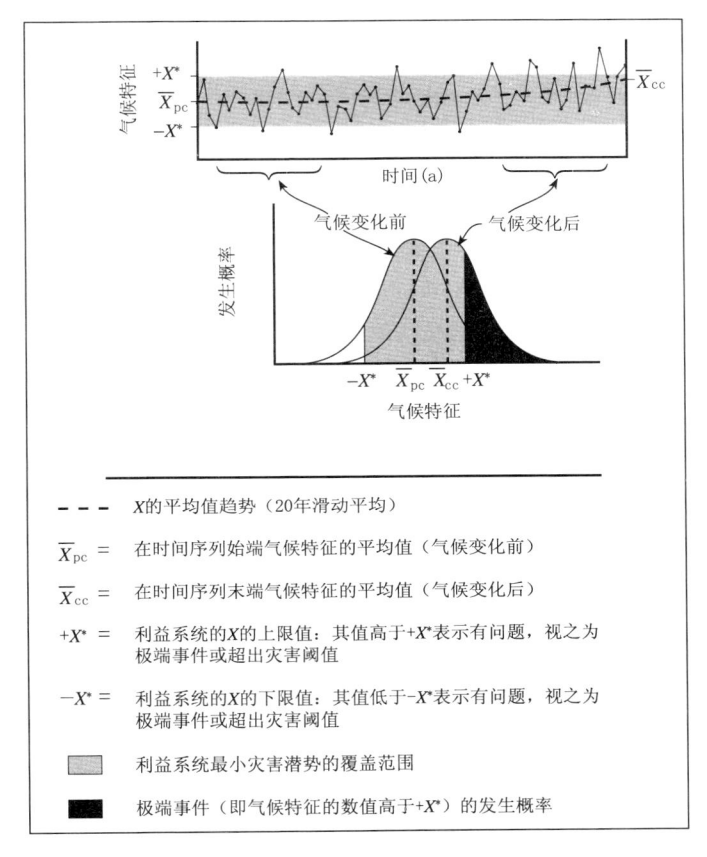

图 1.17 气候变化、气候变率和极端气候事件（来源：McCarthy 等 2001）

**总体（经济）影响和影响的分布** 总体的（经济）影响和影响的分布会影响可持续发展和公平发展的机遇和风险。自从第二次评估报告（IPCC 1996a，1996b）发表以来，用货币估计的全球累积影响变得更适中了，如世界 GDP 从 $-1.5\%\sim-2\%$ 降到全球平均增温 2.5 ℃ 时的不到 $-1.5\%$（表 1.5）。表中的数据还有许多不确定性，有的还存有争议。首先，对于在什么范围使用共同的计价标准来评估所有影响的可能性存在异议，特别是非市场影响的评价，如生物多样性损失和人类健康风险。第二，对于影响本身还缺乏了解，因为影响可能来自地理上尚不确定的气候的变化。第三，分析人员对灾害函数的形状、贴现率、时间尺度和福利标准选择的主观假设决定着不同时间的结果。第四，分析中仍很难考虑适应因素。

**表 1.5　分区域的指示性世界影响（当前 GDP 百分率）。评估并不全面，单个数字的置信度很低（来源：McCarthy 等 2001）**

|  | IPCC(2001) 2.5 ℃ 增温 | Mendelsohn 等(2000) 1.5 ℃ 增温 | Mendelsohn 等(2000) 2.5 ℃ 增温 | Nordhaus 等 (2000) 2.5 ℃ 增温 | Tol(1999) 1 ℃ 增温[a] |
|---|---|---|---|---|---|
| 北美 |  |  |  |  | 3.4 (1.2) |
| 美国 |  |  | 0.3 | −0.5 |  |
| 经合组织（欧洲） |  |  |  |  | 3.7 (2.2) |
| 欧盟 |  |  |  | −2.8 |  |
| 经合组织（太平洋） |  |  |  |  | 1.0 (1.1) |
| 日本 |  |  | −0.1 | −0.5 |  |
| 东欧/前苏联 |  |  |  |  | 2.0 (3.8) |
| 东欧 |  |  |  | −0.7 |  |
| 俄罗斯 |  |  | 11.1 | 0.7 |  |
| 中东 |  |  |  | −2.0[b] | 1.1 (2.2) |
| 拉丁美洲 |  |  |  |  | −0.1 (0.6) |
| 巴西 |  |  | −1.4 |  |  |
| 南亚、东南亚 |  |  |  |  | −1.7 (1.1) |
| 印度 |  |  | −2.0 | −4.9 |  |
| 中国 |  |  | 1.8 | −0.2 | 2.1 (5.0)[c] |
| 非洲 |  |  |  | −3.9 | −4.1 (2.2) |
| 发达国家 | −1.0～1.5 | 0.12 | 0.03 |  |  |
| 发展中国家 | −2.0～9.0 | 0.05 | −0.17 |  |  |
| 全世界 |  |  |  |  |  |
| 产出权重 | −1.5～2.0 | 0.09 | 0.1 | −1.5 | 2.3 (1.0) |
| 人口权重 |  |  |  | −1.9 |  |
| 世界平均价格 |  |  |  |  | −2.7 (0.8) |
| 公平权重 |  |  |  |  | 0.2 (1.3) |

[a] 括号中的数字表示标准差。
[b] 石油输出国组织（OPEC）中的高收入国家。
[c] 中国、老挝、朝鲜、越南。

不过，有三方面的发现获得了广泛认同。第一，影响的分布是不均匀的，发展中国家比发达国家更为脆弱。主要原因是发展中国家不但受到的影响更大，而且他们的适应能力更低。高影响来自洪涝和干旱的易发地区、对气候敏感的部门（如农业）占的比重较大、健康和营养状况较差的敏感人口更多，以及海岸带地区更为脆弱。发展中国家因为其缺乏技术、制度、资金和知识而具有较低的适应能力。Arnell 等（2002）阐述了气候变化如何影响特定地区的，如缺水的地区、低洼的海岸带和岛屿、以及热带地区(如疟疾风险)等。第二,温度在低水平变化(低于2~3℃)的影响可能是混合的(有正面的,有负面的,因不同的地区和部门而不同),而对于更大的变化(高于2~3℃),实际上,所有地区都显示出负面影响。第三,对于不同幅度的气候变化,影响的分布可能也不相同。

图1.16表明,独特生态系统和受威胁生态系统的风险,以及极端气候事件的风险是五个关注原因中最大的两个,尽管极端事件的风险随着温室气体的排放和与之相关的温度升高而迅速增加(第一、第二两栏),但当前已经观测到的温度变化的风险却是正面的。最后一栏表明,大规模间断性事件,如温盐环流趋缓或西南极冰盖的崩解(伴随着可能的破坏性结果)对弱气候变化的风险较低,但对较大的变化却确实存在某种程度的风险,在21世纪高排放情景下,气候变化的风险仍在我们的预料之中,而此后风险将变大。图1.16给决策者提出了一个重要的伦理问题,即如果从预防的角度出发,将"危险水平"定义为避免受威胁生态系统和脆弱生态系统发生风险,或避免气候变化加剧当前的不公平性,则可能认为即使是最低排放的情景也是危险的,从而可能需要排放量要很低①。如此看来,大多数敏感生态系统的脆弱性(如高山和极区)或大部分脆弱社区(如干旱半干旱地区的发展中地区、低海岸带地区或小岛国)需要制定全球减缓对策标准。

在不同的水平上(如把温室气体稳定在不同浓度)减缓气候变化能在多大程度上降低风险?了解这些信息是极其有用的。但遗憾的是,还没有多少研究来系统地分析温室气体浓度稳定后可以避免多少损失。图1.18给出了有关这方面的初步工作,这是一个很好的例子。它指示出在关键领域,如水资源短缺、公众卫生(疟疾的风险)、洪涝和饥饿的发生风险,这种影响随稳定水平的情况变化(Parry等2001)。该图也饶有趣味地提示,灾害曲线的形状可能因不同的脆弱系统而有很大的差异,而且不同稳定水平之间的差异可能意味着要涉及数百万人口。

## 1.5 行动的基本原理:把适应和减排作为可持续发展战略的一部分

从前几节的内容我们可以清楚地知道,气候变化的的确确已经发生了,根据观测,重要的气候变量(如全球平均温度)已经发生了变化,而且有越来越多的证据表明,在自然生态系统和人工生态系统中观测到的变化的确与气候变化有关。据预估,未来许多社会经济情景都会发生严重的而且可能是不可逆转的影响。独特生态系统

---

① 这种分析是在所谓"忍耐窗区"或"安全着陆"方法中探讨的,"安全着陆"方法从长期气候风险中派生出"安全排放走廊"(见8.1节)。

**全球气候变化给数百万人带来风险**

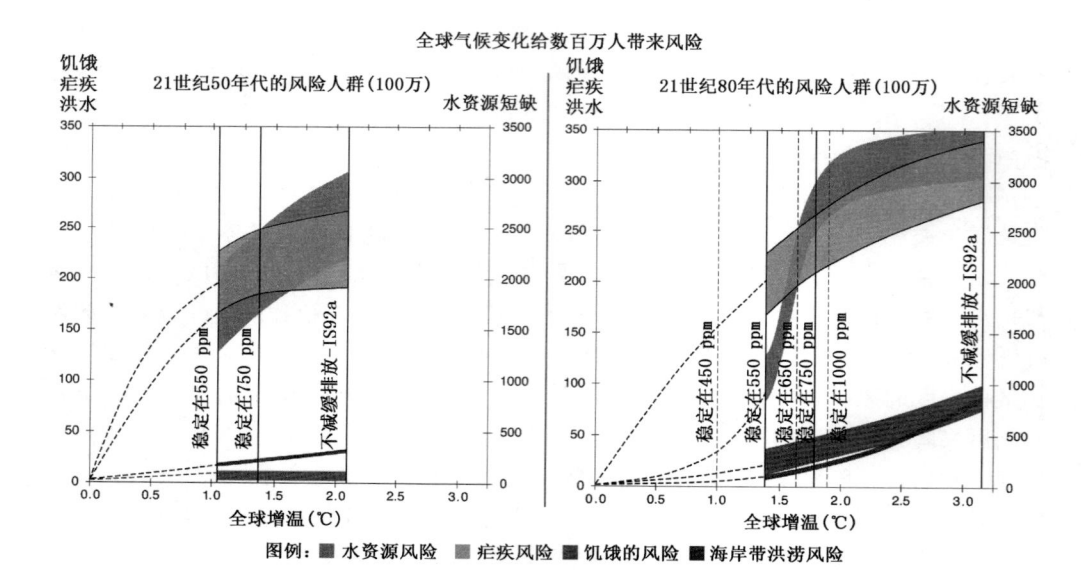

图 1.18 风险人群的影响水平随二氧化碳排放廓线而变化(来源:Parry 等 2001)。曲线表示在给定的全球增温情况下将增加的受风险人群(以 100 万计);曲线的宽度表示距平均值的标准差,基于 4 个 HadCM2 试验(2,3)的结果计算而得;实线表示模式估计,虚线为外推结果示意;全球增温是相对于 1961—1990 年的平均值而言;垂线表示在排放情景中 $CO_2$ 浓度最终稳定在一个指定水平后温度的变化

和受威胁生态系统的风险,特别是极端气候事件的风险,以及适度的气候变化的可能性都会加剧区域间的不公平,因此,我们所采取的行动要保证防止(或进一步防止)人类活动对气候系统的危险干扰。气候变化的应对措施主要包括减缓和适应。我们把减缓定义为一系列能够降低气候变化发生可能性的行动,而适应是指那些减轻气候变化影响的行动(不一定能改变气候变化发生的可能性)。

科学评估(Parry 等 2001,Arnell 等 2002,Swart 等 1998,Watson 等 2000)表明,稳定二氧化碳浓度确实能够减少不利影响的风险,如果稳定在更低的浓度水平上,则结果更明显。尽管在此问题上依然存在许多不确定性,但在政治上全球已达成共识,即在科学上缺乏足够的确定性不应成为推迟实施减缓措施的一个理由(另见专栏 1.1)。就像在第 9 章里要讨论的,很多无悔措施是现实可行的,即这些措施的收益等于或高于社会成本,这里说的收益甚至不包括避免气候变化发生所带来的收益。这些收益包括局地和区域空气污染及其对健康的影响的减轻、能源成本的降低、局地就业状况的改善等等。假定气候的影响主要是不利影响,正像主要的科学文献中提到的,即由 McCarthy 等(2001)进行的评估,那么减轻这些影响就具有经济意义和伦理意义。就影响而言,气候变化有可能危害到可持续发展的机会。因此,IPCC 第二次评估报告(IPCC 1996a,1996b)就贯穿着一个基本原则,那就是采取无悔措施,减少温室气体的排放。这其中有一个关键的政治问题,那就是人们应该在多大程度上采取无悔行动? 通俗一点说,就是在无悔行动这条道路上应该走多远、走多快? IPCC第三工作组(IPCC 2001a,2001b,2001c)的关键结论(见专栏1.8)表明,减缓气候变化的措施有很多,累积成本可能并不是让人望而生畏的。也许更重要的是,如果把减缓措施综合到以可持续发展为目标的更广泛的社会经济策略里,减缓措施就可以更具吸引力,政策和措施也会更加有效。尽管在国际上一致认为这些应对措施对人类来说都是有利时机,但采取一致的减缓行动却显得极其艰难,原因是在金融、文化、机构、政治等领域尚存在许多障碍需要克服。例如,减缓的成本在国家水平上可能是适中的,但其对脆弱经济部门来说可能就相当可观,因为这些部门经常会受到政治的影响。然而,问题似乎并不在于是否应该采取减缓行动,而在于应该采取什么样的行动,应该何时采取行动,以及由谁来采取行动? 或者换一种说法:在考虑到气候变化的长期风险和其他许多人们所关注的竞争和资源方面的问题时,在短期内采取什么措施是最适当的?

同时,任何一套完整的应对措施都将首先包括适应,其次才是减缓,因为即使是最有力的减缓也阻挡不了所有的气候变化以及与之相联系的影响的发生。应对措施还将包括降低脆弱性。许多部门(如农业部门和水资源管理部门)对自然的气候变率和极端事件都是非常脆弱的。因此,应对措施中有一部分应该是降低脆弱性和提高复原性(resilience)的技术和实践。这一点不仅从未来气候变化的角度看非常有用,而且对降低当前气候变率的脆弱性,以及减轻许多因其他自然和人类活动而对脆弱系统造成的压力也非常有用。所以,我们也有足够强的理由在适应和降低脆弱性方面采取行动。在某种程度上,生态系统和社会系统会自然地适应气候变化,但有计划的适应行动会在相当大的程度上促进这种过程。当然,这特别适用于人类系统,但也有助于自然系统的适应,例如,在制定保护对策时要考虑到预估的气候的变化。

适应、降低脆弱性和减缓行动都有助于可持续发展,而如果可持续发展策略制定得正确,又可有助于稳定温室气体浓度,并减少气候变化带来的风险。这是本书后面各章的核心内容。

---

**专栏1.8　IPCC第三次评估报告第三工作组(IPCC 2001a,2001b,2001c)的关键结论**

**减　缓**

当气候政策和非气候目标相结合时,气候变化减缓的效力就有可能增强[1]:
- 替代发展途径可以导致完全不同的温室气体排放结果。
- 气候变化的减缓既受到主要社会经济政策和趋势(如那些与发展、可持续性和公平有关的政策和趋势)的影响,同时也对其产生影响。

- 低排放情景需要不同的能源发展模式。
- 某种国际制度的环境效益、气候政策的成本-效益和协议的公平性之间存在相互关系。
- 当气候政策与国家和部门政策发展的非气候目标结合时,气候变化减缓的效力有可能增强,并有可能转化为主要的过渡战略,以实现可持续发展和气候变化减缓二者都要求的长期的社会和技术变化。

从短期和长期来看,有许多选择可以限制或减少温室气体的排放[1]:

- 自从 1995 年 IPCC 第二次评估报告(IPCC 1996a,1996b)发布之后,与温室气体减排有关的重要技术取得了很大进步,而且比预期的进展要快。
- 森林、农田和其他陆地生态系统提供了重要的碳减缓潜力。虽然这些潜力不一定是永久性的,但碳贮存和固碳可为进一步发展和实施其他措施而预留充足的时间。
- 没有哪一条单一的途径可以通向低排放的未来,因此所有的国家和地区都必须选择自己的发展道路。大多数模式结果表明,已经普遍认可的技术措施可以使大范围的大气 $CO_2$ 浓度达到稳定(例如,在未来 100 年或更长的时间内浓度达到 550 ppm 或 450 ppm,甚至更低),但这些技术措施的实施可能需要社会经济和制度发生相应的变化。
- 学习型和创新型的社会,以及制度结构的变化将有利于减缓气候变化。

气候减缓成本取决于许多因子,但总体上可认为是适度的[1]:

- 我们可以在无社会成本或净的社会成本为负的情况下限制一些温室气体的排放源,在这个意义上就有机会使用无悔政策:通过去除市场的不足,解决辅助收益和税收再循环问题,实现双倍利益。
- 对于附件 B 国家履行《京都议定书》的成本估计,因研究和区域的不同而变化,而且主要取决于有关利用京都机制的假定及其与国内对策措施的相互作用,这包括:1)附件 Ⅱ 国家:在附件 B 国家之间没有排放贸易的情况下,大多数全球研究表明,2010 年附件 Ⅱ 国家中的不同地区,预估 GDP 将减少 0.2%～2%;而如果附件 B 国家之间有充分的排放贸易,则预估 2010 年的 GDP 将减少 0.1%～1.1%。2)经济转型国家:对于大多数这类国家来说,GDP 效应从非常小到增长几个百分点之间变动。
- 百年时间尺度的成本—效益研究估计,稳定大气中 $CO_2$ 浓度的成本,随着浓度稳定水平的降低而增加。不同的基线对绝对成本有强烈的影响。
- 对附件 Ⅰ 国家已经规定了排放限制,虽然有变化,但对非附件 Ⅰ 国家也有溢出效应。

但实施这些措施仍存在很多障碍,不过可以通过适当的政策和措施来克服,例如:

- 温室气体减排措施的成功实施需要克服许多技术、经济、政治、文化、社会、行为和(或)制度等方面的障碍,它们会妨碍这些减排措施对技术、经济和社会环境的充分利用。
- 如果采用政策手段来限制或减少温室气体的排放,那么应对气候变化的国家行为将更加有效。
- 国家之间和部门之间的协调行动会有助于降低减排成本,减少对抗,减少与国际贸易规则的潜在冲突,以及减少碳泄漏。如果几个国家想要限制其总体的温室气体排放,那么它们可以通过一致执行精心设计的国际协议来实现。
- 较早的行动,包括减排政策的制定、技术研发和减少科学上的不确定性,可以让我们在实现大气温室气体浓度稳定的道路上增加主动性和灵活性。有效的对策措施随时空的不同而变化。

[1] 副标题为作者所加,内容摘自 IPCC 第三工作组决策者摘要(IPCC—WG3 SPM)。

## 参考文献

Arnell N W, Cannell M G R, Hulme M, Kovats R S, Mitchell J F B, Nichols R J, Parry M L, Livermore M T J, White A. 2002. The consequences of CO stabilization for the impacts of climate change. *Climatic Change*, **53**: 143-146.

Cohen S, Demeritt J, Robinson J, Rothman D. 1998. Climate change and sustainable development: Towards dialogue. *Global Environmental Change*, **8**(4): 341-371.

Fuglestvedt J S, Berntsen T K, Godal O, Sausen R, Shine K P, Skodvin T. 2001. *Assessing Metrics of Climate Change: Current Methods and Future Possibilities*. CICERO Report 2001:04. Oslo.

Houghton J T, Callander B A and Varney S K eds. 1990. *Climate Change: The IPCC Scientific Assessment*. Cambridge: Cambridge University Press.

Houghton J T, Meira Filho L G, Callander B A, et al. eds. 1996. *Climate Change 1995: The Science of Climate Change*. Cambridge: Cambridge University Press.

Houghton J T, Ding Y, Griggs D J, et al. eds. 2001. *Climate Change 2001: The Scientific Basis*. Cambridge: Cambridge University Press.

IPCC. 1990. *Climate Change: The IPCC Scientific Assessment*. Houghton J T, Callander B A, Varney S K eds. Cambridge University Press, Cambridge.

IPCC. 1996a. *Climate Change 1995: The Science of Climate Change*. Houghton J T, Meira Filho L G, Callander B A, Harris N, Kattenberg A, Maskell K. eds. Contribution of Working Group I to the Second Assessment Report of the Intergovernmental Panel on Climate Change. Cambridge University Press, Cambridge.

IPCC. 1996b. *Climate Change 1995: Impacts, Adaptation, and Mitigation of Climate Change: Scientific-Technical Analyses*. Watson R T, Zinyowera M C, Moss R H eds. Contribution of

Working Group II to the Second Assessment Report of the Intergovernmental Panel on Climate Change. Cambridge University Press, Cambridge.

IPCC. 2001a. *Climate Change* 2001: *The Scientific Basis*. Houghton J, Ding Y, Griggs D J, Noguer M, van der Linden P J, Xiaosu D eds. Contribution of Working Group I to the Third Assessment Report of the Intergovernmental Panel on Climate Change. Cambridge University Press, Cambridge.

IPCC. 2001b. *Climate Change* 2001: *Impacts, Adaptation, and Vulnerability*. McCarthy J J, Canziani O F, Leary N A, Dokken D J, White K S eds. Contribution of Working Group II to the Third Assessment Report of the Intergovernmental Panel on Climate Change. Cambridge University Press, Cambridge.

IPCC. 2001c. *Climate Change* 2001: *Mitigation*. Metz B, Davidson O, Swart R, Pan J eds. Contribution of Working Group III to the Third Assessment Report of the Intergovernmental Panel on Climate Change. Cambridge University Press, Cambridge.

IPCC. 2001d. *Emissions Scenarios. A Special Report of the Intergovernmental Panel on Climate Change*. Nakicenovic N, Swart R eds. Cambridge University Press, Cambridge.

IPCC. 2001e. *Climate Change* 2001: *Synthesis Report*. Watson R T, et al. eds. A Contribution of Working Groups I, II, and III to the Third Assessment Report of the Intergovernmental Panel on Climate Change. Cambridge University Press, Cambridge.

Leggett J, Pepper W J, Swart R J. 1992. Emissions Scenarios for IPCC: An Update. //Houghton J T, Callander B A, Varney S K T eds. Climate Change 1992: Supplementary Report to the IPCC. Cambridge University Press, Cambridge.

McCarthy J J, Canziani O F, Leary N A, Dokken D J, White K S. 2001. *Climate Change* 2001: *Impacts, Adaptation, and Vulnerability*. Cambridge University Press, Cambridge.

Mendelsohn R O, Morrison W, Schlesinger M E, Andronova N G. 2000. Country-specific market impacts of climate change. *Climatic Change*, **45**: 553-569.

Munasinghe M. 2000. Development, equity and sustainability (DES) in the context of climate change. //Pachauri R, Tanaka K, Taniguchi T eds. *Guidance Paperson the Cross Cutting Issues of the Third Assessment Report of the IPCC*. Intergovernmental Panel on Climate Change, Geneva.

Munasinghe M, Swart R. 2000. *Climate Change and Its Linkages with Development, Equity and Sustainability*. Intergovernmental Panel on Climate Change, Geneva.

Nakicenovic N, Swart R. 2000. *Special Report on Emissions Scenarios*. Cambridge University Press, Cambridge.

Nordhaus W D, Boyer J. 2000. *Warming the World: Economic Models of Climate Change*. MIT Press, Cambridge, MA.

Parry M, Arnell N, McMichael T, Nicholls R, Marttens P, Kovats S, Livermore M, Rosenzweig C, Iglesias A, Fisher G. 2001. Millions at risk: defining critical climate change threats and targets. *Global Environment Change*, **11**(3), 1-3.

Smith J B, Schellnhuber H-J, Mirza M M Q. 2001. Vulnerability to climate change and reasons for concern: A synthesis. //McCarthy J J, Canziani O F, Leary N A, Dokken D J, White K S eds. *Climate Change* 2001: *Impacts*, *Adaptation*, *and Vulnerability*. Cambridge University Press, Cambridge.

Swart R J, Berk M, Janssen M, Kreileman E, Leemans R. 1998. The safe landing approach: risks and trade-offs in climate change. //Alcamo J, Leemans R, Kreileman E eds. *Global Change Scenarios of the 21st Century*: *Results from the IMAGE 2.1 Model*. Elsevier/Pergamon Press, Oxford.

Tol R S J. 1999. The marginal costs of greenhouse gas emissions. *The Energy Journal*, **20**(1): 61-81.

Watson R T, Noble I R, Bolin B, Ravindranath N H, Verardo D J, Dokken D J. 2000. *Land Use*, *Land-use Change*, *and Forestry*. Intergoevernmental Panel on Climate Change Special Report. Cambridge University Press, Cambridge.

# 第 2 章  未来发展情景与气候变化

## 2.1  引言和方法

气候变化是一个涉及很长时间尺度的问题。各种自然和社会经济系统的惯性起着重要作用。如果现在停止排放温室气体,全球温度仍会在未来几十年里继续上升,而海平面会在未来几百年里继续升高。尽管家用电器可以在几年内更新,但主要工业设备、发电厂和体制结构的替换则需要几十年,大规模基础设施或人类基本价值观的变化则需要上百年甚至更长的时间。越来越多的证据表明,气候已经在发生变化,其对自然系统的影响已经不够辨识出来了,人们已经预期到未来将出现一些大的风险。探索应对气候变化使得情景分析成为人们不可或缺的分析工具,因为未来是不可知的,并且取决于人们即将做出的选择。各种情景选择是对未来和通向这种未来的路径的描绘。它们不会与预测混淆。有些情景是探索性地研究未来是如何从当前的条件和趋势而发展来的。另一些情景是对未来的标准化描述,描述作者对未来附加了一些评估:它可能是一种让人满意的未来,比如是一种可持续的未来;或者它也可能是一种不受欢迎的未来,比如整个世界陷入绝望和混乱。人们不可能预测未来,因此,没有像照常排放情景这样的事情。为了评估可能发生的未来行动,以便以一种明智的方式与气候变化抗争,正确的方法是多基线情景方法。人们可以去探索不同的响应选择,这比单纯地选择未来的发展方式更为可靠。

在 2.2 节中,我们讨论近年发展的两套情景。第一套情景是政府间气候变化专门委员会(IPCC)发展的《排放情景专题报告》(SRES)(Nakicenovic 等 2000)。SRES 情景是探索性的,并且已经在 IPCC 第三次评估报告(TAR)(IPCC 2001a,b,c)中用作气候变化评估的基础,同时也是按照《联合国气候变化框架公约》(UNFCCC)第二款充分减缓气候变化、稳定大气温室气体浓度的技术选择。他们不采用超出情景发展时(1998 年前后)达成共识以外的任何其他气候政策。本节中我们还要讨论所谓"后 SRES"分析的标准结果,其中一些模式组评估了温室气体(尤其是 $CO_2$)浓度,是如何在像 SRES 参考情景描述的不同的世界达到稳定的。第二套情景是全球情景组,是由斯德哥尔摩环境研究所共同协调的(Gallopin 等 1997,Raskin 等 1998),这套情景发展了一系列标准情景,其中一部分瞄准全球系统的可持续的未来,包括将温室气体浓度稳定在较低的水平。全球情景组的工作补充了 SRES 的分析,不仅设定了一些清晰的可持续目标(有些问题在政府间、在 IPCC 角度很难描述)而且因为它在气候变化以外还考虑了一系列社会和环境可持续领域的问题。两套情景都将世界可能发展道路的描述与区域水平上人口、经济、能源系统以及各种其他特征的发展的详细定量分析融合在一起。2.3 节介绍了关于气候变化和海平面的 SRES 情景的含义。尽管基于 SRES 或全球情景组情景的专门影响分析还没有进行,但我们仍在2.4 节里按照 UNFCCC 第二款的内容,基于有关气候变化及其影响之间联系的可用信息,讨论了这些情景的潜在影响。

## 2.2 政府间气候变化专门委员会气候变化情景

### 2.2.1 引言和背景

气候未来会怎样发展?人类社会的发展将怎样加剧或减缓气候的变化及其影响?为了分析这些问题,需要研究温室气体排放到大气中的长期情景。而这些情景又依赖于世界人口的发展、经济规模和结构,以及为满足人口需求必需的商品生产和服务所应用的技术。因为这类情景没有足够的细节和综合信息来进行人类活动影响的气候变化的综合分析,IPCC 从 1988 年成立以来三次发展温室气体排放情景。构建情景所做出的这些努力,概括地说,对于解释气候变化背景下考虑长期情景的演变是很有用的。对于第一次评估报告(IPCC 1990a,1990b),两个模式组一个来自美国:大气稳定框架(Atmospheric Stabilization Framework,ASF;Lashof 等 1990);另一个来自荷兰:使用综合评估模式 IMAGE(Rotmans 等 1990,Swart 等 1990)它们发展了四个情景:照常排放情景以及其他 3 个在气候政策下不同增长水平的情景。并将在加速政策下最低的增长情景作为标准,其意味着在设计时使 $CO_2$ 浓度稳定在低于工业化前浓度的 2 倍。这些情景在公布之后很短的时间内即遭到批评,主要是因为那时对关键自然和社会经济过程的理解以及对国家和国际气候政策发展过程的认识进展非常快,从而使这些情景很快就过时了。人们还认识到发展标准情景对于 IPCC 来说是不合适的,因为人们认为标准情景应该是政策规定的基准。人们越来越认识到,一个照常排放情景或最可能发生的情景并不是有意义的情景,因为社会发展在本质上具有不可预测性,而且各种预估或预报可能都有很大的风险,时间尺度越长就越是如此。因此,1992 年这两个情景组为 IPCC 发展了一套新的 6 种情景(Leggett 等 1992),并且当时没有附加气候政策。与 1990 年的情景相比,科学家对这些新情景进行了更为广泛的评审,使之成为众所周知的 IS92 情景系列。有趣的是,尽管科学家没有推荐哪一个情景应该单独拿出来作为最有可能发生的情景,但1992年以来IS92a情景还是几乎无一例外地被广泛地用于气候和减缓政策分析,并作为参考情景或基线方案。

1992年之后,IPCC工作过程的性质和结构都发生了变化。影响排放情景发展过程的两个变化是:第一,IPCC所有3个工作组都采用了一种非常严格的、正式的科学同行评审程序,而之前只有关于气候科学的第一工作组采用此程序;第二,在IPCC报告编写组具有更广泛的和区域之间更平衡的专家代表性方面,具有日益增加的正规化压力。1994年科学界对IPCC 1992年情景系列进行了评价,并建议发展新的情景(Alcamo等1994)。对未来工作的建议包括:1)考虑前苏联和东欧的经济重组;2)评价关贸总协定(GATT)谈判的可能结果;3)探索不同的经济发展道路,特别是那些降低区域收入不平等的发展道路;4)检测不同的技术变化趋势;5)考虑国际气候谈判的最新进展。1997年,一个庞大的国际编写组开始发展SRES,SRES的开发进入一个高度创新时期,形成了一系列国际认可的新情景,这些新情景综合包括了所有温室气体,并强调前文提到的关注内容。一部分创新特征包括:1)过程的开放性,来自世界各地的专家广泛参与,如通过网站;2)在定量描述排放轨迹之前发展描述性情景;3)参与团队的多样性,特别是来自世界3个主要区域的6个模式组对排放轨迹进行了定量描述。这些创新对于拓展讨论范围具有重要作用,从单纯的定量描述排放廓线,到各区域和不同学科角度关于社会经济发展可能道路的一系列争论,与气候变化的各个方面有关,但又不限于此。

### 2.2.2 《排放情景专题报告》:基线情景和驱动力

2100年世界可能是什么样的呢?人们将怎样生活?他们会用多少能源?它们怎样生产能源?世界上还有森林吗?那时候还会像现在这样存在很大的区域收入差异吗?这种差异会扩大?还是会缩小?这是SRES情景要应对的一类典型问题。科学家选择了世界上两个关键的变化特征来区分不同的发展道路:1)经济和制度的全球化水平;2)发展过程的主要目标,是强调物质经济增长,还是更关注包括社会、环境等各个发展方面的平衡和协调发展?在图2.1所给出的树中,水平方向的分枝代表前者,垂直方向的分枝代表后者。根向树输送的是社会经济变化驱动力:人口和经济发展、能源,以及土地利用。几种情景用简单的编号A1,A2,B1和B2来表示,因为用一个简短的名字很难充分地反映情景多层面的性质[①]。专栏2.1给出了一个对情

---

[①] 情景公布之后,情景的不同使用者为了满足各自的需求对情景进行了命名,例如,世界市场情景(A1),地方企业情景(A2),全球可持续发展情景(B1),局地管理情景(B2)(Carter等2001)。尽管这些名字比编号更富于想象力和煽动性,但它们确实掩盖了大量重要限制性条款,例如,全球可持续发展情景可能并不等价于没有额外气候政策的情景。

第 2 章　未来发展情景与气候变化　　　　　　　　　　　　　　· 49 ·

景的简洁描述,表 2.1 给出了一种定量的概述。有关输入假设和输出变量的更详细的信息请见附录 2.1。

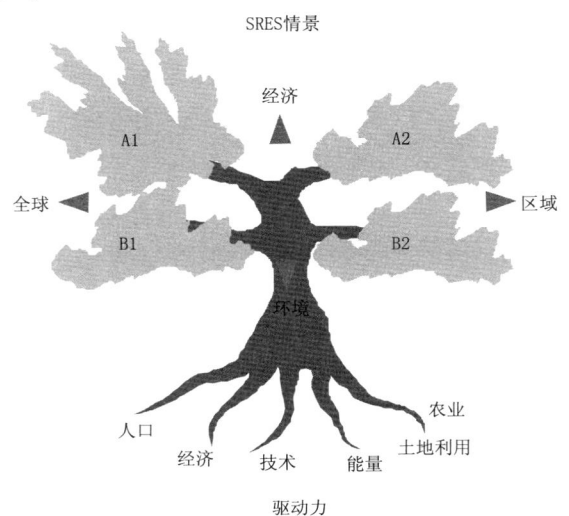

图 2.1　四个 IPCC SRES 情景族图解为二维树的分枝。二维表明不同情景族的相对方向,即分别向着经济或环境关注方向,以及全球和区域发展道路方向。A1 情景进一步分叉,反映在一个情景族中不同的技术发展路径(来源:Nakicenovic 等 2000)

---

**专栏 2.1　IPCC《排放情景专题报告》中的排放情景**

A1——A1 情景族描述了这样一个未来世界:经济增长非常快;全球人口数量在 21 世纪中叶达到峰值,随后下降;新技术和更高效的技术被快速引进。主要潜在特征是:地区趋同、能力建设,以及文化和社会相互作用不断增强,同时伴随着地区间人均收入差距的显著缩小。A1 情景族进一步发展为 3 组情景,分别描述能源系统中不同的技术变化方向。以技术重点来区分,这 3 种 A1 情景组分别代表矿物燃料密集型(A1FI)、非矿物燃料能源型(A1T),以及各种能源平衡型(A1B)(这里的平衡表示在所有能源的供给和终端利用技术平行发展的假定下,不过分地依赖于某种特定能源)。

A2——A2 情景族描述了一个极不均衡的世界。主要潜在特征是:自给自足,保持当地特色。各区域间生产力方式的趋同非常缓慢,导致人口持续增长。经济发展主要面向区域,人均经济增长和技术变化更不均衡,发展速度低于其他情景。

B1——B1 情景族描述了一个趋同的世界:全球人口总量与 A1 情景族相同,

峰值也出现在 21 世纪中叶并随后下降,但经济结构向服务和信息经济方向迅速调整,并伴随着材料强度的下降,以及清洁、资源高效技术的引进。其重点放在对经济、社会和环境可持续发展的全球解决方案,包括提高公平性,但不采取额外的气候干预政策。

B2——B2 情景族描述了这样一个世界:强调经济、社会和环境可持续发展的局地解决方案。在这个世界中,全球人口数量以低于 A2 情景族的增长率持续增长,经济发展处于中等水平,而且与 B1 和 A1 的描述相比,其技术变化速度较为缓慢但更加多样化。尽管该情景也致力于环境保护和社会公平,但着重点放在局地和区域层面。

A1B,A1FI,A1T,A2,B1 和 B2 这 6 组情景,各自选择了一种情景作为解释性情景。所有情景均应被同等地对待。SRES 的各种情景并不包括额外的气候干预政策,这意味着没有哪一种情景带有明显的倾向是向 UNFCCC 或者是《京都议定书》排放目标推荐的。

来源:Nakicenovic 等(2000),Metz 等(2001)

**基本驱动力:影响、人口、富裕程度和技术规则**

温室气体排放的根本驱动力通常总结为所谓的 IPAT 公式:

影响 Impact(资源使用或排放)= 人口 Population × 富裕程度 Affluence(生产和消费量)× 技术 Technology(单位生产和消费的资源使用或排放)。

排放情景的作者通常把这个公式作为他们分析的起点。显然,这 3 个因子并不是相互独立的。在 SRES 中,这个问题已经解决了,主要是通过发展情景描述,消除了 3 个变量在假设组合上的不一致性。例如,高富裕程度和高人口增长组合在一起就是难以置信的,因为生育率和死亡率的发生趋势在很大程度上依赖于受教育程度、生育控制方法、保健以及很大程度上取决于收入水平的其他因子。总的来讲,收入和生育率之间存在负相关,尽管这并不适合实际发生的所有情形。同样,快速的技术进步和较低的经济增长也不大可能组合在一起。历史上,技术开发与财富发展以及社会、文化及制度的改革是密切相关的。

**人口**

从中短期来看,由于人口发展的迟滞,人口预估属于最精确的预估类型。对于温室气体排放情景来说,长期的预估无疑是需要的,但这些预估的置信度要低得多。因此,对于人口而言,情景方法是适用的。在各种假设中关键指标(如生育率水平)的微小差异会导致明显不同的结果,特别是在 21 世纪前半叶之后。例如,长期生育率降低到每个妇女少生半个孩子(即从 2.1 降低到 1.7),就会导致 2100 年世界人口几乎

### 第 2 章　未来发展情景与气候变化

表 2.1　6 个 IPCC SRES 说明性情景在全球层面上的主要驱动力和温室气体排放概述
（详见附录 2.1；来源：Nakicenovic 等 2000）

| 情景组 | 1990 | A1FI | A1B | A1T | A2 | B1 | B2 |
|---|---|---|---|---|---|---|---|
| 人口(10 亿) | 5.3 | | | | | | |
| 2020 | | 7.6 | 7.4 | 7.6 | 8.2 | 7.6 | 7.6 |
| 2050 | | 8.7 | 8.7 | 8.7 | 11.3 | 8.7 | 9.3 |
| 2100 | | 7.1 | 7.1 | 7.0 | 15.1 | 7.0 | 10.4 |
| 世界 GDP($10^{12}$ 美元,1990 年价格) | 21 | | | | | | |
| 2020 | | 53 | 56 | 57 | 41 | 53 | 51 |
| 2050 | | 164 | 181 | 187 | 82 | 136 | 110 |
| 2100 | | 525 | 529 | 550 | 243 | 328 | 235 |
| 一次能源($10^{18}$ J/a) | 351 | | | | | | |
| 2020 | | 669 | 711 | 649 | 595 | 606 | 566 |
| 2050 | | 1431 | 1347 | 1213 | 971 | 813 | 869 |
| 2100 | | 2073 | 2226 | 2021 | 1717 | 514 | 1357 |
| $CO_2$(矿物燃料 Gt/a,以 C 计) | 6.0 | | | | | | |
| 2020 | | 11.2 | 12.1 | 10.0 | 11.0 | 10.0 | 9.0 |
| 2050 | | 23.1 | 16.0 | 12.3 | 16.5 | 11.7 | 11.2 |
| 2100 | | 30.3 | 13.1 | 4.3 | 28.9 | 5.2 | 13.8 |
| $CO_2$(土地利用 Gt/a,以 C 计) | 1.1 | | | | | | |
| 2020 | | 1.5 | 0.5 | 0.3 | 1.2 | 0.6 | 0.0 |
| 2050 | | 0.8 | 0.4 | 0.0 | 0.9 | −0.4 | −0.2 |
| 2100 | | −2.1 | 0.4 | 0.0 | 0.2 | −0.1 | −0.5 |
| $CH_4$(Mt/a,以 $CH_4$ 计) | 310 | | | | | | |
| 2020 | | 416 | 421 | 415 | 424 | 377 | 384 |
| 2050 | | 630 | 452 | 500 | 598 | 359 | 505 |
| 2100 | | 735 | 289 | 274 | 889 | 236 | 597 |
| $N_2O$(Mt/a,以 N 计) | 6.7 | | | | | | |
| 2020 | | 9.3 | 7.2 | 6.1 | 9.6 | 8.1 | 6.1 |
| 2050 | | 14.5 | 7.4 | 6.1 | 12.0 | 8.3 | 6.3 |
| 2100 | | 16.6 | 7.0 | 5.4 | 16.5 | 5.7 | 6.9 |
| $SO_2$(Mt/a,以 S 计) | 71 | | | | | | |
| 2020 | | 78 | 100 | 60 | 100 | 75 | 61 |
| 2050 | | 81 | 64 | 40 | 105 | 69 | 56 |
| 2100 | | 40 | 28 | 20 | 60 | 25 | 48 |

减少一半。因此，人口预估呈现较大变化，到 2100 年人口在不超过 50 亿这一最低值（当前的人口规模已超过 60 亿）到超过 250 亿之间变化并不奇怪。SRES 假设，对于情景 A1 和 B1 这类富裕的全球化世界，世界人口可能会在 21 世纪中叶前后达到峰值，然后下降至 2100 年的水平（稍高于当前；见图 2.2）。对于情景 A2,随着最低收

入的增长以及人口总数更加受到缓慢变化的区域文化偏好的影响,世界人口将增加到约150亿。在这个情景中,2100年仅亚洲的人口就与情景A1和B1中全球的人口相当。情景B2比较强调局地环境和社会问题的解决,它假设了一种中间情景,世界人口将逐步增长到约104亿。

在预估的人口增长中,大部分将出现在发展中地区。根据人口组成来看,所有情景预估都是一个老龄化的社会。人口的年龄结构与社会经济发展是密切相关的。尽管老龄化将意味着各种各样的问题(如保健、劳动力、家庭规模和消费者支出模式),但其对经济发展将会产生什么影响目前尚未可知。对于增加储蓄率也许是有益的,但劳动力减少则是负面的。与此相似,从总体水平来看,人们对人口增长的另一主要影响方面(城镇化)还未能很好地认识。城乡之间的人口流动和收入差异,有可能会对温室气体排放产生显著影响,而这尚未在情景发展中得到明确的考虑。人口发展的另一个重要方面是人类健康。尽管IPCC尚未对此进行详细阐述,但已有人探索了SRES情景潜在的健康含义(Martens等2001;另见2.2.4节)。

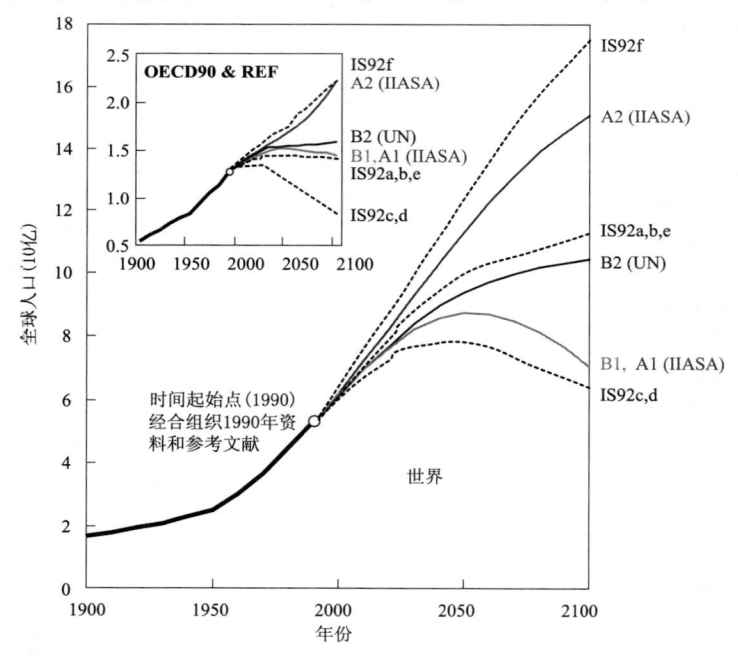

图2.2 IPCC SRES中的人口情景、其他人口预估和历史人口资料(来源:Nakicenovic等2000)

**经济发展**

各种排放的第二个重要驱动力是全球生产与消费系统的增长、结构和区域分布,即IPAT公式中的财富项(A,即英文affluence的缩写)。人们用了许多种指标来定量描述财富或福利(见专栏2.2)。对于温室气体排放情景而言,人们一般把国内生产总值(GDP)或人均GDP用作首选度量指标。GDP定量描述的仅仅是正式经济活动中市场交易的资金流量,因此,它不能全面表示人类福利。然而,它是使用最广泛的经济指标,并且世界上大多数国家都有相对长期的资料(过去几十年)。定义清晰、国际公认的GDP使得人们有可能来进行各种比较,也使得GDP对模拟者来讲成为易于获得而且有吸引力的一个指标。与人口发展不同,经济发展非常难以预测,甚至连短期预测都很难。表2.2综述了SRES所设计的各种假设,并将其与历史时期的经济增长率进行了比较。经济增长取决于人口发展、技术创新、社会和制度发展、贸易和投资模式,以及政治局面的稳定。因此,它在表示不同社会经济未来的不同的情景之间存在较大的差异。

---

**专栏2.2 人类发展指标**

**国内生产总值**

国内生产总值(GDP)是广泛用于表征人类发展水平的主要指标之一。它表示所有境内生产者的经济产值总和,加上所有产品税,再减去产品价值中没有包括的所有补贴。GDP在计算时,没有扣除生产资产的折旧,或自然资源的损耗和退化。然而,人类发展不仅用经济增长来衡量,而且还与创造环境有关,人类要创造这样的环境,他们要在这样的环境里开发自己的全部潜能,并按照自己的需要和兴趣过着多产的和有创造力的生活。发展的目的是在寻求扩大人们的选择,从而过上他们想过的生活。从这一点来看,经济增长只是扩大一系列选择的手段之一,尽管是一种非常重要的手段。然而,只有增长并不能保证人类的福利(UNDP 2001)。仅仅使用货币度量来捕捉人类发展是有局限性的。这些局限性包括会很难描述非市场和价格外的物品(如生存消费和免费的社会服务),以及很难描述其他人类福利的重要方面,如公有资源、社会关系和自然环境(Henninger 1998)。经济方面得分高的国家并不总是人类福利得分高的国家。一些国家经历了经济快速增长,但人类福利却几乎没有提高。与此类似,另一些经济发展不太快的国家却通过有目的地分配资源,而享有较高水平的人类福利,以满足其公民的基本需求(UNDP 1990)。

总之,通常使用的增长度量,如GDP,都是基于常规的国民核算制度,忽略了收入分配关系和非市场活动(尤其是环境效应)。为克服这一不足,人们已经尝试开发另一种国民核算制度,新制度将产生一个环境调整的GDP(或称为绿色GDP)、环境调整的净国内生产和环境调整的净收入。近几年,联合国统计局(the United Nations Statistical Office, UNSO)已经引导各国进行努力,通过一个新的卫星账户系列,鼓励将环境和自然资源的相关资料汇编在一起,从而更好地把对环境的关切融入到修订的国民核算框架体系中(UN 1993)。这些卫星账户构成了实现最终目标的重要一步,即计算环境调整的净国内生产和环境调整的净收入。事实上,将环境效应完全纳入国民核算体系中要花许多年的时间才能完成,甚至在经合组织(OECD)国家也一样。因此,这一时期可能会使用一些综合性较少(以及主要是物理的)的可持续性指标,如度量空气、森林、土壤和水体退化的指标(Atkinson 等 1996,Munasinghe 等 1995)。随着资源依赖型经济的发展和环境退化的加剧,特别是对于发展中国家来说,弄清楚自然资源和环境变化的原因非常重要。通过扩大经济资产(包括自然资源),以及扩大负债(包括污染物贮存),资源核算重点考虑未来经济福祉的基本决定因子。对资源耗减和环境污染的评估可以产生有用的可持续性指标。

**人类发展指数**

为了努力描述这个更广义的人类发展概念,联合国开发计划署(UNDP)引入人类发展指数来综合度量人类的发展。该指数用于衡量一个国家人类发展基本要素的总体成果,重点反映民生的三个基本要素:寿命、受教育水平,以及体面生活的标准。它通过平均寿命、教育程度(成人受教育程度,以及初等、中等、高等教育综合入学率)和分别以购买力平价和美元来计算的人均调节收入来度量。人类发展指数的排序和人均 GDP 的排序可以完全不同,表明国家不必非得经济繁荣才能使人类发展取得进步。

UNDP(2001)还开发了 3 个更相关的指标:

**人类贫困指数**

如果说人类发展指数度量人类发展的总体成就,那么人类贫困指数则反映进步的分布,并度量依然存在的极度贫困。人类贫困指数与像人类发展指数一样可以度量基本的人类发展要素,但同时还可以度量赤贫。

**性别发展指数**

性别发展指数可以利用相同指数(如人类发展指数)度量相同要素的成就,但还能够捕捉男女之间成就的不平等性。它仅仅是人类发展指数对性别不平等的向下调整。在基本人类发展中性别差异越大,一个国家的性别发展指数与其人类发展指数的比率就越低。

**性别权利度量**

性别权利度量揭示了妇女是否能够积极地参与经济和政治生活。它侧重于参与的程度,对关键经济、政治参与和决策领域中的性别不平等进行度量。它将跟踪立法者、高级官员、管理人员等政府工作人员以及专业技术工作者中妇女的比例,并跟踪劳动收入的性别差异,由此来反映经济的独立性。与性别发展指数不同,性别权利度量暴露的是所选定领域中性别机会的不平等。

> **购买力平价**
>
> 世界银行试图通过将人均 GDP（以当地货币计）转换为以购买力平价计的美元数量，来更好地描述收入的购买力，而不是简单地以官方汇率将当地货币转换为美元。购买力平价的转换比率是基于不同国家标准日用品市场的成本来计算的，并用来比较这些国家的经济度量。在《人类发展报告》（UNDP 2001）中，世界银行的购买力平价被用于为许多国家提供最新的综合 GDP 度量。通过消除不同国家价格水平的差异，这种方法促进了不同国家之间在收入、贫困、不平等以及消费模式方面的比较，这比用标定汇率得到的结果要更真实。尽管购买力平价度量也有缺点，但其正在被越来越多地用作基于标称汇率的补充信息。
>
> 来源：UNDP（2001）

所有情景都遵循共同的假设，即发展中国家的增长将快于发达国家，并且发达国家的增长率将低于二战后的年份里所经历的增长率。除情景 A2 之外，SRES 情景的经济增长假设是，发展中国家将继续以快于 1950—1990 年的速度发展。情景 A1 和 B1 对未来进行了明确的探讨，在这两个情景中，发达国家与发展中国家之间现有的收入差距在未来可能会逐渐缩小，这是对早期 IS92 情景的批评进行响应的结果。可惜，这个标准化假设并不意味着，人们就认为现在更有可能向这种收入更加平等的方向发展。然而，考虑到过去增长率的差异，这些假设也并非令人难以置信。这些假设还表明，发展中国家经济迅速增长所引起的发达国家和发展中国家之间的收入趋同，并不必然导致更高的温室气体排放。在情景 A1 和 B1 中，发达国家和发展中国家之间的相对收入差异会从 1990 年的 15，在一个世纪内减小到低于 2，在情景 A2 和 B2 中则分别减小到大约 3 和 4（而情景 IS92a 为 10）。考虑到当前收入差距的水平，要进一步接近令人难以置信，因为发达国家和发展中国家的经济是密切相关的，不大可能在发展中国家出现非常高的经济增长的同时，发达国家却是非常低的增长。还应该注意到，相对收入差距可能发生变化，但绝对收入的情况并不是这样，因为现在的差距还是非常大的。这些标准的假设，尤其是在情景 A1 和 B1 中假设的迅速增长趋同，描述了对不同区域经济发展的一种相当乐观的设想。这些假设的可能性可能会因其意味着劳动生产率长期接近甚或超过历史最高水平而遭到质疑（Nakicenovic 等 2000）。并且，目前对假设的非洲经济好转的展望，似乎并不像大部分情景中假设的那样光明。这种假设的在许多发展中地区未来几十年的经济改善，可能类似于战后日本的历史经验以及东亚新工业化经济近来的增长，而并没有考虑到像苏联一样出现经济低迷的可能性。

**表 2.2　历史上的以及 IPCC SRES 情景中的人均 GDP 增长率（来源：Nakicenovic 等 2000）**

| | 1870—1913年 | 1913—1950年 | 1950—1980年 | 1980—1992年 | 1990—2050年 A1 | 1990—2050年 A2 | 1990—2050年 B1 | 1990—2050年 B2 | 1990—2100年 A1 | 1990—2100年 A2 | 1990—2100年 B1 | 1990—2100年 B2 |
|---|---|---|---|---|---|---|---|---|---|---|---|---|
| OECD90 | 1.3 | 0.9 | 3.5 | 1.7 | 1.6 (1.2~1.8) | 1.1 (0.8~1.6) | 1.5 (1.2~1.6) | 1.2 (1.0~1.4) | 1.6 (1.2~1.7) | 1.1 (0.8~1.2) | 1.2 (1.2~1.3) | 1.1 (0.9~1.3) |
| 西欧 | 1.8 | 1.6 | 2.2 | 1.3 | | | | | | | | |
| 澳大利亚、新西兰、加拿大、美国 | | | | | | | | | | | | |
| 俄罗斯/东欧 | 1.0 | 1.2 | 2.9 | −2.4 | 4.0 (2.8~4.5) | 1.9 (0.5~2.2) | 3.0 (2.7~3.6) | 3.0 (1.9~3.3) | 3.3 (2.5~3.4) | 2.0 (1.5~2.0) | 2.8 (2.6~2.8) | 2.4 (1.6~2.6) |
| 亚洲 | 0.6 | 0.1 | 3.5 | 3.6 | 5.5 (5.1~5.9) | 2.7 | 4.8 (4.6~5.5) | 4.7 (3.3~4.8) | 4.4 (3.9~4.7) | 2.5 (2.4~2.9) | 3.9 (3.8~4.2) | 3.3 (3.1~3.4) |
| 非洲、中东、拉丁美洲（所有拉美） | | | | | 4.0 (3.5~4.4) | 1.9 (1.7~2.2) | 3.5 (3.1~3.9) | 2.4 (1.7~2.7) | 3.3 (3.1~3.5) | 1.9 (1.8~2.1) | 3.0 (2.8~3.2) | 2.1 (1.9~2.5) |
| 非洲 | 0.5 | 1.0 | 1.8 | −0.8 | | | | | | | | |
| 拉丁美洲 | 1.5 | 1.5 | 2.5 | −0.6 | | | | | | | | |
| 工业化国家 | | | | | 2.0 (1.3~2.1) | 1.2 (0.8~1.8) | 1.7 (1.5~1.8) | 1.4 (1.1~1.6) | 1.9 (1.3~2.0) | 1.2 (0.9~1.4) | 1.5 (1.4~1.5) | 1.2 (1.0~1.4) |
| 发展中国家 | | | | | 4.9 (4.4~5.2) | 2.4 (2.3~3.0) | 4.2 (3.9~4.8) | 3.8 (2.5~3.9) | 4.0 (3.6~4.1) | 2.2 (2.2~2.6) | 3.5 (3.4~3.7) | 2.8 (2.6~3.0) |
| 世界 | 1.3 | 0.9 | 2.5 | 1.1 | 2.8 (2.2~2.9) | 1.1 (0.7~1.5) | 2.3 (2.1~2.6) | 1.8 (1.1~1.9) | 2.7 (2.2~2.8) | 1.3 (1.3~1.5) | 2.2 (2.2~2.4) | 1.6 (1.4~1.7) |

关于经济结构,大部分情景假设是向服务型经济进一步发展。然而,其发生速率和转变程度的变化会各不相同。由此产生的一个重要问题是,发展中国家在实现工业化国家已经经历的工业化阶段时,是否能够采用以技术跃变和要求快速制度变化为特征的现代经济结构呢(见 4.6.2 节)?

**技术进步**

IPAT 公式中的第三个关键因子是使用的资源量,或单位经济生产所产生的排放量。该因子受到技术进步的制约。在该公式的三个因子中,技术变化因子最易受到各种政策的影响。技术变化对于长期经济发展来说非常重要,并还决定着哪些技术可以用来满足人类需要(如在能源部门)。从这个意义上说,技术变化是决定温室气体排放的一个关键因子。通过不同的技术假设,一套人口和经济发展假设的可能排放范围,可以与那些除了技术发展水平相似之外、人口和经济发展完全不同的假设所给出的排放范围一样大。尽管人们已经可以对 SRES 情景族的所有情景,以协调的方式清晰地探索理论上不同的技术变量,但由于受资源限制,仅对 A1 情景族进行了探讨。在情景 A1 中,非常快速的经济增长和技术活力,使得该情景对于在更为相

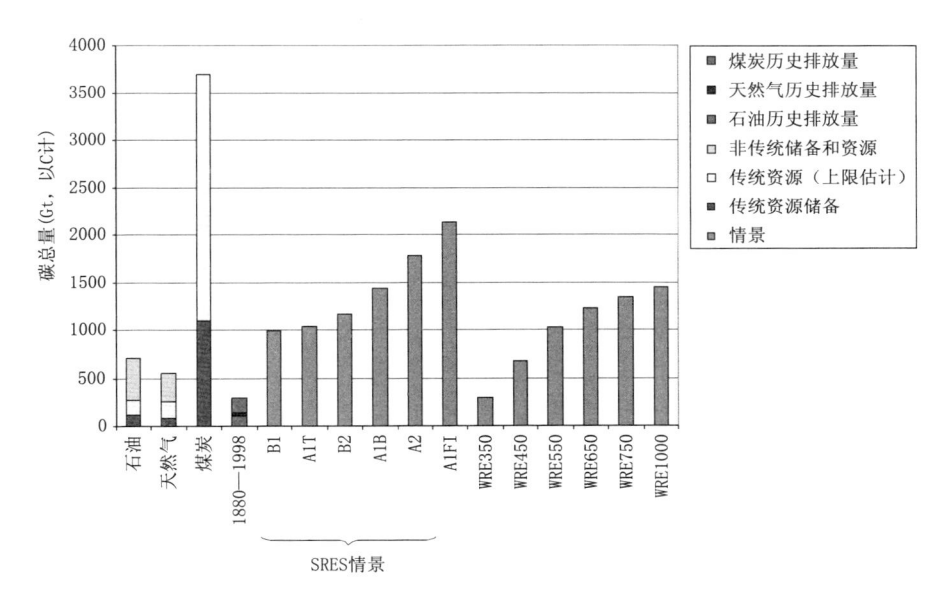

图 2.3 石油、天然气和煤炭储备与 1860—1998 年历史矿物燃料碳排放以及到 2100 年根据一系列 SRES 情景和第三次评估报告(TAR)稳定情景得到的累积碳排放的比较。非传统油气包括:沥青砂、页岩油、其他重油、煤层甲烷、深层地内密封天然气、含水土层中的天然气等。图中未包含气水化合物(包合物),估计为 12000 Gt(以 C 计)。本图也可见网页:http://www.grida.no/climate.ipcc tar/wg3/fig-spm2.htm(来源:自 Metz 等 2001)

似的未来社会经济中开发不同技术选择的潜力成为最佳选择。未来将开发三种类型的技术选择：1)矿物能源密集型的未来(A1FI)，在该情景中能源发展的进一步投资主要是在矿物能源(煤、非传统油气资源)；2)技术快速发展情形(A1T)，在该情景中可再生技术的快速进步将发挥关键作用；3)均衡发展情形(A1B)，在该情景中假设所有能源的技术进步是相似的，从而导致更为均衡的能源混合。在其他情景族中，不同的模式团队也开发了不同的技术选择，但每个团队都做了他们认为的最符合情节的假设。

表 2.3 IPCC SRES 情景中能源部门的技术假设(来源：Nakicenovic 等 2000)

| 情景 | 技术进步速率 ||||
| --- | --- | --- | --- | --- |
|  | 煤炭 | 石油 | 天然气 | 非矿物燃料 |
| A1B | 高 | 高 | 高 | 高 |
| A2[a] | 中 | 低 | 低 | 低 |
| B1[b] | 中 | 中 | 中 | 中—高 |
| B2[c] | 低 | 低—中 | 中—高 | 中 |
| A1G[d] | 低 | 非常高 | 非常高 | 中 |
| A1C[d] | 高 | 低 | 低 | 低 |
| A1T | 低 | 高 | 高 | 非常高 |

注：a—A2 情景中的技术进步速率在世界各地区是不一致的。
b—B1：假设的随时间变化的学习系数范围从石油 0.9(即资本减少 10%：累积生产加倍时的产出率)，天然气 0.9～0.95，面煤开采 0.9～0.95，到非矿物发电技术 0.94～0.96 和商用生物燃料 0.9～0.95。
c—在专门的模式执行过程中，能源最终用途的"不便成本"包括社会外部成本，根据预期，"不便成本"对于传统煤炭技术，如地下开采、用煤炉做饭等特别重要。
d—A1G(天然气)。

在 SRES 情景中，不同的模式利用各不相同的方法来模拟各部门的技术发展，特别是在能源的提炼、转化和最终使用上。这些模式的共同之处，是它们没有用今天尚不能获得的有效的低碳或其他技术(如核聚变)的形式来假设任何"上苍的甘露"，而只是用了那些至少已经经过初始阶段论证的技术。有些模式采取了技术不断学习和改进的假设。不同情景差别很大。在情景 A1 中，因为能源价格相对较低，能源需求的发展较为适中。在情景 A1B 中，假定情景的驱动力导致了所有能源技术的创新，但并不利于上述其他任何资源的创新。例如，对可再生技术以及天然气的开采和生产都假定技术进步了，成本也降低了。历史上，经常会发生特定技术(燃煤蒸汽机、内燃机)"锁定"的现象，因此，情景 A1T 和 A1FI 对能源系统的进一步发展开发了不同的选择。这里很重要的一点是要注意到，由于大量使用煤炭资源和非传统油气资源，矿物燃料短缺将不能限制二氧化碳的排放（图 2.3 表明，固定在矿物燃料储量和资源[1]中的碳量，接近于 SRES 情景和稳定情景中 21 世纪将要排放的碳量）。然而，传统油气储量是有限的，而且在未来几十年，能源系统似乎有可能向两个方向发展。其一可能是矿物能源密集型的未来，在这种情况下，未来将继续在开发非传统油气资源方面进行投资，从而导致较高的温室气体排放（如在情景 A1FI 和 A2 中）。如果要在这个以矿物能源为基础的情景中减缓气候变化，可以使碳远离源区（如发电厂）并置于地下或深海（另见第 9 章）。SRES 情景中没有对最后的这项选择进行探讨，因为 SRES 仅仅覆盖了不考虑气候政策的情景。其二是对可替代的非矿物技术进行投资（就像在情景 B1 和 A1T 中的那样）。这类技术包括可再生能源或核能。

**能源混合供应**

在各种情景中的能源组成取决于能源的需求和供应状态。就需求方面来说，在情景 A1 中，能源价格低不利于提高能效，而高收入又使消费者有机会过一种舒适但能源消费密集的生活。经济结构的变化、技术的快速发展、扩散和转移导致情景 B1 中能源强度下降。在情景 A2 和 B2 中，能源强度的变化因不同区域间技术交换更慢以及技术进步变慢而相对较慢。

表 2.3 总结了各种 SRES 情景中关于能源提炼、供应和转化技术的假设。这些假设源自叙述性情节，造成了能源部门的温室气体排放产生巨大差异。各种排放情景的能源混合是以完全不同的方式发展的（图 2.4）。还有一个因素来解释不同情景能源混合的差异，那就是资源利用假设。当总的资源底数（图 2.3）对于所有情景都相似时，这些资源随时间的利用就取决于不同能源资源的相对价格以及它们在开采时的技术发展状况。在情景 A1 中，所有资源的充裕可供性都来自叙述性故事情节，包括非传统油气资源，但也包括可再生能源。情景 A1B，A1T 和 A1FI 对这个迅速变化的世界中不同的可能发展进行了探索。同样在情景 B1 中，假定大量的资源是可利用的，但由知识驱动的非矿物资源发展的进步，比石油、天然气、煤资源的进步更为迅速，从而推动燃料混合向更多的非矿物资源发展。在情景 A2 中，假定有更多的传统油气资源变得可供利用，只是非常缓慢，而非传统资源根本没有。并且，新的可再生资源因技术发展缓慢而不能够有效推广，只剩下煤炭作为主要的能源。在情景 B2 中，伴随着替代能源资源的发展，油气资源的可获得性缓慢增强，由此限制了该情景中的能源选择。

因此，所有情景都给出了一个有明显不同的能源混合发展情形。尽管情景 A1C（煤炭变量）和 A2 因其他部门的资源制约和缓慢发展而假设回归到煤炭密集型的能源部门，但在情景 A1T、B1 和更小程度的 A1B 中，非矿物能源技术的使用却迅速增加了。

---

[1] 储量是资源底数中用现在的能源价格和技术来考量的经济上可回收的部分。

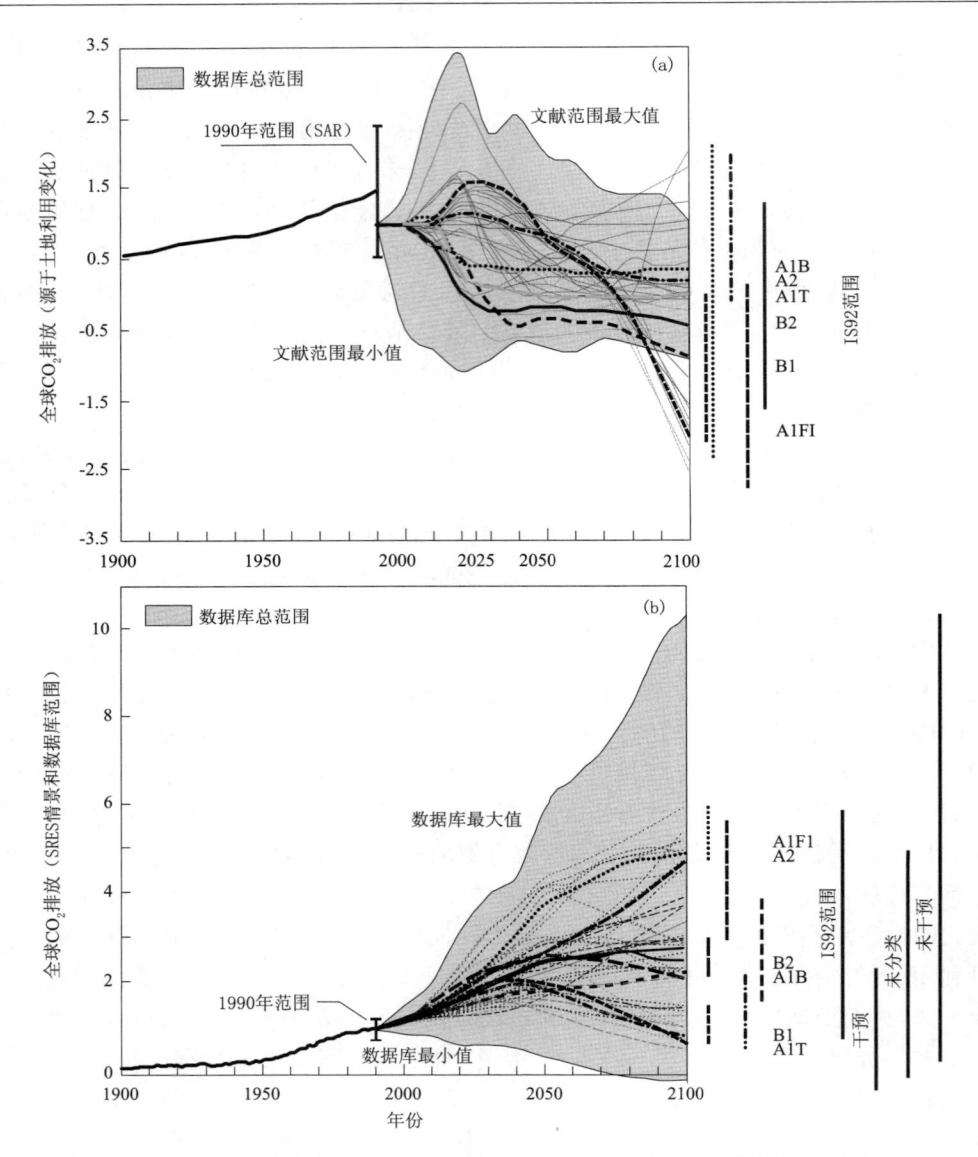

图 2.4 1900—1990 年以及 1990—2100 年 40 个 SRES 情景中与能源和工业（a）、土地利用（b）相关的全球 $CO_2$ 排放（以指数表示，并将 1990 年的排放设定为 1；阴影区域表示文献中较宽的情景范围；本图的彩图见原出版物或网页 http://www.ipcc.ch/pub/srese.pdf 中的图 2；来源：Nakicenovic 等 2000）

**土地利用变化**

除能源之外，土地利用和农业是温室气体的第二个重要来源。SRES 情景也对该部门进行了探索，但由于所能够获取的信息较少和模拟能力较低，与能源部门相比没有那么全面彻底。在情景 A1 中，最初，市场增长的推动以及收入驱动的动物产品消费的增加，导致了最初持续性的森林转化。然而，这种增长趋势逐渐变缓，并在几十年之后转变成相反的趋势，即农业生产力迅速提高以及人口总量下降。农业技术的快速扩散对此也有很大贡献。在情景 A2 中，这些发展方面并不平衡。由于技术发展较慢和人口持续增长，土地转化更为持久。在情景 B1 中，各种趋势比在情景 A1 中更有利于减少土地转化，因为除了各种环境友好技术的快速发展和扩散提高了生产力的增长之外，膳食结构的变化也导致对动物产品需求的增长减慢，并最终下降。在这个情景中，一个关键的不确定性是对可再生生物质能的需求会在多大程度上抵消这些积极的发展。情景 B2 中的发展方向与情景 A1 相似，但因为原因不同——与情景 A1 相比，在情景 B2 中技术发展更慢而人口增长更多，然而对农产品的需求更低——所以在更具环境导向型的情景 B2 中，会采取更突出的措施来保护自然资源。这也导致在 21 世纪上半叶土地利用持续变化，随之这种趋势在后半叶会发生逆转。

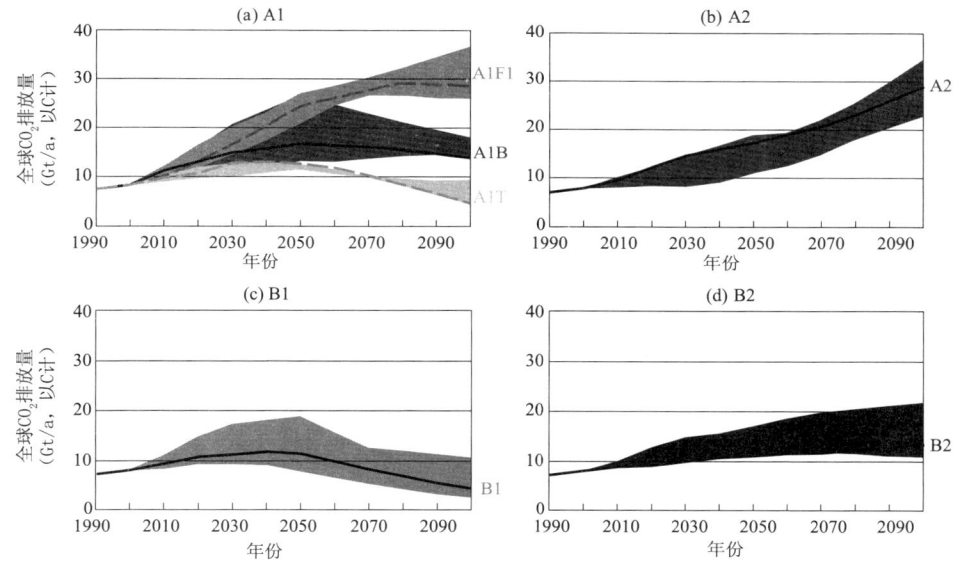

图 2.5　1990—2100 年全球所有来源（能源、工业和土地利用变化）的 $CO_2$ 逐年排放总量 包括 4 个 IPCC SRES 情景族和 6 个情景小组；本图的彩图版请见原出版物或以下网页上的图 2：http://www.ipcc.ch/pub/srese.pdf；来源：Nakicenovic 等 2000

**温室气体排放情景专题报告**

　　SRES 情景显示，温室气体排放不仅很大程度上取决于世界自发发展的结果，而且取决于人类的选择。早期的情景研究经常将变量的变化分为低、中、高三个等级，而 SRES 方法增加了假设的丰富度和一致性。不过，SRES 排放的可能范围非常大，从最终排放下降到低于当前水平,到在 21 世纪内增加 5 倍。它捕捉到了到目前为止各种文献所报告的大部分排放情景(见图 2.4 的 $CO_2$ 排放情景)。各种排放范围表明,对于某一情景族(即某一套特定的社会经济发展模式),排放仍可能变化很大,这取决于所做出的技术选择,例如图 2.5 中的情景 A1。各种排放范围还表明,非常不同的世界可能会有非常相似的排放,例如,在情景 A2 中人口较多但相对贫困,而在情景 A1T 中人口较少却相对富有;或者情景 A1B 是迅速全球化,而情景 B2 却是当地解决方案。从可持续发展的观点来看,情景 B1 特别有意思,因为这个情景提出,即使没有明确的气候政策,国际社会为应对社会和环境问题而进行的协调努力也能够导致温室气体低排放并逐渐减少。正如第 1 章所述,该情景也许仍不能使二氧化碳的浓度在 21 世纪稳定下来,但却可以接近稳定,大约在 550 ppm 的浓度水平。

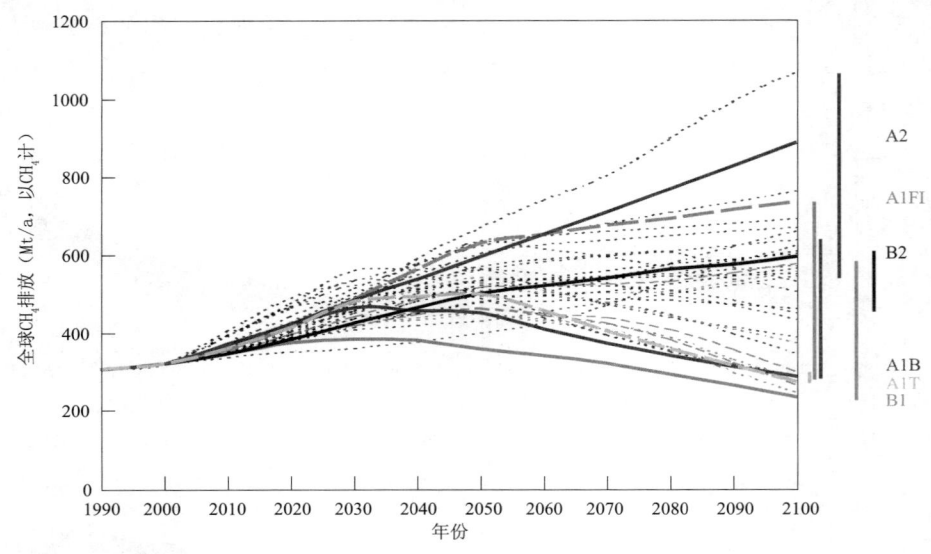

图 2.6　IPCC SRES 情景的全球 $CH_4$ 排放;
情景说明有突出显示;来源:Nakicenovic 等 2000

其他一些温室气体也具有与二氧化碳相似的大排放范围和不同情景族之间的相似分布,值得注意的是甲烷(图 2.6)。在 B1,A1B 和 A1T 这样的情景中,即使没有各种气候政策,甲烷排放也在减少,因为在石油和天然气的生产和配送过程中,利用垃圾填埋场的天然气和防止天然气泄漏,具有经济效益。此外,膳食变化在情景 B1 中也起很大作用,人们通过减少牛肉和牛奶制品的消费来减少源自牛的甲烷排放。在这些情景中,对氮氧化物、非甲烷挥发性有机化合物,以及一氧化碳(在某种程度上)等臭氧前体物的预估,也出现了与甲烷相似的趋势。对流层臭氧不仅是一种重要的温室气体,而且还会引起局地和区域的空气质量问题。正是由于这个原因,在这些情景中即使没有明确的气候政策,对于对流层臭氧的排放也是实施了控制政策的。

由此可以将这里的温室气体减缓看作其他环境政策的副效应。

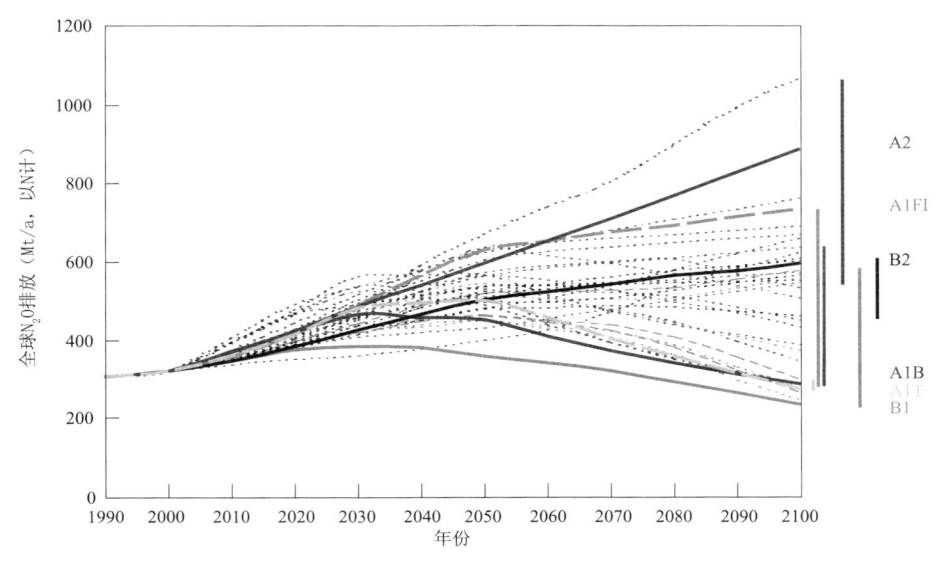

图 2.7 IPCC SRES 情景的全球 $N_2O$ 排放

(情景说明突出显示在右侧。来源：Nakicenovic 等 2000)

对于氧化亚氮(图 2.7)，排放范围也很宽，但是在各种情景族之间有很大的重叠，而且在情景的排放范围里，21 世纪后半叶的排放下降表现不明显。其中的原因之一是大量氧化亚氮排放与各种需要氮肥的农业生产活动密切相关，而在所有情景中，需要提供的食物和饲料的总量均呈不断增长的趋势。化肥驱动的农业生产的假设范围比能源生产的假设范围要小，这可以在部分程度上说明氧化亚氮总体排放的范围会较窄。

从气候变化与可持续发展的观点来看，二氧化硫排放所起的作用很有意思。SRES 情景与早期的情景不同，SRES 情景假设几十年后全球二氧化硫排放会有重大下降；而早期的非气候政策情景假定，硫排放随着发展中国家的工业化进程会继续增长。其中的原因是，自 20 世纪 90 年代初期以来，在重要的发展中国家(如中国和印度)，政府政策已经成功地使硫排放减慢(图 2.8)，而且现在普遍认为，这种进程还将继续，并且会扩展到其他发展中国家。这方面的主要动因是这些国家饱受局地空气污染以及其他区域污染(酸化)所带来的严重问题之苦，而减少污染的技术，其成本显然是能够负担得起的。而对于气候变化，这却会产生不合人意的效果，即硫化物气溶胶的"屏蔽"冷却效应将会减弱(见第 1 章)。

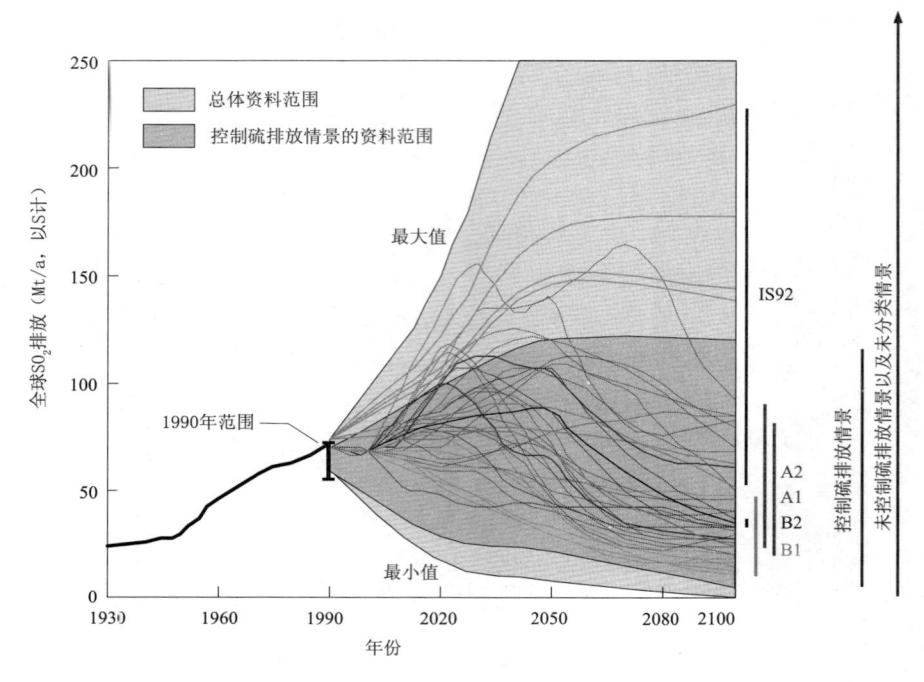

图 2.8　全球人类活动引起的 $SO_2$ 排放（1930—1990 年历史发展状况及其之后的 SRES 情景；本图的彩图见原出版物或以下网页 http://www.ipcc.ch/pub/srese.pdf 中的图 2；来源：Nakicenovic 等 2000）

## 2.2.3　大气温室气体浓度渐趋稳定的排放情景专题报告

正如我们在第 1 章所看到的，SRES 情景会导致到 2100 年温室气体浓度仍将继续增长，因此，从这个意义上讲，这些情景与 UNFCCC 的目标并不一致。然而，在 B1 和 A1T 这样的情景中，到 2100 年碳排放将会处于下降过程，并且碳浓度的增加分别稳定在大约 550 ppm 和 600 ppm。这意味着，按照 IPCC 情景分析，在没有额外的气候措施的条件下，也有可能实现碳浓度逐步稳定。这似乎出乎意料，然而，也并不意味着什么都不需改变以及不再需要通常的环境政策。相反，没有任何情景是不需要政策的，低温室气体排放情景都具有一个共同特征，就是通过有力的政策来减轻局地和区域空气污染，提高资源利用效率，以降低作为其副作用的温室气体排放。

在 SRES 的 A1 和 B1 情景中，21 世纪后半叶排放下降，其原因之一是预估世界人口到 21 世纪末将会下降到 71 亿之前，而在此之前将会达到约 87 亿的峰值[①]。更重要的是，这些情景为了提高局地和区域的空气质量，都假定采取迅速有力的措施，

---

① 联合国长期预估的低值为 2100 年 56 亿，所以，SRES 情景的预估值虽然低，但似乎并非难以置信。

向环境友好技术转移。在这些情景中新技术不仅正在迅速地得到开发,而且在这个日益全球化的世界里被迅速地适应和转让到所有地区。此外,在情景 B1 中,经济结构向服务业主导型经济变化,而且生活方式逐步转向资源节约型,这些都起着重要的作用。换句话说,在没有严格的气候政策的情况下,社会向可持续方向发展将会为最终减少温室气体提供机会。但是,如果整个经济不能向这样的方向发展,就短期趋势而言,稳定二氧化碳浓度就需要额外的气候政策,经济越是向着资源和矿物燃料密集型的方向发展,就越是需要气候政策。显然,这也适用于以下情形,即气候变化风险形势严峻,使得全世界采取有力措施使温室气体浓度长期目标稳定在低于 550~650 ppm 的水平。后文我们会讨论到,使温室气体浓度稳定在 450 ppm 甚至更低的水平,也许比稳定在一个较高水平要付出更大的代价,但气候影响,特别是对自然生态系统影响的风险,将会减小。

因此,在四个 SRES 情景族所描绘的大部分未来世界中,排放和相关的温室气体浓度继续增加,人们需要付出更多的努力才能实现 UNFCCC 的目标,那就是使大气温室气体浓度稳定在避免对气候系统造成危险干扰的水平上。但是,怎么去做?可以使用哪些技术?在多大范围使用这些技术?除了技术进步之外还需要改变行为方式吗?可能会需要哪些政策和措施?Morita 等(2000)利用合作模拟分析计划对这些问题进行了探索(Morita 等 2001)。他们对主要的驱动力(如 SRES 中的人口和经济变化)做了基线假设,在假定具有额外气候政策的情况下,对如何将排放稳定在不同水平的问题进行了研究。基线排放量越大,稳定目标越低,需要采取的额外气候政策就要越严格(图 2.9)。显然,对于像 A1FI 和 A2 这样的矿物燃料密集型情景,将温室气体浓度稳定在较低水平,如果说不是不可能的话,那么就是要困难得多;而像 B1 和 A1T 这种情景,排放基线本来就较低,稳定在这样的水平就容易得多。宏观经济成本也会发生相似的变化:从情景 B1 的基线到稳定在 550 ppm 浓度水平,GDP 的损失将是从情景 A1 稳定在同样水平所遭受损失的大约十分之一,与情景 A2 相比是二十分之一[1]。IPCC 发现,有可能用已有技术将二氧化碳浓度稳定在 550 ppm、450 ppm 或更低的水平(尽管现在来说未必在经济上是可行的,而且还伴随着相关的社会经济变化和制度变化)。

普遍来说,在各种各样的基线世界中,为稳定二氧化碳浓度所需要采取的行动是有区别的。一般而言,A1 和 A2 世界[2]比 B1 和 B2 世界需要的措施要严格得多,例如,为了满足目标,已经假设了较高的碳税率,而且发展中国家也必须开始控制排放

---

[1] 请注意,减排的单位直接成本或边际成本不必遵循相同类型。因为在情景 B1 中已经实施了与气候变化无关的许多更为廉价的技术选择,这类成本在实际上也许要高于情景 B1 的水平,但由于从基准到必要的减排总量就只有那么小,所以总成本较小。

[2] Morita 等(2000)没有分析低排放 A1T 案例。

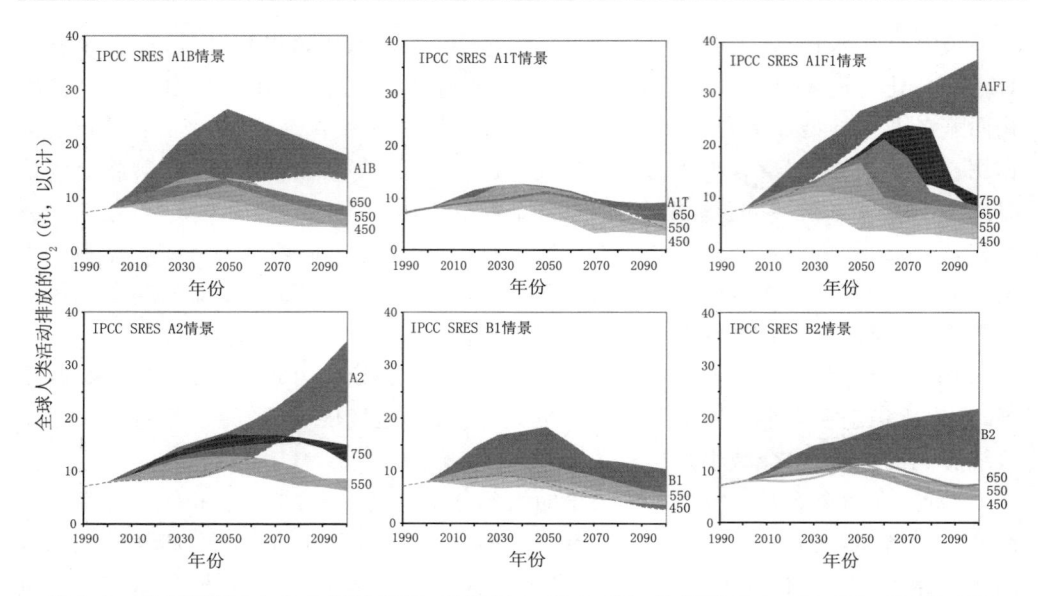

图 2.9 参考情景（上方的阴影范围，另见图 2.6）与 $CO_2$ 浓度稳定在 450、550、650 和 750 ppm 时的情景比较。稳定浓度越低且基线排放越高，则范围越宽。不同情景族排放的差异可能与同一情景族内参考情景与稳定情景之间的差异一样大（本图的彩图见原出版物或网页 http://www.grida.no/climate/ipcc_tar/wg3/figspm-1.htm 中的图 2；来源：Metz 等 2001）

量，使其低于以前的基线。同样，A1 与 A2 相比，B1 与 B2 相比，稳定在一个特定的水平要更容易。从代际公平的角度来看，应该注意到在 A1B 和 A2 等情景中，可能不久之后就需要减排，以避免以后需要快速的技术和社会变化。在这些情景当中，对于减少二氧化碳排放来说，有一些选择是刚性的（即包括在所有或大多数参与比较的模式小组的情景中），还有一些选择在参与比较的模式小组和参考稳定组合之间是变化的。刚性技术选择包括在需求部门和供给部门都要提高能效以及增加天然气和生物质燃料的使用。生物固碳（例如人工造林）与所有情景都有关，但是与更严格的稳定目标关系更为密切。在复合循环技术方面，天然气和生物质燃料的使用，以及从集中的矿物燃料燃烧中进行碳捕获并将其贮存于地下或深海，可能有助于向无碳能源经济过渡。从长期看，分析家更青睐采取不同的技术选择来实现二氧化碳浓度稳定，从以可再生能源或太阳能为基础的氢经济（其中燃料电池起关键作用），到核能扮演重要角色，再到矿物燃料仍将使用但进行碳捕获并将其置于地下含水层或深海。

表 8.4 更为详细地描述了稳定情景中各种技术的作用。

## 2.2.4 从《排放情景专题报告》来分析气候变化之外的问题

虽然早期的温室气体情景完全集中在狭义定义的温室气体排放量上，但 SRES

通过其叙述性情节,为在可持续发展背景下对未来进行更广泛的分析提供了一个基础。例如,Martens 等(2001)就探索了 SRES 情景对淡水资源、生物多样性、人类健康和旅游业可能的含义。

**淡水资源**

当前,全世界人口大约有三分之一居住在中度到高度缺水的国家[①]。这个比例到 2025 年可能会增加到三分之二(Watson 等 1998);13 亿人口不能获得充足而安全的饮用水供应,且 20 亿人口没有充足的卫生设施。显然,这对健康(另见后文)和更广泛的可持续发展机会来说具有非同小可的意义。而且,不断增加的水资源压力对自然生态系统(如湿地)的影响日益增加。其中的很多根本性原因与温室气体排放的原因相似,那就是人口增长以及经济增长率和类型。因此,定性的 SRES 叙述性情节为粗略地评估淡水资源短缺提供了基础。Hoekstra 等(2001)对未来 4 个 SRES 情景族的淡水资源问题进行了研究。他们引入了水跃迁的概念。在跃迁的第一阶段,对水资源不断增长的需求造成水资源压力日益增加,这又会放缓对水资源的需求,并最终使对水资源的需求稳定在可持续的水平上。为了达到这种效果,除了制定完备的水价体系,还需要提高消费者、农民和实业家对水资源的认识。这种平稳转换取决于社会经济状况和技术发展水平。

在情景 A1 中,快速的收入增长和技术发展将有利于人们获取安全而充足的水资源供给。不仅可以通过效率的提高来减缓需求的增长,还能通过技术发展来提高供给能力,例如通过水的重复利用、盐水或微咸水的脱盐以及增加水库蓄水量。然而,如果发展不是足够快,特别是在发展中国家,不能满足农业增加食物供给和工业支持生产力快速增长而日益增加的水资源需求,就可能会出现一个关键的不确定因素。即与情景 A1 相关的气候变化可能会进一步增加水资源供给压力,但在情景 A2 中这种情形更甚,情景 A2 描绘出一幅悲观得多的淡水短缺图画——技术发展和扩散缓慢,人口增长迅速而且主要集中在城市地区,经济增长缓慢且不平衡,对环境问题的关注度较低,以及严重的气候变化将影响一些重要地区的水资源利用。在这个情景中,水资源危机,特别是在许多发展中国家,可能是一个非常令人担心的问题,会对人类健康和国际安全产生严重后果。上面所描绘的最接近理想化水资源情景的是 B1 情景,它把低人口增长率与环境友好技术的快速开发及扩散,以及不同地区之间快速的技术转让及实践结合在一起。在情景 B1 中,隐含在情景 A1 中的水资源安全隐患所造成的压力得到缓解。但在情景 B2 中,其对于环境和社会问题强调采取局地解决办法,因此可能会发现妥善的解决方案来避免水资源问题继续恶化。分析表明,未来的社会经济发展方式不仅会影响温室气体排放,而且也对已然紧迫的水资源

---

① 按可用淡水已使用了 20%~40% 定义(Watson 等 1998)。

短缺问题提出了不同的挑战和解决方法。

**生物多样性**

人们已经清楚地认识到,全世界的生物多样性已经受到严重威胁。据保守估计,当前的动植物灭绝速率是平均"自然"灭绝速率的 50~100 倍。自 1600 年以来,已经有超过 484 种动物和 654 种植物灭绝了(Watson 等 2001)。而且,主要驱动力与气候变化的驱动力相似,尤其是在这些驱动力导致土地利用和土地覆盖变化并影响自然生态系统的特性方面。简言之,现在重要的是自然生态系统的面积减少和破碎化,以及剩余自然生态系统的环境条件发生变化。不仅陆地生态系统处境不妙,而且淡水和海洋系统也危机四伏,例如 60% 的珊瑚礁正受到威胁。

贫困和富裕都会对生物多样性造成压力。在经济发展的早期,食物、燃料等基本需求对穷人来说压倒一切。满足这些需求,通常是通过获取薪材以及森林转化为农田,会增加对剩余自然生态系统的压力。但富人也会通过以下因素对自然生态系统造成压力:1)直接因素——为了城市发展、基础设施发展或水的提取而将改变土地用途;2)间接因素——工业发展造成的气候变化、空气质量下降和酸沉降。同时,技术进步,尤其是提高农业生产力,可以减轻某些压力。这些复杂性使对生物多样性变化的预估极其冒险,所以,在 SRES 情景(Nakicenovic 等 2000)中,模式,甚至对一个情景族来说,对土地利用变化的预估表现出很大的变幅就不足为怪了。

Rotmans 等(2001)对 SRES 情景中生物多样性风险会在多大程度上恶化或改善进行了评估。他们将生物多样性风险与叙述性情节和模拟的土地利用转换(见前文)联系起来。不出预料,情景 B1 造成的生物多样性损失风险最低,情景 A2 最高;情景 A1 和 B2 风险居中,但原因不同。多数情景都考虑了土地利用转换:最初是森林持续转换,之后,主要是由于人口增长趋缓甚至下降,对森林的压力终于开始放松,最终造成森林面积增加和农业生产力持续增长。由此可以得出结论,社会经济发展道路的选择会直接影响对生物多样性的保护。从可持续发展的观点来看,除了生物多样性固有的价值之外,生物多样性丧失将影响当地和全世界人民的福祉和发展机会,因为其减少了自然生态系统所提供的产品和服务的可获得性。

**人类健康**

在 SRES 情景中,世界人口的健康状况将会是什么样的呢? Martens 等(2001)提出健康状况将会向 3 个方向发展:1)传染性疾病大范围发生;2)医疗技术发展;3)持续健康。显然,在现实世界中健康的发展在不同时间和不同地点也许会表现为这些发展方向的不同组合,但 SRES 代表的各种发展各有侧重。医疗技术时代对于情景 A1 也许较为典型,因为其特征就是快速的物质经济增长和技术发展。在这个情景中,着重于延长生命的技术能够抵消因生活方式和环境变化而增加的健康风险。

区域化的情景 A2 具有更为适度的经济和技术发展，人口密度也较高，在这种情景中传染病可能会再度出现，或出现新的疾病，换句话说，这种情景下的时代是传染病暴发时代。环境压力和人们在地区内以及地区之间移动的不断增加，也许会对这些并不希望出现的发展（而且这种发展并不因医疗技术发展得足够快或者因行为变化减少了健康风险而逆向而驰）有促进作用。情景 B1 的世界似乎最接近所谓"可持续的健康时代"的某些东西，在这种情景中，社会服务和行为变化方面的投资将减少那些与生活方式有关的各种疾病，而且传染病也能够通过一个全球化的监测网络而得到控制。在这个情景中，知识和技术的转移导致发展中国家与发达国家之间的差距逐步缩小。情景 B2 把区域化发展与局地社会及环境问题结合起来解决，最终可能也会导致出现相似的结果，但特别是在最初的几十年里，传染病的（再度）出现可能会构成严重的风险。

**旅游业**

旅游业将受到降水分布变化的影响，因为降水分布的变化会严重地影响旅游过程中产生收入的各种活动（IPCC 1998）。某个特定地区所受到的影响取决于游客的活动是以夏季为主还是以冬季为主，而且对于后者来说，当地的海拔高度以及气候对可供选择的活动和目的地的影响都是重要因素。例如，在 1997 年春季，阿尔卑斯山脉旅游目的地的气候状况较差，这一年在摩洛哥阿特拉斯山的滑雪人数就显著增多（Parish 等 1999）。

海平面上升对沿海旅游业的影响在于，在大多数情形下会影响到旅客发展的计划和执行，并导致水资源短缺等环境问题（Wong 1998）。此外，旅游业通常带有地域特色，其适应气候变化的能力低于游客自身（游客具有广泛的选择）（Wall 1998）。小岛国对于旅游业的变化来说尤其脆弱，因为当地的经济通常对旅游业依赖性较高，海岸带的资产和基础设施较为集中，而且当地人口普遍较为贫困。

## 2.3 可持续情景：全球情景小组

### 2.3.1 绪 论

由全球情景小组[①]发展的几种情景，把问题的范围扩展到了气候变化以外的领

---

[①] 全球情景小组成立于 1995 年，最初是为了支撑联合国环境署的"全球环境展望"项目（UNEP 1999）。全球情景小组由大约 12 个不同地区和学术背景的专业人员组成，其长期责任是研究可持续发展的需求和实现可持续发展的可能策略。这个正在进行的全球和区域情景分析研究是在斯德哥尔摩环境学院（SEI）开发的北极星计算框架的帮助下，通过主要趋势的定量化来支持的。

域，不仅包括其他环境领域，而且包括经济和社会层面的问题。就像前文讨论的SRES工作那样，这些情景不是事后的想法，而是从一开始就探究未来怎样发展有可能会是不可持续的，而且还分析了在人类下一步发展中，怎样实现经济、社会和环境的可持续性。

通过在当今世界将一组可以明显察觉到的不同趋势进行外推，全球情景小组发展了三大类发展情景——"传统情景"、"野蛮情景"和"大转变情景"。目的是要超越情景分析中的惯常做法，只是简单地改变关键经济变量从低到中再到高进行假设。"传统情景"至少从现在优先考虑的视角看，设想世界是在人类文明无重大意外、无急剧突变或无根本性转变的情况下逐步发展。在这类情景中，物质价值和自由市场系统起主导作用。我们来详细地阐述两个例子：1)"市场力量"案例，在这个例子中，自由市场起支配作用，并不怎么关注社会经济平等和环境质量；2)"政策改革"案例，在这个案例中，在相同的范式中追求实现可持续发展目标。相反，"野蛮情景"却假设社会、经济和道德基础恶化，并且压倒了市场和政策改革的应对能力（Gallopin等1997）。到处都是堡垒社区，在其之外贫困和环境退化决定着穷人的生活。这里再一次详细描述了两种可能的未来情景。在"堡垒情景"中，贫富差距越来越大，富人有效地保护着自己，不让穷人侵犯他们的富裕生活方式。在"崩溃情景"中，富人不能保持其社会地位，冲突频仍，社会分裂，其后果是饥饿、战争、技术丧失和制度破坏接踵而至。"大转变"情景旨在证明未来哪一种选择是有可能的，或者说是很有可能的。在非政府组织网络日益增强的影响下，可持续发展的重要性越来越得到认可。技术发展转而向着资源利用超高效率的方向发展，以进一步实现环境友好和社会平等。比如，生态主义描绘了这样一个世界：人们大规模地回归可持续的生活方式，而且在许多小事情上回归自力更生，但仍可能由于当前环境和社会系统所承受的压力，而导致在后来发生重大的灾难性事件。可持续新范式假设优先发生了一种典型的变化，即从注重短期物质经济增长转向注重人道、慈善和全球文明，在所有层面都充分考虑长期的环境、经济和社会压力。图2.10总结了主要的变化类型。图2.11给出了三类情景中经济产出与人口的关系。"传统世界"的经济增长最快，因为"野蛮情景"的经济近乎停滞甚至崩溃，而"大转变世界"里的物质经济增长转向福利全面提高转变，包括严格的环境保护以及地区间收入差距急剧下降。图2.12总结了所有情景中富裕地区与贫困地区间的关系。下面我们较为详细地讨论这几种情景。

## 两种常规情景：参照/市场力情景与政策改革情景

全球情景小组研究了不同范式下实现可持续发展目标的可能性。在常规世界情景中，市场力情景与政策改革情景形成鲜明对比，政策改革情景极力支持当前的主流思想，即通过加大政府引导的政策干预而逐步改变不可持续的发展范式。当今世界的许多趋势肯定是不可持续的，成千上万的人口陷入贫困，而且这个数量还在不断增

第 2 章　未来发展情景与气候变化

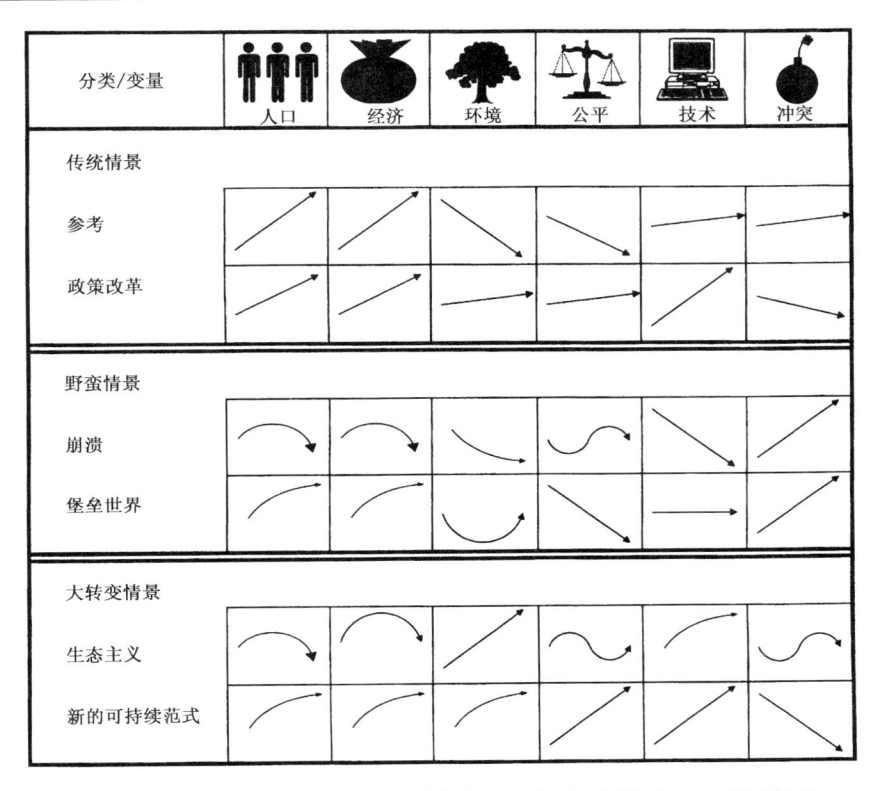

| 分类/变量 | 人口 | 经济 | 环境 | 公平 | 技术 | 冲突 |
|---|---|---|---|---|---|---|
| **传统情景** | | | | | | |
| 参考 | ↗ | ↗ | ↘ | ↘ | → | ↘ |
| 政策改革 | ↗ | ↗ | ↗ | ↗ | ↗ | ↘ |
| **野蛮情景** | | | | | | |
| 崩溃 | ↷ | ↷ | ∼ | ↘ | ↘ | ↗ |
| 堡垒世界 | ⌒ | ⌒ | ⌣ | ↘ | → | ↗ |
| **大转变情景** | | | | | | |
| 生态主义 | ⌒ | ⌒ | ↗ | ↗ | ⌒ | ↘ |
| 新的可持续范式 | ↗ | ↘ | ↗ | ↗ | ↗ | ↘ |

图 2.10　图解全球情景小组的各种情景变化类型（来源：Raskin 等 1998）

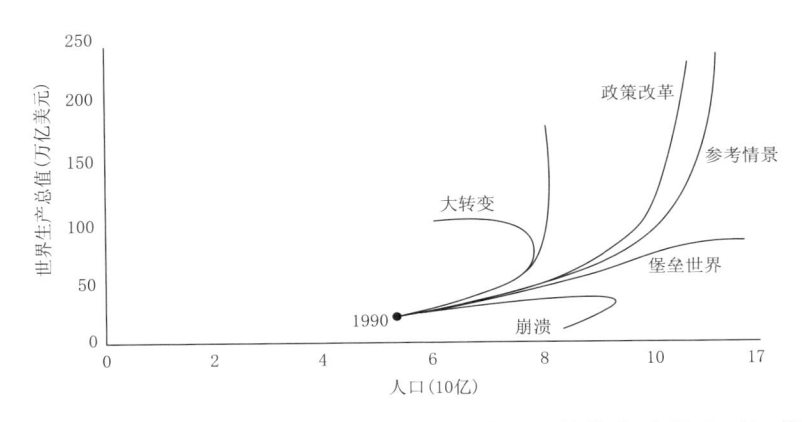

图 2.11　全球情景小组设计的各种情景中经济产出与人口的关系（来源：Raskin 等 1998）

加,许多地区环境退化,全球生物地球化学循环正在因人类活动而发生变化,这种变化的风险目前还不得而知。在参照情景中,这些趋势更加恶化。从可持续发展的观点来看,人们提出了一系列可持续目标,其中部分是遵循 20 世纪 90 年代展开的几次

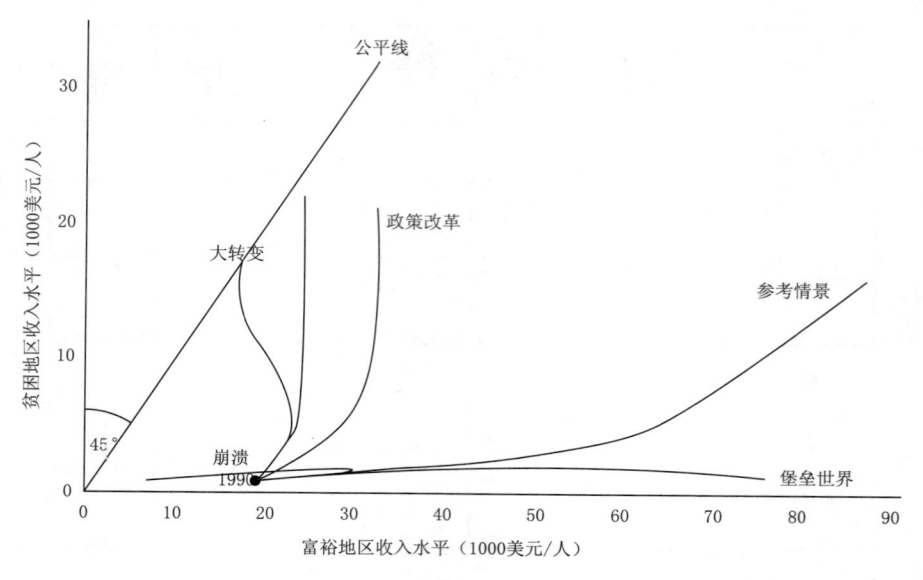

图 2.12　全球情景小组设计的各种情景中富裕地区与贫困地区收入的关系(来源:Raskin 等 1998)

世界大会上提出的一些建议。主要社会发展目标暗含着到 2025 年,要将饥饿、文盲和没有安全饮用水的人口数减半,而且到 2050 年要将这些人口数再减半。缩小收入差距对于实现这些挑战性目标具有重要意义。此外,还设定了环境目标,包括将大气二氧化碳浓度稳定在 450 ppm,以及将全球平均温度变化率控制在 0.10 ℃/10 年的幅度内,大幅度提高生态效率(指单位经济生产需要的物质资源量),到 2025 年提高 4 倍,到 2050 年提高 10 倍,大幅度减少持久性有机污染物和重金属的排放,减少水资源短缺量,并在未来 10 年内把森林面积净亏损转变为净增加(表 2.4 和 2.5)。

表 2.4　全球情景小组设计的各种情景的可持续发展目标(来源:Raskin 等 1998)

| 指　　标 | | 1995 年 | 2025 年 | 2050 年 |
| --- | --- | --- | --- | --- |
| 饥饿 | 人口(百万) | 900 | 445 | 220 |
| | 占 1995 年饥饿人口的比例(%) | — | 50 | 25 |
| | 占总人口的比例(%) | 16 | 6 | 2 |
| 不安全饮用水 | 人口(百万) | 1360 | 680 | 340 |
| | 占 1995 年不安全饮用水人口的比例(%) | — | 50 | 25 |
| | 占总人口的比例(%) | 24 | 9 | 4 |
| 文盲 | 人口(百万) | 1380 | 690 | 345 |
| | 占 1995 年文盲人口的比例(%) | — | 50 | 25 |
| | 占总人口的比例(%) | 24 | 9 | 4 |
| 预期寿命(年) | | 66 | 70(所有国家) | |

第 2 章　未来发展情景与气候变化

表 2.5　环境指标和目标

| 地区 | 指标 | 1995 年 | 2025 年 | 2050 年 |
|---|---|---|---|---|
| 气候 ||||
| 世界 | $CO_2$ 浓度 | 380 ppm | 2100 年之前稳定在低于 450 ppm ||
| 世界 | 增暖率 || 1990—2100 年平均为 0.1℃/10 年 ||
| 世界 | $CO_2$ 排放 || 1990—2100 年累积小于 700 GIC ||
| OECD | $CO_2$ 排放速率 | 各不相同但呈上升态势 | 低于 1990 年的 65%（到 2100 年低于 1990 年的 90%） | 低于 1980 年的 35% |
| 非 OECD | $CO_2$ 排放速率 | 各不相同但呈上升态势 | 增加减速，能效提高 | 到 2075 年达到 OECD 人均速率 |
| OECD | 生态效率 | 100 美元 GDP/300 kg | 增长 4 倍（100 美元 GDP/75 kg） | 增长 10 倍（100 美元 GDP/30 kg） |
| OECD | 人均物质使用 | 80 t | <60 t | <30 t |
| 非 OECD | 生态效率 | 各不相同但总体水平较低 | 向 OECD 水平趋同 ||
| 非 OECD | 人均物质使用 | 各不相同但总体水平较低 | 向 OECD 人均水平趋同 ||
| 有毒物质 ||||
| OECD | 持久性有机污染物和重金属的释放 | 各不相同但总体水平较高 | 低于 1996 年的 50% | 低于 1995 年的 10% |
| 非 OECD | 持久性有机污染物和重金属的释放 | 各不相同但呈上升态势 | 增加减速 | 向 OECD 人均水平趋同 |
| 淡水 ||||
| 世界 | 资源使用率 | 各不相同但呈上升态势 | 达到峰值 | 最高 0.2~0.4（在那些 1995 年大于 4 的国家，低于 1995 年的值） |
| 世界 | 水胁迫下的人口 | 19 亿（34%） | 少于 30 亿（<40%） | 少于 35 亿，开始下降（<40%） |
| 资源使用率 ||||
| 世界 | 森林砍伐 | 各不相同但总体水平较高 | 没有进一步的森林砍伐 | 净再造林 |
| 世界 | 土地退化 | 各不相同但总体水平较高 | 没有进一步的土地退化 | 净修复 |
| 世界 | 海洋过度捕捞 | 鱼类资源下降 | 海洋过度捕捞停止 | 健康的鱼类资源 |

这里有一个主要问题，即在价值观、生活方式、经济结构和政府体系在本质上仍然与今天相同的世界里，通过同步实施全球性政策措施，以及调整到市场驱动的增长，是否能够满足可持续目标呢？Raskin 等(1998)给出了肯定的答案。但是，这需要满足许多条件，包括：(a)认识传统发展的风险；(b)对制度充分响应；(c)政策与技

术发展有效契合;以及(d)有足够的政治意愿来接受实现所需行动的成本。由于在当今世界舞台中,许多关键角色比可持续发展具有优先权,因此,后面的几个条件可能很难满足,尽管其并非不堪设想。不过,Raskin等(1998)也认识到了这些困难,并开发了可供选择的途径,这些途径可能更为严格,但也许可以实现可持续发展的目标(Raskin等2001)。

**大转变情景:新的可持续范式**

在由私营部门利益支配的市场力情景中,社会、经济和环境的发展使世界背离各种可持续发展的目标。在这个情景中,内部的不一致性和压力不仅使其未来难以置信,而且也不受欢迎。一方面,全球化和快速的经济增长带来许多希望,但另一方面,收入不平等、日益增加的环境压力等副作用又可能是不可持续的。在政策改革情景中,政府通过政策干预来应对这些不可持续的发展问题。然而,在这样一个充满活力的世界里,如果这些政策干预不够到位,那么就有可能实现不了可持续性的目标,而一旦做得过火,发展可能也会停顿。这就是为什么大转变情景会作为第三支力量而出现在当今的民权社会中。在这个情景中,全世界人们的价值观和知识体系正在逐步发生变化,这有助于促进社会和技术朝着满足可持续发展目标的方向发生转变。民权社会、私人部门和政府在其中都将起着同等重要的作用。

## 2.4 其他情景

除了IPCC和全球情景小组各种情景外,人们还发展了许多探索可持续发展问题的其他情景。尽管本书并不详细讨论这些情景,但我们还是推荐几种,以便于感兴趣的读者可以进行追踪研究。在UNEP(2002)的《全球环境展望》中,全球情景小组发展的各种情景在全球协作中心网络上成为讨论和区域拓展的起点。UNEP描绘了四种可能的未来世界:(a)在"市场优先"世界里,全球化、自由化和私有化等目前的主要趋势将进一步扩大;(b)"安全优先"世界将强调提高安全关注并走向两极分化;(c)在"政策优先"情景中,各种市场驱动力对于社会和环境的负面副作用通过政府政策而得到解决;(d)"可持续性优先"世界则强调,各种政策的明显不足通过更为根本的价值变化得到弥补,使得发展更加可持续。人们对于这些情景的区域意义已经进行了详细的分析,如欧洲(UNEP/RIVM 2003)。而且,还发展了关于特殊部门的可持续性情景,如关于世界水问题(Gallopin等2000)以及土地利用和粮食前景(Rosegrant等2001)。Gallopin等(2000)针对当前不可持续的趋势开发了两类备选未来情景:(a)水问题依靠市场(经济、技术和私营部门)通过经济和技术进步得以解决;(b)通过人类价值观的回归,加强国际合作,着重强调教育、国际机制、国际规则、加强团结,以及改变生活方式和行为,实现水管理的可持续性。与 IPCC、全球情景小组和前文我们讨论的《全球环境展望》的各种情景的分析相似,UNEP 情景分析指出,为了使发展更可持续,最有希望的途径要靠社会和制度转型所需要的变化,而这种转型超越了对纯粹市场机制的依赖。

## 附录 2.1

### 表 A2.1 1990,2020,2050 和 2100 年主要的基本驱动力概述

(黑体数字代表说明性情景的数值,括号里的数字表示在由 6 个情景小组构建的 4 个情景族的所有 40 个 SRES 情景的取值范围;单位在表中给出;技术变化在表里未量化表征)

| 情景族 |  | A1 |  |  | A2 | B1 | B2 |
|---|---|---|---|---|---|---|---|
| 情景小组 | 1990 年 | A1F1 | A1B | A1T | A2 | B1 | B2 |
| 人口(10 亿) |
| 1990 年 | 5.3 |  |  |  |  |  |  |
| 2020 年 |  | 7.6 (7.4~7.6) | 7.5 (7.2~7.6) | 7.6 (7.4~7.6) | 8.2 (7.5~8.2) | 7.6 (7.4~7.6) | 7.6 (7.6~7.8) |
| 2050 年 |  | 8.7 | 8.7 (8.3~8.7) | 8.7 | 11.3 (9.7~11.3) | 8.7 (8.6~8.7) | 9.3 (9.3~9.8) |
| 2100 年 |  | 7.1 (7.0~7.1) | 7.1 (7.0~7.7) | 7.0 | 15.1 (12.0~15.1) | 7.0 (6.9~7.1) | 10.4 (10.3~10.4) |
| 世界 GDP($10^{12}$ 1990 年美元/年) |
| 1990 年 | 2.1 |  |  |  |  |  |  |
| 2020 年 |  | 53 (53~57) | 56 (48~61) | 57 (52~57) | 41 (38~45) | 53 (46~57) | 51 (41~51) |
| 2050 年 |  | 164 (163~87) | 181 (120~181) | 187 (177~187) | 82 (59~111) | 136 (110~166) | 110 (76~111) |
| 2100 年 |  | 525 (522~550) | 529 (340~536) | 550 (519~550) | 243 (197~249) | 328 (328~350) | 235 (199~525) |
| 人均收入比率:发达国家和经济转型国家(附件 I 国家)与发展中国家(非附件 I 国家)之比 |
| 1990 年 | 16.1 |  |  |  |  |  |  |
| 2020 年 |  | 7.5 (6.2~7.5) | 6.4 (5.2~9.2) | 6.2 (5.7~6.4) | 9.4 (9.0~12.3) | 8.4 (5.3~10.7) | 7.7 (7.5~12.1) |
| 2050 年 |  | 2.8 | 2.8 (2.4~4.0) | 2.8 (2.4~2.8) | 6.6 (5.2~8.2) | 3.6 (2.7~4.9) | 4.0 (3.7~7.5) |
| 2100 年 |  | 1.5 (1.5~1.6) | 1.6 (1.5~1.7) | 1.6 (1.6~1.7) | 4.2 (2.7~6.3) | 1.8 (1.4~1.9) | 3.0 (2.0~3.6) |

对于某些驱动力,因为所有情景运行都已经采用完全相同的假设,所以没有给出范围。

表 A2.2　在 1990,2020,2050 和 2100 年次要驱动力概述

（黑体数字代表说明性情景的数值,括号里的数字代表在六个情景小组构建的 **4 个情景族**中的所有 **40 个 SRES** 情景里的取值范围,单位在表中给出）

| 情景族 | | A1 | | | A2 | B1 | B2 |
|---|---|---|---|---|---|---|---|
| 情景组 | 1990 年 | A1F1 | A1B | A1T | A2 | B1 | B2 |
| 最终能源强度($10^6$ J/美元)[a] | | | | | | | |
| 1990 年 | 16.7 | | | | | | |
| 2020 年 | | **9.4** (8.5~9.4) | **9.4** (8.1~12.0) | **8.7** (7.6~8.7) | **12.1** (9.3~12.4) | **8.8** (6.7~11.6) | **8.5** (8.5~11.8) |
| 2050 年 | | **6.3** (5.4~6.3) | **5.5** (4.4~7.2) | **4.8** (4.2~4.8) | **9.5** (7.0~9.5) | **4.5** (3.5~6.0) | **6.0** (6.0~8.1) |
| 2100 年 | | **3.0** (2.6~3.2) | **3.3** (1.6~3.3) | **2.3** (1.8~2.3) | **5.9** (4.4~7.3) | **1.4** (1.4~2.7) | **4.0** (3.7~4.6) |
| 初级能源($10^{18}$ J/年) | | | | | | | |
| 1990 年 | 351 | | | | | | |
| 2020 年 | | **669** (653~752) | **771** (573~875) | **649** (515~649) | **595** (485~677) | **606** (438~774) | **566** (506~633) |
| 2050 年 | | **1431** (1377~601) | **1347** (968~1611) | **1213** (913~1213) | **971** (679~1059) | **813** (642~1090) | **869** (679~966) |
| 2100 年 | | **2073** (1988~2737) | **2226** (1002~2683) | **2021** (1255~2021) | **1717** (1304~2040) | **514** (514~1157) | **1357** (846~1625) |
| 煤在初级能源中的比重(%) | | | | | | | |
| 1990 年 | 24 | | | | | | |
| 2020 年 | | **29** (24~42) | **23** (8~28) | **23** (8~23) | **22** (18~34) | **22** (8~27) | **17** (14~31) |
| 2050 年 | | **33** (13~56) | **14** (3~42) | **10** (2~13) | **30** (24~47) | **21** (2~37) | **10** (10~49) |
| 2100 年 | | **29** (3~48) | **4** (4~41) | **1** (1~3) | **53** (17~53) | **8** (0~22) | **22** (12~53) |
| 零碳在初级能源中的比重(%) | | | | | | | |
| 1990 年 | 18 | | | | | | |
| 2020 年 | | **15** (10~20) | **16** (9~26) | **21** (15~22) | **8** (8~16) | **21** (7~22) | **18** (7~18) |
| 2050 年 | | **19** (16~31) | **36** (21~40) | **43** (39~43) | **18** (14~29) | **30** (18~40) | **30** (15~30) |
| 2100 年 | | **31** (30~47) | **65** (27~75) | **85** (64~85) | **28** (26~37) | **52** (33~70) | **49** (22~49) |

[a] 1990 年的数值包括与 IPCC（2001b）一致的非商用能源,但与 SRES 情景计算方法并不一致。注意 ASF,Mini-CAM 和 IMAGE 情景并不考虑非商用可再生能源。因此,这些情景报告中的能源使用偏低。

表 A2.3　1990,2020,2050 和 2100 年温室气体、二氧化硫和臭氧前体物的排放[a] 以及 2100 年累计二氧化碳排放纵览

(黑体数字代表说明性情景的数值,括号里的数字代表在六个情景小组构建的 4 个情景族中的所有 40 个 SRES 情景里的取值范围;单位在表内给出)

| 情景族 | | A1 | | | A2 | B1 | B2 |
|---|---|---|---|---|---|---|---|
| 1990 年 | A1F1 | A1B | A1T | A2 | B1 | B2 | |

矿物燃料燃烧的二氧化碳($CO_2$)排放(Gt/a,以 C 计)

| 1990 年 | 6.0 | | | | | | |
|---|---|---|---|---|---|---|---|
| 2020 年 | | **11.2** (10.7~14.3) | **12.1** (8.7~14.7) | **10.0** (8.4~10.0) | **11.0** (7.9~11.3) | **10.0** (7.8~13.2) | **9.0** (8.5~11.5) |
| 2050 年 | | **23.1** (20.6~26.8) | **16.0** (12.7~25.7) | **12.3** (10.8~12.3) | **16.5** (10.5~18.2) | **11.7** (8.5~17.5) | **11.2** (11.2~16.4) |
| 2100 年 | | **30.3** (27.7~36.8) | **13.1** (12.9~18.4) | **4.3** (4.3~9.1) | **28.9** (17.6~33.4) | **5.2** (3.3~13.2) | **13.8** (9.3~23.1) |

土地利用的 $CO_2$ 排放(Gt/a,以 C 计)

| 1990 年 | 1.1 | | | | | | |
|---|---|---|---|---|---|---|---|
| 2020 年 | | **1.5** (0.3~1.8) | **0.5** (0.3~1.6) | **0.3** (0.3~1.7) | **1.2** (0.1~3.0) | **0.6** (0.0~1.3) | **0.0** (0.0~1.9) |
| 2050 年 | | **0.8** (0.0~0.9) | **0.4** (0.0~1.0) | **0.0** (~0.2~0.5) | **0.9** (0.6~0.9) | **−0.4** (−0.7~0.8) | **−0.2** (−0.2~1.2) |
| 2100 年 | | **−2.1** (−2.1~0.0) | **0.4** (−2.4~2.2) | **0.0** (0.0~0.1) | **0.0** (−0.1~2.0) | **−1.0** (−2.8~0.1) | **−0.5** (1.7~1.5) |

矿物燃料燃烧累计 $CO_2$ 排放(Gt,以 C 计)

| 1990—2100 年 | | **2128** (2079~2478) | **1437** (1220~2989) | **1038** (989~1051) | **1773** (1303~1860) | **989** (794~1306) | **1160** (1033~1627) |

土地利用累计 $CO_2$ 排放(Gt,以 C 计)

| 1990—2100 年 | | **61** (31~69) | **62** (31~84) | **31** (31~62) | **89** (49~181) | **−6** (−22~84) | **4** (4~153) |

累计 $CO_2$ 排放总量(Gt,以 C 计)

| 1990—2100 年 | | **2189** (2127~2538) | **1499** (1301~2073) | **1068** (1049~1113) | **1862** (1352~1938) | **983** (772~1390) | **1164** (1164~1686) |

二氧化硫($SO_2$)排放 (Mt/a,以 S 计)

| 1990 年 | 70.9 | | | | | | |
|---|---|---|---|---|---|---|---|
| 2020 年 | | **87** (60~134) | **100** (62~117) | **60** (60~101) | **100** (66~105) | **75** (52~112) | **61** (46~101) |
| 2050 年 | | **81** (64~139) | **64** (47~120) | **40** (40~64) | **105** (78~141) | **69** (29~69) | **56** (42~107) |
| 2100 年 | | **40** (27~83) | **28** (26~71) | **20** (20~27) | **60** (60~93) | **25** (11~25) | **48** (33~48) |

续表

| | | 甲烷(CH$_4$)排放(Mt/a) | | | | | |
|---|---|---|---|---|---|---|---|
| 1990 年 | 310 | | | | | | |
| 2020 年 | | **416** | **421** | **415** | **424** | **377** | **384** |
| | | (415~479) | (400~444) | (415~466) | (354~493) | (377~430) | (384~469) |
| 2050 年 | | **630** | **452** | **500** | **598** | **359** | **505** |
| | | (511~636) | (452~636) | (492~500) | (402~671) | (359~546) | (482~536) |
| 2100 年 | | **735** | **289** | **274** | **889** | **236** | **597** |
| | | (289~735) | (289~640) | (274~291) | (549~1069) | (236~579) | (465~613) |
| | | 氧化亚氮(N$_2$O)排放(Mt/a) | | | | | |
| 1990 年 | 6.7 | | | | | | |
| 2020 年 | | **9.3** | **7.2** | **6.1** | **9.6** | **8.1** | **6.1** |
| | | (6.1~9.3) | (6.1~9.6) | (6.1~7.8) | (6.3~12.2) | (5.8~9.5) | (6.1~11.5) |
| 2050 年 | | **14.5** | **7.4** | **6.1** | **12.0** | **8.3** | **6.3** |
| | | (6.3~14.5) | (6.3~14.3) | (6.1~6.7) | (6.8~13.9) | (5.6~14.8) | (6.3~13.2) |
| 2100 年 | | **16.6** | **7.0** | **5.4** | **16.5** | **5.7** | **6.9** |
| | | (15.9~16.6) | (5.8~17.2) | (4.8~5.4) | (8.1~19.3) | (5.3~20.2) | (6.9~18.1) |
| | | 氯氟碳化物(CFCs)、氢氟碳化物(HFCs)、氢氯氟烃(HCFCs)、多氟烃(Mt/a,以C当量计) | | | | | |
| 1990 年 | 1672 | | | | | | |
| 2020 年 | | **337** | **337** | **337** | **292** | **291** | **299** |
| 2050 年 | | **566** | **566** | **566** | **312** | **338** | **346** |
| 2100 年 | | **614** | **614** | **614** | **753** | **299** | **649** |
| | | 多氟烃(PFCs)(Mt/a,以C当量计)[b] | | | | | |
| 1990 年 | 32.0 | | | | | | |
| 2020 年 | | **42.7** | **42.7** | **42.7** | **50.9** | **31.7** | **54.9** |
| 2050 年 | | **88.7** | **88.7** | **88.7** | **92.2** | **42.2** | **106.6** |
| 2100 年 | | **115.3** | **115.3** | **115.3** | **178.4** | **44.9** | **121.3** |
| | | 六氟化硫(SF$_6$)(Mt/a,以C当量计)[b] | | | | | |
| 1990 年 | 37.7 | | | | | | |
| 2020 年 | | **47.8** | **47.8** | **47.8** | **63.5** | **37.4** | **54.7** |
| 2050 年 | | **119.2** | **119.2** | **119.2** | **104.0** | **67.9** | **79.2** |
| 2100 年 | | **94.6** | **94.6** | **94.6** | **164.6** | **42.6** | **69.0** |

## 第2章 未来发展情景与气候变化

续表

| | 一氧化碳(CO)排放(Mt/a) | | | | | |
|---|---|---|---|---|---|---|
| 1990年 | 879 | | | | | |
| 2020年 | 1204 (1123~1552) | 1032 (978~1248) | 1147 (1147~1160) | 1075 (748~1100) | 751 (751~1162) | 1022 (632~1077) |
| 2050年 | 2159 (1619~2307) | 1214 (949~1925) | 1770 (1244~1770) | 1428 (642~1585) | 471 (471~1470) | 1319 (580~1319) |
| 2100年 | 2570 (2298~3766) | 1663 (1080~2532) | 2077 (1520~2077) | 2326 (776~2646) | 363 (363~1871) | 2002 (661~2002) |

| | 非甲烷易挥发有机化合物(Mt/a) | | | | | |
|---|---|---|---|---|---|---|
| 1990年 | 139 | | | | | |
| 2020年 | 192 (178~230) | 222 (157~222) | 190 (188~190) | 179 (166~205) | 140 (140~193) | 180 (152~180) |
| 2050年 | 322 (256~322) | 279 (158~301) | 241 (206~41) | 225 (161~242) | 116 (116~237) | 217 (147~217) |
| 2100年 | 420 (167~484) | 194 (133~552) | 128 (114~28) | 342 (169~342) | 87 (58~349) | 170 (130~304) |

| | 一氧化氮(NO)(Mt/a,以N计) | | | | | |
|---|---|---|---|---|---|---|
| 1990年 | 30.9 | | | | | |
| 2020年 | 50 (46~51) | 46 (46~66) | 46 (46~49) | 50 (42~50) | 40 (38~59) | 43 (38~52) |
| 2050年 | 95 (49~95) | 48 (48~100) | 61 (49~61) | 71 (50~82) | 39 (39~72) | 55 (42~66) |
| 2100年 | 110 (40~151) | 40 (40~77) | 28 (28~40) | 109 (71~110) | 19 (16~35) | 61 (34~77) |

[a] 在SRES情景中,非二氧化碳温室气体排放的不确定性通常大于能源二氧化碳排放的不确定性。因此,与二氧化碳相比,在报告中提供的非二氧化碳温室气体排放范围也许并不能完全反映不确定性水平,例如,只有一个模式提供卤代烃排放值。

[b] 在SPM情景中,氯氟碳化物(CFCs)、氢氟碳化物(HFCs)、氢氯氟烃(HCFCs)、全氟化碳(PFCs)和六氟化硫($SF_6$)的排放量以碳当量来表示。这是将每种物质的排放乘以其权重,由其全球增温潜势(GWP)确定,再进行累加得到的。然后,将结果从二氧化碳当量(以GWP反映)转换成碳当量。注意GWP并不适用于时间特别长的排放廓线。这里使用它,是因为SPM有能力辨识27种物质的详细分解过程。在本表中该方法也被用于不太理想的选择,即表达累计分类的权重大小。

## 参考文献

Alcamo J,Bouwman A,Edmonds J,Gruebler A,Morita T,Sugandhy A. 1994. An evaluation of the IPCC IS92 emissions scenarios. In:Houghton J T,Meira Filho L G,Bruce J,Lee Hoesung,Callander B A,Haites E,Harris N,Maskell K(eds.). *Climate Change*. Cambridge:Cambridge University Press.

Carter T R, Fronzek S, Barlund I. 2004. FINSKEN: A framework for developing consistent global change scenarios for Finland in the 21st century. *Boreal Environment Research*, **9**: 91-107.

Gallopin G, Hammond A, Raskin P, Swart R. 1997. *Branch Points: Global Scenarios and Human Choice*. Boston: Global Scenario Group/Stockholm Environment Institute.

Gallopin G C, Rijsberman F. 2000. Three global water scenarios. In: Cosgrove W J, Rijsberman F. *World Water Vision: Making Water Everybody's Business*. London: Earthscan.

Henninger N. 1998. *Mapping and Geographical Analysis of Human Welfare and Poverty-Review and Assessment*. Washington: World Resources Institute.

Hoekstra A, Huynen M. 2001. Balancing the world water demand and supply. In: Martens P, Rotmans J (eds.). *Transitions in a Globalising World*. Maastricht: International Centre for Integrative Studies, University of Maastricht.

IPCC. 1990. *Climate Change: The IPCC Response Strategies*. Washington: Island Press.

IPCC. 1998. *The Regional Impacts of Climate Change: An Assessment of Vulnerability*. In: Watson R T, Zinyowera M C, Moss R H (eds.). In *Special Report of IPCC Working Group II*. Cambridge: Cambridge University Press.

IPCC. 2001. *Climate Change* 2001: *Synthesis Report*. A Contribution of Working Groups I, II, and III to the Third Assessment Report of the Intergovernmental Panel on Climate Change. (Watson R T, [other editors to be added], eds.) Cambridge: Cambridge University Press.

Lashof D, Tirpak D. 1990. *Policy Options for Stabilising Global Climate*, 21P—2003. Washington: US Environmental Protection Agency.

Leggett J, Pepper W J, Swart R J. 1992. Emissions scenarios for the IPCC: an update. In: Houghton J T, Callander B A, Varney S K (eds.). *IPCC Climate Change 1992: The Supplementary Report to the IPCC Scientific Assessment*. Cambridge: Cambridge University Press.

Martens P, Hilderink H. 2001. Human health in transition: towards more diseaseor sustained health? In: Martens P, Rotmans J (eds.). *Transitions in a Globalising World*. Maastricht: International Centre for Integrative Studies, University ofMaastricht.

Martens P, Rotmans J (eds.). 2001. *Transitions in a Globalising World*. Maastricht: International Centre for Integrative Studies, University of Maastricht.

Metz B, Davidson O, Swart R, Pan J. 2001. *Climate Change* 2001: *Mitigation*. Cambridge: Cambridge University Press.

Morita T, Nakicenovic N, Robinson J. 2000. Overview of mitigation scenarios for global climate stabilisation based on new IPCC emissions scenarios. *Environmental Economic and Policy Studies*, **3**: 65-88.

Morita T, Robinson J, Adegbulugbe A, Alcama J, Herbert D, Lebre La Rovere E, Nakicenovic N, Pitcher H, Raskin P, Riahi K, Sankovski A, Sokolov B, de Vries B, Zhou D. 2001. Greenhouse emissions mitigation scenarios and implications. In: Metz B, Davidson O, Swart R, Pan J (eds.). *Climate Change* 2001: *Mitigation*. Contribution of Working Group III to the Third Assessment Report of the Intergovernmental Panel on Climate Change. Cambridge:

CambridgeUniversity Press.

Munasinghe M, Shearer W (eds.). 1995. *Defining and Measuring Sustainability: The Biogeophysical Foundations*. Tokyo and Washington: UN University and World Bank.

Nakicenovic N, Swart R (eds.) 2000. *IPCC Special Report on Emissions Scenarios*. Cambridge: Cambridge University Press.

Parish R, Funnell D C. 1999. Climate change in mountain regions: some possible consequences in the Moroccan High Atlas. *Climate Change*, **9**(1): 15-58.

Raskin P, Gallopin G, Gutman P, Hammond A, Swart R. 1998. *Bending the Curve: Towards Global Sustainability*. Boston: Global Scenario Group/Stockholm Environment Institute.

Raskin P, Gallopin G, Gutman P, Hammond A, Kates R, Swart R. 2001. *Great Transitions: Global Scenario Group*. Boston: Stockholm Environment Institute.

Rosegrant M W, Paisner M S, Meijer S, Witcover J. 2001. *Global Food Projections to 2020, Emerging Trends and Alternative Futures*. Washington: IFPRI.

Rotmans J. 1990. *IMAGE: An Integrated Model to Assess the Greenhouse Effect*. Dordrecht: Kluwer.

Rotmans J, de Groot D, van Vliet A. 2001. Biodiversity: luxury or necessity? In: Martens P, Rotmans J (eds.). *Transitions in a Globalising World*. Maastricht: International Centre for Integrative Studies. Maastricht of University.

Swart R J, den Elzen M G J, Rotmans J. 1990. Emission scenarios for the Intergovernemental Panel on Climate Change. *Milieu*, **3**: 82-89.

UNDP. 1990. *Human Development Report*. New York: Oxford University Press.

UNDP. 2001. *Human Development Report*. New York: Oxford University Press.

UNEP. 1999. *Global Environmental Outlook* (2000) *Millennium Report on the Environment*. Nairobi: UNEP.

UNEP. 2002. *Global Environmental Outlook*. London: Earthscan.

UNEP/RIVM. 2003. *Four Scenarios for Europe*. Nairobi/Bilthoven: UNEP/RIVM.

Wall G. 1998. Implication of global climate change for tourism and recreation in wetland areas. *Climatic Change*. **40**(2): 371-389.

Watson R T, Dixon J A, Hamburg S P, Janetos A C, Moss R H. 1998. *Protecting our Planet, Securing our Future: Linkages among Global Environmental Issues and Human Needs*. Washington: UNEP/USNASA/World Bank.

Wong P P. 1998. Coastal tourism development in Southeast Asia: relevance and lessons for coastal zone management. *Oceanand Coastal Management*, **38**: 89-109.

# 第 3 章 可持续发展框架(MDMS)：概念与分析工具

## 3.1 初步构想

全球的决策者们正在寻找解决许多重要问题的新办法，这些问题既包括传统发展问题(如经济停滞、长期贫困、饥荒、营养不良、疾病等)，也包括新的挑战(如日益严重的环境退化以及正在加速的全球化)。有一种重要方法正日益受到关注，这种方法的基本理念就是可持续发展。随着 1992 年全球峰会在里约热内卢的召开和联合国《21 世纪议程》的颁布，可持续发展的理念已为全世界所接受(UN 1993, WCED 1987)。

对于决策者们来说，一个关键问题是：怎样做才能使发展更加可持续？为了帮助决策者们应对此问题，分析家在其研究中运用了大量的概念和工具。在这一章里，我们将讨论一般性方法(包括可持续发展的三角关系)、综合方法(如最优化和持久性)以及其他一些要素(如指标、成本—效益分析和多重指标分析)，解释外部效应、评估技术和折扣。在第 5 章里，我们会在预估和更为组合的层面，将成本—效益分析扩展运用到气候变化适应的分析中去。除了成本—效益分析和多重指标分析之外，我们还将在第 5 章讨论其他一些技术方法，包括在减缓选择中用过的方法，尤其是所谓的安全着陆、可容忍窗区和成本—效益分析。

发展和可持续发展都是涉及面很广的话题，在过去几十年中已有详尽的研究和大量优秀的成果。限于篇幅，本书没有对那些成果做全面的回顾。而是采取了一个更有效的方法，那就是试图找到一个更适宜的工作目标，比如确定一个框架，既要能够辨识那些与气候变化相关的可持续发展要素，还能分析这些要素间的相互联系。我们在这一章建立了这个框架，并在第 4 章进行应用。在这个框架中要研究的关键问题是：a)气候变化和气候变化响应(包括适应和减缓)对于可持续发展的含义；b)发展中国家和发达国家在气候变化、气候变化响应选择，以及对气候变化影响的脆弱性，包括相关的协调和平衡等方面的发展战略和政策的含义。

对我们来说，可持续发展可以定义为这样一种发展途径，它在本质上是以较低的

第3章　可持续发展框架(MDMS)：概念与分析工具

资源利用强度来不断提高现有生活质量，从而给后代留下并未减量的生产资料（即人造的、自然的及社会资本），以为后代提高其生活质量提供机会。其实至今仍没有一个能被普遍接受的、现实可行的可持续发展定义，但是其概念已经围绕经济、社会、环境等三个方面发展了一些主要观点，如图 3.1a 的三角形所示（Munasinghe 1992）。每种观点都对应着一个领域（和系统），在不同领域（和系统）中，其驱动力和目标也各不相同。经济发展主要是通过增加商品和服务消费来改善人类福利。环境领域着重于对生态系统的完整性和弹性进行保护。社会领域则强调丰富的人类关系，以及怎样实现个人和群体的愿望。

在前面的章节中我们已经概述了人类正面临着空前的挑战，即气候变化对人类造成的威胁。不过，从发展中国家的角度来看，尽管气候变化在长期来看是个重要问题，但至关重要的一点是，还要认识到存在其他许多更迫切地影响人类福祉的可持续发展问题，如饥饿、营养不良、贫困、健康，以及迫切需要解决的地区环境问题。同时，工业化国家高水平的人均消费、物质生产和温室气体排放也威胁着未来的可持续发展前景，并直接、间接地给许多发展中国家提供了一种不适当的学习案例。

气候变化和可持续发展之间广泛的潜在相互影响决定了需要对两者之间各种各样的联系进行认真的研究和分析。因此在这一章里，我们制定一个多学科的元框架，称作可持续经济学(sustainomics)，来分析可持续发展与气候变化之间的关系。

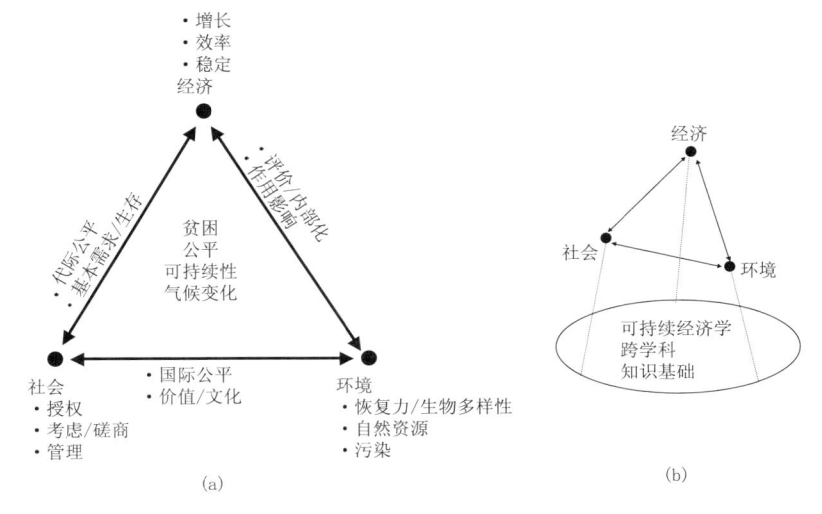

图 3.1　(a)可持续发展要素；(b)可持续经济学框架支持的可持续发展三角关系
（来源：Munasinghe 1992 1994）

## 3.1.1　可持续经济学介绍：可持续发展框架

尽管目前还没有一个普遍接受的科学方法或理论框架来定义、分析及实施可持续发展，但 Munasinghe（1992，1994）还是提出了可持续经济学（sustainomics）这一术语来描述一个跨学科并具有整体性、综合性、平衡性、启发性和实践性于一身的元框架，以使发展更加可持续。此问题的多样性和复杂性非是任何单一学科所能涵盖的。迄今为止，在可持续发展问题方面已经应用了许多来自不同领域专家团队的跨学科方法，同时还采取步骤通过学科间的工作，寻求打破不同学科间的障碍。然而，现在需要的是一个完全跨学科的元框架，将现有各种学科的知识形成新的概念和方法，从而能够解决可持续发展从概念到实践的多方面问题。因而，为支撑在可持续发展方面的努力，可持续经济学将给出一个综合的、兼收并蓄的基础（图 3.1b）。这种方法与最近发展很快的可持续科学既有联系又互为补充（Kates 等 2001），后者寻求发展知识基础，以更好地认识各种自然系统与社会经济系统之间的联系。

对可持续发展的准确定义仍保留了一个难以分辨的（也许是不能达到的）目标。因此，对于可持续经济学方法来说，关键问题就是要依靠一个更切实际、更有希望的战略，首先就要探索怎样使发展更加可持续（MDMS）。这种渐进（或梯度）方法更为实用，因为我们对许多不可持续的活动可能更容易识别进而将其剔除。特别是，这种方法可以帮助我们避免那些突发的灾难性（悬崖边缘）后果。

可持续经济学方法寻求综合并系统化地从核心学科中汲取关键要素，并把这些知识运用于实际发展问题中，这些核心学科包括生态学、经济学、社会学，以及人类学、植物学、化学、人口统计学、伦理学、地理学、法学、哲学、物理学、心理学、动物学等。因此，可持续经济学是对可持续科学的补充，它建立在可持续科学研究结果的基础上并应用这些结果。诸如工程学、生物技术（如增加食物生产）和信息技术（如提高自然能源利用效率）等技术性技能也在其中起关键作用。那些将经济、社会、环境连接起来的方法特别重要。例如，环境资源经济学试图把环境要素融入传统的新古典主义经济分析中（Freeman 1993，Teitenberg 1992）。正在成长中的生态经济学则进一步将生态学方法和社会经济学方法结合起来处理环境问题，并强调经济活动范围等概念的重要性（在文献 Costanza 等 1997 中有很好的介绍）。与生态科学相关的新兴学科领域（如保护生态学、生态系统管理和政治生态学）为可持续发展问题创造了备选的分析方法，包括系统恢复以及生态系统与人类活动综合分析等重要概念（Holling 1992）。最近社会学者关于如何把各种团体结合在一起即社会整体凝聚力探索了一些新方法，并注意到社会资本的概念和社会成员的重要性（Putnam 1993）；能量学和能源经济学的文献集中在物理定律，如热力学第一定律和第二定律（分别说明质量—能量守恒和熵）的相关性上，该研究已经取得一些有价值的认识，解释了能量是如何将自然系统、生态系统和社会经济系统连接在一起的，并通过能量由较高可利用（低熵）向较低可利用（高熵）传输的控制定律，分析了生态过程和社会经济过程的限定条件（Georgescu-Roegen 1971，Hall 1995，Munasinghe 1990）。最近有关社会经济学、环境社会学、文化经济学、经济社会学及环境社会学中的研究也是相互关联的。环境伦理学研究已经探索了很多问题,包括各种价值以及人类动机、决策过程、决策结果、代内公平和代际公平、动物和自然界其他物种的权利,以及人类对环境工作的责任等的重要性(Andersen 1993,Sen 1987,Westra 1994)。同样,最近 Siebhuner(2000)把"可持续的人"(homo sustinens)定义为一个有道德的、具有合作精神的人,具有社交技巧、丰富的情感以及与自然有关的各种技巧,与传统的"经济人"(homo economicus)相反,后者的主要动机是出于经济私利和竞争的本能。

当我们在这些早期工作的基础上开展研究时,我们发现,"可持续经济学"这一术语给人的印象更加中性。为了使人们更清晰地把注意力集中到可持续发展上面,避免任何学术偏见或霸权的影响,使用新词是很有必要的。我们承认,那些生态经济学、可持续发展科学等领域的研究者们已经在解决可持续发展问题上做出了大量的努力,然而,许多发展的实践者却担心这些学科的注意力多集中在发展的生态维度和科学维度方面,而不是发展的人类维度方面。而事实上,以可持续经济学为基础的坚实的多学科框架,有助于面向知识的可持续科学能够更贴近各种层面的决策者,也使其更易于被接受。

可持续经济学方法应该引导人们在对待可持续发展的经济、社会和环境维度(包括其他相关学科和范式)要均衡、一致。在强调传统发展与可持续发展的相对重要性时也需要平衡。例如,发达国家关于可持续发展的大多数主流文献趋向于集中在污染、增长的不可持续性以及人口增长方面。而这些观点在发展中国家却鲜有回应,他们的重点则是持续发展、消费和增长、减贫,以及公平。

可持续经济学框架是在许多学科的基础上构建的,而可持续发展自身又涉及人类活动的方方面面,包括社会经济系统、生态系统和自然系统之间复杂的相互作用。因此分析的空间范围需要从全球尺度到局地尺度,时间跨度要延伸至几百年(如就气候变化问题而言),此外还要处理不确定性、不可逆性和非线性问题。可持续经济学框架试图构建一种综合的分析和政策指导方案,而其各种组分(或学科)则为还原论者提供了基石和基础。其探索式特征强调,需要基于新的研究、经验结果以及当前最好的实践不断地进行再反思,因为现实比我们的模型要复杂得多,我们的认识是还不全面,而且我们对各种问题的意见也不一致。

在这一章里,我们确定了可持续经济学的一些关键组成要素,以及如何运用这些要素来分析气候变化与可持续发展关系中产生的一些问题。我们还通过一系列气候变化问题的案例研究对一些概念进行了举例说明。我们目前的知识还不足以对可持续经济学给出一个全面的定义。此外,为了应对迅速变化的可持续发展问题(该目标超出了本书的研究范围),可持续经济学必须提供一种探索式的、动态发展框架。因此,这里我们只概略地给出一些初步的想法,以此为起点,我们将更好地认识气候变化与可持续发展的相互作用。

## 3.2 可持续经济学的关键要素

目前的可持续发展研究方法吸收了几十年来的发展经验。从历史上看,工业化国家的发展着重于物质生产。这样自然而然地,在20世纪,大多数工业化国家及发展中国家的经济目标都是追求增加产量和经济增长。因此,传统发展路径与经济增长具有很强的联系,但也具有重要的社会特征(见3.2.4节)。

到20世纪60年代初,发展中国家大量的、不断增加的贫困人口,以及缺乏惠及穷人的制度体系,直接导致他们在直接改善收入分配方面付出了大量努力。发展模式转向公平增长,这种模式认为,社会(分配)目标,尤其是减贫,与经济效率同样重要,但与后者又有区别(见3.2.4节)。

现在环境保护成为可持续发展的第三个主要目标。在20世纪80年代初,大量证据表明,环境退化已成为可持续发展的一个主要障碍,并提出了新的主动保护措施,例如环境评价。

可持续经济学的主要原理概述如下:首先通过可持续发展三棱镜关系,从经济、社会和环境观点来分析问题。然后通过一种共同的最优持久性方法来推动综合分析。利用隧道效应的观点使外部因素内在化,可以对发展和增长进行重建,使之更可持续。可持续发展评估非常重要,尤其是在区域层面和计划层面。用环境和社会影响的经济评估作为成本效益分析的纽带,可以用绘图模式把环境评价和社会评估纳入传统的经济决策过程,从而推动可持续发展评估的实施。多重指标分析在评定各种不同的任务目标中发挥着重要作用,尤其是当经济评价很难开展时。以扩展的国民核算为基础的行动影响矩阵方法及多部门综合模型(如可计算的通用平衡模型)有助于在宏观经济决策层面综合考虑经济、社会和环境问题(第4章)。综合评估模型在分析全球性问题(如气候变化)时发挥着重要作用。大量可持续发展指标有助于度量取得的进展以及在各种聚合水平上做出选择。

### 3.2.1 经济因素

我们通常用福利(或效用)这个术语(用对所消费商品和服务的支付意愿来度量)来评价经济发展。因此,典型情况下,许多经济政策都试图增加收入,并促使更高效率的生产和商品与服务的消费(以市场交易为主)。价格和就业的稳定性是其他重要目标里的内容。同时,几百年来,福利与货币收入及消费的关系一直受到许多哲学家和宗教领袖的质疑(Narada 1988)。最近,Maslow(1970)和其他研究者已经明确指出,除了需要满足起码的商品和服务需求以外,还需要满足各种程度的精神需求。

经济效率高低的衡量与理想的帕雷托最优状态有关,这种状态意在鼓励采取行动,在不损害其他人的情况下至少要努力改善一个人的福利。理想化、完美竞争、节省是帕累托最优状态的重要基准,其中(有效的)市场价格无论对于生产资源的分配还是对于确保最适消费选择都起着关键作用,前者可以使生产最大化,后者可以使消费者效用最大化。如果经济出现重大扭曲,就需要使用合适的影子价格进行调节。众所周知的成本效益标准接受所有净收益为正,即总收益超过总成本的项目(Munasinghe 1992)。而基于较弱的准帕累托条件,即假设这种净收益可以从潜在的得利者重新分配给失利者,就没有哪个人的处境会比以前更糟。一般地说,无论是同一个国家内和国与国之间的比较,还是现在与以前比较,例如人类生命价值,人与人之间随时间流逝进行(货币化的)福利比较肯定很难,无论是在一个国家之内,还是在不同的国家之间,例如人的生命的价值。

**经济的可持续性**

在经济可持续性后所隐含的现代理念是试图使可能发生的收入流最大化,至少要保持在产出这些收益的资产储备(或资本)的水平上(Maler 1990,Solow 1986)。这种方法是基于 Hicks (1946) 的开创性工作得出的, Hicks 在这项研究中指出,人们最大程度的可持续消费量是其消费不至于使他们自己陷入贫困。早些时候,Fisher (1906) 已经把资本定义为:资本是某一段时期内的工具储备,其收入是这种财富储备产生的服务流。在保证生产资源有效分配和高效消费选择物尽其用上,经济效率继续发挥作用。在辨识要保持的资本种类(如人造的、自然的和人类资源储备,以及已经确定的社会资本)及其可持续性过程中出现了对各种问题的解释(见 3.2.2 节)。通常,要对这些资产和它们所提供的服务,尤其是对生态和社会资源进行评价是很难的(Munasinghe 1992)。例如,在非市场交易占重要地位的自发的或勉强维持生计的经济体系中,甚至可能会忽视一些重要的经济资产。不确定性、不可逆转性和灾难性崩溃等问题,为确定动态有效发展道路提出了额外的困难(Pearce 等 1990)。许多通用的微观经济学方法对基于小扰动的边际分析依赖性很强,如比较增量成本和经济活动的效益。从恢复力理论的观点来看(见 3.2.2 节),这类系统会很快回复到它占优势的稳定平衡状态,因此没有多少不稳定的风险。这种方法假设变量是平稳变化的,因此对于分析大尺度变化、不连续现象,以及多平衡态之间的突变来说非常不合适。最近的研究工作,尤其是经济学和生态学的交叉领域,已经开始探讨大尺度、非线性、动力和混沌系统的现象以及一些新概念,如系统脆弱性和恢复能力。

## 3.2.2 环境因素

具有环境意义的发展是近些年的关注点,它与要谨慎地管理稀有的自然资源有关,因为人类的福祉最终还是要依赖于生态服务。忽视安全的生态极限,将对发展长期前景增加破坏的风险。Dasgupta 等(1997)指出,直到 20 世纪 90 年代以前,主流发展文献很少提及环境话题(Chenery 等 1988,1989;Dreze 等 1990;Stern 1989)。最近一篇有关经济增长的评论文章也只是顺便提到自然资源的作用(Temple 1999)。但有关环境和可持续发展主题的文献在不断增加,包括 Faucheux 等(1996)的著作(描述可持续发展模式)以及 Munasinghe 等(2001)(阐述增长与环境的联系)。

**环境的可持续性**

可持续性的环境解释,集中在生态系统的整体生存能力和健康上,是对生态系统的恢复力、活力及组成进行全面的、多尺度的、动态的、分层次的衡量(Costanza 2000)。恢复力的经典定义是由 Holling(1973)提出的,即一个生态系统在有外部冲击的情况下能够坚持的能力。恢复力是由变化或破坏的程度决定的,变化或破坏将引起生态系统从一种系统状态转变为另一种系统状态。生态系统的状态是由其内部结构和一系列相互加强的过程决定的。Petersen 等(1998)认为,一个特定生态系统的恢复力取决于有关生态过程中在更大或更小空间尺度上的持续性(见专栏 3.1)。关于恢复力更进一步的讨论请参见 Pimm(1991)和 Ludwig 等(1997)。活力与生态系统的初级生产力有关。它与经济系统中作为活力指标的产出和增长类似。组织取决于生态系统或生物系统的结构和复杂程度。例如,多细胞有机体(如人类)比单细胞的变形虫具有更高的组织程度(具有更加多样的子成分和相互联系)。较高的组织状态意味着较低的熵值。因此,热力学第二定律要求,较为复杂的有机体,其可持续性取决于源于它们对周围环境中低熵能量的利用,这些低熵能量被恢复成(可用性较低的)高熵能量。这些能量的根本来源是太阳辐射。

在这个意义上,自然资源的退化、污染和生物多样性减少都是有害的,因为它们使脆弱性增加,逐渐削弱了系统的健康水平,且减弱了系统的恢复力(Munasinghe 等 1995,Perrings 等 1994)。具有安全阈值(其相关概念是承载力)的观念非常重要,这样往往可以避免灾难性的生态系统崩溃(Holling 1986)。而用嵌套等级的生态和社会经济系统的正常功能和寿命来考虑可持续性也是有用的,这种系统按照尺度大小排序,如人类社会由许多个体的人组成,而每个人又由大量细胞构成(详见专栏 3.1)。Gunderson 等(2001)用"泛规则(panarchy)"一词来表示这类等级系统及其不同尺度的适应循环。一定等级的系统能够以其稳定(可持续)的状态运转,因为它受到其层级之上的高级系统中那些速度较慢且更为恒定的变化的保护,同时又从发生在其层级之下的子系统中较快速度的循环中受到刺激、获得能量。总之,无论是其层级之上的恒定和连续性,还是其层级之下的创新和变化,对于泛规则都具有其不可替代的作用。

**专栏 3.1　可持续性的时间和空间特征**

一个实际有用的可持续性概念必须涉及有机或生物系统在其正常生命史期间的持续性、生存能力和恢复力(请参见正文中关于恢复力的讨论)。在此生态背景中，可持续性与空间尺度和时间尺度都有联系，如图 3.2 所示。$x$ 轴表示生命史，以年表示，$y$ 轴表示线性尺度(都以对数尺度表示)。图中间的 O 代表一个单独的人，其寿命和身高分别为 100 岁和 1.5 m。对角带表示一个嵌套层级的生物系统(包括生态系统和社会系统)，从单细胞生物开始，最终到行星生态系统的预期或正常的寿命范围。其宽度包容了生物体及其寿命的变率。

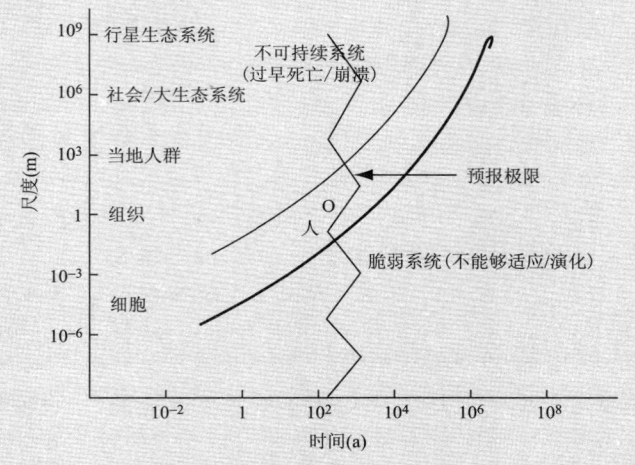

图 3.2　嵌套层级的可持续生物和社会系统在多种尺度上的空间和时间特征
(来源：根据 Munasinghe(1994)改绘)

将生物寿命缩短到正常范围之下的环境变化意味着外部条件已经使系统处于不可持续的状态。简言之，图中在正常范围上面或左面的状态表示过早死亡或崩溃。例如，国际军事冲突或森林砍伐活动都会影响到较大尺度的生态系统的恢复力。同时，期望任何系统能永久地持续下去也是不现实的。的确，在一个大系统中，每个子系统(如在多细胞有机体中的单细胞)的寿命通常比大系统本身的寿命要短。如果子系统的寿命增长过多，在其之上的系统可能就会失去其可塑性而变得较为脆弱，如图中正常范围下面和右面区域所示(Holling 1973)。换句话说，正是子系统适时的死亡和更新，才推动了大系统成功地适应、恢复和进化，例如，人类身体中的单细胞的寿命就比人类的寿命要短。同样，如果系统的尺度变小，它也可能失去活力。那些濒危物种就是很典型的例子，它们由于数量太少而危及物种的活力和恢复力。

> Gunderson 等（2001）用"泛规则（panarchy）"这个词来表示这种嵌套层级系统及其不同尺度间的适应循环。一定等级的系统能够以其稳定（可持续）的状态运转，因为它受到其层级之上的高级系统中那些速度较慢且更为恒定的变化的保护，同时又从发生在其层级之下的子系统中较快速度的循环中受到刺激、获得能量。总之，无论是其层级之上的恒定和连续性，还是其层级之下的创新和变化，对于泛规则都具有其不可替代的作用。
>
> 我们可以认为，在图 3.2 所示的范围内，可持续性要求生物系统能够享有正常的寿命和功能。因此，向左或向下的移动将是人们极不希望发生的。例如，如果水平箭头代表婴儿死亡的情况，则表明人类的健康和生存条件恶化到了令人难以接受的地步。在这种情况中，延长寿命包括使其超过正常寿命，不可能成为特别关注的事。实际上，对于时间尺度甚至是几百年时间尺度的预测是相当不准的。因此，为了使对可持续性（或缺乏可持续性）的长期预测更令人信服，尤其是在说服决策者要投入大量资金来减少不可持续性时，提高科学模式和资料的精度非常重要。当我们更仔细地研究问题时，处理不确定性的途径之一，特别是当潜在风险很大时，是预防，即利用低成本措施避免不可持续的行为。
>
> 总之，生物系统的可持续发展既需要适应能力，也需要提高和完善的机会。改进适应能力将增强恢复力和可持续性。扩大系统提高和完善的一系列机会将促进发展。探索性的系统行为将促进学习、对新过程的检验、适应和改进。

就生态系统和社会系统而言，可持续发展既需要适应能力，也需要改进和完善的机会。改进适应能力将增强恢复力和可持续性。扩大系统提高和完善的一系列机会将促进发展。探索性的系统行为将促进学习，对新过程检验、适应和改进。

可持续发展与维持生态现状意义并不相同。从经济学观点来看，耦合的生态社会经济系统在其发展进程中应该将生物多样性维持在一定水平，这样才能保护生态系统的恢复力，而后者是人类消费和生产的基础。可持续发展要求对能够预见的对于后代的影响进行补偿，因为当今的经济活动以一定的方式改变了生物多样性的水平或组成，这将影响未来重大生态服务的途径，并减少后代人的选择机会。事实的确如此，即使经济正增长增加了当前可用选项的工具（或使用）的值。

### 3.2.3 社会因素

社会发展通常指个人福祉和社会（更广义的）总体福利的提高，这通常源自社会资本的增长，以及为了实现共享目标共同工作而使个人和团体的能力都得到积累。社会资本的制度部分主要指正式颁布的法律，以及传统的或非正式的支配人们行为的认识，而组织部分却包含在各个实体中（包括个人和社会团体），它们在这些制度下运转。社会相互作用包括相互信任程度和共享社会规范的范围，是人类生存的基础，其数量和质量有助于确定社会资本的储备。因此,社会资本往往是因更多的使用和废弃而增长,这一点与经济资本和环境资本不同,后者会因使用而贬值或耗竭。而且,某些形式的社会资本可能还是有害的,如犯罪集团内的合作会使其集团受益,但却把更多的成本强加于广大的社会团体。

有一个重要因素是公平和减贫(见 3.2.4 节)。因此,社会发展因素包括减少脆弱性、提高公平性以及确保满足基本需求等保护性策略。未来社会的发展需要社会政治制度能够适应于满足现代化的需要,要考虑到现代化经常会破坏那些过去制定的传统的应对机制,特别保护弱势群体的机制。

**社会的可持续性**

社会的可持续性可以根据前文讨论过的有关环境可持续性的思想来描述,因为栖息地在广义上可以解释为也包括人造环境,如城市和乡村(UNEP 等 1991)。减轻社会系统和文化系统的脆弱性,维护其健康(例如恢复力、活力和组织)和抵抗冲击的能力,也是重要的方面(Bohle 等 1994,Chambers 1989,Ribot 等 1996)。增强人类资本(通过教育)以及巩固社会价值和制度(如信任和行为规范)是关键因素。削弱社会的价值、制度和公平性,将降低社会系统的恢复力并破坏管理。保护文化的多样性和全球文化资本、增强社会凝聚力和关系网络,以及减少破坏性的冲突,是该方法的几个重要方面。在新制度框架中更好地参与决策和授权让利益相关者更多地参与合作是社会可持续性的重要方面,尤其是因为潜在的气候变化将影响全人类,而穷人和边缘化群体可能会遭受最坏的影响。授权和广泛参与的一个重要方面是政治辅助原则,即决策权下放到最低层级(或大多数地区)。总之,对于生态系统和社会经济系统来说,重点是提高系统的健康水平及其适应一系列时空尺度变化的动态能力,而不是保护某种理想的静止状态(另见专栏 3.1)。

### 3.2.4 公平和贫穷

对于使发展更可持续来说,公平和贫穷是两个重要问题,并且具有社会、经济和环境方面的特征(图 3.1a)。最近世界范围的统计数字非常引人注目。超过 28 亿人(几乎全球人口的一半)过着每天不足 2 美元的生活,其中 12 亿人以每天不足 1 美元的生活费勉强生存。世界人口最顶端的 20% 的人消费了大约 83% 的总产出,而末端 20% 的人仅仅消费 1.4% 的总产出。贫富差距加大的情况仍在恶化,1960 年在 20% 最富的人和最穷的人之间的人均收入比率是 30∶1,而到 1995 年这个比率超过 80∶1。在穷国,高达一半的 5 岁以下儿童营养不良,而在富国不到 5%。

公平是一个伦理概念,通常以人为主导,主要涉及社会因素以及某些经济和环境因素。其核心在于决策过程和结果的基本公正。某种行动是否公平可以根据一系列通用的方法来评估,包括对等性、比例、优先权、实用主义和罗尔斯(Rawls)的分配公正原则。例如，Rawls（1971）宣称，正如事实是思想体系的基本特征一样，正义是社会制度的首要美德。社会一般通过平衡和融合各方面的标准来寻求实现公平。

减贫、完善收入分配和改进代际（或不同地区的）公平，是寻求增加全体人类福祉的经济政策的重要方面（Sen 1981，1984）。Brown（1998）指出了实用主义的缺点，即其大多依靠经济方法来对待公正。坦白地讲，经济效率能够为更有效地进行商品及服务的生产和消费提供指导，但却不能（从社会的角度）在各类有效消费类型中提供选择的方法。公平原则就对这类选择提供了更好的判断工具。

社会公平也与可持续性密切相关，因为社会不可能接受收入和社会利益分配的高度倾斜或不公平，或者说这种情况不可能长期持续下去。公平可通过在决策过程中加强多元性和民众参与以及授权弱势群体（根据收入、性别、种族、宗教信仰和社会等级等来确定）得到加强（Rayner 等 1998）。从长远来看，代际公平和保护后代人权利是非常重要的因素。特别是无论谈及公平还是效率，经济贴现率都起着重要作用（Arrow 等 1995）。为了使发展更加可持续，需要对公平—效率相互作用的进一步细节进行协调，有关评述见专栏3.2。

## 3.3　经济—社会—环境综合因素

在开始讨论综合因素之前，对生态可持续、社会可持续和经济可持续的概念进行一下比较很有意义。一个很有用的思路就是要保持一系列的机会，而不是要保护有价值的资产基础（Githinji 等 1992）。事实上，如果优先权和技术在各个代际之间是变化的，那么只保护恒定价值的资产基础就变得没什么意义了。对于生态系统的可持续性来说，通过关注机会设定的尺度，生物多样性保护的重要性就变得更为明显。保持生物多样性通过保护系统免受外部的冲击而保持其恢复力，同样，保持资本储备就是保护了用于未来消费的经济资产。二者表现出的不同是因为经济学家往往依赖于希克斯—林达尔（Hicks-Lindahl）的收入检验，在收入检验中，一个消费其固定资本而没有其他替代选择的社会被认为是不可持续的，而利用生态学方法时，不可持续性可能产生于因系统自组织程度降低而导致的恢复力减少，其并不涉及生产力的任何变化。在社会系统情形下，恢复力取决于人类社会在面对压力和冲击时能在多大程度上去适应和继续发挥功能。因此，社会文化和生态可持续性之间的关联，是通过人类社会和生态系统之间在组织结构上的相似性以及生物多样性和文化多样性之间的类似之处而表现出来的。从更长远的角度来看，社会系统、经济系统、生态系统协同发展的概念对于可持续发展各种要素的综合协调具有实际的指导作用（图 3.1a）（Costanza 等 1997，Munasinghe 1994）。

## 专栏 3.2 社会公平和经济效率之间的相互作用

不同个体或国家对福祉所采取的定义、比较和汇总是不同的,由此可能会产生经济效率与公平之间的冲突。例如,效率通常暗含着资源限制下的产出最大化。通用的假定是人均收入增长将增加最多或所有个体都越过越好。然而,这个方法却能潜在地导致收入分配缺乏公平性。总体福利可能会下降,这取决于有关收入分配方面的福利是如何定义的。相反,如果政策和制度能够确保资源能够有效地进行转移,如从富人流向穷人,则总福利就能增加。

在同样的背景下,对不同国家的福利进行汇总和比较是一个有争议的问题。国民生产总值(GNP)仅仅是一个国家全部可度量经济产出的一种度量,并不能直接代表福利。对各国的 GNP 进行汇总并非一定是全球福利的一种有效度量。第 2 章专栏 2.2 中给出了能够用于定量计量福利的各种指标。然而,国家经济政策常常更关注 GNP 的增长而不是其分配,这就间接地意味着,增加的财富对富人和穷人具有同等的价值,或者在重新分配财富上存在某些机制,其在某种程度上可以满足公平目标。为了向穷人倾斜,人们已经做了许多尝试,意图通过权衡成本和效益,在纯粹的经济框架内加入公平性考虑。虽然已经有了确定这类权重的系统性规程,但通常在分配权重时的任意性还是引起了许多实际问题。

与此同时,应该认识到所有的决策程序都会(任意地或以其他方式)对权重进行分配。例如,按照规定,富人按比例要承担更多的累进个人所得税。另一方面,传统的基于经济效率(其目标是追求利润最大化)的成本—效益分析对所有货币成本与效益分配以统一的权重,它是不考虑收入水平的。在大多数国家,对于经济效率与公平之间的紧张关系,更实用的解决方法是保持两种方法的独立性,例如,通过在保持 GNP 最大化与建立重新分配的制度及程序、社会保护以及为各种满足基本需求而提供社会商品之间维持某种平衡。公平与效率在国际层面的相互影响将在后文即在气候变化案例研究(第 4 章)中阐述。

近年来,环境意义上的公平已经得到了越来越多的关注,因为弱势群体已经承受了极大的环境灾难。同样,许多减贫努力(习惯上集中在提高货币收入上)正在被扩大到应对穷人所面对的环境和社会环境退化。

总之,无论是公平还是贫困都不仅具有经济维度,同时也具有社会维度和环境维度,因此,它们需要用一套综合的指标(而不仅仅是用收入分配)来进行评估。从经济政策角度来看,重点需要通过增长、提高获得市场的机会、增加资产和教育,来扩大穷人的就业和获益机会。社会政策将集中在授权和包容,使制度对穷人更负责,并消除掉排斥弱势群体的障碍。有关帮助穷人的与环境相关的措施,试图减轻穷人对灾难和极端天气事件、作物减产、失业、疾病、经济震荡等的脆弱性。因此,

> 减贫的一个重要目标就是向穷人提供资产（例如，增加物质、人力和财政资源），这将减少其脆弱性。这类资产会增强他们应对（即做短期变化）和适应（即做永久调整）外部震荡的能力（Moser 1998）。以上所述观点可以极其自然地与可持续的谋生方式融合，后者主要指在社区或个人主导情形下财务资产组合（社会的、自然的和人造的）的使用权、抵御震荡的能力、有酬工作以及社会过程。
>
> 有关公平的更广义的、非人类中心方法，包括了在处理非人类生命形式甚至无生命的自然界时的公平概念。有一种观点宣称，人类对自然界负有谨慎管理（或托管）的责任，这种责任超越了仅仅是使用的权利（Brown 1998）。

也许有人认为，眼下给可持续发展道路进行严格定义非常难，或许应该把这件事看成一个长期目标或理想目标。然而我认为，我们可以把探寻那些使未来的发展前景更加可持续的战略作为短期目标，这样的短期目标与可持续经济学原理（它使发展更加可持续）是一致的，更能给我们带来希望，也更加实用。这其中关键的一步就是要从消除那些容易辨识的不可持续的活动开始。

其中非常重要而又有可能做到的一点，是以整体平衡的方式，综合协调经济、社会和环境因素。经济分析在当代国家决策中发挥着特殊的作用，因为许多重要决定属于经济领域。而用于实际决策的主流经济学却常常忽视了可持续发展在环境和社会方面的许多关键因素，试图弥补这类缺点的文献也很少但数量在增长（例如，请参见近年来在因特网出版的生态经济学和自然保护生态学杂志）。

对于综合可持续发展的经济、社会和环境因素来说，有两种方法较为适宜。它们的主要区别是一个强调最优性，而另一个强调持久性。两种方法有交叉重叠，但每个方法的主要推力又有些不同。在决定要首选哪种方法时，不确定性起着重要作用。例如，相对稳定和秩序良好的环境可能会促使人们优化行为，以控制甚至调整产出，而一个勉强维持生计的农民在面对混乱的、不可预测的环境时，可能会选择更持久的响应，很简单，就是提高生存机会。

### 3.3.1 最优性

最优性方法已广泛用于使社会福利（或效用）最大化的经济分析，需要的前提条件是生产资产存储（或社会福利本身）长期处于不减少状态。这种假设在大多数可持续经济增长模型中很常见——有用的评论请参见 Islam（2001）和 Pezzey（1992）。这种方法的本质可以通过把总福利流（$W$）在无限长时间（$t$）里的累积贴现最大化这个简单的例子来说明，表达式为

$$\max \int_0^\infty W(C,Z) \cdot e^{-rt} \mathrm{d}t$$

这里 $W$ 是 $C$（消费率）和 $Z$（一组其他相关变量）的函数，而 $r$ 是贴现率。为满足可持

续性的需求，可以进一步增加约束条件，如生产资产（包括自然资源）储备不减少。

一些生态学模型也要对能源利用、养分流或生物量生产等变量进行优化，给系统活力（用来度量可持续性）更多的权重。在经济模型中，效用通常主要是以经济活动的净收益来度量的，净收益指发展活动的收益减去完成这些行动所付出的成本，更多评估细节请参见后文中的专栏 3.4 以及 Freeman (1993) 或 Munasingle (1992)。更复杂一些的经济最优化方法试图包含环境变量和社会变量，如通过试图评估环境的外部性以及系统的恢复力等。然而，鉴于量化和评估这些非经济资产存在的现实困难，最终与基于市场活动相关的成本和效益分析方法仍在大多数经济最优化模型中占主导地位。

在本质上，最优化增长道路是使经济产出最大化，同时（在这个框架内）通过确保资产储备（或资本）不递减来满足可持续性的要求。有些分析家支持采取强可持续性约束，这种约束要求把每类关键资产（如人造资本、自然资本、社会文化资本和人力资本）分开保存，并假设他们是补充物而不是替代物。在这个做法中有一种形式可能大致符合使经济产出最大化，其服从对环境变量和社会变量（这些变量据信对可持续性非常重要）的附加约束条件，例如生物多样性损失或满足穷人的基本需求。其他研究者则表示支持弱可持续性，试图保持总资产储备的累计货币价值，这种观点假设可以对不同的资产类型进行评估，而且在不同的资产类型之间存在某种程度的可持续性（Nordhaus 等 1972）。

附加约束条件常常是必要的，因为经济评估、资源的最优化及有效使用的根本基础可能并不能够很容易地用于生态目标（如保护生物多样性和提高恢复力）或社会目标（如促进公平、公共参与和授权）。因此，这些环境变量和社会变量并不容易与其他度量经济成本和效益的变量（见后文 3.4.2 节和 3.4.3 节）结合成一个单赋值目标函数。此外，价格系统（存在时间滞后效应）可能做不到可靠地预料那些不可逆转的环境和社会灾害，以及可能导致毁灭性破坏的非线性系统响应。

然而，尽管很难做到这一点，但原则上最优化方法可以合并多重目标函数，从而使其在整体的可持续经济学方法内非常重要和有用。例如，其可以包含环境和社会状况的非经济指标，如森林覆盖面积和冲突发生率（Hanna 等 1995，Munashighe 等 1995，UNDP 1998，World Bank 1998）。关键环境和社会指标的约束条件代表安全阈值，并有助于维持那些系统的生存能力。这里，为了促进对多个不可比的变量和目标进行平衡，可能需要多重指标分析等技术（Meier 等 1994）。风险和不确定性也需要使用决策分析工具（对于气候变化决策分析框架进行所做的简明述评，见 Toth 1999）。近来的工作对决策学的社会因素作了强调，指出对风险的洞察是主观感觉，且依赖于所使用的风险度量标准及其他因素，如种族文化背景、社会经济状况和性别（Bennet 2000）。

## 3.3.2 持久性

第二个主要的综合方法主要着重于维持生活质量,例如通过满足环境、社会和经济可持续性要求来实现。这种框架对于持久的有可能保持增长的发展道路是有利的,但在经济性上却并不一定是最优的。为了更加安全,人们更愿意对一些经济最优性进行比较和平衡,以便保持在临界的环境和社会范围内,特别是对不断增长的负面风险以及面临混乱而多变的环境的脆弱社区或个人(见 4.2 节关于预防原理的讨论)。为了保持消费水平(从持久性的角度,通常广义定义为包括环境服务、休闲娱乐以及其他非经济的利益),可能会制定一些经济约束,例如,人均消费永远不会降到低于某个最低水平,或不下降。环境和社会的可持续性也许可以用状态指标来表示,即试图用来度量复杂生态和社会经济系统的持久性或健康(恢复力、活力和组织)的指标。举个例子,对于用期望寿命(健康状况下)来度量的生态系统,我们考虑用一个简单的持久性指数 $D$ 来作为正常寿命的一部分(另见专栏 3.1)。我们可以指定 $D=D(R,V,O,S)$ 来表示持久性与恢复力($R$)、活力($V$)、组织($O$)和外部环境状态($S$)的相关性,特别是与潜在的破坏性冲击的关系。这里因社会和生态系统可持续性之间的联系而存在进一步相互作用的可能性,例如,社会分裂和冲突将会加剧对生态系统的破坏,反之亦然。再比如,在许多传统社会中长期存在的社会标准有助于保护环境(Colding 等 1997)。

持久性支持整体的、系统的观点,这在可持续经济学分析中非常重要。生态和社会经济系统的自组织和内部结构使其整体比各部分之和更加持久和有价值。对效率基于单个成分边际分析基础上的狭义定义可能会使人误解(Schutz 1999)。例如,评价森林系统完整的功能多样性要比评价树和动物的个体种类更难。因此,前者更有可能成为市场失败(作为外部效应)的牺牲品。此外,即使正确的环境影子价格占主流,一些分析家指出,成本的最小化仍可能导致同质化,随之而导致系统多样性减少(Daly 等 1989,Perrings 等 1995)。系统分析还有助于确定合作结构和行为的效益,而这却是在部分分析中很可能忽略的内容。

在持久性方法中,基于可持续性的约束条件也可以用前文讨论的方法来表示,即着重于资产储存的保持。这里,我们可以把各种形式的资本看成减轻对外部震荡的脆弱性和减少不可逆的伤害的防护堤,而不是仅仅能够产生经济产出的资产积累。系统的恢复力、活力、组织和适应能力将能动地取决于资本禀赋,以及震荡的量级和变化速率。

## 3.3.3 最优性方法和持久性方法的相互补充和趋同

国家经济管理常常会提供一些很好的例子来说明这两种方法是如何互补的。例如,经济政策既包括财政措施也包括货币措施(如税收、补贴、利率和汇率),可以根据定量宏观经济模型实现最优化。然而,决策者在实施这些政策之前,不可避免地要修改这些经济最优政策,更多的是根据持久性因素(如对穷人、区域因素等的保护)来考虑其他社会政治因素,从而促进管理和稳定。对于各种未来温室气体排放(及相应目标温室气体浓度)确定一个合适的目标轨迹,可以为持久性和最优性方法的相互作用提供另一种有用的解释(详情请见 IPCC 1996 和 Munasinghe 1998,以及第 4 章的案例研究)。

两种方法在实践上的趋同可以通过以下几种途径实现。第一,废弃物产生的速度必须不大于环境的同化能力,例如向全球大气中排放的各种温室气体排放和臭氧消耗物质。第二,可再生资源,尤其是稀缺可再生资源,其利用速率应该不大于其再生的自然速率。第三,不可再生资源的使用应该根据这些资源和技术进步的可替代性进行管理。无论是废弃物还是自然资源投入使用都可以通过从线性转移到循环利用而达到最小化。因此,根据产业生态学的概念,产业联合体可以集中规划设计,以使各工厂之间的物质流和废弃物再循环实现最大化。最后,代内公平和代际公平(尤其是减贫)、多元咨询决策,以及加强社会价值观和制度建设也是应该考虑的因素(至少以安全极限或约束条件的形式)。

这种综合框架是如何帮助把气候变化响应措施与国家可持续发展战略结合在一起的呢?温室气体减缓为此提供了一个有趣的例子。温室气体总排放速率 $G$ 可以分解为

$$G = [Q/P] \times [Y/Q] \times [G/Y] \times P,$$

其中 $[Q/P]$ 是人均生活质量,$[Y/Q]$ 是单位生活质量所需的物质消费,$[G/Y]$ 是单位消费的温室气体排放,$P$ 是人口数。假如等式右边后三项中的每一项都能够最小化,那么高生活质量与低温室气体排放总量就可以一致起来(另见 4.6.2 节关于调整增长的讨论)。$[Y/Q]$ 减少主要意味着社会去耦(或去物质化),由此通过爱好、行为和社会价值观的变化,社会幸福感发生变化——对物质消费的依赖程度降低。同样,$[G/Y]$ 可通过技术去耦(或脱碳),即通过减轻在消费和生产过程中的温室气体排放强度而减小。最后,还可以减少人口增长,特别是在那些人均排放已经很高的地区。社会去耦和技术去耦之间的联系尚需探索(IPCC 1999)。例如,公众意识和爱好的变化可能会影响技术进步的方向,并影响减缓和适应政策的效果。专栏 3.3 中阐明了减排的范围和需求。

---

**专栏 3.3 使世界消费和生产模式更加可持续**

如《21 世纪议程》所述,全球环境持续退化的主要原因是不可持续的消费模式和生产模式,特别是在工业化国家。

在 UNFCCC 框架下,出于几个原因,要求发达国家带头采取行动应对气候变

化。第一，发达国家需对自1800年以来83%的二氧化碳累积浓度增长量负责(Losk 1996)，还要对62%的全球排放量负责(UNDP 1998)。第二，全球变暖对于发达国家和发展中国家的负面影响分布并不均衡，因为引起问题的人(相对而言)可能是获利者，而那些旁观者可能是牺牲者。最后，发达国家更有能力来应对气候变化，无论在减缓和适应气候变化的财政能力方面还是技术能力方面。

人类经济对环境施加的压力取决于原材料、生产、消费和废弃物处理在经济和生物圈之间的水平、方式和流动。可持续性意味着人类在全球环境空间(灵活)的边界内对自然加以利用。然而，这些边界(包括气候系统)中有些边界的危险性破坏我们并不能准确地提前确定。因此，预见和预防问题就变成了探索降低资源和物质消耗的道路。一些研究认为，在未来四五十年，工业经济的资源流水平会比当前减少十分之一(Factor 10 Club 1995，McLaren等 1997，Schmidt-Bleek 1994)。资源生产力概念呼吁减少资源使用，同时实现保持经济发展和社会福利水平的目的。

发展中国家较高的人口增长和不断扩大的经济会增加其温室气体排放，到2010年将达到全球排放量的几乎一半(Tarnoff 1997)。同时，Austin等(1998)的一项研究显示：

(1)到2015年，发展中国家的年均工业排放量将达到工业化国家的水平，到2055年两个阵营的储量贡献将相等。

(2)把来自土地利用变化和林业的排放(发展中国家占1850—1990年间累积量的77%)计算在内，到2038年两个阵营的贡献将相等。

(3)根据对人口的调整，到2100年两个阵营的贡献将相等。

Harrison(1992)指出，1965—1989年间，人口对二氧化碳的排放占年均二氧化碳排放增量的35.6%，而人均消费增长的贡献达64.4%。Rahman等(1993)认为，即使世界人口数量能立即得到稳定，如果所有人都达到美国的人均消费水平，那么，二氧化碳排放量也将在30年内翻一番。尽管如此，现今占世界人口80%的发展中国家减少人口增长，不仅是使国家层面的发展更加可持续所期望的，也是出于应对气候变化考虑的结果。

虽然发展中国家的温室气体排放量一定会增长，但他们消纳这些排放的能力却是有限的。增强发展中国家减缓能力(即采取减缓措施的潜在能力)的长期解决办法，将是在这些国家投资建设社会和经济基础设施。

对于如何将最优性方法和持久性方法协调合理地应用于综合评估模式的不同子模式中还有很大的研究空间。各种综合评估模式是目前气候变化研究人员正在发展的庞大而复杂的模式框架，它们包含多个耦合的子模式，用子模式来表示各种生态、地球物理和社会经济系统过程(IPCC 1997)。

## 3.4 使发展更加可持续:决策标准与分析工具

在气候变化分析中,可持续经济学方法尝试使用大量常用的标准和分析工具。下面将讨论几种气候变化分析中的常用方法,它们对气候变化的特殊应用将在第5章和第8章中给出。

### 3.4.1 可持续发展的指标

鉴于资产储备对最优性方法和持久性方法的重要性,可持续经济学原理在实际应用时,需要在从全球(宏观)到局地(微观)不同聚合范围尺度上明确一些具体的有关经济、社会和环境的指标。重要的是,这些指标在本质上是全方位的、多维的(适当的地方),并具有空间差异性。大量指标已在许多文献中作过描述(Adriaanse 1993,Alfsen 等 1993,Azar 等 1996,Bergstrom 1993,CSD 1998,Gilbert 等 1994,Holmberg 等 1992,Kuik 等 1991,Liverman 等 1988,Munasinghe 等 1995,Moffat 1994,OECD 1994,Opschoor 等 1991,UN 1996,UNDP 1998,World Bank 1997,1998)。

对经济、环境(自然)、人类和社会资本的度量也引起了各种各样的问题。人造资本也许能利用常规的新古典主义经济分析方法来进行估计。如在后文 3.4.2 节有关成本—效益分析中所述,当经济扭曲(distortion)比较低时,市场价格是有用的,而在市场价格不可靠的情况下可以采用影子价格(Squire 等 1975)。自然资本首先要根据重要的物理属性量化。典型情况下,对自然资本的破坏可以通过空气污染(如悬浮粒子、二氧化硫和温室气体的浓度)、水污染(如生物需氧量和化学需氧量)和土地退化(如土壤侵蚀和森林砍伐)的水平进行评估。然后,物理性破坏能够用大量基于环境和资源经济的技术来进行评价(Freeman 1993,Munasinghe 1992,Teitenberg 1992)。人力资源储备通常根据所有个体的教育水平、生产力和潜在收入的价值来度量。社会资本最难评估(Grootaert 1998)。Putnam(1993)将其描述为人与人之间的横向联系或社会网络,以及影响社会生产力的有关行为标准和价值。Coleman(1990)提出了一种较为宽泛的观点,他从社会结构来看社会资本,这促进了社会经纪人的各种活动,允许横向和纵向的各种联系(如事务所)。而 North(1990)和 Olson(1982)支持的制度方法则蕴含着更宽泛的定义,不仅包括了先前两种观点所包含的主要的非正式关系,而且包括了由政府、政治体系、法律和制度条款等提供的更为正式的框架。近来的研究工作已经能够对社会资本和政治资本(指将众多个人和社区与更高决策层相联系的权力和影响网络)进行区别。第2章中的专栏2.2概述了可以用来定量描述福利的各种人类发展指标。

## 3.4.2 成本—效益分析

常规的成本—效益分析是一种著名的评价方法案例,它试图对经济活动的各种后果赋予经济价值。而且人们将因此而产生的成本和效益纳入单纯的决策标准中,如净现有价值(NPV)、内部收益率(IRR)[①]、或效益—成本比率(BCR)。要接受某计划时,最基本的标准就是其效益的 NPV 是正的。典型情况下,NPV＝PVB－PVC,其中

$$PVB = \sum_{t=0}^{T} B_t/(1+r)^t, \quad PVC = \sum_{t=0}^{T} C_t/(1+r)^t$$

这里 PVB 是当前效益价值,PVC 是当前成本价值,$B_t$ 和 $C_t$ 是第 $t$ 年计划的效益价值和成本价值,$r$ 是折扣率,$T$ 是时间范围。无论是效益还是成本都定义为计划实施与未实施两种情况下的差值。

当比较两个计划时,我们都会认为具有较高 NPV 的计划更占优势。此外,假如两个计划产生的效益(PVB)相同,那么就有可能去比较哪个成本最少,其中具有较低 PVC 的计划将占优势。IRR 定义为 PVB＝PVC 时的折扣率值,而 BCR＝PVB/PVC。Munasinghe(1992)对这些指标以及它们在可持续发展背景下的优缺点都作了详细介绍。

如果从私人企业家的角度要求做一个单纯的财务分析,那么 B,C 和 r 就要按照市场和金融价格来定义,且 NPV 就产生了折扣货币利润。这种情形与经济学家理想的完全自由竞争世界是相符的,在自由竞争机制下,无数追求利润最大化的生产者和追求效用最大化的消费者实现帕雷托最优结果。然而,由于垄断行为、外部效应(如在私人市场并没有把环境影响考虑在内)和市场过程中的冲突(如赋税),现实世界的情况与理想状况相差甚远。这种扭曲造成商品和服务的市场(或金融)价格脱离了它们在经济上的有效价值。因此,经济效率观点通常需要采用影子价格(或机会成本)来度量 B,C 和 r。简言之,某种具体的稀缺经济资源的影子价格,是由该资源可获得性的单位变化而引起的经济产值的变化所决定的。实际上,有许多种度量影子价格的技术,如排除税、关税和市场价格补贴(Munasinghe 1992,Squire 等 1975)。在 8.1 节讨论气候问题的实际应用时,就是从折扣率 r 选择中产生的问题。

将环境因素(尤其是外部效应)结合到经济学家单纯的成本—效益分析指标评价中时,需要做一些特殊的调整。外部效应是指一个人的行动在完全没有考虑对其他人的影响时而产生的成本和效益。例如,从发电站排放的颗粒物污染会影响居住在

---

[①] Munasinghe 等(1996)对成本—效益分析作了更概括的解释,包括这里讨论的传统的计划层面的成本—效益、成本有效性的成本—效益分析(决定了满足所期待的效益水平的最小成本选择)、多重指标分析和决策分析。

下风方的人群的健康。然而,当评估发电站的成本和效益时,却常常不考虑或者没有充分考虑这些影响。这种外部的影响不能直接根据市场资料来估价,因为这些资源(如清洁的空气或水)没有标定价格。

在理想情况下,所有重要的环境影响都需要作为经济的效益和成本来进行评估。如在前面 3.4.1 节所述,环境资产也可以用物理单位或生物学单位来进行量化。专栏 3.4(特别是图 3.3 和表 3.1)总结了用经济学观点给环境资产及其影响以及实际应用技术进行评价的新概念。然而,许多环境资产(如生物多样性)并不能以货币的形式来精确地估价,尽管近年来已经取得了很多进步(Bateman 等 1999,Freeman 1993,Hanley 等 1997,Markandya 等 2000,Munasinghe 1992)。所以,通常情况下,像 NPV 这样的指标并不能充分表示可持续发展的环境因素(见 3.4.3 节多重指标分析)。

效益转移对于在专栏 3.4 所总结的新的非市场估价方法来说是一种成本—效益选择(Desvousges 等 1992,McConnell 1992)。术语"效益转移"反映对一种环境利益或地点估计的价值转移到了另一种环境利益或地点,从而减少了对另一地点开展新的潜在的昂贵估价行为的设计和实施需求。例如,对美国怀俄明污染水风险减少所支付的评估意愿可以转移给蒙古劣质水的风险减少,只要转移协议令人满意。

表 3.1 经济学上评价环境影响的技术

| 行为类型 | 市场类型 | | |
|---|---|---|---|
| | 常规市场 | 隐含市场 | 构建市场 |
| 实际行为 | 对生产的影响<br>对健康的影响<br>防御或预防成本 | 旅行成本<br>工资差异<br>财产价值<br>代用市场货物 | 人造市场 |
| 故意行为 | 替代成本<br>影子方案 | | 条件价值评价 |

在成本—效益分析中捕捉可持续发展的社会因素存在的问题更多。人们已经做了一些尝试,试图把社会权重与各类成本和效益连在一起,从而使 NPV 的结果有利于弱势群体(见专栏 3.2)。然而,这些调整(或对穷人的偏爱处理)是相当武断的,而且经济理论基础非常弱。其他关键社会因素(如授权和参与)在成本—效益分析中则几乎没有体现。总之,环境评估和服务中常规使用的成本—效益经济评价法对于决策过程是一种重要的工具。这种评价法无论在理论上还是在应用上都已经取得了一些有益的进展。评价的概念基础以及各种实用技术将在后文作概要介绍(Munasinghe 1992)。

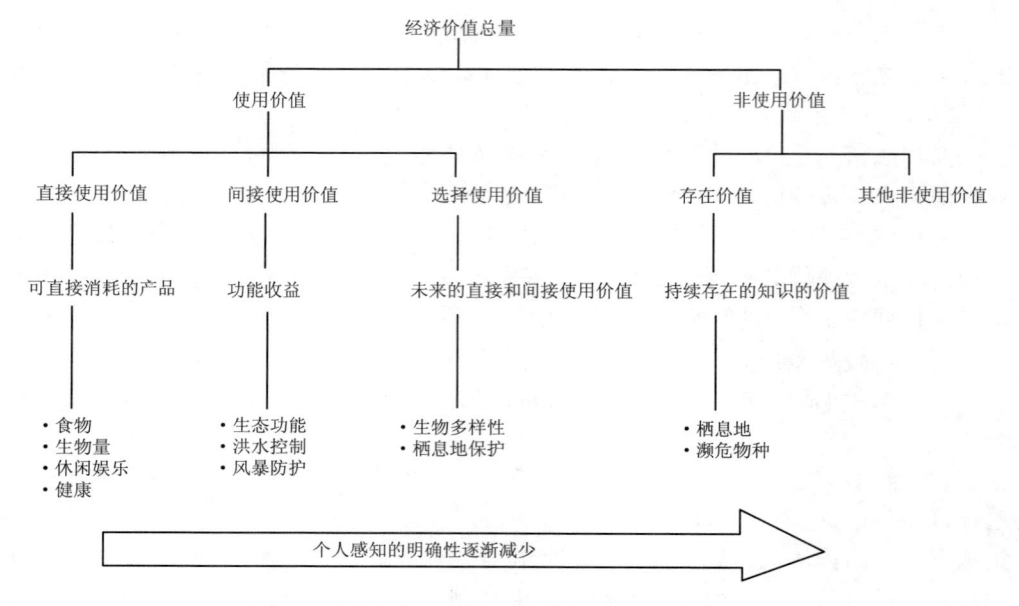

```
                        经济价值总量
                    ┌──────────┴──────────┐
                 使用价值              非使用价值
          ┌─────────┼─────────┐        ┌────┴────┐
       直接使用价值 间接使用价值 选择使用价值   存在价值  其他非使用价值
          │         │         │         │         │
     可直接消耗的产品 功能收益  未来的直接和间接使用价值 持续存在的知识的价值
          │         │         │         │         │
        •食物     •生态功能   •生物多样性  •栖息地
        •生物量   •洪水控制   •栖息地保护  •濒危物种
        •休闲娱乐 •风暴防护
        •健康
```

⟹ 个人感知的明确性逐渐减少 ⟹

图 3.3　环境资产的经济价值分类（以热带雨林为例）
来源：根据 Munasinghe（1992）和 Pearce（1992）改绘

### 3.4.3　多指标分析

在单一指标方法（如货币化的、项目层面的成本—效益分析）不符合要求的情况下，多指标分析或多目标决策特别有用。在多指标分析中，通常一个分级结构内的期望目标是给定的。最高水平代表主要的整体目标（如提高生活质量或使发展更加可持续），这些目标常常定义得比较模糊，但是可以把它们分解成在实施层面更为相关的且容易度量的较低水平的目标，如增加收入或可持续发展的经济因素、社会因素和环境因素的指标。有时，只能获得替代指标，例如，如果目标是保护热带雨林的生物多样性，则实际可获得的属性可能是所剩热带雨林还有多少公顷。尽管在选择正确的属性（特别是使用替代指标的情况下）时需要价值判断，但是实际度量没有必要使用货币术语，这一点与成本—效益分析不同。事实上，人们已经越来越清楚地认识到，大量的目标和指标可能会影响计划决策。

图 3.4 是在多重指标分析下一些基本概念的二维表示。考虑一个电力供应商要评估一个水电项目，该项目的潜在风险是引起生物多样性的损失。目标 $Z1$ 是为保护生物多样性所需付出的额外项目成本，$Z2$ 是生物多样性损失指数。在图 3.4 中，点 A,B,C 和 D 代表不同的可选方案，比如大坝的不同设计。在这个例子中，按照 $Z1$ 和 $Z2$ 来看，方案 B 优（或更占优势）于方案 A，因为 B 比 A 的成本更低，生物多样性的损失也更少。因此，有可能放弃方案 A。然而，当我们比较方案 B 和 C 时，选择会

## 第3章 可持续发展框架（MDMS）：概念与分析工具

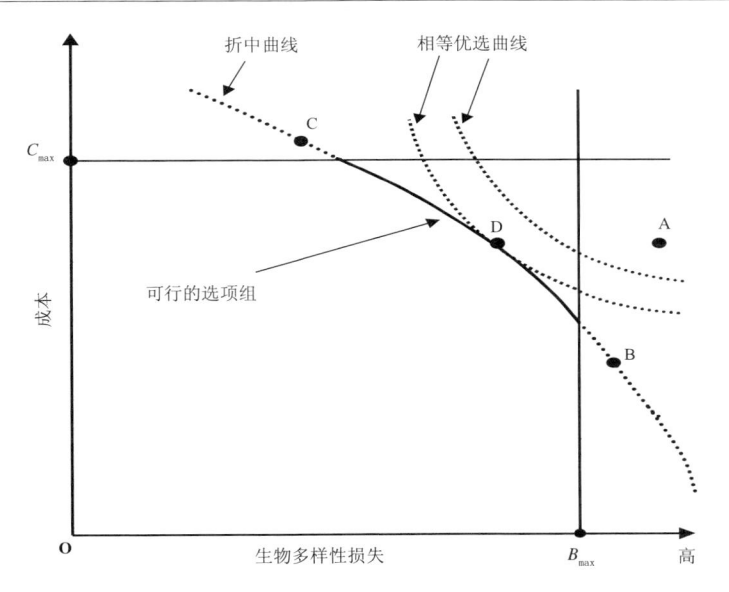

图3.4 多指标分析的简单二维案例
来源：根据 Munasinghe（1993）改绘

更复杂，因为方案 B 在成本方面占优势，但在生物多样性损失方面却占劣势。以这样的方式进行选择，就可以根据所有像 B、C 和 D 这样并不占优势地位但却是可行的选择方案，来定义一个折中曲线（或最优选择轨迹）。这样一条曲线本着可持续经济学的精神，含蓄地将经济和环境属性置于某种更为平等的根基之上。

对于一个无约束问题来说，如果不引入价值判断，就不可能进行可选方案排序。通常情况下，一组相等优选曲线可以提供一些额外的信息，即这组相等优选曲线会给出决策者或社会对一个目标与另一个目标进行评判的途径（图3.4）。每一条这样的相等优选曲线都表明了一种轨迹，即在此之上，社会对两个目标的比较评定并不关心。偏爱的选择就是产生最大效用的那种，即折中曲线与最好的相等优选曲线（最靠近原点的那条）的相切点 D。

由于相等优选曲线通常并不能度量，所以可以用其他实用技术来减少在折中曲线上进行可行性选择。一种方法是使用限制目标法或排除筛选法。例如，决策者可以面对成本的一个上限值（即预算约束），如图 3.4 中的 $C_{max}$。同样，生态学专家可以设定一个生物多样性损失的最大值 $B_{max}$，如果超出这个水平，生态系统就会遭受毁灭性破坏。这两个约束也许会在前文提到的持久性考虑的背景下来理解。因而，超过 $C_{max}$ 可能会威胁到供电方的生存能力，继而引起社会和经济后果，如就业、收入、投资者回报等。同样，违反生物多样性的约束将会破坏森林生态系统的恢复力和可持续性。更实际一点说，$C_{max}$ 和 $B_{max}$ 有助于定义折中曲线中更受约束的那部分（黑线），从而缩小和简化对单一选项 D 的可能选择。

这类分析也许能扩大到包括其他的维度和属性。例如,在水电站大坝的例子中,移民(或重新安置居所)的人口数量可以用另一个社会变量 Z3 来表示。

## 3.5 改进传统增长的可持续性

### 3.5.1 重构更加可持续的发展和增长

增长几乎是所有发展中国家,特别是最贫穷的发展中国家的主要目标之一。除非经济增长得以长时期持续,否则增长是不能够实现的。发展中国家需要确保不把他们的自然资源禀赋认为是理所当然的而浪费。如果不仅是几年而是几十年没有保护好空气、森林、土壤、水等宝贵资源,那么发展将不可能持续下去。此外,在社会方面,减少贫穷、创造就业机会、提高人们技能和巩固我们的公共机构也至关重要。

接下来,我们来检查一下可选择的有效增长途径,以及可持续经济学原则在选择选项时的作用。Lovelock(1975)用他的盖娅(Gaia)假说做出了开创性的贡献。他提议可以把地球上的所有生命看成一个完整的网络,这个网络的运行可以创造一个有利的生存环境。一个必然的结果是,人类活动无节制地扩张可能会威胁自然界的平衡。本着这种思想,图 3.5a 就说明了社会经济子系统(实矩形)是如何总是被包含在一个更大的生态系统里(大椭圆形)。国民经济与自然资源密不可分,并且具有极强的依赖性,因为日常的商品和服务都取自自然资源,而自然资源又源自更大的生态系统。我们从地下开采石油,从森林获取木材,我们自由地使用水和空气。与此同时,这类活动一直不受限制地持续向周围环境排出污染废弃物。图 3.5a 中的虚线表示,在许多情况下,人类活动的范围和程度已经急剧增长,目前已影响到了主要的生态系统。显然,当今世界森林正在消失,水资源在受到污染,土壤在退化,甚至全球大气也受到了威胁。因此,关键问题是:人类社会将会如何容忍或处理这个问题?

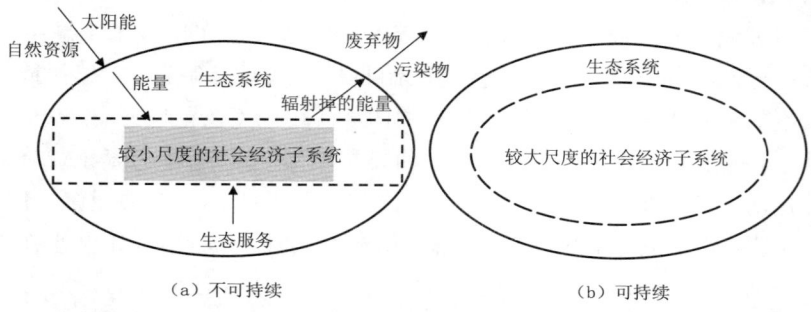

图 3.5 为嵌套的社会经济子系统重构发展,使之在更大范围的生态系统内更加可持续

在世界各国的领袖当中,一个混淆视听的传统观念是认为,关注环境未必有益于经济活动。通常,他们把环境系统看成较大经济体系中的一个子系统,与图3.5成为鲜明对比。因而,直到最近,传统观点仍认为人们不可能同时获得经济增长和良好环境双丰收,因为他们是相互矛盾的两个目标。然而,最新的观点(也包含在可持续经济学中)指出,增长和环境的确可以相互补充。其中隐含的一个重要基本假设是——设计出经济、环境双丰收的双赢政策是可能的(Munasinghe 等 2001)。如前文图3.5a所示,传统发展方式肯定会导致这样一种情形,在该情形中经济系统会以一种有害的方式冲击生态系统边界。另一方面,图3.5b总结了现代方法,该方法允许我们在没有严重破坏环境时就获得同样的繁荣。既然这样,外椭圆曲线与内椭圆曲线就是一致的,内椭圆中,经济活动的调节方式与生态系统更为和谐。

寻找一些有助于转变心态的特别措施可能更有成效,重点是发展的结构,而不是增长的幅度(传统度量的)。那些有利于环境友好和社会进步的技术可以更节约、更有效地使用自然资源投入,减少污染排放,并推进公众参与决策,所以促进这些技术发展的政策非常重要。信息技术(IT)革命就是一个范例,从环境观点来看,它可以促进理想重构,使现代经济更适应服务需求,并使经济活动从高污染和物质密集型制造业、天然生产业中转移出来(Munasinghe 1994,1989)。如果管理适当,信息技术还可以通过改进信息获取、增强公众的决策参与,以及与弱势人群分权,而使发展在社会意义上更加可持续。这需要市场力量、监管保障二者之间恰当融合。

### 3.5.2　用传统决策连接气候变化影响与可持续发展

可持续经济学有助于对促进可持续发展的实用经济、社会和自然资源管理选择进行鉴别。它可以在传统(经济)决策方法与现代环境及社会分析之间发挥非常重要的沟通和桥梁作用。在这个意义上,气候变化影响和脆弱性的评估是一个核心关切。可持续发展评价是确保在气候变化影响与发展及可持续性关切之间进行平衡分析的一个重要工具。正如前文所述,可持续发展评价的经济部分是建立在传统经济和金融分析(包括成本—效益分析)的基础之上。另外两个关键部分是环境评价和社会评价(World Bank 1998)。贫困评价常常与可持续发展评价结合在一起。经济分析、环境分析和社会分析需要综合在一起协调进行。由于传统决策非常倚重经济分析,因此,这种综合分析的第一步,就是将环境和社会关切与人类社会的政策框架系统地结合起来。

图3.6提供了如何将环境评价结合到经济分析中的一个例子。右边显示在现代社会中传统决策的分层的性质。全球和跨国界的水平由有主权的国家组成。下一水平是单独的国家,每一水平有一个多部门的宏观经济。各种经济部门(如工业和农业)存在于每个国家。最后,每个部门由不同的子部门和项目组成。在图3.6右边,通常的决策过程依赖于项目和政策的技术工程、财政和经济分析。特别是,过去已经

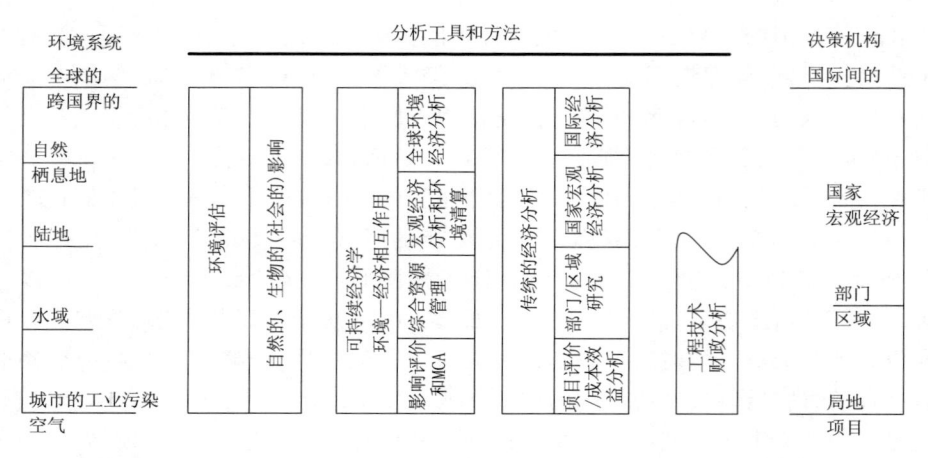

图 3.6 把对可持续发展中的环境关切融入到传统经济决策中。该框图能够很容易地适用于综合的社会关切(来源:根据 Munasinghe(1992)改绘)

很好地开发了传统的经济分析,以及在各种层次水平上使用的技术,如项目评价/成本效益分析、部门/区域研究、多部门经济分析和国际经济分析(金融、贸易等)。

不幸的是,运用上面的决策结构不能很容易地完成环境和社会分析。我们检查了环境问题是如何结合到这个框架中的(认为参考社会问题能产生相似的论点)。图3.6 左边给出了一个方便的环境分类,其中的问题是:

(1)全球和跨国的环境变化,如气候变化、臭氧层损耗、区域空气污染。
(2)改变自然生活环境,如森林和其他生态系统。
(3)土地管理的环境问题,如在农业地区。
(4)受威胁的水资源,如河流盆地、蓄水层、流域。
(5)局地的城市工业污染,如大城市区的废弃物、局地空气、水和土壤污染。

在每种情况下,一个整体的环境分析寻求整体地研究一个自然或生态系统。当这样的自然系统与人类社会的结构交叉时,出现复杂的因素。例如,一个大而复合的森林生态系统(如亚马孙)能够跨越几个国家,在每一个国家内,许多经济部门也相互影响。

环境退化的原因由人类活动(忽视自然灾害和其他非人类起因的事件)而产生。因此,我们从图的右边开始。经济决定的生态影响就能够追溯到左边。环境评价的技术已经开发,以推动这个困难的分析(World Bank 1998)。例如,原始湿润热带森林的破坏可能起因于水电站大坝(能源部门政策)、道路(运输部门政策)、砍烧耕作法(农业部门政策)、矿物开采(工业部门政策)、由地价税鼓励促进的土地清理(财政政策)等。澄清并且区分这些多重原因(右边)和它们影响(左边)的优先次序,将涉及一个复杂的分析。

图 3.6 也说明,可持续经济学通过将环境评价结果(以自然或生态单位度量的)绘图叠加到传统经济分析框架上,如何在生态—经济界面上发挥它的桥梁作用。大量的环境评价技术,包括环境影响评价(在局地/项目水平)、综合资源管理(在部门/区域水平)、环境宏观经济分析、环境清算账目(在经济范围水平)和全球/跨国界的环境经济分析(在国际水平),推动将环境问题结合到传统的决策的这个过程。由于上面描述的分析技术中有值得考虑的重叠,所以这个概念分类不应该严格地解释。此外,当环境影响的经济评价困难时,像这种多重指标分析技术将是有用的(见图 3.4 和 3.4.3 节)。

一旦上述的步骤完成,项目和政策必须重新设,以减小它们的环境影响,并把发展过程转移到更加可持续的轨道上。显然,这样政策的制定和执行本身就是一个困难的任务。在前面描述的森林砍伐例子中,保护这个生态系统可能提出协调政策的问题,如在大量完全不同的、(通常)不合作的政府部门和行业机构,如能源、运输、农业、工业、财政、森林等。

类似的推理也许容易运用在社会经济界面的社会评价,以便更有效地把社会考虑结合到传统的经济决策框架中。既然这样,图 3.6 左边的环境系统将被相应的社会系统(如不同尺度上受影响的群体和社会)代替。环境评价的框将被社会评价的框代替,即包括关键元素,如资产分布、内含物、文化考虑、价值和制度。最后,代表社会—经济界面的可持续经济学框将被环境—经济界面代替。

对人类社会(即信仰、价值观、知识、活动)和生物地理环境(即生物资源和非生物资源)的影响,常常是借助于次级和更高的序列途径相互连接的,需要综合运用社会和环境评价。这种认识反映了对社会经济和生态系统共同进化的当前思想。

在图 3.6 的框架中,右边代表了大量的制度机制(从局地到全球),这些机制有助于贯彻政策、措施和管理措施,以达到更加可持续的结果。可持续发展战略的执行和良好的管理将受益于在可持续经济学里提倡的跨学科方法。例如,经济理论强调了定价政策的重要性,而定价政策提供激励将影响理性的消费者行为。然而,表面上非理性或反常的行为大量存在,通过行为和社会心理学领域的发现,以及市场研究也许更好理解。这样的工作已经鉴别了有助于影响社会和改变人类行动的基本原则,包括互惠(或偿还有利)、始终如一的行为、效仿其他人、对我们喜欢的作出响应、遵从合法的权利和评价稀有资源(Cialdini 2001)。

## 参考文献

Adriaanse A. 1993. *Environmental Policy Performance Indicators*. SDU, Den Haag.

Alfsen K H, Saebo H V. 1993. Environmental quality indicators: background, principles and examples from Norway. *Environmental and Resource Economics*, **3**: 415-435.

Andersen E. 1993. *Values in Ethics and Economics*. Cambridge MA: Harvard University Press.

Arrow K J, Cline W, Maler K G, Munasinghe M, Stiglitz J. 1995. *Intertemporal equity, discounting, and economic efficiency*. In Munasinghe M, ed. *Global Climate Change: Economic and Policy Issues*. World Bank, Washington.

Austin D G, Goldenberg J, Parker G. 1998. *Contributions to Climate Change: Are Conventional Metrics Misleading the Debate?* Washington: World Resources Institute.

Azar C, Homberg J, Lindgren K. 1996. Socio-ecological indicators forsustainability. *Ecological Economics*, **18**: 89-112.

Bateman I J, Willis K G. 1999. *Valuing Environmental Preferences: Theory and Practice of the Contingent Valuation Method in the US, EC and Developing Countries*. Oxford: Oxford University Press.

Bennet R. 2000. Risky business. *Science News*, **158**: 190-191.

Bergstrom S. 1993. Value standards in sub-sustainable development: on limits of ecological economics. *Ecological Economics*, **7**: 1-18.

Bohle H G, Downing T E, Watts M J. 1994. Climate change and social vulnerability: toward a sociology and geography of food insecurity. *Global Environmental Change*, **4**(1): 37-48.

Brown P G. 1998. Towards an economics of stewardship: The case of climate. *Ecological Economics*, **26**: 11-21.

Chambers R. 1989. Vulnerability, coping and policy. *Institute of Development Studies Bulletin*, **20**(2): 1-7.

Chenery H, Srinivasan T N eds. 1988. *Handbook of Development Economics*, Vol. I. Amsterdam: North-Holland.

Chenery H, Srinivasan T N eds. 1989. *Handbook of Development Economics*, Vol. II. Amsterdam: North-Holland.

Cialdini R B. 2001. *Influence: Science and Practice*, 4th ed. London: Allyn and Bacon.

Colding J, Folke C. 1997. The relations among threatened species, their protection, and taboos. *Conservation Ecology*, 1(1): 6 (available from: http://www.consecol.org/vol1/iss1/art6).

Coleman J. 1990. *Foundations of Social Theory*. Cambridge MA: Harvard University Press.

CSD. 1998. *Indicators of Sustainable Development*. New York: Commission on Sustainable Development.

Costanza R. 2000. Ecological sustainability, indicators and climate change. In Munasinghe M, Swart R eds. *Climate Change and Its Linkages with Development, Equity and Sustainability*. Geneva: Intergovernmental Panel on Climate Change.

Costanza R, Cumberland J, Daly H, Goodland R, Norgaard R. 1997. *An Introduction to Ecological Economics*. Boca Raton: St Lucia's Press.

Cropper M L, W E Oates. 1992. Environmental economics: A survey. *Journal of Economic Literature*, XXX: 675-740.

Daly H E, Cobb J B Jr. 1989. *For the Common Good*. Boston: Beacon Press.

Dasgupta P, Maler K G. 1997. The resource basis of production and consumption: An economic analysis. In Dasgupta P, Maler K G eds. *The Environment and Emerging Development Issues*, Vol. 1. Oxford: Clarendon Press.

Desvousges W H, Naughton M C, Parsons G R. 1992. Benefits transfer: Conceptual problems in estimating water quality benefits using existing studies. *Water Resources Research*, 28.

Dreze J, Sen A. 1990. *Hunger and Public Action*. Oxford: Clarendon Press.

*Ecological Economics* (various issues). Amsterdam: Elsevier.

*Environmental Ethics* (various issues). Amsterdam: Elsevier.

Factor 10 Club. 1995. *Carnoules Declaration*. Carnoules.

Faucheux S, Pearce D, Proops J eds. 1996. *Models of Sustainable Development*. Cheltenham: Edward Elgar.

Fisher I. 1906 (reprinted 1965). *The Nature of Capital and Income*. New York: Augustus M. Kelly.

Freeman A M. 1993. *The Measurement of Environmental and Resource Values: Theory and Methods, Resources for the Future*. Washington: Resources for the Future.

Georgescu-Roegen N. 1971. *The Entropy Law and the Economic Process*. Cambridge MA: Harvard University Press.

Gilbert A, Feenstra J. 1994. Sustainability indicators for the Dutch environmental policy theme 'diffusion' cadmium accumulation in soil. *Ecological Economics*, **9**: 253-265.

Githinji M, Perrings C. 1992. *Social and Ecological Sustainability in the Use of Biotic Resources in Sub-Saharan Africa: Rural Institutions and Decision Making in Kenya and Botswana*. Mimeograph, Beijer Institute and University of California, Riverside.

Grootaert C. 1998. *Social Capital: The Missing Link*. Social Capital Initiative Working Paper No. 3, Washington: World Bank.

Gunderson L, Holling C S. 2001. Panarchy: Understanding Transformations in Human and Natural Systems. New York: Island Press.

Hall C. ed. 1995. *Maximum Power: The Ideas and Applications of H. T. Odum*. Niwot CO: Colorado University Press.

Hanley N F, Shogren J F, White B. 1997. *Environmental Economics in Theory and Practice*. Oxford: Oxford University Press.

Hanna S, Munasinghe M. 1995. *Property Rights in Social and Ecological Context*. Stockholm and Washington: Beijer Institute and World Bank.

Harrison P. 1992. *The Third Revolution: Population, Environment and a Sustainable World*. London: Penguin Books.

Hicks J. 1946. *Value and Capital* (2nd edn). Oxford: Oxford University Press.

Holling C S. 1973. Resilience and stability of ecological systems, *Annual Review of Ecology and Systematics*, **4**: 1-23.

Holling C S. 1986. The resilience of terrestrial ecosystems: Local surprises and global change. In Clark W C, Munn R E, eds. *Sustainable Development of the Biosphere*. Cambridge: Cambridge University Press, pp. 292-317.

Holling C S. 1992. Cross scale morphology, geometry and dynamics of ecosystems. *Ecological Monographs*, **62**: 447-502.

Holmberg J, Karlsson S. 1992. On designing socio-ecological indicators. In Svedin U, Bhagerhall —Aniansson, eds. *Society and Environment: A Swedish Research Perspective*. Boston: Kluwer Academic.

IPCC. 1996. *Climate Change 1995: Economic and Social Dimensions of Climate Change*. In Bruce J P, Lee H, Haites E F. eds. Contribution of Working Group III to the Second Assessment Report of the Intergovernmental Panel on Climate Change. Cambridge: Cambridge University Press.

IPCC. 1997. *Climate Change and Integrated Assessment Models* (IAMs). Geneva: Intergovernmental Panel on Climate Change.

IPCC. 2000. *Methodological and technological Issues in Technology Transfer* —Intergovernmental Panel on Climate Change Special Report. Cambridge: Cambridge University Press.

Islam Sardar M N. 2001. Ecology and optimal economic growth: An optimal ecological economic growth model and its sustainability implications. In Munasinghe M, Sunkel O, de Miguel C eds. *The Sustainability of Long Term Growth*. Cheltenham: Edward Elgar.

Kates R W, Clark W C, Corell R, Hall J M, Jaeger C C, Lowe I, McCarthy J J, Schellnhuber H J, Bolin B, Dickson N M, Faucheux S, Gallopin G C, Grbler A, Huntley B, Jger J, Jodha N S, Kasperson R E, Mabogunje A, Matson P, Mooney H, Moore B III, O'Riordan T, Svedin U. 2001. Environment and development: Sustainability science. *Sceince*, **292** (5517): 641-642.

Kolstad C D, Braden J B. eds. 1991. *Measuring the Demand for Environmental Quality*. New York: Elsevier.

Kuik O, Verbruggen H. eds. 1991. *In Search of Indicators of Sustainable Development*. Boston: Kluwer.

Liverman D, Hanson M, Brown B J, Meredith R Jr. 1988. Global sustainability: Towards measurement. *Environmental management*, **12**: 133-143.

Loske R. 1996. *Klimapolitik. Im Spannungsfeld von Kurzzeitinteressen und Langzeiterfordernissen*. Marburg: Metropolis.

Lovelock J. 1979. *Gaia: A New Look at Life on Earth*. Oxford: Oxford University Press.

Ludwig D, Walker B, Holling C S. 1997. Sustainability, stability, andresilience. *Conservation Ecology* (online) 1(1), 7 (http://www.consecol.org/vol1/iss1/art7).

Maler K G. 1990. Economic theory and environmental degradation: A survey of some problems. *Revista de Analisis Economico*, **5**: 7-17.

Markandya A, Mason P, Taylor T. 2000. *Dictionary of Environmental Economics*. London: Earthscan.

Maslow A H. 1970. *Motivation and Personality*. New York: Harper and Row.

McConnell K. 1992. Model building and judgment: implications for benefits transfers with travel cost models. *Water Resources Research*, **28**: 695-700.

Mc Laren D, Bullock S, Yousuf N. 1997. *Tomorrow's World: Britain's Share in a Sustainable Future*. Earthscan: London.

Meier P, Munasinghe M. 1994. *Incorporating Environmental Concerns into Power Sector Decision Making*. Washington: World Bank.

Moffat I. 1994. On measuring sustainable development indicators. *International Journal of Sustainable Development and World Ecology*, **1**: 97-109.

Moser C. 1998. The asset vulnerability framework: Reassessing urban poverty reduction strategies. *World Development*, **26**(1): 1-19.

Munasinghe M. 1990. *Energy Analysis and Policy*. Butterworth London: Heinemann.

Munasinghe M. 1992. *Environmental Economics and Sustainable Development*. Environment Paper No. 3. UN Earth Summit, Rio de Janeiro. Washington: World Bank.

Munasinghe M. 1994. Sustainomics: A transdisciplinary framework for sustainable development. In *Proceedings, 50th Anniversary Colombo: Sessions of the Sri Lanka Association for the Advancement of Science*.

Munasinghe M. 1998. Climate change decision-making: Science, policy and economics. *International Journal of Environment and Pollution*, **10**(2): 188-239.

Munasinghe M, ed. 1989. *Computers and Informatics in Developing Countries*. London: Butterworth, for the Third World Academy of Sciences, Trieste.

Munasinghe M, Shearer W, eds. 1995. *Defining and Measuring Sustainability: The Biogeophysical Foundations*. Tokyo and Washington: UN University and World Bank.

Munasinghe M, Meier P, Hoel M, Wong S, Aaheim A. 1996. Applicability of techniques of cost-benefit analysis to climate change. In Bruce J P, Lee H, Haites E H eds. *Climate Change 1995: Economic and Social Dimensions*, Chap. 5. Geneva: Intergovernmental Panel on Climate Change, Cambridge: Cambridge University Press.

Munasinghe M, Sunkel O, de Miguel C eds. 2001. *The Sustainability of Long Term Growth*. London: Edward Elgar.

Narada, The Venerable. 1988. *The Buddha and His Teachings*, 4th edn. Kuala Lumpur: Buddhist Missionary Society.

Nordhaus W, Tobin J. 1972. 'Is growth obsolete?' In Milton M ed. *The Measurement of Economic and Social Performance*. Studies in Income and Wealth, Vol. 38. National Bureau of Economic Research. New York: Columbia University Press.

North D. 1990. *Institutions, Institutional Change and Economic Performance*. Cambridge: Cambridge University Press.

OECD. 1994. *Environmental Indicators*. Paris: Organization for Economic Cooperation and Development.

Olson M. 1982. *The Rise and Decline of Nations*. New Haven: Yale University Press.

Opschoor H, Reijnders L. 1991. Towards sustainable development indicators. In Kuik O, Verbruggen H eds. *In Search of Indicators of Sustainable Development*. Boston: Kluwer.

Pearce D W, Turner R K. 1990. *Economics of Natural Resources and the Environment*. London: Harvester Wheatsheaf.

Perrings C, Opschoor H. 1994. *Environmental and Resource Economics*. Cheltenham: Edward Elgar.

Perrings C, Maler K G, Folke C. 1995. *Biodiversity Loss: Economic and Ecological Issues*. Cambridge: Cambridge University Press.

Petersen G D, Allen C R, Holling C S. 1998. Diversity, ecological function, and scale: Resilience within and across scales. *Ecosystems*, **1**: 6-18.

Pezzey J. 1992. *Sustainable Development Concepts: An Economic Analysis*. Environment Paper No. 2. Washington: World Bank.

Pimm S L. 1991. *The Balance of Nature?* Chicago: University of Chicago Press.

Putnam R D. 1993. *Making Democracy Work: Civic Traditions in Modern Italy*. Princeton: Princeton University Press.

Rahman A, Robins N, Roncerel A eds. 1993. *Consumption Versus Population: Which is the Climate Bomb? Exploding the Population Myth*. Paris: Climate Network Europe.

Rawls J A. 1971. *Theory of Justice*. Cambridge MA: Harvard University Press.

Rayner S, Malone E eds. 1998. *Human Choice and Climate Change*. Columbus OH: Batelle Press, pp. 1-4.

Ribot J C, Najam A, Watson G. 1996. Climate variation, vulnerability and sustainable development in the semi-arid tropics. In Ribot J C, Magalhaes A R, Pangides S S eds. *Climate Variability, Climate Change and Social Vulnerability in the Semi-Arid Tropics*. Cambridge: Cambridge University Press.

Schechter M, Freeman S. 1992. *Some Reflections on the Definition and Measurement of Non-Use Value. University of Haifa: Draft mimeograph*. Natural Resources and Environmental Research Center and Department of Economics.

Schmidt—Bleek F. 1994. *Wieviel Umwelt braucht der Mensch?* Birkhauser: Berlin-Basel.

Schutz J. 1999. The value of systemic reasoning. *Ecological Economics*, **31**(1): 23-29.

Sen A K. 1981. *Poverty and Famines: An Essay on Entitlement and Deprivation*. Oxford: Clarendon Press.

Sen A K. 1984. *Resources, Values and Development*. Oxford: Basil Blackwell.

Sen A K. 1987. *On Ethics and Economics*. Cambridge MA: Basil Blackwell.

Shogren J, Shin S, Hayes D, Kliebenstein J. 1994. Resolving differences in willingness to pay and willingness to accept. *American Economic Review*, **84**: 255-270.

Siebhuner B. 2000. Homo sustinens-towards a new conception of humans for the science of sustainability. *Ecological Economics*, **32**: 15-25.

Solow R. 1986. On the intergenerational allocation of natural resources. *Scandinavian Journal of*

*Economics*, **88**(1): 141-149.
Squire L, van der Tak H. 1975. *Economic Analysis of Projects*. Baltimore: Johns Hopkins University Press.
Stern N H. 1989. 'The economics of development: A survey'. *Economic Journal*, 99.
Tarnoff C. 1997. *Global Climate Change: The Role of US Foreign Assistance*. Congressional Research Service: Report for the Congress, 21 November.
Teitenberg T. 1992. *Environmental and Natural Resource Economics*. New York: Harper Collins.
Temple J. 1999. The new growth evidence. *Journal of Economics Literature*, XXXVII: 112-154.
Toth F. 1999. Decision analysis for climate change. In Munasinghe M ed. *Climate Change and its Linkages with Development, Equity and Sustainability*. Geneva: Intergovernmental Panel on Climate Change.
UN. 1993. *Agenda 21*. New York: United Nations.
UN. 1996. *Indicators of Sustainable Development: Framework and Methodology*. New York: United Nations.
UNDP. 1998. *Human Development Report*. New York: United Nations Development Programme.
UNEP, IUCN, WWF. 1991. *Caring for the Earth*. Nairobi: United Nations Environmental Programme.
WCED. 1987. *Our Common Future*. Oxford: Oxford University Press.
Westra L. 1994. *An Environmental Proposal for Ethics: The Principle of Integrity*. Lanham MA: Rowman and Littlefield.
World Bank. 1997. *Expanding the Measures of Wealth: Indicators of Environmentally Sustainable Development*. Washington: World Bank.
World Bank. 1998. *Environmental Assessment Operational Directive* 4.01. Washington: World Bank.

# 第 4 章　气候与发展的相互作用

在本章,我们首先应用前面章节所介绍的一些基本原理,使发展在气候变化的背景下更加可持续。在第 3 章,我们概述了两个需要用可持续经济学框架研究的、相互关联的问题的重要性:(a) 对可持续发展来说,气候变化及其气候变化的响应(包括适应和减缓)的含义;(b) 在发展中国家与发达国家中,发展战略和政策对气候变化和气候变化响应选择、对气候变化影响的脆弱性,包括对相关的协同作用和折中方案的含义。

## 4.1　气候变化与可持续发展之间的循环关系

在图 4.1 中,总结了气候变化与可持续发展之间原因和结果的完全循环,概述了综合评估模型框架(IPCC 2001b)。在图的右下部,由人口、经济、技术和管理力量驱动的每个社会经济发展道路,导致不同水平的温室气体排放。这些排放在大气中积累,增加温室气体浓度,并且干扰入射的太阳辐射和从地球再辐射的能量之间的平衡,如在气候领域框图左边显示的那样。这样的变化导致气候系统辐射强迫增强,温室效应增强。在气候变化中,作为结果而产生的变化,将肯定地持续到未来,并且对人类和自然系统施加压力,如框图右上部所示(可持续发展领域)。这些影响将最终影响到社会经济发展道路,从而完成循环。发展道路以非气候压力的形式,如土地利用改变导致森林砍伐和土地退化,对自然系统也有直接的影响。

气候与可持续发展领域以时间延迟为显著特征,在一个动态循环中相互作用。以社会经济和技术发展道路为基础的复杂方式相连接。发展道路在任何区域,既强烈地影响适应气候变化的能力,也强烈地影响减缓气候变化的能力。人类和自然生态系统的适应能力支撑在这些系统中,可以减轻严重影响。类似的,人类社会较高的减缓能力可以开拓温室气体减缓的前景,有助于减少未来温室气体排放。可见,适应和减缓策略与气候系统的变化、生态系统适应的前景、食物生产和长期经济发展有力地联系在一起。最后,可持续发展的经济、社会和环境尺度(在第 3 章中叙述的)为分析气候变化对未来社会经济发展情景提供了一个有用框架。反馈在循环中处处出现,循环中一个个部分的变化以一种动态的方式、通过多种途径影响到其他成分。

### 第4章　气候与发展的相互作用

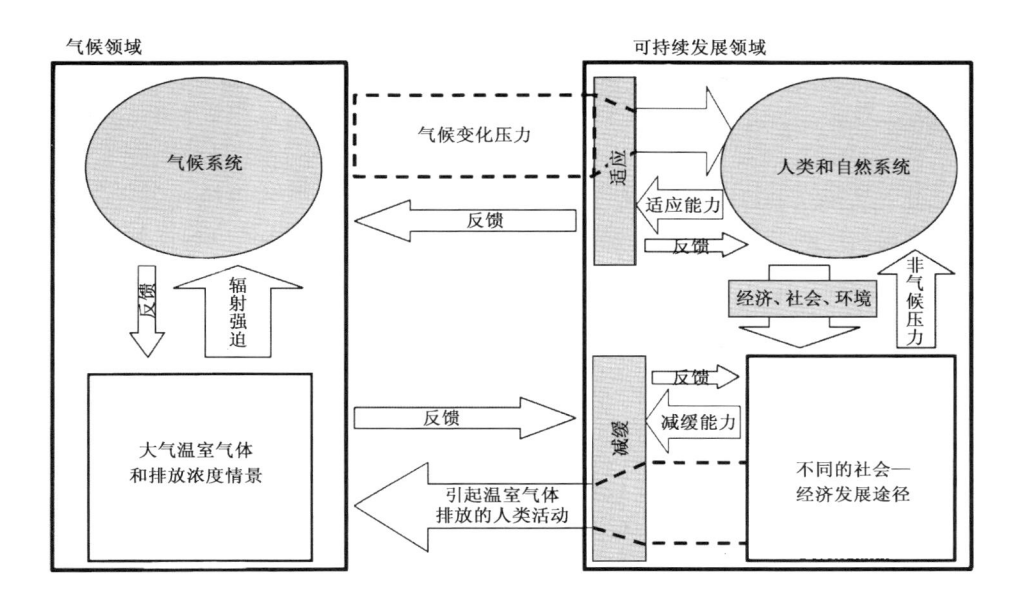

图 4.1　气候变化——一个考虑社会经济发展的综合框架（来源：IPCC 2001）

概括地讲，气候变化影响是复杂的社会、经济和环境子系统如何相互作用，形成未来可持续发展前景的大量问题中的一部分。它们有多重联系。经济发展影响生态平衡，反过来，又受到生态系统状态的影响。贫困既是环境退化的原因，也是其结果。物质和能源密集型生活方式、由不可再生资源支撑的持续高水平消费、人口的快速增长，不可能与可持续发展道路相容。类似地，在社会内部、国家之间社会经济极度不公平性也许破坏社会的凝聚力。社会的凝聚力将会推动可持续性，并使政策响应更有效。同时，出于非气候相关原因的社会经济和技术决策，对气候政策、气候变化和其他环境问题具有重大意义。此外，关键的影响阈值和对气候变化影响的脆弱性直接与环境、社会、经济状况和制度能力相联系。

IPCC 第一次评估报告（IPCC 1990）主要关注气候领域（图 4.1 左半边）。第二次评估报告（IPCC 1995）加强并细化了气候方面的分析，同时扩大了覆盖范围，包括对社会和生态系统的影响（图 4.1 右上部）。第三次评估报告（IPCC 2001）对图的所有部分（图 4.1）提出了新信息和证据。特别是通过探索替代发展道路及其与温室气体排放的关系，着手于适应、减排和发展之间联系的初步工作，一个新的贡献被添补在图 4.1 右下部。然而，由于不完全的知识状态，第三次评估报告没有获得一个完全综合的气候变化评价。在这本书里，我们对图右下部给予更多关注，认识到社会经济发展道路不但决定了气候变化的速度和量级，而且受气候变化结果的影响。

## 4.2 将可持续经济学框架应用于气候变化的原理

在第3章所述的广义的可持续发展经济学框架里,气候变化问题很容易适合。决策者们正在开始表现出更大的兴趣,评价气候变化造成对提高人类福利基础的威胁有多么严重(Munasinghe 2000, Munasinghe 等 2000)。尤其是温室气体排放增加与其他不可持续的做法,可能通过经济的、社会的、环境的枯竭,以及负面影响的不公平分布,破坏国家和社会的安全,出现人们不希望的后果,例如大量的环境难民(Lonergan 1993, Ruitenbeek 1996, Westing 1992)。在这种情况下,可以应用一些潜在的联系与可持续发展经济学的相关原理和概念,这些在下面概述。

### 4.2.1 经济的、社会的和环境的风险与机遇

首先,全球变暖对人类的未来经济福利引起显著的潜在威胁。以最简单的形式,经济效率的观点,从以大气为代表的全球资源的使用中,将寻求净效益(或者商品和服务的产出)的最大化。概括地说,这意味着大气作为一种具有容纳温室气体作用的资产储备,必须维持在一个最佳水平上。如在第4.5.1节的案例研究所述,这个目标水平可以被定义为减少温室气体的边际成本点,等同于避免的边际损害。这个根本原理是基于最优化理论和对稀缺资源即全球大气,经济有效地使用。

其次,气候变化也将以前所未有的方式破坏社会福利和公平。特别需要对社会价值和制度的脆弱性给予更多的关注,这些由于技术的迅猛变化已经受到了压力(Adger 1999)。特别是在发展中国家中,社会资本的腐蚀正在破坏将社会结合在一起的基本凝聚力,例如,将个体行为统一于集体目标的准则和协议(Banuri 等 1994)。现存的处理跨国问题和全球问题的国际机制和体制是脆弱的,未必能够应对正在恶化的气候变化影响。

此外,当代人之间以及当代人与后代人之间的公平很可能受到损害(IPCC 1996a)。现有的证据清楚地表明,更贫穷的国家和在国家内的弱势群体对灾害尤其脆弱(Banuri 1998, Clarke 等 1995)。由于损失以及必要的减缓和适应努力的成本分布不均匀,气候变化可能导致不公平——这种差动效应不仅出现在国与国之间,也出现在国家内部。近来一些大范围灾害(如厄尔尼诺)的影响可能提供有用的个案研究素材。不公平分布不仅在伦理学没有说服力,就长远来看也是不可持续的(Burton 1997)。例如,一个限制人均碳排放的情景,南半球被限定为0.5吨/年,而北半球则超过3吨/年,这将不利于推动发展中国家的合作,因此是不可能持久的。一般地说,不公正会破坏社会的凝聚力,激化在稀缺资源方面的冲突。

第三,环境观点促使人们注意到这样的事实,增加人类排放和温室气体的累积可

能显著地干扰一个关键的全球子系统——大气(UNFCCC 1993)。

全球气候的变化(例如,平均温度、降水等)也会威胁一系列关键的、相互联系的、物理的、生态和社会系统及它们的子系统的稳定性(IPCC 1996b)。环境的可持续性将依赖于以下几个因素:

(1)气候变化强度,如极端气候事件的量级和频率。

(2)系统的脆弱性,如对气候影响的暴露程度和对这样影响的敏感性。

(3)系统的弹性,即从影响中恢复的能力。

损害可能是不均衡分布的,有时是不可逆转的。尽管发达国家对大量历史上温室气体的排放负有责任,但是与发展中国家相比,其强大的经济使他们在应对气候的变化处于更有利的位置。气候变化将有经济后果,因为气候变化所导致的损害和人们为了适应新的气候所采取的措施都需要付出成本,包括可以用货币衡量的和不能用货币衡量的成本。

从更积极的一面来讲,气候变化的响应也为促进可持续发展提供一些机遇。国际上将气候变化确认为对当代和后代的一种风险,这也引起我们对人群和生态系统在面对现存的一系列环境问题(气候变化仅仅是其中之一)脆弱性的高度关注。降低社会经济和生态系统对气候变化的脆弱性也提供了机会:(a)降低对可持续发展一系列威胁的脆弱性;(b)提高弹性;(c)增加资源使用效率;(d)减轻人类对当地的、区域的和全球的环境压力;(e)增加人类的福利。

## 4.2.2 政策制定的相关原理

在考虑气候变化响应选择时,几个在环境经济学分析中广泛使用的原理和想法将是有用的。主要包括:(a)污染者付费原则;(b)经济评估;(c)外部效应内在化;(d)所有权。在污染者付费原则中,主张凡破坏性排放者都应该付出相应的成本。经济学的基本原理就是要在气候和发展之间建立交互作用,激励污染者将排放降低到一个理想的(即在经济上有效率的)水平上。这里,经济评估的想法变得至关重要。对污染物排放的潜在破坏进行定量化和经济评估是一个重要的先决条件。在公共资源如大气的情况下,温室气体排放者可以自由地污染,而不受惩罚。这种外部效应需要通过征收污染者的费用内在化,而征收的费用要能够反映其所导致的损害。当一个组织的行为对其他组织的福利产生了影响,然而它在决策过程中并没有考虑这些影响时(例如,没有对受影响者做出补偿),外部效应就会发生。自从 Pigou1932 年对外部性进行了严格的定义和处理后,其理论基础已经广为人知。在本文中,财产权概念建立与这样的观点是相关的,即大气是一种宝贵的稀缺资源,不能被免费和任意使用。

一个很重要的原则是,不应该允许气候变化使现有的不公平状况恶化,尽管我们不能寄希望于气候政策去解决所有主要的不公平问题。以下几个方面是值得特别注意的。

(1)建立一个平等的、参与式的全球框架,以制定和贯彻关于气候变化的集体决定。

(2)减少源于气候变化影响对社会的潜在破坏和冲突。

(3)保护受到威胁的文化,保存文化的多样性。

从社会公平的观点来看,上面提及的"污染者付费原则"不仅仅是基于经济效率的,而且是基于公平的。将这种观点进一步拓展,就是补偿受害者的原则,理想的方法是通过向污染者征税。也有道德/公平的问题,涉及污染者对过去排放(即一种环境债务的形式)补偿义务的范围。正如前面所提到的,根据受影响人群的收入水平衡量气候变化影响的效益和成本,也建议将其作为补偿不公平结果的一种方法。Kverndokk(1995)认为,传统的公平原则会促成以人口为基础的、对未来温室气体排放权的公平分配。均等的人均温室气体排放权(即对全球大气的平等使用权)与联合国人权宣言所强调的全人类的平等也是一致的。

传统上,经济分析是将效率和分配分开讨论的,也就是说,净效益最大化与谁获得这些效益是不同的。近来的工作已经探索更自然地连接效率和公平。例如,环境服务可以被认为公共物品,并且可以作为私人生产的公共物品投入合适的市场(Chichilnisky等2000)。一些公平和经济效率的相互作用在专栏3.2中讨论。

几个来自当代环境和社会分析的概念是对开发气候变化应对选择相关的,主要包括:持久性、最优性、安全界限、承载能力、不可逆转性、非线性响应和预防性原则等概念。一般地说,持久性和最优性是互补的,并且潜在趋同的途径(见前面的讨论)。在持久性标准下,一个重要的目标是将要确定气候变化的安全界限,在全球生态和社会系统的弹性范围之内将不会受到严重的威胁。反过来,温室气体在大气中的累积将必须被限制在一个点上,即防止气候变化超过安全界限。避免对生物地球物理系统不可逆转的损害,防止对社会经济系统严重的破坏被认为是重要的。某些系统可能会以非线性的方式响应气候变化,并伴随着潜在灾难性的崩溃。因而,预防性原则认为,缺乏关于气候变化影响的科学上的确定性不应该成为不作为的一个借口,特别在那些地区,作为一种保险形式,能够采取相对低成本的减缓气候变化的措施(UNFCCC 1992)。

## 4.3 可持续发展与适应

可持续发展与适应气候变化相互联系。绝大多数可持续发展政策不与气候变化相关,但他们能够使适应更成功。同样的,许多气候变化适应政策无疑将有助于发展更可持续。

对气候变化的适应可以是自发的,或计划的。计划适应需要将负面影响的成本最小化,而使正面影响的效应最大化。适应努力必须与减缓相结合,因为控制排放是至关重要的。即使立即和显著地削减温室气体排放,也不能完全预防气候变化影响,因为这些气体响应有一个时间延迟。

最脆弱的(即气候变化可能损害或伤害一个系统的程度)生态和社会经济系统是那些对气候变化最敏感的(即一个系统将对气候的某种变化做出反应)系统,影响越大,适应能力就越小。已在压力下的生态系统尤其脆弱,例如破碎的系统。在制度和经济更弱的发展中国家,社会和经济系统有更脆弱的趋势,例如,高人口密度的面积、低洼海岸面积、易涝面积、干旱土地和岛屿等。

适应气候变化和预防损害的策略包括:(a)防御海平面上升的人工堤坝;(b)减少损失(如重新设计作为混合);(c)分散或分担损失(如政府灾难救济);(d)改变土地利用或活动(如重新部署陡坡地农业);(e)恢复地点,例如,已经对洪水灾害脆弱的历史遗迹。成功的策略需在技术、管理和法律、财政和经济、公共教育、培训和研究、制度变化等方面的进步。特别是把气候变化所联系的因素融入发展计划中,这样能够帮助确保基础设施新的投资反映可能的未来情况。虽然不确定性使得适应政策的制定复杂化,但是许多适应政策将有助于推动可持续发展(如改善自然资源管理或使社会环境更好),从而使政策实施有意义。这些问题在第5至第7章将更详细地阐述细节。

## 4.4 可持续发展与减缓

可持续发展与减缓也是相互联系的。绝大多数可持续发展战略不与气候变化相关,但它们会使减缓更成功。同样的,许多气候变化减缓政策将肯定有助于发展更加可持续。像适应那样,减缓有成本和效益。在成本公式中,许多变量需要考虑,其中包括以下几条。

(1)国际协议的减排时间表和目标。
(2)全球人口和经济趋势。
(3)新技术开发。
(4)资本置换率。
(5)用现在价值表达未来效益的折扣率。
(6)减缓行动对其他环境、社会、经济问题的共同效益。
(7)工业和消费者对气候变化相关政策响应的行动。

通过减少温室气体排放,使风险最小化的政策也将伴随价格变动而变化,并且由于其高度不确定性而有很大变化。虽然立即行动有时似乎比等待花费更多,但延迟行动会导致更大的风险,带来更高的长期成本。控制排放的早期努力会增加稳定温室气体浓度人类响应的长期灵活性。在表 8.5 中,我们给出了一个提前或延迟行动赞成和反对理由的更加全面的综述。

许多成本—效益技术和政策是可以利用的(例如,复合发动机汽车、风力涡轮机、燃料电池技术的进步、在建筑、运输、制造业和工业减排的终端能效等),它们不仅减少温室气体排放,而且通过提高资源效率和减轻环境压力,致力于其他发展目标。政府需要首先通过确定制度和其他障碍,积极地促进这些问题的解决。经济鼓励能影响投资者和消费者。例如,存款基金能够鼓励人们以他们的汽车和电器折扣换取能效更高的款式;制造者能够因出售气候友好型商品而得到奖赏,或者不这样做而受到处罚。在许多情况下,市场价格不包括如污染等的外部性。价格可以通过引入或去除税收或补贴,包含气候变化因素。例如,石油、煤炭或燃气税将阻碍矿物燃料使用,并帮助减少二氧化碳排放。可贸易的排放许可也能提供一个合算的、以市场驱动的控制排放方式。

能源政策是增强减排成本效率的一个关键,例如,理想的能源混合。鼓励在有成本效益和能源效益技术上的投资是必要的。例如,改良建筑设计、新型制冷和绝缘化学品、更高效的冷冻机和冷却/加热系统。发电厂排放的大气污染物和温室气体,转换到可再生能源而减少,如太阳能、水能、风能和生物能等。技术革新、能量效率、强调可再生资源,对于在未来 50~100 年里稳定温室气体浓度将是必要的,也将对缓和环境压力有更直接的益处。政府需要消除那些可能减慢低排放技术传播的障碍(例如,文化、制度、法律、信息、金融或经济上的)。

运输部门尤其重要,因为它是大多数发达和发展中国家温室气体排放最迅速增长的来源。它对矿物燃料强烈的依赖,使得控制温室气体排放尤其困难,当各种空气污染物(固体颗粒和臭氧前体)释放到大气中,特别是在城市地区。新技术能够提高汽车效率,并降低单位千米行驶的排放。转变到更低碳强度燃料,不仅将减轻当地和区域的空气污染——它是所有发展中国家和工业化国家大多城市严重关注的,而且有助于减少碳排放,例如,生物燃料和燃料电池动力汽车。一些减少来自运输业排放的政策包括:

(1)可再生能源技术的使用。
(2)保养和运行措施的改进。
(3)降低交通阻塞的政策。
(4)城市规划者鼓励低排放运输,如有轨电车和火车、自行车和步行。
(5)征收使用税,或鼓励以折扣价回收不符合国家排放标准的旧的交通工具。

气候友好型运输政策能有助于促进经济发展,同时使当地交通堵塞、道路事故和空气污染的成本最小化。

森林砍伐和农业既是当地和区域空气污染水平提高的原因,也是温室气体排放水平提高的原因。森林需要保护,并更好地管理。森林砍伐可以通过方法控制:a)降低农业对森林的压力;b)减缓人口增长;c)使当地人群参与可持续森林管理;d)用可持续方式砍伐商业木材;e)明确驱使人们向森林地区移民的社会经济和政治力量。可持续森林管理能够产生作为替代矿物燃料的可更新资源的生物物质。改进管理措施,增加农业生产力,能够使农业土壤吸收更多的碳,同时,提高有机质含量和生产力。来自家畜的甲烷排放能够通过新的饲料混合来减少,因为排放是饲料不完全消化的一个结果。这样的措施也提高家畜管理的总体效率。来自水稻种植的甲烷排放,能够通过改变灌溉和化肥的使用方法得到明显降低,这些方法在减轻环境压力的同时,与更常规的、保证或改进当前生产力的方法根本不矛盾。来自农业的氧化亚氮,能够通过新肥料和施肥方法将其最小化,有些措施不仅减少氧化亚氮的排放,而且一般地说来,也降低以污染性的硝酸盐、氮氧化物和氨形式的氮损失,从而提高化肥效率。以上措施在第 9 章讨论。

因而,在产生环境和经济效益同时,如降低污染、增加森林覆盖等,减排是可能的。气候变化政策的成本能够通过无悔策略使之最小化。无论世界是否向着迅速的气候变化方向前进,这样的一些策略,都具有环境意义。例如,消除市场的不完善性(如矿物燃料补贴),以及生成双倍股息,即以现存的失真税赋、从税赋到财政缩减的使用税收。公众参与(即利益相关者、个人、社团、企业)是有效政策的一个重要方面。教育和培训对有效政策也是至关重要的,例如,储备能源、最大化利用日光建筑标准和太阳能利用等。政策的公正性需要考虑,例如,成本效益和公平。

气候变化响应应该采取针对减缓、适应和研究的行动。每个国家在促进可持续发展的同时,应该选择最适宜自己的政策,以降低气候变化的风险。

## 4.5 气候变化与可持续发展:在全球水平上的相互作用

介绍以下 3 个简化的例子,以详细说明前面讨论的几个概念的应用。

### 4.5.1 最优性与持久性在确定合适的全球温室气体排放目标水平时的相互影响

基于最优性和持久性的方法能够使确定温室气体排放水平的目标更容易(Munasinghe 1998a)。在一个经济最优框架下,理想的解决方案首先是估计与不同温室气体排放曲线相联系的长期边际减缓成本(MAC)和边际避免的损害(MAD)(图 4.2a),其中曲线中的误差曲线显示测量不确定性(IPCC 1996a)。最优的排放水平确定在这样一个点上,即未来效益(减少一个单位温室气体排放所避免的气候变化损害)正好等于相应的成本(需要减少温室气体排放单位量所采取减缓措施的成本),

即边际减排成本(MAC)=在需要减少单位量的点(ROP)时的边际避免的损害(MAD),这个需要减少单位量的点(ROP)为最佳减排量。

在我们认识到边际减排成本(MAC)和/或边际避免的损害(MAD)可能不易定量,并且是不确定时,持久的策略变得更加相关。在图4.2b中实例假设,边际减排成本(MAC)比边际避免的损害(MAD)更好定义。首先,边际减排成本(MAC)是用经济学最小成本分析(一个最优化方法)来确定的,而边际避免的损害(MAD)忽视了(暂时)。其次,目标排放是建立在一个安全、但最小可负担量基础上的,即RAM。这一量值是减缓成本的上限,而减缓成本仍将避免不可接受的社会经济破坏。这里做出的选择与持久性方法更加一致。

最后,图4.2c表明了一个更不确定的世界,其中既不定义MAC,也不定义MAD。在这种情况下,排放目标被建立在一个绝对量基础上,RAS(绝对减排量)或安全极限,即安全范围内。例如,这样一个安全量能够设法避免对生态系统(和/或社会系统)不可接受的高风险损害,而不需要考虑评价减排的货币成本,或损害的货币成本。最后这个方法主要基于持久性概念。

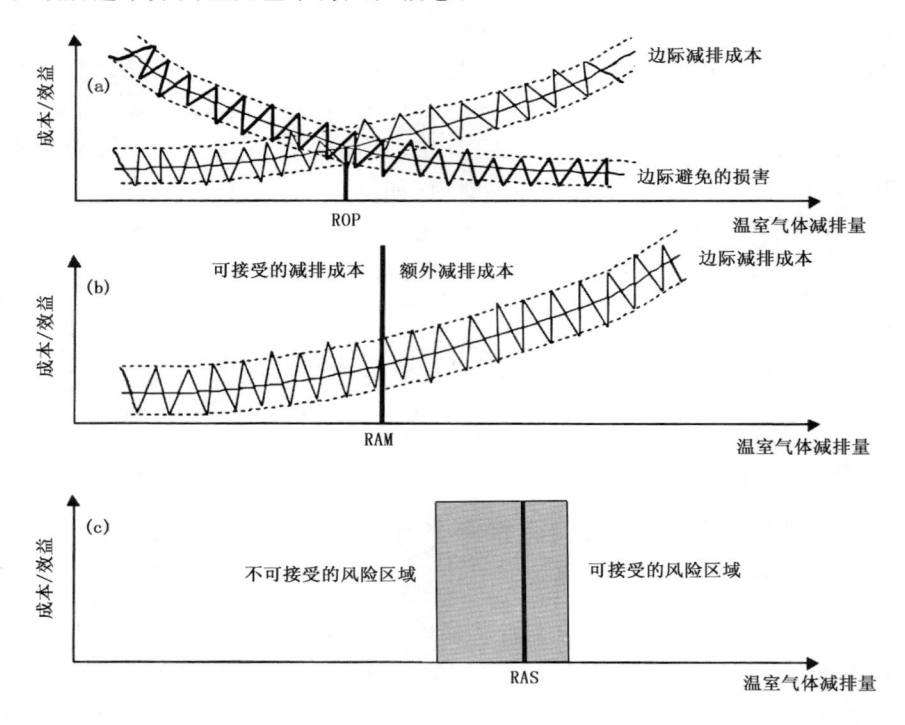

图4.2 确定减排目标:(a)成本效益最优方案(ROP),(b)可负担最小安全量(RAM),(c)绝对量(RAS)(根据IPCC(1996b)改编)

## 4.5.2 兼顾效率和公平,以推进气候变化减缓的南北合作

温室气体减排的努力需要全世界的合作。图 4.3 阐明了更大的南—北半球在资源转移和技术合作的基本原理,也强调可持续经济学方法在处理气候变化问题时,如何阐明经济效率与社会公平(仅仅根据收入分配)之间的复杂相互作用。图中柱形显示了两类国家的边际减排成本。换言之,柱状表示减排方案(超过并高于常规技术的成本,并包括所有辅助成本和效益)减少的温室气体排放单位净额外成本。图反映了在发展中国家温室气体减排将会是相对低成本选择,而在工业化国家将会处在更昂贵选择的状况。

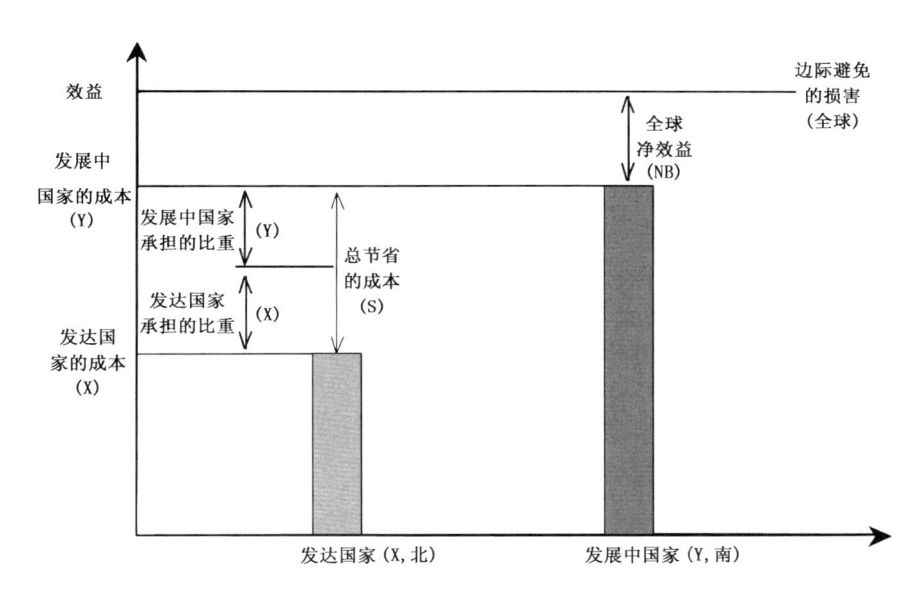

图 4.3　发达国家与发展中国家在南北合作方面应遵循的兼顾效率和公平的基本原则
来源:Munasinghe 等(1993)

全球减缓效益通过上面的水平线表达,它表示由于温室气体减排,全球产生的边际避免的损害。由发展中国家独自实现的边际避免的损害很小,可以忽略不计,因为由任何已知国家所采取的减排措施,将产生越过那个国家边境、世界范围的显著效益。显然,如果发展中国家只是以自己的利益为出发点行动,就不会愿意付出减缓增支成本。在这样的情况下,只有所谓的"双赢"或者"无悔"选择可行推行。例如能量效率方案,对它的成本效益分析表明,即使不考虑温室气体减少效益,也有净经济效果,即常规节能价值超过项目成本。在这里,减缓的全球效益会考虑由发展中国家产生的外部经济效果。

从整个世界的角度,所有的减缓选择应该在所有国家得到推行,直到削减排放的

边际单位额外成本等于避免全球变暖损害产生的相应效益。假如这样的话,避免的损害对减排国家是外部经济效果,而从全球角度来讲,则应该是内部经济效果。

首先,我们探索从北到南资源转移这个广泛的环境原理的隐含意义。按照某个发展中国家(X),考虑一个有代表性的温室气体减排项目(例如再造林),在这个项目中,温室气体减排的额外成本小于全球避免的损害。从全球的角度看,对发展中国家来讲,支付任何额外成本(以补助为基础)经济上是会有效益的。他们因此可以将全球范围净减缓效益算作内部经济效益,并获得它,这个全球范围净减缓效益相当于全球净效益加上节约的总成本。

其次,我们以一个工业化国家向一个发展中国家的资源双边转移为例子。在某个工业化/发达国家(Y),考虑寻求减少温室气体排放项目的成本(例如煤炭工厂转变)。如果这个国家能说服某个发展中国家采取减排措施,就能够实现成本的节约,同时仍然获得同样的全球减排效益。X国家能够接受的最小补偿就是它的成本$X$,Y国家愿意付出的最大支付是$S(S=成本Y-成本X)$。上述发生的可以作为双边合作方案的基础,例如在《京都议定书》下的共同执行或清洁发展机制。就全球净效益(NB)和节约总成本而言,$S$是显著的,对工业化国家来讲,给贫穷的发展中国家多于到达收支平衡最低成本$X$的补偿,既公平又有效益。例如,节约的成本可以以发展中国家承担的比例$Y$和发达国家承担的比例$X$分别在工业化和发展中国家间分享,其中比例$X+$比例$Y=S$。换句话说,可持续经济学的公平原则将会有利于潜在节约的成本在两个合作国间共享,基于下列强调的伦理论点:

(1)不论从历史还是当前水平上看,工业化国家人均温室气体排放可能是发展中国家相应贡献的很多倍。

(2)工业化国家的人均收入和人均支付能力都是发展中国家的很多倍。

这也将为发展中国家参与到这样的计划中来提供更大的激励。同样的论点最初在蒙特利尔议定书里提出的,即南北合作以减少破坏臭氧物质(Munasinghe等1992,1993)。

## 4.5.3 在排放贸易中的公正和效率

公正和效率理论可以有效地应用于在不同国家间分配减排负担,以达到未来世界范围预期稳定温室气体浓度的目标(也见第4.5.1节)。假如有一个以温室气体的浓度稳定为目的的国际协议,即在未来200年内温室气体的浓度在550 ppm范围内(见第2章),这会使未来全球总的排放廓线确定下来。

考虑用两种对立的规则,在不同的国家间,以未来逐年固定的全球排放水平分配权力:

(1)鉴于伦理和人权,全人类有平等的人均排放权。国家总排放权力是人口与基本人均排放配额的乘积,所有国家配额总计为期望的全球排放目标。

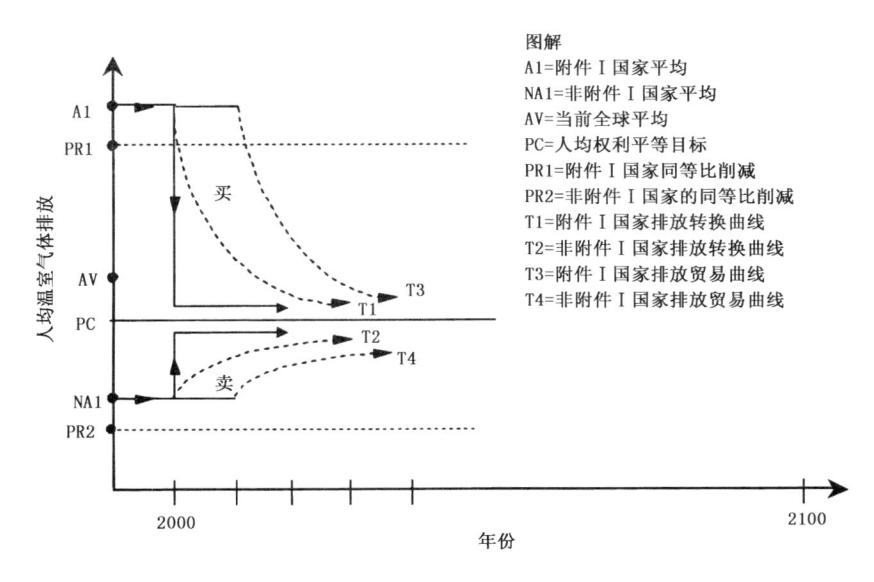

图解
A1=附件Ⅰ国家平均
NA1=非附件Ⅰ国家平均
AV=当前全球平均
PC=人均权利平等目标
PR1=附件Ⅰ国家同等比削减
PR2=非附件Ⅰ国家的同等比削减
T1=附件Ⅰ国家排放转换曲线
T2=非附件Ⅰ国家排放转换曲线
T3=附件Ⅰ国家排放贸易曲线
T4=非附件Ⅰ国家排放贸易曲线

图 4.4　排放贸易中效率和公正的结合

　　(2)基于所谓的"祖父"理论,按同等比例减排。在这种情况下,相对于事先约定的基准年份,所有国家以相同百分比的量减排,以达到期望的全球排放目标。

　　这种分配过程的动态变化如图 4.4 所示。PC 线表示人均排放的常规水平,全球总排放目标在决策时间范围内平等地分配给全人类。

　　A1 和 NA1 点分别代表附件Ⅰ(工业化国家)和非附件Ⅰ(发展中国家)国家当前的人均温室气体排放。尽管图 4.4 并不是精确地按比例绘制,A1 比 PC 大的多,NA1 比 PC 稍小。因而,工业化国家需要大幅地削减温室气体的排放,如果要满足 PC 标准,而这需要承担经济成本(取决于每个国家削减的严重程度)。另一方面,发展中国家有一些增加他们的人均排放的空间,随着收入和能源消费的增长。

　　可选择的分配规则是基于平等排放削减。这种情况下,相对于事先约定的基准年份,所有国家以相同百分比的量减排,以达到期望的全球排放目标。假如全球平均每年人均排放率比 PC 稍高,这意味着所有的国家将需要少量削减碳的排放(大约10%),以满足 PR 标准(如图 4.4 中的虚线 PR1 和 PR2 所示)。显然,这样的结果是非常不公平的,因为它严重限制了发展世界增长的前景,在这些国家中人均能源消费根本就相对低(Munasinghe 1995b)。

　　因而,发达国家和发展中国家都有理由反对 PC 和 PR 方法的严格实施。另一个有关公正性的问题是,在确定当前和未来配额,过去的排放是否应该考虑还是忽略,因为到 2000 年累计的碳中,有 80% 来自于工业化世界对矿物类燃料的使用。显然,工业化世界已经消耗了人类可用的全球碳容量的相当大的一部分,使大气二氧化碳浓度从工业化之前的 280 ppm 标准值上升到如今 380 ppm 的水平。因此,发展中国家主张,当对未来的权利分配时,过去排放责任应该考虑进去。

相对地,用一个固定的基准年的人口数量(例如,在 2000 年)乘以人均排放权(如图 4.4 中的 PC),以决定国家总的排放配额,则对工业化国家有利。此种方法会有效地惩罚具有高人口增长率的那些国家,因为他们所允许的国家配额(由基准年的人口数量决定)在未来必须在更多人中分割。

在实践中,落在平等人均排放权利目标(PC)和同等比削减(PR)之间的一些中间的必要条件最终可能在集体决策过程中出现。例如,PC 可能被设定为一个长期的目标。在短期内,从实用角度考虑,工业化国家和转型国家给予一段时间,以向着更低的温室气体排放水平调整,以避免不必要的经济混乱和困难,尤其是对这些国家中的贫穷国家(见图 4.4 中的 T1 和 T2 转换排放途径)。即使一些工业化国家可能主张,对于各国来说,PC 排放权的目标太理想化,或不切实际,调整的方向仍然是清晰的。在工业化国家,人均净二氧化碳排放应该降低,而在发展中国家应随着时间增加。如果目的是获得更平等的人均排放分布,这个结果将会出现,而不是人均排放的绝对平等。

另外一个调整措施是促进排放贸易系统。例如,一旦国家排放配额被分配,某一特定的发展中国家可能会发现,在给定的一年不可能完全利用它配额。同时,一个工业化国家则觉得,从发展中国家购买超额的排放权更便宜,而不是采取成本更大的计划,以削减排放来达到他们自己的目标(也见 4.5.2 节)。一般地说,排放贸易系统允许排放配额在国际市场上自由买卖,因而,建立一个有效的当前价格,并最终建立一个温室气体排放的未来市场。在图 4.4 中,新的转换排放廓线 T3 和 T4 会出现,形成允许碳权买卖的潜在空间。

## 4.6 气候变化与可持续发展:国家和地方各级的相互作用

虽然关于气候变化问题的很多工作都是集中在全球或区域水平上的,但是它的最终影响和响应将主要与国家和地方各级相关。如在前几节所看到的,气候变化可能削弱未来发展的可持续性。相应地,发展道路的选择,与明确地为气候变化而设计的减缓和适应政策一样,对气候变化有同样大的(间接的)影响。因此,气候变化策略需要与国家可持续发展策略相协调。

## 4.6.1 国家经济范围的政策

**政策范围**

现在常用的、有力的经济管理工具是全经济改革,包括结构调整方案。全经济(或全国范围)的政策既有部门政策,也有宏观经济政策,它们对整个经济都有广泛的影响。部门政策主要包括一系列经济手段,包含关键部门的定价(例如,能源或农业)、广泛的部门税收或补贴计划,例如,农业生产补贴和工业投资鼓励。宏观经济措施伸展范围更大,包括从汇率、利率以及工资政策,到贸易自由化、私有化以及类似的计划。由于篇幅限制,不可能对全经济政策和气候变化相互作用作全面的回顾,我们简要地检验了提供所涉及的可能性的几个例子(Munasinghe 1997)。

**影响的范围**

在积极的一面,自由化政策(例如,消除价格扭曲和促进市场激励)有改善经济增长率的潜力,同时增加每单位温室气体排放的产出价值,即所谓的"双赢"结果。例如,促进改善能源使用效率的改革,能够减少经济浪费、降低温室气体排放强度。同样的,为了更好的土地管理而改进财产权和加强激励,不仅可以获得经济上的收益,而且可以减少开放林地使用引起的森林砍伐,例如,由于刀耕火种。

同时,除非由附加的环境和社会措施实施宏观改革,否则引发增长的全经济政策会导致温室气体排放增加。这种对气候变化的消极影响总是无意识的,并且发生在当一些大的政策发生改变,而其他一些隐藏的或忽略的经济和体制的不完善持续的时候(Munasinghe 1998a)。总的说来,补救并不需要完全推翻原有的改革,而是执行一些减缓气候变化的、附加的补充措施(经济的和非经济的)。例如,出口促进措施和货币贬值可能增加木材出口的盈利能力(见专栏 4.1)。而反过来讲,这也会进一步加剧森林砍伐,由于低的伐木支出费用和已经开放对林地的使用。建立产权、提高木材的费用会减少森林的砍伐,而不影响贸易自由化的宏观经济效益。同样的,市场导向的自由化能导致经济扩张,以及在一个国家不经济的能源密集型活动的增加,在此能源价格持久地得到补贴。消除能量价格补贴会有助于减少温室气体的净排放,同时提高宏观经济收益。国家范围的政策也会对适应有消极或积极的影响。例如,鼓励人口向海拔低的沿海地区转移的国家政策,可能增加这些人群对海平面上升的未来影响的脆弱性。另一方面,保护公民不受自然灾害危害的政府行动(例如,对更安全的物质基础设施的投资,或加强贫困人群的社会弹性),有助于减少对与未来气候变化相关的极端天气事件的脆弱性(Clarke 等 1995)。

**专栏 4.1 　行动影响矩阵：一个政策分析和制定的工具**

可持续经济学方法寻求识别并分析经济—环境—社会间的相互作用，并且由此制定更加可持续发展的政策。推动这样一个方法实现的一个工具是"行动影响矩阵"（表 4.1 所示的是一个简单的例子），尽管实际的行动影响矩阵会是非常大和更详细（Munasinghe 等 1994）。这样的一个矩阵有助于促进综合的观察，并使得发展决策与优先的经济、环境和社会影响相协调。最左边的一列是主要发展干预的例子（政策和项目），而顶部的行表示一些典型的可持续发展问题。因而，矩阵的元素或细胞有助于：

（1）明确地识别关键联系；
（2）将注意力集中在分析最重要影响的方法上；
（3）建议优先的行动和补救办法。

同时，全部矩阵的编制使得影响跟踪容易，并利于在发展行动范围内的相关链接的表达，包括政策和项目。

以容易获得的数据开始，一个逐步的过程已经在几个国家的研究中有效地用于开发行动影响矩阵。最近发起研究的国家有：加纳、菲律宾和斯里兰卡。这个过程已经帮助协调涉及这些人的观点（经济学家、生态学家、社会学家和其他人），从而改进成功实施的前景（Munasinghe 等 1994）。

**筛选和问题识别**

早期基于过程的行动影响矩阵目的之一是：帮助筛选和问题识别，通过准备一个初步的矩阵，它识别宽广关系，并提供影响程度的一个定性概念。从而，这种初步的行动影响矩阵将被用于优化政策及其持续性影响之间的最重要的联系。例如，在表 4.1 中的第 2 列，一个目的在于改善贸易平衡的货币贬值，也许使木材出口更加有利可图，并导致开放使用森林的采伐。第 3 列指出严重的土地退化和生物多样性损失。在同一列的下面，一个适当的补救办法也许包括补充措施，以加强财产权，并且限制对森林区域的使用。

在第 3 列中给出了第二个例子，其中包括提高能源价格使其更接近边际成本，以提高能源效率，因而减少空气污染和温室气体排放。在第 4 列中的一个补充措施包括将污染税加在边际能源成本里，将进一步减少空气污染和温室气体排放。通过控制低效率公司将成本增长传递给消费者，或者将他们的损失转移给政府，增强公共部门的责任，将增强对这些价格激励的有利反应。在表 4.1 靠下部分，以相同的方式展示一个重大水电站项目，有两个消极的影响（林地和村落的淹没）和一个积极的影响（替代了矿物燃料发电，因而减少空气污染和温室气体排放）。一个再造林（植树造林）工程与重新定居计划结合在一起，也许帮助处理不利的影响。

## 第4章　气候与发展的相互作用

这个以矩阵为基础的方法因此而鼓励政策和项目的系统性连接和协调,使发展更加可持续。基于易于获得的数据,为许多国家和项目开发这样一个初始矩阵将是可能的。

**分析和矫正**

这个过程也许进一步发展来帮助分析和矫正。例如,在初始行动影响矩阵已经被确定为代表在经济范围内政策与经济、环境和社会影响间的高优先的联系时,对在初始行动影响矩阵中的这些矩阵因素进行更详细的分析和模式化。这个过程反过来,可以推导出更精炼的而且随时更新的行动影响矩阵,以帮助量化影响和制定附加的政策措施,增强积极联系,并减轻消极联系。

能够帮助确定最终矩阵的更详细分析的类型,取决于计划目标、可获得的数据和资源。在可持续经济学工具中,他们的范围从相当简单的到相当复杂的经济、生态和社会模型。

表 4.1　一个简化的初始行动影响矩阵[1]

| 活动/政策 | 主要目标 | 对关键的可持续发展问题的影响 | | | |
|---|---|---|---|---|---|
| | | 土地退化、生物多样性损失 | 空气污染、温室气体排放 | 重新定居的社会影响 | 其他 |
| A 宏观经济和部门政策 | 宏观经济和部门进步 | 去除失真的正面影响;主要由于现存约束的负面影响 | | | |
| A.1 汇率 | 改善贸易平衡和经济增长 | (—H)开放使用权区域的采伐森林 | | | |
| A.2 能源价格 | 改善经济效率和能源使用效率 | | (+M)能源效率 | | |
| 其他 | | | | | |
| B 配套和补救措施 | 特定的社会经济和环境收益 | 加强正面影响,减轻广泛的宏观经济和部门政策的负面影响(上述) | | | |
| B.1 市场基础 | | | (+M)污染税 | | |
| B.2 非市场基础 | | (+H)产权 | (+M)公共部门责任 | | |
| C 投资项目 | 改进投资效果 | 作出的投资决定与更广泛的政策和机构框架更协调 | | | |
| C.1 项目1(水电站大坝) | | (—H)淹没森林 | (+M)替代矿物燃料使用 | (—M)移民 | |
| C.2 项目2(再造林和重新定居) | | (+H)再造林 | | (+M)安置移民 | |

来源：Munasinghe 等(1994)。

注：1. 这里给出了几个典型的政策和项目，以及关键的经济、环境和社会问题的例子。也给出一些说明性的定性影响评估：符号＋和－分别表示有益的影响和有害的影响，H 和 M 分别表示高度和中等强度。行动影响矩阵过程有助于关注最优先的社会经济和环境问题。
2. 常用的市场为基础的措施包括：排污收费、可贸易排放许可、排放税或补贴、高风险投资和补偿（排放银行）、立木收费、特许开采权、使用费、存款偿还计划、履约保证金、产品税（如燃料税）等。非市场为基础的措施包括：规定环境标准的法律法规（如周围环境、排放和技术标准），即允许或限制某些行动(可以和不可以)。

在本文中，可持续经济学方法有助于确定和分析经济、环境和社会的相互作用，并通过明确地联系和阐明这些行为活动，制定有效的可持续发展政策。这样一个方法的运用，将通过构建一个简单的行动影响矩阵更容易(Munasinghe 1997)。通过结合发展和气候相关的决定，即优先考虑经济、环境和社会问题(见专栏 4.1)，这样一个矩阵有助于产生一个综合观点。

### 4.6.2 调整增长

经济增长仍是大多数政府普遍追求的一个目标，长期增长的可持续性是一个关键问题(Munasinghe 等 2001)。特别是降低温室气体排放强度，是减缓气候变化的重要一步(Munasinghe 等 2000)。假定世界大多数人口生活在绝对贫困状况下(例如，超过 30 亿人靠每天不到 1 美元生活)，一个并不过度地限制这些地区经济增长前景的气候变化的策略，会更有吸引力。一个基于可持续经济学的方法将会寻求调整发展和增长(而非限制)结构的措施，使得温室气体排放减少，适应选择得到增强。

上述方案在图 4.5 中予以说明，图中表明，一个国家的温室气体排放会如何随其发展水平而变化。碳排放会在发展的早期迅速上升（沿 AB），只有当人均收入较高时，碳排放的增长开始稳定(沿 BC)。一个典型的发展中国家，可能位于曲线上的 B 点，而一个工业化国家可能在曲线的 C 点。关键点是，如果发展中国家追随工业化国家的增长道路，那么大气温室气体浓度会迅速上升到危险的水平。超过安全极限的风险（阴影区)能够通过采用可持续发展战略来避免，即允许发展中国家沿着像 BD 这样的一个道路发展(并最终沿着 DE)，而在工业化国家沿着 CE 道路，也减少温室气体排放。

正如前面概述的，引发增长的经济范围的政策可能与经济的不完善性相结合，造成环境损害。不是停止经济增长，而是补充政策可以用于消除这些不完善性，从而保护环境。鼓励一个更主动的方法将会富有成效，使发展中国家可以借鉴工业化世界过去的经验，采用可持续发展战略和气候变化的措施，这将能使他们追随如图 4.5 中的 BDE 的发展道路(Munasinghe 1997)。因而，强调的是确定有助于完全连接碳排放和发展的政策，用图 4.5 中的曲线为政策分析提供一个有效的比喻或组织框架。

这个表示也图解前面讨论过的最优和持久方法的互补性。已经证明，在图 4.5

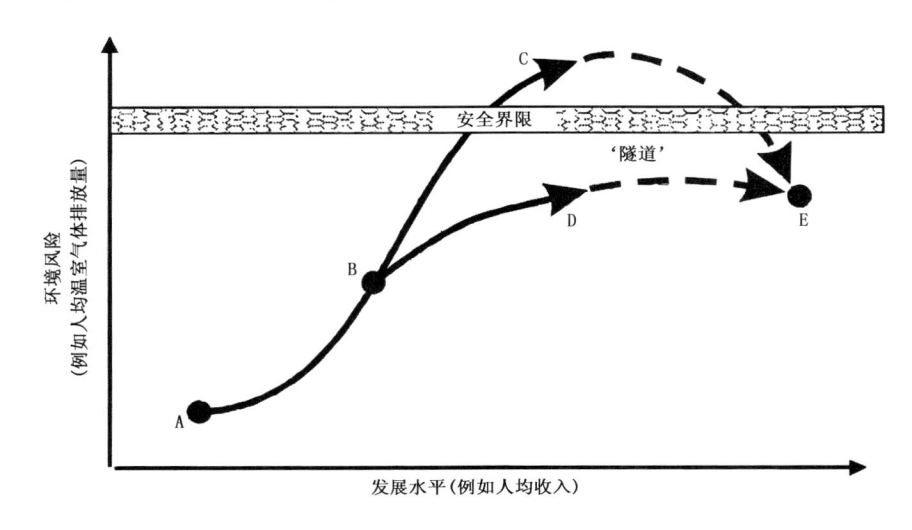

图 4.5　环境风险与发展水平（来源：Munasinghe 1998a）

中的高环境风险道路 ABC 可能由经济的不完善性引起，使得私人决定偏离社会最优发展路线（Munasinghe 1998b）。因而，采用矫正的政策，即减少分歧，从而减少单位产出温室气体排放，会促进发展沿着较低环境风险 ABD 前进。从持久性观点，减少在 C 点更高的环境损害水平将会是希望的，以便避免超过代表温室气体危险累积的安全极限或阈值（在图 4.5 中的阴影区域）。

几个作者以计量经济学的方法，用横越国家的资料，估计了温室气体排放和人均收入之间的关系，并发现各不相同形状的曲线，有时还有转折点（Cole 等 1997，Holtz-Eakin 等 1995，Sengupta 1996，Unruh 等 1998）。一个已经报道的结果是倒 U 形（被称为环境库兹涅茨曲线），例如，像在图 4.5 中的 ABCE 曲线。

然而，在大多数情况下，对于其他污染物，如酸化物质类的，情况并不像这样，对于温室气体，还不能证明收入增加与环境压力的完全连接。然而，这并不排除，在未来更高的收入能够或应该与降低温室气体排放水平相联系的可能性。为了实现气候公约的最终目标，温室气体浓度必须得到稳定，这意味着排放必须得到大大地削减，在发达国家开始，但最终也在发展中国家。这致使在社会和环境上更加理想的发展路径 BDE，这可以视为一个通过环境库兹涅茨曲线的可持续发展的通道（Munasinghe 1995a）。

### 4.6.3　地方和项目水平的相互作用

在项目/地方水平上的常规环境和社会影响评估的程序（现已被全世界所接受）很适合对温室气体排放的微观活动的估计（World Bank 1998）。OECD（1994）曾率先响应各国家的压力，追踪社会经济与环境的联系。这个方法从压力开始（如人口增长和排放),然后设法确定环境状况(如周围环境污染物的浓度),最终明确政策响应,例如污染税。在专栏4.2中,我们说明了在项目水平上的一个以多重指标分析为基础的分析,如何能够提供经济、社会和环境因素平衡的处理。评估的项目包括一个改良木柴炉灶的案例(图4.6)。

传统的环境影响经济评估,是项目水平的环境影响评估结果纳入经济决策的一个关键步骤,例如成本效益分析。在宏观经济水平上,最近的工作已经集中在环境因素。例如,自然资源耗竭和污染损害纳入国家核算体系(Atkinson等1997,UNSO 1993)。这些努力已经获得了新指标和措施(例如,从环境上调整环境账户的系统、绿色国民生产总值和纯储蓄),这些调整传统宏观经济的措施考虑环境效果。Costanza (2000)寻求扩展评估的定义,包括:

(1)以效率为基础的价值(传统的经济支付意愿)。
(2)以公平为基础的价值(关注社区或社会偏好)。
(3)以可持续为基础的价值(与对系统范围和全球功能的贡献相关联)。

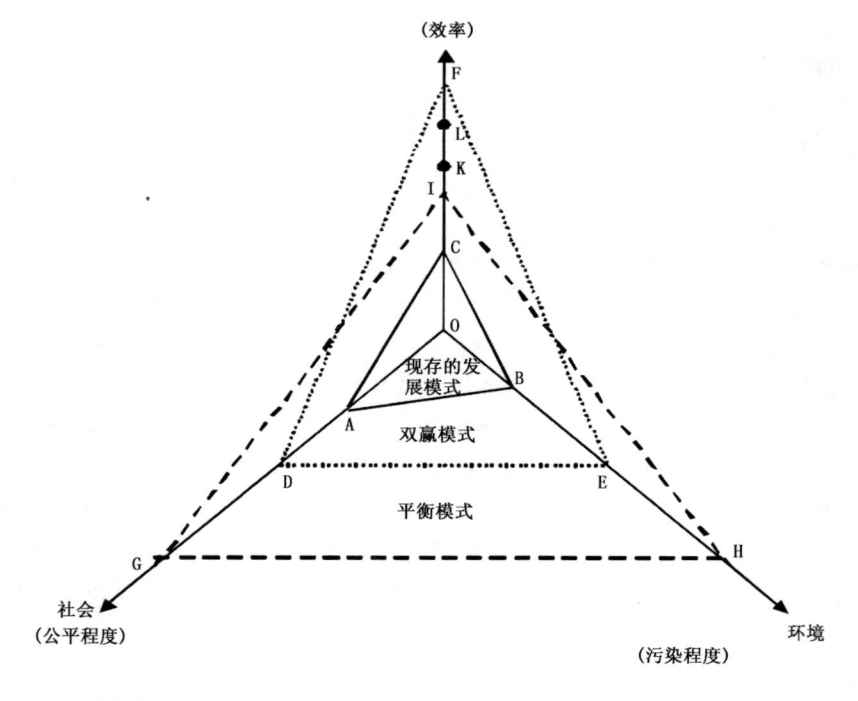

图4.6 用多重指标分析方法分析一个改进的木柴炉的可持续性(来源:Munasinghe 1995b)

同时,国家决策者日常地做出许多关键的宏观决策,这些决策能够对气候变化减缓和适应产生影响(常常疏忽的),这些影响都远远超过当地经济活动的影响。这些无处不在的和强有力的措施都旨在解决经济发展、环境可持续和社会公平性问题,这些问题在国家议事日程上总是比气候变化有高得多的优先度。例如,许多宏观经济政策都寻求促使快速增长,这反过来,可能会导致更高水平的温室气体排放,或增加对气候变化的未来影响的脆弱性。更需要注意过去尚未充分探讨的经济范围的政策、环境与社会的联系。

显然,气候变化策略和政策与其他国家的发展措施相协调一致,很可能比孤立的技术选择或政策选择有效。特别是需要最优先考虑寻找一个双赢政策,这个政策不仅能使地方和国家的发展更加可持续,而且增强气候变化适应和减缓努力。这样的政策可以帮助在传统的决策社区中建立气候变化策略支持。反过来讲,可以使气候变化专家对可持续发展的需要更加敏感。这些政策可以减少在两个趋势之间的潜在矛盾:增长为目的、以经济改革过程为基础的市场与全球环境保护。

**专栏 4.2　一个木柴炉项目的多重指标分析**

当面向多个目标的进步不能用单一标准测量时,比如货币的价值,多重指标分析提供给决策者一个可以替代的选择。举一个高效率木柴炉子作为可持续能源发展最终用户选择的例子。这样一个炉子的经济价值是可以度量的,它对社会和环境目标的贡献并不容易用货币形式估价。如在图 4.6 中所示,沿轴线向外移动,追踪三个指标的改善:经济效率(净货币效益)、社会公平(提高的缺少能源用户的健康)和环境污染(减少森林砍伐和温室气体排放)。我们可以评价政策选择如下。首先,三角形 ABC 代表现存的燃烧木柴的方法(典型的是在三块砖上放饭锅)。在这种情况下,经济效果、社会公平和整体环境影响指标都不好,因为炉子低效率地用于燃烧木柴,增加烟尘吸入(尤其是贫困家庭的妇女和儿童),并加重温室气体排放和对森林资源的压力。其次,三角形 DEF 表示一个基于改进的薪柴炉子的双赢选择,所有三个指标都得到了改善。经济效果包括从减少的薪材使用而节约资金和提供生产率,这包括减少烟雾等污染物引起急性呼吸道感染、肺部疾病、癌症等。社会效果将从这样的事实产生,农村穷人从这个改进的炉灶获益最多,例如减轻了妇女和儿童的健康和劳动负担,减少了花费在拾柴上的时间,因而增加了在其他生产性活动上的时间。由于更充分地利用了木材,减少了森林砍伐和由低效燃烧所产生的温室气体排放,从而产生环境效益。

继认识到这种双赢的效益后,其他可获得的选择需要进行比较评定。在三角形 GHI 中,只有在大幅增加的成本支出时,进一步的环境和社会效益才能够获得。例如,从以薪柴作为燃料转移到以液矿物油气或煤油作为燃料,会增加经济成本,而获得进一步环境和社会效益。在不知道从 ABC 运动到 DEF(明显是所希望的)时,三个具有强烈反差的指标在社会中处于何种相对重要的位置时,一个决策者也许不希望进一步从 DEF 转移到 GHI 的。这样的社会偏好往往难以明确地确定,

> 但缩小选择是可能的。假设一个小的经济成本 FL，获得全社会效益 DG，而巨大的经济成本 LI，需要实现环境效益 EH。这里，社会效益也许更好地调整经济的牺牲。此外，假设预算约束条件限制成本，使其低于 FK（FL＜FK＜LI）。于是，仅有足够的资金支付社会效益，而环境的改善将不得不推迟。
>
> 一项在斯里兰卡最近的电力系统规划研究，展示了多重指标分析方法的通用性和内在的平衡性（Meier 等 1995）。在这个案例中，终端能效、需求端管理措施，包括萤光照明、高能效电机和价格政策等，提供了双赢的选择。他们检验所有其他选择优越性（供给选择，如水力发电、石油、燃煤发电厂）与三个关键属性的关系：(a) 基于空气质量对人体健康影响的一个社会指标；(b) 基于生物多样性丧失指数的一个环境指标；(c) 以货币成本衡量的经济指标。相反，几个著名水电工程因在生物多样性损失和经济成本方面都表现不好而没有包括在内。

## 参考文献

Adger W N. 1999. Social vulnerability to climate change and extremes in coastal Vietnam. *World Development*, **27**(2)：249-269.

Atkinson G，Dubourg R，Hamilton K，*et al*. 1997. Measuring Sustainable Development：Macro-economics and the Environment. Cheltenham：Edward Elgar.

Banuri T. 1998. Human and environmental security. *Policy Matters*, **3**.

Banuri T，Hyden G，Juma C and Rivera M. 1994. *Sustainable Human Development：From Concept To Operation：A Guide For The Practitioner*. New York：United Nations Development Programme.

Burton I. 1997. Vulnerability and adaptive response in the context of climate and climate change. *Climatic Change*, **36**(1-2)：185-196.

Chichilnisky G and Heal G eds. 2000. *Environmental Markets：Equity and Efficiency*. New York：Columbia University Press.

Clarke C and Munasinghe M. 1995. Economic aspects of disasters and sustainable development. In M Munasinghe and C Clarke eds.，*Disaster Prevention for Sustainable Development*. Geneva and Washington：International Decade of Natural Disaster Reduction and World Bank.

Cole M A，Rayner A J and Bates J M. 1997. Environmental quality and economic growth. *Department of Economics Discussion Paper* 96/20. Nottingham：University of Nottingham，pp. 1-33.

Costanza R. 2000. Ecological sustainability, indicators and climate change. In M. Munasinghe and R. Swart，eds.，*Climate Change and its Linkages with Development*，*Equity and Sustainability*. Geneva：Intergovernmental Panel on Climate Change.

Holtz-Eakin D and Selden T M. 1995. Stoking the fires? $CO_2$ emissions and economic growth. *National Bureau of Economic Research Working Paper Series*，**4248**, pp. 1-38.

IPCC. 1990. Houghton H T, Jenkins G J and Ephraums J J eds., *Climate Change: the IPCC Scientific Assessment*. Cambridge: Cambridge University Press.

IPCC. 1995. *The Second Assessment Report*. Geneva: Intergovernmental Panel on Climate Change.

IPCC 1996a. J P Bruce, H Lee and E F Haites eds. *Climate Change 1995: Economic and Social Dimensions of Climate Change*. Contribution of Working Group III to The Second Assessment Report of the Intergovernmental Panel on Climate Change. Cambridge: Cambridge University Press.

IPCC 1996b. R T Watson, M C Zinyowera, R H Moss and D J Dokken eds. *Climate Change 1995: Impacts, Adaptations, and Mitigation of Climate Change: Scientific-Technical Analyses*. Contribution of Working Group II to The Second Assessment Report the Intergovernmental Panel on Climate Change. Cambridge: Cambridge University Press.

IPCC. 2001. *Climate Change* 2001. *Climate Change* 2001: Synthesis Report. Intergovernmental Panel on Climate Change *Third Assessment Report*. Cambridge: Cambridge University Press.

Kverndokk S. 1995. Tradeable $CO_2$ emission permits: initial distribution as a justice problem. *Environmental Values*, **4**: 129-148.

Lonergan S L. 1993. Impoverishment, population and environmental degradation: the case for equity. *Environmental Conservation*, **20**(4): 328-334.

Meier P and Munasinghe M. 1995. *Incorporating Environmental Concerns into Power Sector Decision-Making: A Case Study of Sri Lanka*. Washington: World Bank.

Munasinghe M. 1995a. Making growth more sustainable. *Ecological Economics*, **15**: 121-124.

Munasinghe M. 1995b. Sustainable Energy Development. Washington: The World Bank.

Munasinghe M ed. 1997. *Environmental Impacts of Macroeconomic and Sectoral Policies*. Solomons M D and Washington: International Society for Ecological Economics and World Bank.

Munasinghe M. 1998a. Climate change decision-making: science, policy and economics. *International Journal of Environment and Pollution*, **10**(2): 188-239.

Munasinghe M. 1998b. Countrywide policies and sustainable development: Are the linkages perverse? In T Teitenberg and H Folmer, eds. *The International Yearbook of International and Resource Economics*. London: Edward Elgar.

Munasinghe M. 2000. *Development, Equity and Sustainability in the Context of Climate Change*. Geneva: Intergovernmental Panel on Climate Change.

Munasinghe M and Cruz W. 1994. *Economywide Policies and the Environment*. Washington: World Bank.

Munasinghe M and King K. 1992. Accelerating ozone layer protection in developing countries. *World Development*, **20**: 609-618.

Munasinghe M and Munasinghe S. 1993. Enhancing North-South cooperation to reduce global warming. *Proceedings, IPCC Meeting on Climate Change*, Montreal. Geneva: Intergovernmental Panel on Climate Change.

Munasinghe M and Swart R. 2000. *Climate Change and its Linkages with Development, Equity and Sustainability*. Geneva: Intergovernmental Panel on Climate Change.

Munasinghe M, Sunkel O and de Miguel C eds. 2001. *The Sustainability of Long Term Growth*. London: Edward Elgar.

OECD. 1994. *Environmental Indicators*. Paris: Organization for Economic Co-operation and Development.

Pigou A C. 1932. *The Economics of Welfare*. London: Macmillan.

Ruitenbeek H J. 1996. Distribution of ecological entitlements: implications for economic security and population movement. *Ecological Economics*, **17**: 49-64.

Sengupta R. 1996. *Economic Development and $CO_2$ Emissions*. Institute for Economic Development. Boston: University of Boston.

UNSO. 1993. *Integrated Environmental and Resource Accounting*. Series F, No. 61. New York: United Nations Statistical Office.

UNFCCC. 1993. *Framework Convention on Climate Change: Agenda* 21. New York: United Nations Framework Convention on Climate Change.

Unruh G C and Moomaw W R. 1998. An alternative analysis of apparent EKC-type transitions. *Ecological Economics*, **25**:221-229.

Westing A. 1992. Environmental refugees: a growing category of displaced persons. *Environmental Conservation*, **19**(3):201-207.

World Bank. 1998. *Environmental Assessment Operational Directive* 4.01. Washington: World Bank.

# 第 5 章 适应气候变化:概念及其与可持续发展的联系

## 5.1 适应性简介

### 5.1.1 适应性的基本原理

自从 20 世纪 60 年代以来,因与气候相关的灾害造成的全球损失已经增长了 40 倍(IPCC 1998)。虽然这些灾害也许是与气候变率而不是与气候变化有关,但是这些损失却突显出社会对气候事件的脆弱性。从第 1 章中知道,气候变化的影响已经被观测到了,并且由于温室气体的持续排放和气候系统的惯性,将来这种影响仍将继续甚至加强(McCarthy 等 2001)。即使国际上成功减缓使得温室气体浓度稳定下来,气候仍将在一段时间内继续发生变化。对于任何一种气候变化响应策略,适应都将是其中一个关键的组成部分。通过稳定温室气体浓度的减缓方法,将有助于延迟气候的影响,并减轻他们的激烈程度,但决不能完全取代适应。

适应减轻了气候影响对人类和自然系统的压力,而减缓降低了潜在温室气体的排放。发展路线强有力地影响着区域适应和减缓气候变化的能力。因此,适应和减缓策略与气候系统的变化、生态系统适应的前景、食物生产以及长期经济发展有机联系起来。

有趣的是,虽然气候变化不可避免,但是在政治争论(例如 UNFCCC)和科学询问中,对减缓仍具有很强的偏见。适应最初受到较少关注的原因包括政治上的不适当性(谈论适应暗示着减缓将不太重要,适应意味着宿命论),以及缺乏精确性(对于确切地适应什么,有很大的不确定性,其中包括在国际谈判中适应似乎比减缓更困难)(Pielke 1998)。此外,在开始阶段,影响分析没有考虑任何适应,表明除了减缓没有其他选择(Tol 等 1998)。有人甚至认为,一个国家也许靠自己的力量就能够完全应对局地气候变化,因此对参加气候-响应策略的国际协商不感兴趣(Toth 等 2001)。而且,许多人认为不需要特意去研究适应,因为无论如何它都是要发生的,并且不用付出任何重大的代价,比如通过自然选择或者市场力量(Kates 2000)。再者,有许多人可能基于在消除臭氧层物质耗散和酸化的国际合作方面的积极经验,乐观地认为减缓是相当可能的。然而,气候变化似乎是一个很难解决的问题。Pielke(1998)也注意到,即使成功减缓气候变化,适应仍将是非常重要的,因为当前的许多发展增加了对气候事件的脆弱性(海洋大陆和受极端事件威胁的陆地区域的发展增加了对高技术系统的依赖以及水和食物的需求等)[①]。

气候变化影响和适应是复杂的社会、经济和环境子系统如何相互作用,并形成可持续发展前景问题的一部分。经济发展影响生态系统平衡,反过来,也受到生态系统状态的影响。贫困既是环境退化的结果,也是其原因。物质能量密集型生活方式和由非可再生资源支撑的持续高水平消费,以及高的人口增长,是不大可能可持续的。为非气候相关因素做出的社会经济和技术政策的决定,对气候政策和气候变化影响以及其他环境问题都有重大的意义。气候变化影响的关键阈值和脆弱性都直接与环境、社会、经济条件和制度能力相联系。

这里我们从两个观点来讨论适应。首先,理解适应对于气候影响评价是很重要的。UNFCCC 的第二条款(最终目标)目标为:将温室气体浓度稳定在某个水平,在该水平上,生态系统在一定时间尺度内自然地适应气候变化,而不威胁食物生产,或阻碍经济的可持续发展。因此,UNFCCC 的最终目标直接取决于自然、农业和经济系统的适应能力。

适应在某种程度上能够减轻气候变化的影响,与减缓一起作为气候变化响应的一种策略。例如,UNFCCC 认为适应是气候变化平衡响应的一部分,号召在适应的其他方面为"准备适应气候变化影响,发展和制订合适的综合海岸带管理、水资源和农业、区域保护和恢复计划尤其是在受干旱、沙漠化和洪涝影响的非洲"而合作(UNFCCC 1992 第四款)[②]。《京都议定书》也认识到适应的重要性和紧迫性,规定在清洁发展机制(Clean Development Mechanism)下被鉴定的项目活动应该分享,尤其帮助那些对气候变化负面影响特别脆弱的发展中国家缔约方,以满足适应的成本需要(UNFCCC,1997)。在马拉喀什协定中,一个适应专项基金和一个用于支持最不发达国家的气候变化响应活动包括适应的基金,获得通过。

在后面的三章,我们将讨论适应的各个方面。在这一章,我们首先讨论概念和方法、把适应放在更广泛的发展问题情景下。接下来我们详细阐述适应能力,最后讨论适应的可能的成本和效益。在第 6 章,我们将更明确地讨论不同系统和部门的适应选择特征:(a)水文和水资源;(b)自然和人工生态系统;(c)海岸带和海洋生态系统;

---

① 可能也有人提出异议,他们指出经济增长、收入增加、健康和教育标准提高、气候变化敏感部门如农业的重要性降低可能导致脆弱性降低(Fankhauser 等 1999)。
② 在缔约方大会决定的指导下,为了实施达成协议的行动,一个三期的计划正在得到发展。在第一期,重点放在计划、执行脆弱性研究和政策选择。接着在第二期,设计更具体的措施和实施能力建设。第三期将实施这些措施(UNDP,2001)。

(d)农业、工业和人居;(e)金融资源和服务;(f)人类健康。第 7 章,从区域的观点对适应选项进行分析,采取 IPCC 评估报告中的显著分区:非洲、澳大利亚、新西兰、欧洲、拉丁美洲、北美、极地区域和小岛国。

## 5.1.2 概念和定义

在讨论适应选择和他们的成本效益之前,有必要定义一些关键术语。专栏5.1给出了几个基本概念的定义。系统能适应气候变化到什么程度,取决于它们的脆弱性。一个系统的脆弱性不仅取决于对气候变化的敏感性,也取决于它的适应能力。简单地说:脆弱性是由预估的气候变化影响(不考虑适应)与适应能力之间的差异决定的。一个系统可能会对气候变化敏感,但不是非常脆弱。例如:在某一特定区域,一种作物可能对降水变化非常敏感,但是当地发展水平和农作制度的灵活性,会使其相对容易的被其他作物代替。反之,一个系统可能不十分敏感,然而对气候变化却是脆弱的。比如:虽然气候变化可能只导致疟疾、寄生虫流行病分布的微小的变化,但是,由于一些最不发达地区当地公共健康以及公共健康体系状况差,也会使人群对这一小的变化变得脆弱。理解社会脆弱性(例如:食物安全领域、水短缺、公共健康和贫困问题),对制定社会适应计划是重要的。如果额定一个系统"状态"的基本特征不随气候变化而变化,那么这个系统就被称作是有弹性的。增强一个系统的弹性会降低其脆弱性,也与除对气候变化的适应外的目标高度一致。如第 7 章所述,在海岸带管理中,习惯于强调技术性保护海岸(如通过建防波堤、提高堤防),但是,在海岸带增强当地社区的弹性(如通过增强他们的社会能力)是一种值得注意的选择。

---

**专栏 5.1　气候变化敏感性、适应能力、脆弱性和弹性**

**敏感性**是指系统受气候相关的刺激产生的不利或有利的影响程度。此处的气候相关刺激描述了气候变化的所有要素,包括平均气候特征、气候变率以及极端事件的频率和强度。效果可能是直接的(如作物产量对温度平均值、范围或变率变化的响应),也可能是间接的,如由于海平面上升引起的海岸洪水频率增加造成的损害。

**适应能力**是指系统调节气候变化(包括气候变率和极端事件)、缓和潜在损害、利用机会或应对后果的能力。

**应对能力**是指系统能成功抓住刺激物的能力,是适应能力的一个组成元素。

**脆弱性**是指系统易受到或不能应对气候变化不利影响的程度,包括气候变率和极端事件。脆弱性是气候变异的特征、幅度和比率以及敏感性和适应能力的函数。

**弹性**是一个系统经受变化而不改变状态的量,或系统反弹、补偿或从刺激中恢复的程度。

来源:McCarthy 等(2001),Wheaton 和 MacIver (1998)。

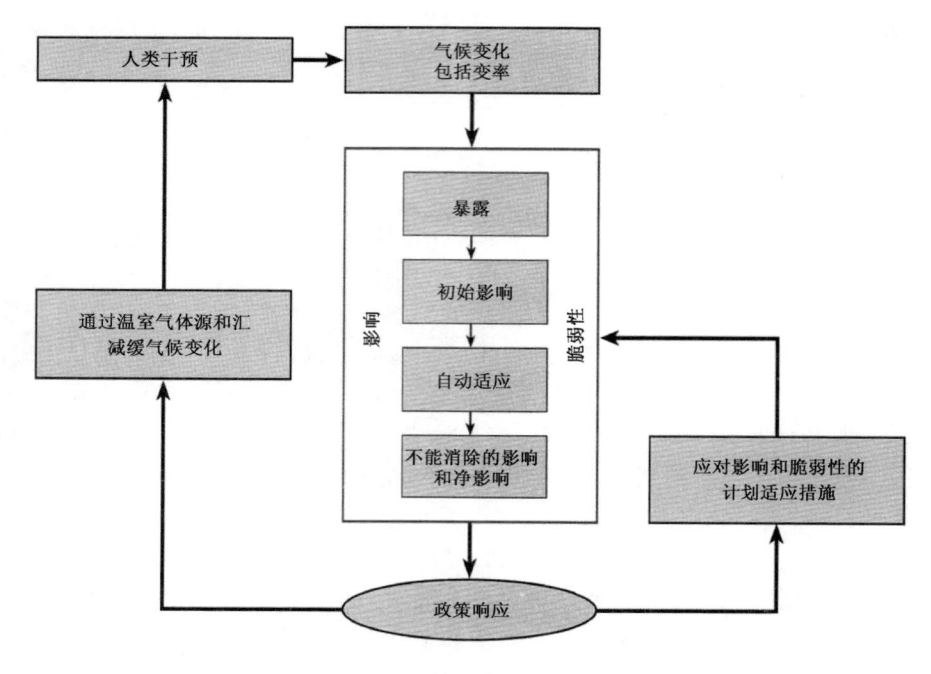

图 5.1 适应在综合气候变化响应框架中的位置(来源:Smit 等 2001)

适应的一个关键概念是社区或自然系统适应气候变化的能力:适应的能力。有人可能想辨别适应能力和应对能力。Banuri 等(2001)建议,政策的目的应当是发展应对能力,强调风险、弹性和管理间的关系,而不是寻求预想和设定的特殊问题。适应能力强调的是积极地减缓气候变化中不利的结果,而应对能力强调的是顺应结果。自然和社会系统通常能应对一系列的环境条件,只要这些变化在一定的范围内,即应对范围。如果环境条件变化(如气候),条件或许会移出应对范围(图1.17)。通过适应改变应对范围,使其再次涵盖环境条件。图 5.1 显示适应是如何被放在气候变化的压力－状态－影响－响应循环中的。适应能(a)自治的,以一种不受控制的方式,或(b)作为气候变化响应策略的一部分,以一种计划和控制的方式进行(适应类型和示例见图5.2)。因为"自治"取决于行动者的观点,没有很好的定义。自治常常意味着不包含政府政策,但是不妨碍个人和公司的适应(Leary 1999)。这并不意味着这些个人或公司没有计划或不管理他们的适应行动,或者这种自治适应无需付出代价。适应可以是被动的或预期的(或主动的),这取决于时间、目的和动机(IPCC 1998)。被动适应出现在气候变化影响发生之后。自治适应通常是被动适应,例如,由于气候的明显变化,农作物连续几年歉收,农民决定改种其他作物品种。主动适应是基于预期气候将会变化,而不是基于真实的影响,例如石油公司在设计和建立海上石油平台时会考虑未来海平面的上升。

## 第5章 适应气候变化：概念及其与可持续发展的联系

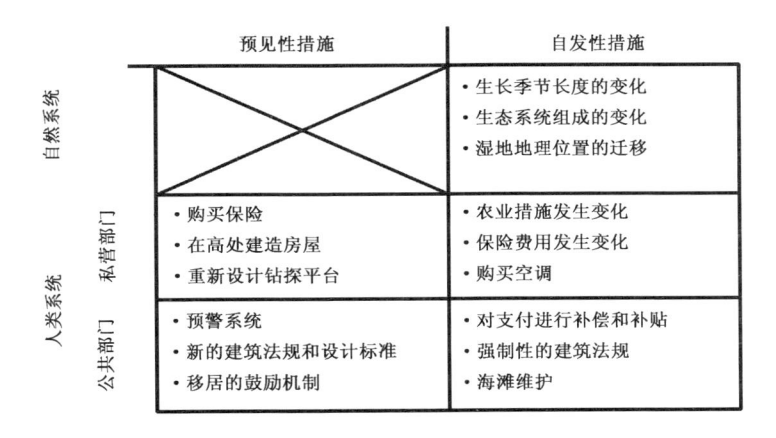

|  | 预见性措施 | 自发性措施 |
|---|---|---|
| 自然系统 | ✕ | • 生长季节长度的变化<br>• 生态系统组成的变化<br>• 湿地地理位置的迁移 |
| 人类系统 私营部门 | • 购买保险<br>• 在高处建造房屋<br>• 重新设计钻探平台 | • 农业措施发生变化<br>• 保险费用发生变化<br>• 购买空调 |
| 人类系统 公共部门 | • 预警系统<br>• 新的建筑法规和设计标准<br>• 移居的鼓励机制 | • 对支付进行补偿和补贴<br>• 强制性的建筑法规<br>• 海滩维护 |

图 5.2　适应类型和实例（来源：McCarthy 等 2001）

　　适应之所以重要是因为它能够减轻不利的影响并且加强有利的影响，尤其对人类社会而言（McCarthy 等 2001）。已有一系列的适应策略，例如：加强海岸线的防护以避免海平面升高的危险、增加耐旱的农作物品种、发展应对极端天气事件破坏的保险计划以及将要在后面两章中论述的其他适应策略。显然，自然－非管理系统不能自身设计和执行气候变化适应策略。不过，仍有几个有限的自然系统选择可以促进、实现和加快适应。一个实例就是建立促进物种迁徙的通道。

### 5.1.3　发展背景下的适应：问题和行动者

　　很难把适应选择及其成本和效益的分析从更广泛的发展问题中分开。正如在减缓领域中一样，由于气候变化本身的原因，适应的决策不可能被采用。最通常的是，气候变化和适应未来变化的愿望之间的风险只是做出特殊投资或形成的一个政策的一个论据。在考虑可持续发展的经济、社会和生态因素时，可以区分出适应的三个目标：(a) 必须经济上有效；(b) 提升社会目的；(c) 环境的可持续（Burton 和 Lim 2001）。适应措施可能只有在它们与针对非气候压力的决定或计划一致或与之结合时，才可能被执行（McCarthy 等 2001）。换一种方式说，如 Kane 和 Yohe（2000）更坚定地指出，气候变化附加的压力在政治、经济、社会或文化力量的压力下会变得矮小。增强适应能力和推进可持续发展的措施可以携手并进。减轻对未来气候变化的脆弱性，通常也减轻了对当前气候变率负面影响的脆弱性。减轻对当前气候变率负面影响的脆弱性或许对推进现在发展目标更为紧迫，而减轻未来气候变化的脆弱性只是次级收益。

　　贫困地区技术水平低、可获信息贫乏、制度薄弱、教育水平低和资源占有不平衡，因此通常是高度脆弱的，即有低的适应能力（McCarthy 等 2001）。全世界的穷人能适应全球的气候变化吗？Kates（2000）的答案是能，但是伴随极大的困难和痛苦。

贫穷国家和社会已经证实他们能够对付极端气候事件和其他自然灾害,但通常是以人类遭受痛苦和很高的经济成本为代价的。增强应对未来气候变化的能力可以增强应对当前气候变率和极端气候事件的能力,在这个意义上,在即时利益方面,它是一种"无悔"的选择。正是由于这些原因,适应对于发展中国家是特别重要的问题。

适应意味着改变行为、解决技术方案、调整制度或所有这些的综合。因此,常常包含多个参与者:民众、政府、私人部门或者这些的组合。这些团体不但在引起变化、实施解决方案和调整措施方面的作用不同,而且还会随时间变化。这些团体通过错综复杂的网络连接在一起:在个别地方的最佳适应或许不是区域尺度上的最佳。许多研究没有充分考虑参与者作用的动态变化。例如,许多适应研究的前提是,现有的制度能有效和公正地应对气候变化,并且制度上的差距可以轻松地、无需花费代价加以填充,这可能是不正确的(Kane 和 Yohe 2000)。因此,需要发展新的制度配置。不过,了解过去和现在可以获得许多关于适应能力的有用知识。从过去和当前应对气候变率和自然灾害(如在农业、水资源、人类居住区、人类健康和海岸带)的经验中得到的教训,能够帮助提高预测或应对气候变化影响的能力(IPCC 1998)。在第5.2节将详细阐述提高适应能力的途径。大多数适应行动将由家庭和私人机构实施,因为这样做是为了他们的利益。然而,政府也将扮演非常重要的角色:他们可以提供信息、最优化的法律和政策框架来推进适应,并且保护公共财物免受气候变化和气候变率的风险(Leary 1999)。

## 5.1.4 减缓还是适应？

减缓和适应有着明显的联系,因为减缓越成功,越容易适应剩余的气候变化。理论上讲,减缓和适应策略的成本和效益应该作比较,但是这些策略的不同本质使得比较变得很困难(见5.3.4节)。在全球水平上,气候变化减缓成本的估计和气候变化损害的估计的数量级相同:占国民生产总值(GDP)的几个百分点。在国家或部门水平上,像在第8和第9章讨论的一样,减缓的成本可能会高,尤其是对气候要求严格的那些类型,他们需要在21世纪避免不利的气候影响。适应成本也可能是局地高。不得不面对高昂适应成本的国家可能不是该问题的重要贡献者,因为其温室气体排放量较低。因此,适应与减缓活动的平衡在不同的国家有很大的变化。

减缓活动仅有利于在长时间尺度上避免气候变化,气候系统的惯性可能使得减缓的积极直接效应(即减轻气候影响)在未来一段时间不可检测。即使非常严格的关于避免气候变化和限制不利影响的气候政策也将仅在21世纪下半叶产生显著的效应(Dai 等 2001)。然而,如果考虑减缓政策的辅助效益(例如,减轻地方性空气污染),对该问题的看法可能会改变,但通常又不考虑减缓政策的辅助效益。这些辅助效益更具时效性,将在第10章中作更详细讨论。同时,许多适应措施具有短期局地效益,这种效益与气候变率和气候变化直接相关,而且适应成本适当。从长期看,有

## 第 5 章　适应气候变化：概念及其与可持续发展的联系

人可能会争论，气候变化影响和适应这些影响的成本在将来会迅速增加，甚至是非线性和不可逆转的，如果不采取减缓行动的话，气候变化影响将会继续很长一段时间，这也将影响平衡。表 5.1 给出了一些观点的比较。

**表 5.1　短期适应或减缓的论据**

| 倾向于强调短期适应的考虑 | 倾向于强调短期减缓的考虑[a] |
| --- | --- |
| ✓ 适应措施通常具有减轻脆弱气候的直接收益，并且有时在更广泛的社会经济发展目标背景下有直接收益<br>✓ 在避免气候变化影响方面，减缓的直接效益可能在几十年内都不可检测，而适应的效益更及时<br>✓ 气候影响现在已经发生，预估未来将增强<br>✓ 适应措施很大程度上取决于国际合作；其效益通常随着这些措施的实施直接增加<br>✓ 在发展中国家：许多地区现在仍然很脆弱（在半干旱地区的农业、广大的低洼沿海地区、易遭受干旱和洪水地区） | ✓ 减缓措施常常有应对紧急问题的辅助效益，如局地空气污染和对现代技术的有限使用<br>✓ 延缓气候系统需要早期减缓，尤其对低稳定目标；而当需要的时候，有效的适应措施能更快地得以实施<br>✓ 在降低快速非线性影响风险方面，适应代价高昂<br>✓ 为稳定浓度所需的最终减排量巨大，要达成国际一致的、以适时的方式减排的分阶段成果，将相当花费时间<br>✓ 在发达国家：因为他们对问题的历史责任和资源的可用性，正如在 UNFCCC 中约定的一样 |
| ↓ | ↓ |
| 不同的局地特征将要求在不同地方和不同时间上寻求适应和减缓之间的不同平衡 ||

[a] 快速与推迟减缓响应的论据比较见表 8.5。

减缓和适应有共同点，它们都减轻气候变化损害，但在行动分布的时间和地点上也有重要的差异（Toth 等 2001）。减缓气候变化的许多压力压在发达国家身上，却使其他地方多代人受益，主要是发展中地区。一般来讲，适应措施的气候和辅助效益会在短期内产生，并且产生在那些实施了措施的地方。免费乘车（指那些对活动没有贡献，但却从它们的效应中受益）在减缓中的问题比在适应中的更大（Toth 等 2001）。只有当主要的排放者履行承诺时，全球尺度的减缓政策才有效，而大多数的适应政策是由那些可避免损失超过预期成本的国家实施的（Jepma 和 Munasinghe 1998）。家庭和公司将在寻求自身利益中去适应（Leary 1999），因为效益通常落到他们自己身上。减缓的效益对这些行动者很大程度是外来的，因此，减缓的社会基础薄弱。

在几个影响研究中，认为通过适应措施减缓气候变化影响及其经济效应。其中假定适应措施没有成本。最近的评估表明，对减缓分析的偏见是种误导。适应并不一定是自然发生的，而且也可能并非没有成本（Smit 等 2001）。因此，最近适应问题一直受到科学研究团体越来越多的注意，并且作为一项响应策略，适应在气候变化影响中作用的分析方法一直在发展。然而，迄今为止，对适应的理解仍然不足以可靠地阐述适应能力，或者深入地评价不同适应选择的成本和效益。在第 5.3.4 节，将讨论以一种综合的方式分析减缓和适应的定量方法(如成本－效益分析)。

我们要讨论的最后一点是,适应和减缓策略评价常常不能清楚地区分,尤其是在较长时期,如果我们从适应和减缓能力角度考虑二者的差异,差别模糊不清。许多适应能力的决定因素(见第 5.2 节)与社会或团体减缓能力的决定因素相似,增强这些因素会同时促进适应和减缓。这与急切需要一种更综合和全面的气候变化响应方法,将适应和减缓都置于更广泛的发展目标中,以便有效地解决气候变化难题的观点相一致。

## 5.1.5　适应策略设计的途径和方法

能以两种方式看待适应:(a)适应作为影响和脆弱性分析的重要组成部分,或(b)适应的成本和效益作为特殊的气候变化响应策略。由气候变化引起的区域、国家和局地风险的科学研究已经偏向不包括有系统的适应内容的影响分析。虽然 IPCC 建议的影响和适应方法论同时包括二者,但强调的是影响和脆弱性分析(Carter 等 1996)。方法论已经发展,以帮助国家评价他们对气候变化的脆弱性和适应措施,并已在许多国家应用于国家研究。专栏 5.2 列举了其 7 个步骤。

---

**专栏 5.2　　影响和适应评估:IPCC 方法**

1. 定义问题(包括研究区域及其部门等)。
2. 选择最合适问题的评估方法。
3. 检验方法/进行敏感性分析。
4. 选择和应用气候变化情景。
5. 评价生物物理和社会经济影响。
6. 评价自动调整。
7. 评价适应策略:
   a) 定义目标;
   b) 详细说明气候影响的重要性;
   c) 确定适应选择;
   d) 检查约束条件;
   e) 量化措施和制定替代策略;
   f) 权衡目标和评价交互作用;
   g) 推荐适应措施。

来源:Carter 等(1996)。

# 第 5 章　适应气候变化：概念及其与可持续发展的联系

本章中，我们将集中在专栏5.2中的第五、第六和第七步，着重阐述自动和计划适应。首先，得定义目标。通常适应目标是减轻对气候变率和气候变化脆弱性，根据当地优先权，寻求更广阔（可持续性）的发展目标。其次，气候的变化类型在地方环境中是十分重要的，需要详细说明，如海平面上升、夏季温度上升、干旱增加等。第三，必须对合适的适应响应选择做综合分析。Carter等（1996）提到了6个可能的选择：(a)防止损失；(b)忍受损失；(c)分散或共享损失；(d)改变用途或活动；(e)改变地点；(f)恢复。在任何地方，实施适应选择可以考虑各种方式的结合，包括法律的、财政的、经济的、技术的、教育的或培训设施。第四，一些确定的适应选择的执行可能受到社会、文化、制度或其他障碍的阻碍。这些都需要辨别和理解。第五，对已确定的选择组合的替代策略，需要用正规模式、历史证据、专家判断或其他信息源做定量评估。第六，根据第一点确定的目标，选择当地相关标准，给选择赋予权重。这会导致一个或更多的优先策略。第七将优先策略推荐给决策者。IPCC技术指导路线由联合国环境规划署（United Nations Environment Programme，UNEP）在系统和部门水平上做了进一步详细阐述（Feenstra等1998）。

专栏5.2全部IPCC方法在不同国家研究中的应用集中于前五个步骤（关于影响分析），因为关于这些问题的绝大部分信息是可得到的，有限的资源导致忽视最后两个步骤（关于具体的适应策略）。对于适应问题，像人类行为、制度能力和文化问题等因素比气候变化的生物物理影响更重要，但在气候变化领域的研究和评估，仅仅是从自然科学逐渐扩大到社会科学。这反映在1996年IPCC方法学上对自然因素的强调。因为这一弱点、气候情景长期的本质和相关的影响以及没有与更近期的发展问题耦合，这些研究结果还没形成具体的政策行动结果（Burton和Lim 2001）。

IPCC技术指导路线的另一个弱点是，在最后两步对适应的强调更多体现在辨认、评估和执行特定适应选择阶段。很少注意对适应、适应的非技术方面、提高意识和公众参与、信息收集、实施后的监测与评价等问题进行更广泛的社会经济评估（Klein等1999）。

为了开发与发展中国家短期政策更加相关的适应选择评估，联合国开发计划署与联合国环境规划署联合发展了在UNFCCC背景中使用的新途径（Burton和Lim 2001，见专栏5.3）。当IPCC框架强调气候模式和长期情景时，补充的适应政策框架强调的是近期和中期适应。例如：在短期内，适应极端事件或气候变率，与适应预估的未来几十年发生的平均态变化的计划相比，与政策相关更密切。两种方法（短期适应评估和长期影响评估）提供了互补的信息，能平行应用（图5.3）。建议适应政策评估需以两个步骤进行：基于当前脆弱性的评估和基于未来脆弱性的评估。因此，适应选择可被认为既阐明了对当前气候变率的脆弱性，也阐明了对未来气候变化的脆弱性。

## 专栏 5.3　一种新方法：适应政策框架

适应政策框架由四个普遍原理支撑：
(1) 作为适应分析基线发展的一部分，更加重视近期的气候经验、影响和适应。
(2) 作为减轻长期气候变化脆弱性的一步，确保包括对气候变率和极端事件的适应。
(3) 更强有力地关注现在的和未来的脆弱性，以期将未来政策建立在现在的经验基础上。
(4) 包括目前发展政策和建议的未来活动以及投资的特殊考虑，对那些有可能增加气候变化脆弱性或不适应的活动给予特别关注。

实际上，这就需要：
① 应用表现未来气候特征的替代方式，来捕获与适应决策更相关的气候和天气变量。
② 应用对社会经济情景的一个分析框架，以帮助加强评估脆弱性和适应能力的能力。
③ 将适应策略和措施与减轻自然灾害、灾害预防计划及其他相关计划结合起来。
④ 将其他的大气、环境和自然资源问题考虑进去。

为了执行适应政策框架，要进行一系列特殊的主动行动，包括：
① 收集和报告与过去的适应和适应能力相关的数据。
② 确定最大和最紧迫的脆弱性。
③ 确定哪儿已经适应，哪儿可以适应，哪儿最有效地适应。
④ 加强经济分析。
⑤ 建立适应的优先次序。
⑥ 发展适应的国家策略，并使其与国家经济和可持续发展计划结合。
⑦ 建立适应能力。
⑧ 支持适应的普及、推广和教育计划。
⑨ 保证利益相关者和公众参与。
⑩ 处理适应中的区域和跨边界问题。

来源：Burton 和 Lim(2001).

## 5.2 适应能力

### 5.2.1 增强适应能力

适应是指人类和自然系统应对气候变化压力及其影响的调整,以期减轻损失和利用有利的机会,例如,建海堤、发展抗旱和抗盐作物。适应能力是一个系统调节气候变化的能力。

加强适应能力是一个关键的选择,特别是对于那些最脆弱、最不利的群体。适应能力本身取决于下列因素的可获得性和分布:a)经济、自然、社会和人力资源;b)制度结构和决策方法的使用;c)公众意识和认知信息、可获得的技术和政策选择;d)散开风险的能力。对于气候变化的适应能力可以通过如下的方式得到加强:

(1)辨别利益相关者,并使他们参与其中。

(2)评价总的适应能力,例如,可获得的资源和参与人员的能力。健康的人群对气候变化将有更强的适应能力。同样的,具有更好的教育和培训的人群对气候变化的脆弱性比较小。较少的贫困、经济状况的改善和更强的资源获得能力,都将有助于社会适应气候变化。

(3)评价特殊的适应能力,也就是,风险、地理分布、社会和制度能力。较好的收入分配、收入的多样化、高水平的利益相关者参与以及好的制度适应能力,都将增强社会适应能力。

### 5.2.2 适应能力的决定因素

在前面的章节中,引入适应能力术语来描述自然或社会系统适应气候变化的能力。这个术语的一个优点是,它能在适应发生的情景下辨别社会、经济、制度和环境的关系。这个概念允许我们把适应选择作为更广泛的可持续发展政策的一部分来考虑。适应能力的六个重要决定因素如下(McCarthy 等 2001):

(1)经济资源。有时增强适应能力的最好办法就是变得富有。的确,脆弱性直接与贫穷相联系,增加收入和提高贫困社会获得资金的机会,可以减轻气候影响的脆弱性。然而,与之相关的其他因素有时也起着作用。

(2)合适技术的获得。许多适应气候变化的方法包含技术的使用,例如,预警系统、保护性建筑、作物育种、防洪设施。这些技术的获得,或者开发适合局地环境的技术能力,是支撑一个社会适应能力的关键因素之一。

(3)信息和技能的可用性。适应计划只有在这种情况下才可能实行。即当地的脆弱性信息、减轻脆弱性措施可用,并且手边的技术能有效地使用信息。这就意味着

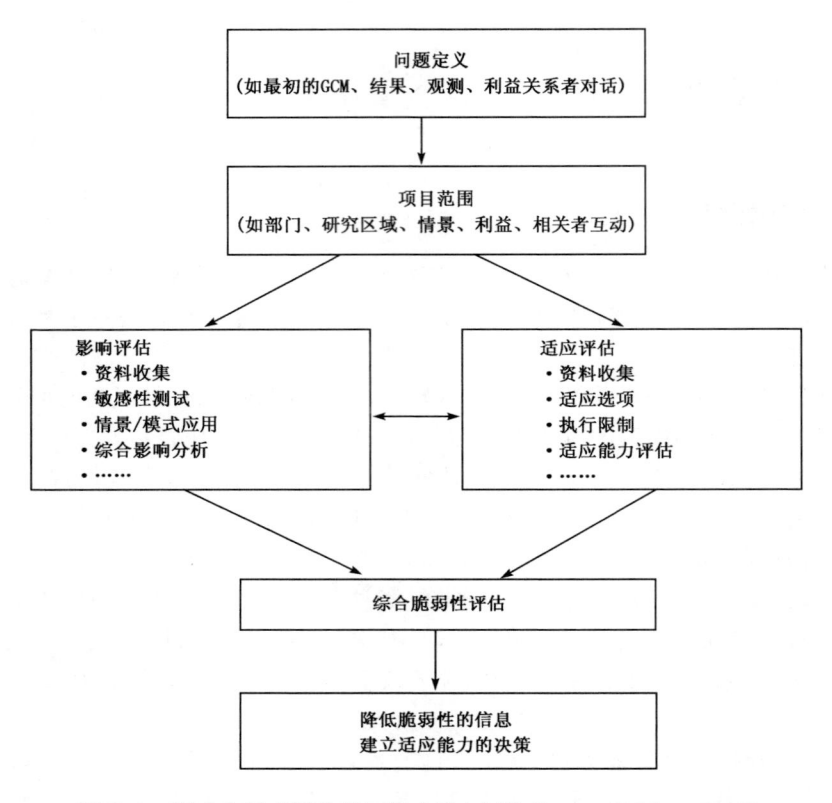

```
                    ┌─────────────────────────────┐
                    │         问题定义              │
                    │(如最初的GCM、结果、观测、利益关系者对话)│
                    └─────────────┬───────────────┘
                                  │
                                  ▼
                    ┌─────────────────────────────┐
                    │         项目范围              │
                    │(如部门、研究区域、情景、利益、相关者互动)│
                    └─────────────┬───────────────┘
                                  │
                    ┌─────────────┴───────────────┐
                    ▼                             ▼
         ┌──────────────────┐            ┌──────────────────┐
         │     影响评估       │            │     适应评估       │
         │ • 资料收集         │◄──────────►│ • 资料收集         │
         │ • 敏感性测试       │            │ • 适应选项         │
         │ • 情景/模式应用    │            │ • 执行限制         │
         │ • 综合影响分析     │            │ • 适应能力评估     │
         │ • ……              │            │ • ……              │
         └─────────┬────────┘            └──────────────────┘
                   │                             │
                   └──────────────┬──────────────┘
                                  ▼
                       ┌────────────────────┐
                       │    综合脆弱性评估    │
                       └──────────┬─────────┘
                                  ▼
                       ┌────────────────────┐
                       │   降低脆弱性的信息    │
                       │  建立适应能力的决策   │
                       └────────────────────┘
```

图 5.3　影响和适应评价的互补方法（来源：Burton 和 Lim　2001）

有合适的教育和相关行动者的参与。

（4）基础设施。适应能力取决于一个地区或社会物质基础设施的强弱。例如，在沿海低洼地区建筑物的发展，或对气候依赖敏感的能源将降低社会的适应能力。

（5）适合的制度。适应能受到不完善制度的阻碍，稳定、有效以及组织良好的制度配置能更容易地支持适应活动。

（6）公平的资源使用。适应能力不仅仅取决于资源的可获得性，也取决于个人和社会对这些资源的公平使用。关于这一点，值得注意的不是增强穷国的适应能力，而是努力提高这些国家的穷人的适应能力。

## 5.2.3　加强适应能力：在不同的尺度上与发展、公平和可持续性问题的联系

通常，由于适应能力非常依赖于发展状况，促进可持续发展将增强适应能力。更加特殊的是，IPCC 建议六个增强系统或国家适应能力的要求与上述适应能力的决定因素密切相关（Smit 等 2001）：

(1)稳定而繁荣的经济。
(2)在不同水平和不同部门对技术的高度使用。
(3)对适应策略的实施有清楚的分工和职责。
(4)有效的传播系统、适应讨论和创新论坛。
(5)增强资源公平获得的社会机构和配置。
(6)没有损害现在的适应能力的因素。

因此,满足这些要求将会增加适应能力。可持续发展行动考虑到气候变化是重要的,因为气候变化会严重地影响可持续发展的愿望。然而,在进行的发展计划中,对气候问题的关注仍然非常缺乏。很明显,满足增强适应能力的上述要求的行动通常也促进发展。Smith 等(2001)根据文献列出了一个清单:

(1)改进对资源的使用。
(2)减轻贫困。
(3)降低资源和财富在人群中的不公平分布。
(4)改善教育和信息。
(5)改进基础设施。
(6)减少两代人间的不公正。
(7)尊重积累的当地经验。
(8)缓和长期的结构不公正。
(9)确保响应是全面和综合的,不仅仅只限于技术。
(10)确保相关人员的积极参与。
(11)改善制度能力和效率。

更加具体的建议要取决于当地资源和其他环境。然而,这个清单清楚地表明,增强适应能力的大部分方法事实上是促进发展和公平的方法。仅有几个特殊的例子表明,增强适应能力是只以气候变化脆弱性为目标的。

表 5.2　SRES 情景与脆弱性

| SRES 情景 | 预计的气候影响[a] | 预估的适应能力[b] | 脆弱性[c] |
|---|---|---|---|
| A1F1 | ++ | + | + |
| A1B | + | + | 0 |
| A1T | + | + | 0 |
| A2 | ++ | 0 | ++ |
| B1 | 0 | ++ | − |
| B2 | + | + | 0 |

[a] ++ 高负面影响　　+ 中气候影响　　0 低气候影响
[b] ++ 强适应能力　　+ 中适应能力　　0 低适应能力
[c] ++ 非常脆弱　　+ 脆弱　　0 有些脆弱　　− 不脆弱

### 5.2.4 适应和适应能力的未来预估

不幸的是,大多数社会经济发展和相关的潜在气候变化情景都没有注意适应。由于 IPCC 的排放情景(SRES,IPCC 第三工作组的一个特别报告)(见第 2 章)在 2000 年初才公布,第一个基于 SRES 的气候模式结果在 2000 年年底才可供使用,所以,在 IPCC 第三次评估报告中第二工作组没有利用基于 SRES 的结果进行影响和适应分析。这使得相关的适应分析更多地集中在第三次报告中提出的稳定情景上。早期的 IPCC 情景分析没有考虑脆弱性和适应性,但由于叙述性部分描述社会发展,SRES 情景提供了一些背景及其他东西。作为简化关系:脆弱性等于气候影响减去适应能力。有人可能会指出,B1 是最低脆弱性的情景(表 5.2)。原因是:a)预估的气候影响是最小的;b)收入高而且均衡分布;c)在这个情景中,对社会和环境的可持续性关注很大。A2 情景是处在范围的另一端:因为气候影响最大,收入最低且分布不合理,相对不关心社会和环境的可持续性,因而脆弱性最高。A1 和 B2 处于中间,但是具有不同的原因。在这两个情景中的气候影响在量级上是相当的,但是 A1 情景的收入水平更高,降低了脆弱性[①]。在 B2 情景中,脆弱性并没有因为高收入降低很多,但是,强调局地尺度上环境和社会的可持续发展,降低了脆弱性。

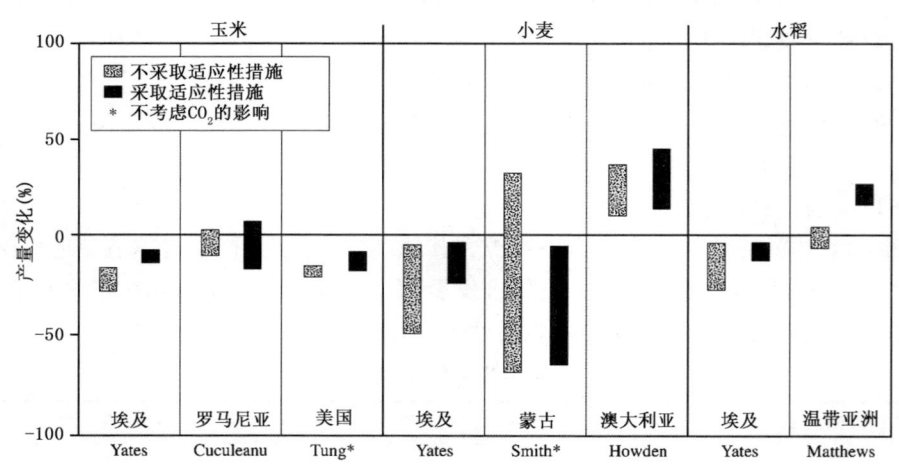

图 5.4 考虑适应和不考虑适应情况下的农作物产量变化。每个变化范围的端点表示研究中所有情景的累计高低百分数值(来源:Gitay 等 2001)

表中强调,在不同情景中由气候变化引起的社会经济发展的差异加剧。例如在 A2 情景中,人们通常没有准备好适应气候变化,而需要适应的变化是最大的。在 B1

---

① 因为 A1F1 情景下预估的气候影响更高,所以 A1F1 情景中的脆弱性比 A1B 和 A1T 情景中的脆弱性稍高。

的情景中,人们极好地准备应付气候变化的不利后果,但是这些后果的量级是最低的。换句话说,把精力放在可持续发展上,特别是当经过合作努力,像 B1 那样的情景在全世界得以实现时,即使没有明确的气候政策也会有多重效益的:气候变化作为一个副效应是受限制的,并且处理剩余气候变化的能力是增强的。

很少有探索长期适应能力的情景在部门水平上得到开发。一个例外是评估未来农业生产力的情景分析。大量的区域研究致力于研究适应策略的效率来应对、或抵消气候变化引起的产量损失、或甚至可能获得收益(Gitay 等 2001)。通常,这种研究推断,适应能减轻对作物的损害(图 5.4),但是不确定性很大。一方面,考虑的适应选择是有限的(调整培植期、施肥率、灌溉措施、品种选择),并且低估总的可获得的机会。另一方面,没有考虑适应的早期研究基本上认为"愚蠢的农民"根本不会去适应,这些新研究大多数假设"有洞察力的农民"能预料特殊的气候变化,也许这样过高地估计适应行动。对农场和农作制度水平的分析支持这样的结论:适应能显著地减轻气候对农业影响,同时也证实了发达地区的适应比资源和信息获得较差的发展中地区要好这一假设。有些作者试图解决在价格上升之前全球农业能应对多少升温的问题。这个问题对于食物安全是非常重要的。一些模式结果指出,在价格没有上升时,世界食物生产系统能适应 2.5℃ 的升温。然而,这一结论的置信度非常低,因为研究结果并未获得所有人的赞同,其中的不确定性非常大。

因此,如果技术和信息的传播得以保证,农业部门也许不会对小到中度的气候变化变得脆弱,但在发展中国家的那些地区例外,那些地区已经对当前的气候变率脆弱。对于敏感的自然系统而言这是不同的,其适应能力通常较低,并且可能由于未来土地利用和土地覆盖变化(Carter 等 2001),以及人类的其他压力,例如空气污染,适应能力进一步降低。然而,生态系统能通过减缓在一定程度上适应气候变化,或者随着气候变化而变化。许多植被模式用来估计气候影响,通过考虑植被移动的可能性预估植被变化(生态系统运动范例)。更确切地说,他们预估潜在的植被变化,而不是实际的植被变化。

如果气候变化足够慢,并且自然和人为屏蔽不能阻止气候变化的话,植物物种将会移动,动物同时也会随之移动。这里,变率是关键。不幸的是,在古气候研究中观测到的树种的最大迁移率比当前生存需要的速率或预估的未来气候变率慢得多。然而,还不清楚,这些观测到的变率是否反映最大的内在变率。一些证据表明事实就是这样,另一些研究表明,甚至更高的迁移率都是可能的(Malcolm 和 Markham 2000)。可能有些种类移动比其他种类要快,这将改变生态系统的组成。一般来讲,当前的知识表明,许多生活环境会以比最近后冰河期期间的变率大约快 10 倍的速率变化。这不仅对高纬度和高海拔地区而言,而且对一些亚热带和干旱生态系统类型来说也是如此。对生态系统迁移的屏障将加重气候引起的物种损失,例如岛屿(Malcolm 等 2002)。

另外一种观点指出,新的生态系统可能不同于现在的生态系统,因为迁移率和适应在物种间变化。可能在原地改变物种构成(生态系统诱发变异范例),这是很难预估的。这些观点使得允许生态系统自然地适应气候变化,以及在 UNFCCC 第二款中确保食物产量不受威胁的条件评价变得复杂。

## 5.3 适应的未来成本和效益

### 5.3.1 引言

最后,在这一章,我们讨论评估适应成本和效益的可能性。经济成本效益方法需要减缓、损害和适应成本的评价[①];虽然对于成本效益分析在气候变化问题中是否可用尚有争论,但它仍广泛应用于气候变化分析中,主要有以下两个原因:

(1)关于减缓行动和影响的成本效益的量级、甚至信号,存在很大的不确定性。这是特别重要的,因为一些长期的影响非常大,并且可能是不可逆转的,而且如果推进太积极的话,减缓的成本可能非常高。

(2)成本效益分析关注经济效率,效率和公平可以同时被关注,他们不必在所有情况下都一致;成本效益分析并不被认为是评价跨越区域和世代公平问题的理想方式。

根据这些问题,可以考虑其他的方法。Pearce 等(1996)考虑另外两种替代方法来估计气候变化的响应:可持续方法和舆论方法。可持续观点给予最高优先权来避免气候变化造成的不能忍受的损失,而不考虑减缓的成本。因此,这个框架并不特别适合于评价适应的成本。舆论方法承认,不关注环境和社会利害关系的净效益最大化(在成本效益方法中)和不考虑人类福利效益的环境可持续,都不是唯一的目标。舆论方法采取一种预防的方法来保护环境,除非这样做的成本非常高。这与被称作最低安全标准方法相似。在某种意义上,所有的方法都是权衡成本和效益,尽管有时不一致。货币术语和有时减缓成本、或预期损害被认为是不可接受的。

因此,即使成本效益分析不是评价气候变化响应策略的唯一方法,它至少能够为政策发展提供有价值的部分信息,例如,关于经济效率。Munasinghe 等(1996)列出了几种评价项目决策的不同技术:

(1)传统项目水平的成本效益分析,比较(货币化)供替代的替代方案的成本和效益。

(2)成本一效率的成本效益分析,确定最低成本选择,满足预期的效益水平(上述

---

① 除了成本效益分析外,存在使发展更可持续的各种评价方法,包括多指标分析和其他的方法。关于全面的介绍,请见第三章,可用于减缓评价的特殊方法请见第八章。

方法的变体)。

(3)多重指标分析,包括多目标,经济效率仅仅是一指标。

(4)决策分析,在不确定的条件下来决策,允许考虑不可逆转性。

适应成本可以在不同尺度水平以不同的方法来评价。对于有些目的(例如,在项目水平比较适应选择),狭义上讲,人们可以集中精力评价所含的净投资成本(见第5.3.2节)。对于更一般性的适应策略评价或对减缓选择成本效益的比较,一个全面考虑机会成本,无行动情景与减缓情景福利对比的方法将更为合适(Jepma 等 1996,并见第 5.3.3 节)。

## 5.3.2 项目水平的投资成本

投资成本的分析与在局地尺度的项目水平上评价适应成本是相关的。决定适应项目投资成本涉及以下一系列问题(见专栏 5.2 和 5.3):

(1)适应什么?

(2)怎样适应?

(3)何时适应?

(4)谁来支付?

(5)没有适应将发生什么?

(6)与气候变化响应不相关的成本和效益是什么?

对第一个问题"适应什么?"的答案取决于局地环境:人们必须适应温度的变化、海平面的上升、降水的变化、可用水的变化。如何适应的选择会是非常宽的范围,例如保护(海堤应对海平面上升);住宿(如面对气候变化调整生活方式);逃避或者迁移(如由于海平面上升迁徙至更高海拔的地方);或者调整,如改种其他作物品种。很明显,适应并不局限于具体的项目,但能涉及广泛的行动,例如,家庭行为的调整、公司或机构管理的改变、法律措施、信息传播等。这些行动中的一些行动成本是相对容易的,其他的则很困难。

何时适应的问题从经济学的观点上来讲是重要的。这里,无悔选择的问题是有意义的:这些即使没有气候变化也会产生效益的措施,从气候变化的观点来看,也不会产生净的额外成本,而且也没有清楚的理由来推迟这样选择的实施[①]。对于正面成本的适应选择,采用折扣因素是一个重要的考虑(见专栏5.3)。此外,有不确定性和未来信息的权重问题。如果气候变化不以预估的方式出现,投资成本就会被浪费。如果有机会增加认知,减少未来气候变化的不确定性,推迟适应投资就会是合理的。然而,也有大量关于可能性的不确定性,即关键因素(例如,当地或区域气候的变化)

---

① 但是有人甚至认为,为了给减少适应成本的气候减缓措施投资,应推迟前述的无悔适应选择(Jepma 等 1996)。在长时间尺度上通过减少温室气体的排放降低气候变化的影响,使得这项交易变成一种理论。

的不确定性在未来能或不能被充分解决的可能性。

下一个问题是谁支付？自动适应通常认为是无成本的。然而，这个假设可能会受到质疑，因为没有人类选择，适应将不会发生，而人类选择通常伴随着某种形式的成本。Leary(1999)将自动适应定义为：由家庭和私人行动者自动行为的适应。不包括涉及公共决策需要集体行动的反应。当这些适应由不同的利益相关者引起时，一个完整的成本效益分析将既考虑自动适应成本，又考虑计划适应成本。

经常要采取措施或启动项目，该项目所具有的适应仅是多个目标之一或在某种程度上它包含适应目标。那么，一个关键的问题是：在不考虑适应时，措施或项目的成本将会是什么？即没有适应，将会发生什么？项目成本的哪个部分应该归因于气候变化适应。许多投资，包括气候变化适应，可能产生很小的成本增量，但是，对于其他项目，气候变化适应也许是原动力。理想地，这个问题也提出由项目避免气候变化的影响和损害。评估影响是一个困难的工作，因为它包含不同的价值范畴：使用价值（直接使用价值、间接使用价值、选择价值），以及非使用价值（见专栏3.4）。在图3.3中从左到右，评估变得越来越困难和有争议，通常在分析中涉及较少。一个相关的问题是：项目隐含哪些非气候变化问题的成本和效益？通常，一个项目的成本和效益很大程度上取决于分析所选的边界（考虑什么和不考虑什么）。

最后，用来做分析和比较项目方案选择的标准决定项目的等级评定。一种除了考虑货币成本、也考虑其他因素的多指标分析，与只考虑直接货币成本的分析，可能会产生不同的结果。

### 5.3.3 适应策略的福利成本

在比项目评估更综合的水平上，对社会福利的适应措施实施的全面成本效益分析，会考虑到在避免气候变化损害方面的适应效益、剩余的未减缓损害成本以及间接的成本和效益。从经济学观点来看，如果适应的额外成本不超过减少的损害、加上净的间接或辅助效益，如果有的话，适应措施会被认为是合理的。然而，这样一个全面的分析从经济学观点有很大的意义，但分析家进行分析时将发现分析中的各种各样的问题，Jepma 和 Munasinghe 指出了三个方面：

(1) 非市场损害的评估。对于各种各样的损害类型的货币评价有相当大的争议。例如，受威胁的生态系统或人类的损伤、或者人的生命丧失是如何、或应该怎样从货币的角度来评价，在专家中仍然是一个备受争议的问题。有些人认为，这些效益能够在一个经济学成本效益框架范围内度量，例如，通过愿意来支付、或者愿意接受损失赔偿的度量。另外一些人反对非市场损害的货币评价，因为他们认为，一些损害应该被避免，而不应该考虑其代价（强烈的可持续观点）。方法的选择取决于社会、政治、经济和文化关联。

(2) 代际间的公平和折扣。适应措施的成本是立即发生的，而避免气候影响的许多效益由下一代得到。所以,我们现在做投资决定时,应该怎样将下一代人的效益考虑进来呢?通常,预估的未来损害以现在的这些损害价值来算,会打一个折扣。如果应该这样做,并且这样做了,怎样做又是一个深层次的争论。折扣系数建立了如何评价现在的某种效益,如果这种效益会在未来的一些年发生。同样的,这反映了一个个体时间偏好:人们是想现在获得效益还是将来?人们选择的折扣系数越高,预估损害的现在价值越低。

(3)评价辅助成本和效益。就像上面讨论的,许多适应措施将对当代人有辅助效益,这可能与降低对现在气候变率的脆弱性或增强社会经济的发展有关。通常,这些效益甚至会比适应未来气候变化还重要,或者至少同等重要。因此,我们建议共同效益术语。考虑这些共同效益,并且剥离一部分与气候变化适应相连的成本,是适应分析家不得不克服的一个主要障碍。

在评价适应策略的时候,人们会区分私人机构的自动适应和由公共团体协调产生的集体适应之间的成本和效益,并且考虑关于气候变化的不确定性。福利含义以及由此出现的适应选择的顺序,将取决于气候变化影响是否成为现实的问题,以及对自动适应与私人机构和政府集体地适应相比较的评价。如果气候变化不成为现实,适应政策仍将是有用的,因为这些政策可以增强处理当前气候变率的能力。对一个气候没有发生变化的情景和有气候变化情景的适应选择评价,提供了关于选择活力的信息。

表5.3给出了一个比较和排列适应策略要素的一览表,它能实现一个基于社会福利措施的全面的成本效益分析。当前的适应政策确认,公共(政府)和私人(公司、家庭、农民)行动者在决策时,始终把气候变化考虑进来,并且假设,那些形成的气候变化如何影响社会的基础实施、制度作用和计划没有变化(Leary 1999)。实例包括农作物保险、灾害政策、水储存和供给政策和基础设施。附加的适应政策是指那些超出这些、有目的地增强处理气候变率和变化能力的政策。

---

**专栏5.4 折扣和适应**

折扣允许发生在不同时期的经济效应做比较。在气候变化中,在长时间尺度上预估了气候变化的影响,但是减缓和适应的费用必须在短时间尺度盈利——这个工具对成本效益分析来说是不可缺少的。然而,如果未来的影响被打折扣,如果是这样,以什么比率,仍然是一个激烈争论的问题。因为气候变化的长时间尺度,折扣率的选择会影响到净的现在损害值和减缓成本,因此,政策建议有巨大的余地。然而,在20世纪70年代石油危机之后,一种大家公认的方法得到了发展(Lind等1982),触发了评估在能源系统中的替代投资,替代投资对当代人带来高成本,但主要对下一代人产生利益。气候变化带来的问题,除了别的以外,还包含了多代人的时间尺度,并且在20世纪90年代关于折扣的适合程度和折扣率的选择的争论又重新浮现。建议了两种方法(Arrow等1996)来选择合适的折扣率,即说明性的方法(应该怎样从标准的观点评价影响)和描述性的方法(人们现在实际上有哪些优先选择)。

说明性的方法通常采用的观点是,对未来世代严重的、负面的气候变化影响,以及未来迅速减少排放要求的风险应该最小化。因此,这种方法与低折扣率是一致的(社会的时间优先选择率,通常大大低于3%),促成现在更高的减缓支出。描述性的方法更加关注于现实世界中的时间优先选择问题,考虑减缓支出替代其他投资会导致更高的折扣率(通常大大高于3%),调整更低的减缓支出(Arrow等1996)。后者与个体的时间优先选择率(在现在和未来成本效益间的比较评定)或资本的机会成本相联系,基于资本的边际生产力。如果有效率市场,并且没有税的话,这些将会是平等的,但是在实际中个体的时间优先选择率非常宽的(Markandya 1999)。此外,首选的折扣率在发展中国家和在发达国家是不一样的。应用描述性方法时,发展中国家的资本的机会成本比发达国家要高,建议折扣率在发展中国家为10%~12%,在发达国家为4%~6%(Markandya 1999)。经济学家通常认为,折扣率对于长时间尺度的问题,例如气候变化,应该更低,因此,折扣率会随着时间的推移而降低,根据Newell和Pizer(2000)的研究,考虑未来折扣率的不确定性,导致对未来效益过高评价,对短期减缓和适应措施附加更高的价值。政策发展支持的分析会考虑一系列折扣率,以展示不同的方法隐含的结论。

折扣率的选择对适应意味着什么?对于高折扣率,未来损害的现在价值低,不管有没有适应促成即不减缓,也不适应。对于低折扣率,未来损害的现在价值高,不仅促成减缓,而且也促成在减轻未来损害计划适应的投资。问题出现在,是否短期适应投资(例如,海岸保护)的折扣成本可以与这些投资所避免的、折扣的长期损害相比较。一个选择是随着时间的变化用不同的折扣率。

## 5.3.4 适应和减缓的综合评估

如在第5.1节中提到的,适应与减缓之间有密切的联系。如果气候变化减缓了,对适应的需要就少了。最佳的混合很难找到,这是因为:a)两种策略有分歧的特征;b)大量可能的方法;c)谁支付和谁获益之间的差异;d)大量的不确定性。在综合评估中,为了评价减缓行动的愿望,通常要比较减缓成本相对于(可避免的)气候变化损害。有时,但并不总是,在分析损害时考虑适应。

由于Jepma和Munasinghe(1998)主张,没有足够的信息来决定理想的减缓和适应混合,更多的信息已经可获得了,但是情况根本改变可能是有疑问的。不仅要考虑认知上的差距,而且也要考虑完成减缓和适应成本比较所需要的假设的主观的、有争议的属性,也许有人会有置疑曾经获得的减缓和适应成本及效益可信的比较的可行性(见专栏5.5)。这些并没有否定详细目录的重要性,详细目录列举了我们所知道的关于策略及策略间协同作用潜力的评价,以及潜在的比较评定。

表5.3 适应政策的福利隐含结论的框架及关于气候变化的不确定性
(来源：Leary 1999,并扩展)

| 情 景 | 适应政策的福利隐含结论 | | | |
| --- | --- | --- | --- | --- |
| | 气候变率 | | 气候变化 | |
| | 成 本 | 效 益 | 成 本 | 效 益 |
| 当前的适应政策 | 通过对当前气候变率自动调整的福利变化 | 由于增强的、对当前气候变率的弹性而减少的损害,加上自动调整的辅助效益 | 通过剩余的气候影响[a]、由自动调整的福利变化 | 减少的气候变化损害[a],加上自动调整的净辅助效益 |
| 附加的适应政策 | 公共政策的净成本,加上对当前气候变率自动调整的净成本 | 由于对当前气候变率的弹性而减少的损害,加上自动调整和公共政策的辅助效益 | 通过剩余的气候影响和自动调整的福利变化,加上公共政策的净成本 | 减少的气候变化损害[a],加上自动适应和公共政策的净辅助效益 |

[a] 由减缓避免损害的效益不包括在这里,只包括由适应避免损害的效益。例如,海岸保护项目仅仅保护一个海岸的一部分,或一项农业措施降低对气候变化的脆弱性,但并不能完全降低对气候变化的脆弱性。

减缓和适应联合起来决定负面气候影响的风险和减轻这些风险的成本。为什么减缓和适应策略的成本难以比较,有几个原因。在第5.3.3节中,我们讨论了一些使影响评价非常困难的因素,包括非市场影响的评价、合适的折扣因素的选择、辅助成本和效益的评价、一个参考情景的选择以及应用的模式方法。另外一个原因,比较适应和减缓策略之间的成本和效益面临挑战,适应成本往往决定于一个固定的气候变化情景范围(例如,加倍二氧化碳影响),而不受减缓行动的限制。此外,政策决策是被分割的。减缓政策随着气候变化而发展,然而适应政策往往随着自然灾害而发展(Kane和Shogren 2000)。往往认为,在总体水平上,减缓和适应为稀少资源而竞争。一欧元花在减缓上,就不可能花在适应上,反之亦然。减缓和适应能够相互补充,但也能通过不希望的交易协定来相互替代。在农业部门一个关联的实例是在集约化农业中的投资(更多能量和肥料投入)来抵抗气候变化潜在的不利影响,但是同时,通过增加温室气体排放,加剧气候变化。一般而言,比较花在减缓上的欧元与花在适应上的欧元是非常困难的,因为他们很可能由不同行动者来花。非常可能地,减缓和适应战略一体化较之于追求他们中间的一个战略要有效得多(Toth等2001)。

然而，从科学角度上，这种综合评价也很少做，相当重要的原因是方法和数据问题[①]。可能的方法包括经济效率方法，或者预防方法。

从经济效益的角度，一个类似于适应的框架可以用于减缓（表 5.4），两种策略的净边际成本和净边际效益[②]可进行比较，总福利损失或者宏观经济成本在一个最优化的框架里最小化(Toth 等 2001)。在第 8、第 9 和第 10 章中，我详细讨论了减缓选择及其成本。但是，如 Toth 等(2001)提到的，部门和国家特有的损害函数、适应选择及其成本在很大程度上是未知的，特别是在发展中国家。减缓的成本也非常不确定，如在专栏 5.3 和在第 8、第 9、第 10 章中讨论的那样。这就是为什么大多数的综合评估模式和研究没有直接对比减缓和适应的成本，尽管一些模式直接指出适应，例如，因为价格的变化，改变了消费，改变了生产结构，驱动市场调节。这种方法强调减缓与适应的差异，就像上面我们提到的，许多措施即增强减缓能力，也增强适应能力。

表 5.4 减缓政策的福利隐含结论的框架及关于气候变化的不确定性
（来源：Leary 1999,并扩展）

| | 减缓策略的福利隐含结论 | | | |
|---|---|---|---|---|
| | 气候变率 | | 气候变化 | |
| 情 景 | 成 本 | 效 益 | 成 本 | 效 益 |
| 当前的减缓政策 | 自动调整的净成本，例如，在能源部门 | 自动减缓的辅助效益 | 自动调整的净成本，例如，在能源部门 | 减少的气候变化损害[a]，加上自动调整的净辅助效益 |
| 附加的减缓政策 | 公共政策和自动调整的净成本 | 自动减缓、加上公共政策的辅助效益 | 公共政策和自动调整的净成本 | 减少的气候变化损害[a]，加上自动适应和公共政策的净辅助效益 |

[a] 由减缓避免损害的效益不包括在这里，只包括由适应避免损害的效益。

换句话说，从预防的观点来看，预防投资应该被做到减缓和适应中，以防止气候变化中所包含的不确定性(Toth 等 2001)。一个基于预防原理的风险规避态度是许多国家的特征，也被放进了 UNFCCC，建议采取预期的措施，以防止或最小化引起气

---

① 适应性研究和适应成本效益评价受到数据缺乏的阻碍。需要很广泛领域的数据，包括过去、现在和将来气候信息，受气候和气候变化影响的生物、环境和社会系统的信息，以及他们的互作信息(Bsher 1999)。目前，过去与现在一致的数据，通过长期存在的国内和国际的气候观测系统轻松获得。以气候模式输出结果形式的未来气候变化数据也可获得，通过 IPCC 数据分配中心(http://ipcc-ddc.cru.uea.ac.uk/)，促进气候影响分析。其他环境和社会经济指标上的数据不太容易获得，在发展中国家的覆盖面通常是最小的。尤其缺乏对影响和适应评价具有特别重要性问题的资料，例如，脆弱性、临界阈值、弹性、应对范围和适应潜力(Bsher 1999)。

② 考虑减缓的成本和辅助效益、适应的成本和辅助效益、剩余的气候变化影响。

候变化的原因,并减缓它的负面效应。因此,根据 UNFCCC,认知缺乏并不应该是推迟行动的理由,在不确定解决前,应该既采取和执行减缓措施,也采取和执行适应措施。可能并不是所有的不确定都将被解决,决策应该在不确定条件下继续进行。这个方法对于适应意味着什么? 非常严格的解释就是,不得不采取适应措施,使气候变化的负面效应达到最小,而不考虑成本,并且不考虑那些也可能减轻这些效应的减缓努力。应用预防方法不太严格,遵循最小安全标准方法,除非成本被认为是不可接受的才实施减缓和适应选择。这并不意味着,一个完全羽毛丰满的最优化的成本效益分析寻求理想的、最有效的、适应和减缓的混合,但是,寻求对两个策略的成本效益迭代分析,对两个策略的成本(是可接受的吗?)和效益评估(风险降得足够低吗?)的评估。这个方法也更适合于分析选择,即那些同时增强适应和减缓能力、有助于更广泛的可持续发展目标的选择。

**专栏5.5　适应的成本和效益估算比减缓的成本和效益估算更不确定吗?**

非常有趣地注意到,减缓行动的反对者声称,保证减缓的气候变化及其影响有太多的不确定,同时他们又好像很确定,减缓行动会太昂贵。减缓行动的支持者强调,高成本与气候影响和适应有关,然而有时注意到减缓成本是不确定的,可能是低的。在我们所知道的关于减缓、适应的成本与气候影响之间有差异吗?

关于适应(和避免)的影响,不确定性是各种各样的。首先,人们应该适应的气候变化是非常不确定的,特别是变化的区域类型、它们的量级和气候变率。不确定性还进一步由事实混合着,许多损害会与气候极端事件,或未来气候系统中可能的非线性变化或突变相联系。第二,气候影响和适应潜力取决于所涉及区域的发展水平,并且(未来的)发展水平只能通过社会经济发展情景来考虑。第三,并不是所有的损害都能容易地被估计,或者以一种没有争论的方式被估计,例如,生物多样性的损失,或人类生命的损失。然而,除了这样的非市场损害外,估计市场损害可能是困难的,例如,市场扭曲影响价格。第四,在估计适应活动成本时,这些活动通常是有效益的,而不是降低对气候变化的脆弱性,因而,对气候变化适应的成本分摊产生不确定性。

此外,减缓成本由于其广泛的不确定性而使人苦恼(Moss 1999),与上面提到的关于适应的不确定性相似。例如,减缓成本极其依赖于基线,以及在分析中使用的假设的社会经济发展情景。甚至,分摊减缓非常困难。有人认为,许多减缓措施而不是减少温室气体排放是有效益的,这些都是非常重要的。与影响和适应评估相似,对于减缓,那些几乎不能以货币形式衡量的因素起作用,例如,可能的政治解决的优势(例如降低对从不稳定地区燃料进口的依赖性)、社会的或者制度的变化等。在减缓成本评估中,另外一个关键不确定性是自动减缓技术的变化,这种变化即使没有减缓政策也会发生。最后,我们谈到用于实施减缓行动的政策工具的选择,例如,根据政策国际合作协商的假设、各种类型工具的效率(基于市场的、有关规章制度的、自愿协议的、增强研究和发展的),或者采用某种工具获得收益的使用而引起的不确定性。

　　这些显著的不确定性使得解释气候变化成本—效益分析结果困难,但并不应该因此取消分析。如果不确定性包含在所应用的方法和选择的假设中,更应该明确地注意到并讨论不确定性,这有助于量化结果,使它们更有用。

## 参考文献

Arrow K J, Cline W R, Maler K-G, et al. 1996. Intertemporal equity, discounting, and economic efficiency. In J P Bruce, Hoesung Lee and E F Haites eds. *Climate Change* 1995: *Economic and Social Dimensions of Climate Change*. Cambridge: Cambridge University Press.

Banuri T, Weyant J, Akumu G, et al. 2001. Setting the stage: climate change and sustainable development. In B Metz, O Davidson, R Swart and J Pan eds. *Climate Change* 2001: Mitigation. Cambridge: Cambridge University Press.

Basher R E. 1999. Data requirements for developing adaptations to climate variability and change. In *Mitigation and Adaptation Strategies for Global Change*, Vol. 4. pp. 227-237.

Bein P, Burton I, Chiotti Q, et al. 1999. Costing Climate Change in Canada: Impacts and Adaptation. *Presented at IPCC Meeting on Costing Issues for Mitigation and Adaptation to Climate Change*. Tokyo: Global, Industrial and Social Progress Research Institute.

Burton I and Lim B. 2001. *An Adaptation Policy Framework: Capacity Building for Stage II Adaptation, A UNDP-GEF Project*. New York: United Nations Development Program/ Global Environment Facility.

Carter T R, Parry M, Nishioka S N and Harasawa H. 1996. IPCC technical guidelines for assessing climate change impacts and adaptations. In R T Watson, M C Zinyowera, R H Moss and D F J Dokken eds. *Climate Change* 1995: *Impacts, Adaptations and Mitigation of Climate Change: Scientific-Technical Analyses*. Cambridge: Cambridge University Press.

Carter T R, La Rovere E L, Jones R N, et al. 2001. Developing and applying scenarios. In J McCarthy, O F Canziani, N A Leary, et al. eds. *Climate Change* 2001: *impacts, adaptation, and vulnerability*. Cambridge: Cambridge University Press.

Dai A, Wigley T M L, Meehl G A and Washington W M. 2001. Effects of stabilising atmospheric $CO_2$ on global climate in the next two centuries. *Geophysical Research Letters* (in press).

Fankhauser S, Smith J B and Tol R S J. 1999. Weathering climate change. Some simple rules to guide adaptation investments. *Ecological Economics*, **30**: 67-78.

Feenstra J F, Burton I, Smith J B and Tol R S J. eds. 1998. *Handbook on Methods for Climate Change Impacts Assessment and Adaptation Strategies*, Version 2. Nairobi/Amsterdam:

United Nations Environmental Programme and Institute for Environmental Studies, Vrije Universiteit.

Gitay H, Brown S, Easterling W, et al. 2001. Ecosystems and their goods and services. In J McCarthy, O F Canziani, N A Leary, et al. eds. *Climate Change* 2001: *Impacts, Adaptation, and Vulnerability*. Cambridge: Cambridge University Press.

IPCC. 1998. *Summary Report to IPCC*. San Jose, Costa Rica: Workshop on Adaptation to Climate Variability and Change.

Jepma C J, Asaduzzaman M, Mintzer I, et al. 1996. A generic assessment of response options. In J P Bruce, Hoesung Lee and E F Haites eds. *Climate Change* 1995: *Economic and Social Dimensions of Climate Change*. Cambridge: Cambridge University Press.

Jepma C J and Munasinghe M. 1998. *Climate Change Policy: Facts, Issues, and Analysis*. Cambridge: Cambridge University Press.

Kane S and Shogren J F. 2000. Linking adaptation and mitigation in climate change policy. *Climatic Change*, **45**: 75-102.

Kane S and Yohe G. 2000. Societal adaptation to climate variability and change: an introduction. *Climatic Change*, **45**(1): 1-4.

Kates R. 2000. Cautionary tales: adaptation and the global poor. Climatic Change, **45**(1): 5-17.

Klein R J T, Nicholls R J and Mimura N. 1999. Coastal adaptation to climate change: can the IPCC Technical Guidelines be applied? *Mitigation and Adaptation Strategies for Global Change*, **4**(3-4): 239-252.

Leary N. 1999. A framework for benefit-cost analysis of adaptation to climate change and climate variability. In *Mitigation and Adaptation Strategies for Global Change*, Vol. 4. pp. 307-318.

Lind R C. 1982. A Primer on the major issues relating to the discount rate for evaluating national energy options. In R C Lind, ed. *Discounting for Time and Risk in Energy Policy*. Washington: Resources for the Future, pp. 257-271.

Malcolm J R and Markham A. 2000. *Global Warming and Terrestrial Biodiversity Decline*. Geneva: World Wildlife Fund for the Conservation of Nature.

Malcolm J R, Liu C, Miller L B, et al. 2002. *Habitats: Global Warming and Species Loss in Globally Significant Terrestrial Ecosystems*. Switzerland: World Wildlife Fund for the Conservation of Nature.

McCarthy J, Canziani O F, Leary N A, et al. eds. 2001. *Climate Change* 2001: *Impacts, Adaptation, and Vulnerability*. Cambridge: Cambridge University Press.

Markandya A. 1999. The Treatment of Discounting in the assessment for climate change. *Costing Issues for Mitigation and Adaptation to Climate Change*. Tokyo: Global, Industrial and Social Progress Research Institute.

Moss R. 1999. Cost estimation and uncertainty. *Costing Issues for Mitigation and Adaptation to Climate Change*. Tokyo: Global, Industrial and Social Progress Research Institute.

Munasinghe M, Meier P, Hoel M, et al. 1996. Applicability of techniques of cost-benefit analysis to climate change. In J P Bruce, Hoesung Lee and E F Haites, eds. *Climate Change* 1995: *Economic and Social Dimensions of Climate Change*. Cambridge: Cambridge University Press.

Newell R and Pizer W. 2002. *Discounting the Benefits of Climate Change Mitigation: How Much do Uncertain Rates Increase Valuations?* Washington: Pew Center.

Pearce D W, Cline W R, Achanta A N, et al. 1996. The social costs of climate change: greenhouse damage and the benefits of control. In J P Bruce, Hoesung Lee and E F Haites, eds. *Climate Change* 1995: *Economic and Social Dimensions of Climate Change*. Cambridge: Cambridge University Press.

Pielke R A. 1998. Rethinking the role of adaptation in climate policy. *Global Environmental Change*, **8**(2):159-170.

Portney P R and Weyant J P eds. 2001. *Discounting and Intergenerational Equity*. Washington: Resources for the Future.

Smit B, Pilifosova O, Burton I, et al. 2001. Adaptation to climate change in the context of sustainability, development and equity. In J McCarthy, O F Canziani, N A Leary, et al. eds. *Climate Change* 2001: *Impacts, Adaptation, and Vulnerability*. Cambridge: Cambridge University Press.

Tol R S J, Fankhauser S and Smith J B. 1998. The scope for adaptation to climate change: what can we learn from the impact literature? *Global Environmental Change*, **8**(2):109-123.

Toth F L, Mwandosya M, Carraro C, et al. 2001. Decision-making Frameworks. In B Metz, O Davidson, R Swart and J Pan. *Climate Change* 2001: *Mitigation*. Cambridge: Cambridge University Press.

UNFCCC. 1992. *United Nations Framework Convention on Climate Change*. Bonn: United Nations Framework Convention on Climate Change.

UNFCCC. 1997. *The Kyoto Protocol to the United Nations Framework Convention on Climate Change*. Bonn: United Nations Framework Convention on Climate Change.

Wheaton E and MacIver D. 1998. *Working Paper on Adaptation to Climate Variability and Change*. In San Jose, Costa Rica: Workshop on Adaptation to Climate Variability and Change.

# 第6章 部门及系统的脆弱性,影响和适应

自然和人类系统都暴露于多变的气候中。这些变化包括气温和降水的平均范围和变率的变化,以及天气事件发生频率和强度的改变。一些气候变化的非直接影响包括海平面的升高,土壤湿度、水陆状况的改变,火灾和虫灾发生频率的变化,带菌者和寄主分布的变化。自然、人类系统适应这种变化的能力决定了其抵御这种不利影响的潜力。

## 6.1 水文学和水资源

### 6.1.1 气候变化对水文学和水资源的影响

水的压力已经成为世界很多地区的显著问题。人均可用水量正在减少,而取用水量相对于水的潜在可利用量的比率却正在增加(Arnell 1999,2000,图 6.1)。

这种水的压力是由很多不与气候变化相关的社会经济和自然变化所引起的,但是却可能因气候变化而加剧。目前世界上大约 1/3(17 亿)的人口生活在水资源紧张的国家,也就是说他们的可用水中超过 20% 是循环利用的水。这个数目到 2025 年预期增加到 50 亿。

水,曾经为人尊崇的生命之源,已经变为一种日用品。遍及全球,由于人们用水导致江河和地下水资源枯竭和污染。可饮用的水正在变得格外稀少。预计到 2025 年,发展中国家的用水量将增加 50%,发达国家的用水量将增加 18%。

这对自然生态系统的影响将是巨大的。未来人类对水资源继续大量的取用将会不可避免地造成关系自身生存的主要陆地淡水资源和沿海生态系统的退化或完全的毁灭。人类应该意识到社会的和谐、经济的稳定与自然环境是相互依赖的。为得到可持续使用的水资源,一些策略可能用于保护和储存全球的淡水资源。基于生态系统的方法应该在河谷盆地采用,并且使人们建立可共享的、平等的和有责权的水资源使用方式。行政意愿和好的管理对推动良好的水资源使用、避免纷争也同样的重要。具体的执行应该立足于唤起人们的意识,促使人类改变行为去降低水资源的消耗和浪费,推进循环利用,保护生态系统。为使水资源管理更行之有效,知识和技术的共

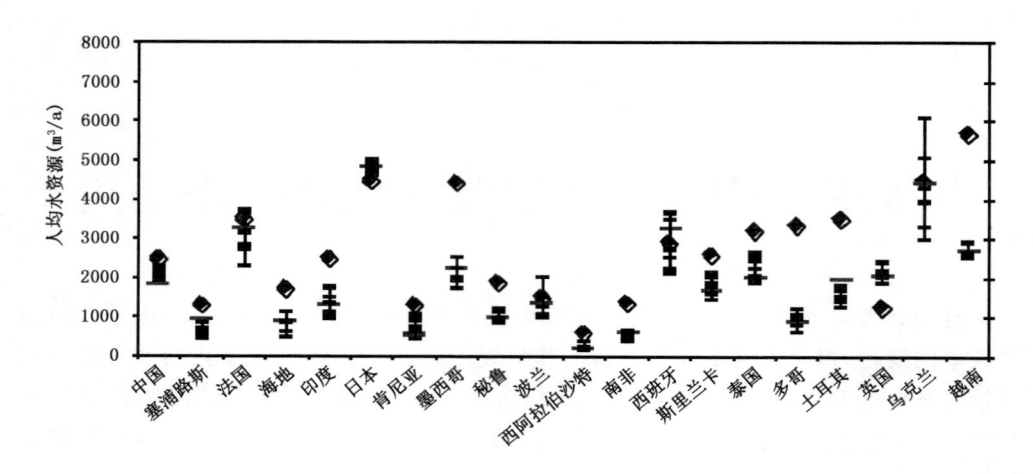

图 6.1 多个气候变化情景下的各国人均水资源均值（m³/a）。其中菱形代表1990年，长条代表无气候变化情景下的2050年水资源，短条代表不同气候变化情景下2050年的水资源（来源：Arnell 等 2001）

享也同样至关重要。

### 径流

预估的气候变化情景方案中，水资源紧张的国家（例如中亚，非洲南部和地中海周围地区）将会再度减少地表水和地下水的再补充。但在其他国家这些因子可能会增加。研究已经证实在高纬地区径流增加。然而，仍然缺乏证据证实这是由于气候变化的结果还是由其他的因素造成的，如对自然水文变化的响应，土地使用和陆地覆盖的人为改变。气候变化对地表水和地下水再补充的影响很大程度上取决于气候变化情景中降水的变化。

表面径流的峰值预计从春季变到冬季（Bergstrom 和 Caralsson 1993）。较高的温度意味着将有更大比例的冬季降水以降雨的形式而非降雪的形式出现，因而不必积聚在陆地上等到春天消融。而在更寒冷的地区，降水仍以降雪形式出现，因此那些受气温变化影响最显著的地区为这两者的交界地带，包括中欧、东欧和南落基山脉，在那里一点小小的温度增高都足以减少降雪量。

### 水质

预计由于气温增高引起的水温增高将会降低水质，因为水温增高将改变地球生物化学反应的速率并降低分解在水中的氧气浓度（Murdoch 等 2000）。水流的增加会加速稀释化学制剂的浓度，而水流减少会减慢这种速度从而加剧化学制剂的浓度（Frisk 等 1997，Kallio 等 1997）。在湖中，这种混合的变化可能抵消或加剧温度增高的影响。

### 洪灾量级

在很多地区洪灾的量级可能都有所增加而底水流减少。洪灾量级和频率的增多是预估情景中强降水事件频率增加的结果(Mirza 等 1998)。预估情景中蒸发量增加将会导致底水流减少,即便当地降水增加或变化不明显。

### 水需求量

温度增高将导致蒸发增多,因而引起灌溉用水需求量的增多。工业和市政的需求量将不受到气候变化的持续影响(Shikonmnov 1998,Shiklomanov 等 2000)。

### 水文变率

诸如系统特性,系统外强迫,系统内部协调和对气候变化的适应等因素都将影响水资源。不可操纵的系统对气候变化的响应是最脆弱的,因为它们缺少可缓冲水文变率影响的结构。

## 6.1.2 适应气候变化对水文及水资源的影响

正如第 5 章所讨论的,适应可以是主动的或被动的。主动的适应性策略包括考虑水资源规划和管理的不确定性以及提高和及早预测流量的能力。此种措施能够最大程度地提高水的管理和使用以适应水文变化。被动适应包括短期的应对变化,比如临时开发新的水源。适应性在水部门可能集中在保护或加强水的供应,但是也应同时关注降低需求和提高水的利用率(表 6.1)。

在过去几年中,关注的重心在需求量适应策略方面,包括改进水资源管理的各种方法和对水资源的定价,从而使水资源的利用更为有效。实际上,改变水资源管理方法并不容易。制度的权责范畴、财力、管理理念、计划、等级和组织安排都能有助于决定采用哪种水资源管理办法是合适的。为了改善水管理的效力,显然需要引入可维持水管理方法进入到特别的制度实体中,即使在没有考虑气候变化中也是必要的。事实上所有以上提到的适应性方法也是在没有气候变化认识基础上作出的,而它们减少了当前对水资源供应变率的脆弱性。

## 6.2 有序的自然生态系统

### 6.2.1 对农业的影响

农作物产量对气候变化的响应取决于农作物的种类,种植情况,土壤状况,对二氧化碳直接效应的处理,以及其他局地的因素。研究表明温度增加几度将会导致温带地区农作物产量的增加(Bowes 等 1996,Casella 等 1996)。然而,大幅度的增温却会适得其反。在热带地区,一些农作物在接近于其所能承受的最高温度下生长,最微小的温度变化都会使其产量减少。更高的最低温度对一些作物是有利的,尤其在温带地区,对于其他的作物则相反,特别是在低纬度地区。高的最高温度一般对大多数的农作物都是有害的。此外,极端事件也可能会影响农作物的产量。

气候变化对农业的影响预期会导致全球收入的细微改变,即在较发达地区带来正面效应,在发展中地区带来较小的正面效应或是负面效应(Antle 1996,Reilly 1996,Smith 等 1996)。年均气温增加 2.5℃ 将会提高世界食品的价格,因为产量将不足以应付需求。

**表 6.1 水资源管理中供应方和需求方的适应性选择**

| 供应方策略 | 需求方策略 |
| --- | --- |
| √增加供应能力,例如建造蓄水池或构建防洪坝 | √改变工业运作 |
| √掌控水库资源以降低洪水的峰值泄洪 | √需求管理,例如高效灌溉,调控水价 |
| √封锁或降低航海水运的管理等级 | √引入节水激励措施 |
| √汲取更多河流水源和地下水源 | √为用水标准立法 |
| √水库间交互输送 | √增加灰水的使用 |
| √为现有机构和系统改变运作机制 | √减少渗漏 |
| √脱盐处理 | √开发无水卫生设施 |
| √季节预测 | √高效灌溉 |
| √增加灌溉水资源能力 | √加强抗旱能力 |
| √采用未经处理的水用于工业和发电站的制冷 | √改变作物特性 |
| √加速治污 | √提高制造业和发电站冷却用水的效率和循环 |
| | √提高水涡发电机效率和提倡节约能源 |
| | √改变轮船尺寸和航运频率 |
| | √降低排水量,例如掌管排放 |
| | √管理水库以减少污水的排放 |
| | √改善洪灾预警和预告发布 |
| | √修建泄洪区 |
| | √引入非结构性的洪水管理办法,比如陆面监控办法 |

## 6.2.2 农业对气候变化的适应

温度和降水的不利变化可能加剧土壤和水资源的退化(Pinstrup-Andersen 和 Pandya-Lorch 1998)。土地利用和管理对土壤条件的影响比气候变化的直接效应更具影响。因此,对于减缓这样的影响适应有潜在的重要性。自治的农事适应方式(比如改变种植日期和栽培品种)已减缓了温带的农作物减产(Rosenzweig 和 Inglesias 1998,Parry 等 19980)。在热带地区,相比于不采取适应的情况,自治的农事适应可使农作物较少受到气候变化的负面影响(图 5.4)。其他一些更昂贵的直接影响措施,包括改变土地利用的分布状况和施肥程度,开发和使用地下灌溉系统和抗旱作物。此外,对牲畜的管理上,也有适应性的选择方法。比如,增加遮阴棚和引入喷洒水系统。

一般来说,在可承担的情况下,采用合适的技术转变来推进农业生产,能够降低其脆弱性,但是,针对不同的作物,我们也可能多花费,或是运用实际并不需要的更大的灌溉需求,但我们可从中获得经验。新技术的交流应该与当地的承受力相结合。(Gitay 等 2001)

## 6.2.3 自然陆地和淡水生态系统

当今的世界,一定程度上已经没有不受人类社会影响的生态系统了。气候变化对这些自然生态系统的影响由对陆地、水源的管理,适应和与外界压力的相互作用所决定。高度人工管理的陆地和出产消费品供给市场的水域比因不出产消费品而不受人工管控的陆地显示出更强的适应能力(6.2.1 和 6.2.2 部分),然而,在后面的系统中,一些适应性选择是可行的(表 6.2)。其中的一些选择对帮助生态系统适应气候变化尤为有效。

保护脆弱的生态系统(那些已处在外界压力下的生态系统)能提高他们适应气候变化的弹性。在受保护系统内建立相关密切的联系(而不依赖零散分布的区域)对现有的物种迁徙是很有效的,也同时应该考虑未来气候转变时的重新分配和迁徙。

**表 6.2 自然生态系统的适应性(包括低度受控的土地)**

| 系统 | 影响的焦点问题 | 适应性选项 |
| --- | --- | --- |
| 生物多样性 | 很多物种的数量受到气候变化的威胁(Statersfield 等 1998,UNEP 2000),栖息地规模减少,陆地使用改变了脆弱的栖息地(Wilson 1992)。野生动植物的减少会影响依赖野生动植物为生的低收入社会,以及那些由生态系统中的野生动植物提供的服务 | 建立庇护所,公园,允许迁徙的通行廊的保留地,将捕获的动物人工饲养和异地放生 |

续表

| 系统 | 影响的焦点问题 | 适应性选项 |
|---|---|---|
| 水栖系统 | 人类为应对较暖的气候,改变降水的情景,人口的增长可能加剧了饮用水,工业生产和农业灌溉的淡水供应的压力。气候变化会引起鱼类种群向极地的迁徙(Minns 和 Moore 1995)。因此导致冷水鱼类栖息地的减少而增加暖水鱼类的栖息地。同时也导致外来物种的入侵和灭绝的增多(Dettmers 和 Stein 1996),并且现有污染问题例如水富营养(Horne 和 Goldman 1994),有毒物质(Magnuson 等 1997,Schindler 1997),酸雨(Yan 等 1996)和紫外线辐射会加剧 | 鱼群穿越水域边境向更冷的水域并向极地迁徙 |
| 湿地 | 大多数湿地的过程都依赖于受土地使用改变而改变的蓄水等级的水文地理分布;因此对气候变化的适应是困难的 | 如果可能有足够的水,对关键栖息地小范围的修复是可能的。如果湿地是被用于农业,其影响会根据耕作方式的选择而减轻,包括可选择的作物种类和排水系统的深度 |
| 牧场 | 很难将人类对牧场的影响与气候对牧场的影响区分开来。然而,适应性的策略和管理方法需要进一步完善去防止草场退化 | 草场管理选择植物种类和牲畜,多样性的作物系统和植被带,社会团体共同参与推进公众政策 |
| 野生动植物 | 受到这些系统向极地或高海拔迁徙的制约,使高纬地区和阿尔卑斯山脉的生态系统的适应性改变朝着预期的方向发展的机会是有限的。对野生动植物资源良好的管理能够最大限度地减少赖以为生的贫困人口受气候变化的影响。阿尔卑斯山高度地域性的植物群落和其不可向高处迁徙的特性使得这些种群格外脆弱 | 建立公园和保留地引入人工饲养和异地交换替代已失去的生态系统服务 |
| 森林和林地 | 增加二氧化碳的水平会增加净初级生产力,然而温度升高既有正面效应又有负面效应。最大范围和最早的气候变化的影响可能在由于天气变化和营养循环变化而改变的北部森林发生。在干旱或半干旱地区,气候变化预期会减少土壤湿度和生产力。陆地生态系统正表现为可容纳更多的碳物质。研究表明陆地的提高更大程度上源自土地使用和管理的改变,而非二氧化碳的增多或是气候的变化。如果市场存在,价格会调节土地使用和产品管理间的适应 | 抢救已死亡的和正在死去的木材,再植适应新气候环境的新的物种,种植转基因物种增强或减少管理生产和土地管理(例如坚果和浆果的可替代物种,转移农业产区,发展新技术和产品例如具有黏合剂的木制品材料等),在发展中国家增加全球的木材供应,通过传统的管理,农林,小型植林地的管理和林区管理,来维持薪材供应和植被覆盖 |

## 6.3 沿海地带和海洋生态系统

### 6.3.1 对沿海地带和海洋生态系统的影响

全球气候变化预计将会增高海表温度和海平面(Levitus 等 2000),减少海冰覆盖面积(Rothrock 等 1999),改变海水盐分,波流气候(Young 1999)和海洋循环(Cane 等 1997)。上翻率的改变主要影响海洋鱼类的产量。鱼类数量的起伏波动被认为是对中尺度气候振动的生物学效应(Ware 1995),以及过度捕捞和其他人类因素的响应。海洋哺乳动物和海鸟的生存也同样受到海洋和大气过程在年际甚至更长时间尺度变率的影响(Springer 1998)。

海洋气候系对渔业储备管理的作用正逐渐成为一种广泛共识,从而发展出一种基于渔业产量和弹性储备的滑动百分率在可接受范围内确定的新型适应策略。建立还依赖于与渔业有关的气候影响以及与其他一些因素如丰产压力与栖息地状况等之间协同合作的策略。膨胀的水产业养殖可能在一定程度上补偿捕捞海洋鱼类的损失。由于增高的海水温度和增加的有机物,使分解于水中的氧气浓度水平减少,产生野生的和人工养殖渔业的疾病传播的情况,以及沿海地区海藻花的爆发(Anderson 等 1998)。污染和栖息地的毁坏,伴随着水产业可能限制野生物种的生存和兴旺。

气候变化和海平面升高将会引起海水泛滥的频率和等级增加,加速沿岸侵蚀(Bird 1993)以及海水入侵淡水资源。岛国和高度多样化且高产的沿海生态系统可能遭受严重的影响。低纬度热带和亚热带的海岸线,特别在高人口压力的地区,很容易受气候变化的影响。洪水,可饮用地下水的盐化和海岸侵蚀,将会加速全球海平面的升高。

珊瑚礁分布是在世界上最富饶同时也是最易受到威胁的生态系统之内。它们对水温的升高尤为敏感,但是它们的生息也同时受到海水污染,渔业生产,开发建筑材料和过度的旅游活动的威胁(McLean 等 2000)。减少这些压力将不仅能够保护今天这些有价值的生态系统,也将会增强它们应对未来气候变化的适应能力。

高纬度海岸线受到加速的海平面升高,更多活跃的波流气候效应(Solomon 等 1994),减少的海冰分布(Dallimore 等 1996),以及升高的地下水温度(Forbes 等 1997)的影响。这可能会对居住地和基础设施有严重的影响,并且可能有必要从海岸撤离。

### 6.3.2 对海岸和海洋气候变化影响的适应

可能发展三种沿岸适应策略,表述如下所述。

(1)保护:通过建立坚固的结构(如海堤、防波堤),保护陆地不受海水侵蚀,从而使现有陆地能够继续使用,以及利用软性管理,如海滩养育与复原。

(2)适应:继续开发陆地但是使用一些调整措施,如在高大建筑上增高建筑,种植耐涝或耐盐性农作物。

(3)撤退:放弃危险的海岸地区。

在过去的几年中,适应性策略已经从坚固的防护构造转变为软性的保护管理。措施包括有计划的撤退和提高生物物理和社会经济系统的恢复力,包括采用洪灾保险来分担经济危机。其他的一些措施包括采集信息和提高警惕性、计划、设计、完善、监测和评估。

维护和改善沿岸公共机构建筑的防护系统,避免在洪灾多发区的投资,有序撤退和设立洪灾保险,改进保护海岸的自然系统(如珊瑚礁、红树林和其他海岸湿地),疾病预防和疾病防治等,这些措施是对策的一些实例,这些对策不仅减少了应对目前天气变化的脆弱性,而且还增加了对海平面增高和其他潜在气候变化对沿海地区影响的准备(McLean 等 2001)。

对可持续发展和管理的改进应基于对沿海地带和海洋生态系统的综合评估,以及它们与人类发展和多年气候变化的相互作用的更深入理解(图 6.2)。对沿海地带和海洋管理的适应性选择在它们与其他地区的政策相结合时是最有效的,如疾病的缓解,水域间的管理和陆地使用的计划安排。

近来渔业争端的事件已经表明,当一种资源被多个对此资源不充分了解的竞争者开发时,会使适应性策略难以施行。而改良的渔业管理包括更好的收集和分享信息,改进捕鱼业的操作,保护产卵区和栖息地。所有以上办法会促进水产业产量保持持续性水平。气候变化预期会进一步改变海洋生物的分布和数量。因此,现在建立一种合理的和可持续的渔业生产将会降低对未来气候变化影响的脆弱性。

## 6.4 能源,工业和人居

### 6.4.1 对能源,工业和人居的影响

预计全球气温升高导致制冷能耗增加(EIA 1998),而用来取暖的能量减少。不同地区和不同的气候情景下,气候变化对能源消耗的影响是不同的。对工业来说,已经观测到了向极地增加的农业、森林和采矿业,这导致了人口的增加和人居分布的加

# 第 6 章  部门及系统的脆弱性,影响和适应

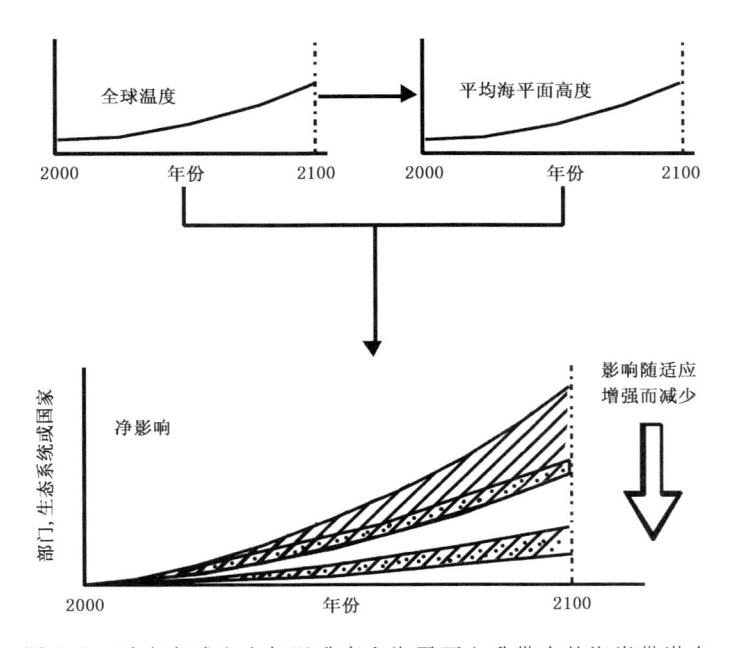

图 6.2 适应在减少由气温升高和海平面上升带来的海岸带潜在影响中的作用。其中下图是经济部门、生态系统或国家的成本或损失增长示意图。平行线区域表示适应的可能影响范围以及适应如何降低净影响。作为一个净影响一个成分,斜影线里的点状线表示部门、生态系统、或国家的弹性的重要性(来源:McLean 等 2001)

强(Cohen 1997)。依赖于对气候敏感的自然资源的制造业(如农业)会受到严重的影响。有关气候变化对工业的影响知道得还很少,并且大部分信息是很难被预估的。

人类居住可能在以下 3 个方面受到气候变化的影响:

(1)生产能力(如农业和渔业)的改变或者对物品和服务的市场的需求的改变,如本地居民需求的改变和外来游客需求的改变。

(2)居住地的基础设施(包括能量的传输和分配体系),建筑物,基础设施(包括运输业)和工业,如农用工业,旅游业,建筑业等。

(3)极端天气事件,人类健康状况的改变或人口迁移对人口的直接影响。

气候变化的最广泛的影响包括洪涝,山体滑坡,泥石流,以及雪崩,这些灾害都是由于降水强度增加和海平面上升引起的。人类在选择居住环境的时候并没有充分考虑这些灾害可能造成的影响,因而在人们居住的地方还可能引起其他诸如降低空气和水的质量等的环境影响(Hardoy 等 2000,McGranahan 和 Satterthwaite 2000)。暴风、水资源短缺及火灾在有些区域也时有发生。

## 6.4.2 能源和工业部门及人居所采取的适应措施

为了成功地适应这种变化,在居住环境方面采取的适应措施必须与经济发展一致。这些措施在时间上必须是与环境和社会的可持续发展相一致的,而且必须是平衡发展的(表 6.3)。

应对限制环境所致健康的恶化和在一种居住环境中支持人类自身健康幸福的这种局地的能力,也加强了适应气候变化的能力,除非这样的适应意味着昂贵的基础投资。适应于一种变暖的气候将需要把人居调整到这种正在变化的环境,而不仅只适应气温的升高。城市学家声明:如果没有基于当地的、技术上的和科学上的胜任能力和政治支持,那么这个地区就不能成功地适应环境变化。

这些可能的适应措施包括:在对居民定居点以及其基础设施建设和工业生产设备分布进行计划中考虑气候变化;并且减少气候和那些发生概率小但是会带来严重后果的极端天气事件的影响。为了更好的环境计划和管理的一些手段包括:以市场为基础的手段对污染控制,需求管理和废弃物处理,混合使用分区和输送计划,环境影响评估,能力研究,战略环境计划,环境检查程序,以及环境状况报告。这些选项中的大部分也是基于更广泛的发展的目的而提出来的。

表 6.3　在能源,工业和人居方面的适应

| | |
|---|---|
| 计划和设计 | √ 增加经济的多样化<br>√ 提高可持续发展<br>√ 研究风的突变<br>√ 完善灌溉和水供应系统<br>√ 改善卫生设施,水补给,能源分布系统及固体废弃物的回收<br>√ 提高救火保护效率<br>√ 在分区制和土地利用计划中考虑气候变化<br>√ 使建筑规则适应减少的资源利用和温度调节<br>√ 减少洪水带来的危害,例如修筑防洪大堤,有序撤退,及绘制危险地区示意图<br>√ 利用建筑物和基础设施处于交替阶段这一有利时机管理 |
| 管理 | √ 增强环境和健康教育<br>√ 改善风景区管理<br>√ 保护和维持环境的质量<br>√ 发展预警系统,撤退计划,保险,救助<br>√ 强化建筑规则<br>√ 增加对灾难处理的准备措施<br>√ 为了水供应的有效管理而引进市场机制,如装置泄漏系统<br>√ 引进水的批发和传输机制<br>√ 通过有效的公共运输系统加强对污染的控制 |
| 制度上的改变 | √ 改进在环境管理方面的制度化能力<br>√ 建立所有责任团体(政府,个人,非政府组织)之间的合作关系<br>√ 采取财产公正的原则,以便允许非正式的居民购买,租赁,或者在安全地点上建立自己的房屋<br>√ 改进学习技术的入门方式 |

第6章　部门及系统的脆弱性，影响和适应　　　　　　　　　　　　　　　· 173 ·

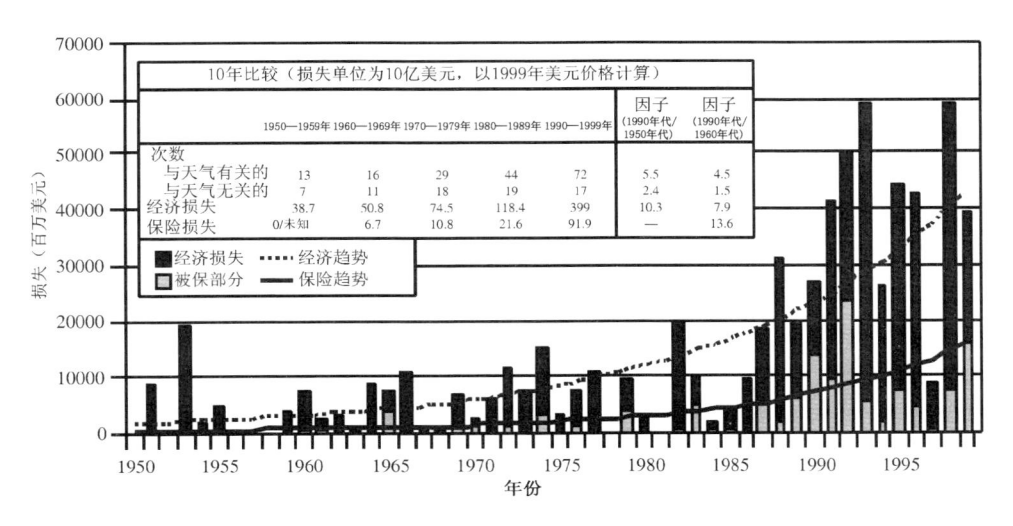

图 6.3　因灾害性天气事件所造成的损失近几十年来呈上升趋势。每年由于重大事件所造成的经济损失由 1950 年代的 40 亿美元增加到 1990 年代的 400 亿美元，增加了 10.3 倍（来源：Vellinga 等 2001）

## 6.5　金融资源和服务

### 6.5.1　对金融和服务部门的影响

气候变化对财政服务部门的影响可能是通过极端天气事件在空间分布，频率和强度上的改变来增加的。提供保险和灾难救济，银行业及资产管理服务的财政服务部门可以被认为是气候变化对社会经济潜在影响的唯一的指示器，因为它对与天气灾害有关的作为潜在气候变化的征兆非常敏感，并且它的综合作用会对其他部门产生影响。这个部门在适应方面是重要的（例如通过支持制定建筑规则和一些土地利用计划），并且提供金融服务以便再现风险分摊机制，通过这种机制将与天气事件有关的损失分摊于其他部门和整个社会中。尽管在增强基础设施和提高对灾难事件的防备方面做了很多的努力，但是由天气事件引起的损失还是在快速的上升（图 6.3）。

观测到的灾害损失的上升趋势与社会经济学中的一些因素如人口的增长，财富的增加，在脆弱区域中的城市化是有关的（Kunkel 等 1999），并且，它还部分地与气候因素有关，如降水量的变化，洪水和干旱事件（Pielke 和 Downton，2000）。与天气有关的损失的增加可能对保险公司在削弱自身利益方面造成了一定的压力，使得他们的成本增加，并且导致消费者取出他们的保险金并且对公共补偿金和救济金的需求升高(White 和 Etkin 1997,Kunreuther 1998)。

## 6.5.2 金融部门方面的适应

对金融部门而言,适应气候变化既是复杂的挑战,同时也是一种机遇。为了减少财政部门对气候变化的脆弱性,有各种方案可供选择。这些例子包括,扩大公司的规模,与其他金融服务机构合作使保险制度更多元化和综合化,以及改善目前的转移风险的手段。从事价格上的调整,税收储备的处理以及公司从风险市场中退出的能力都将会影响部门的恢复能力。

根据气候变化对生命、投资以及经济的影响来看,气候变化的效应预计在发展中国家中是最大的(图6.4)。天气灾害会阻碍发展,尤其是当基金从投向开发项目转为用于灾害恢复性项目时。更大力度地发展保险业,做好充分的准备以应对灾害的发生,以及大量地恢复资源将会提高发展中国家应对气候变化的能力。广泛地引入微型的财政方案及发展银行业可能是帮助发展中国家和团体的一种有效的应对气候变化的机制。

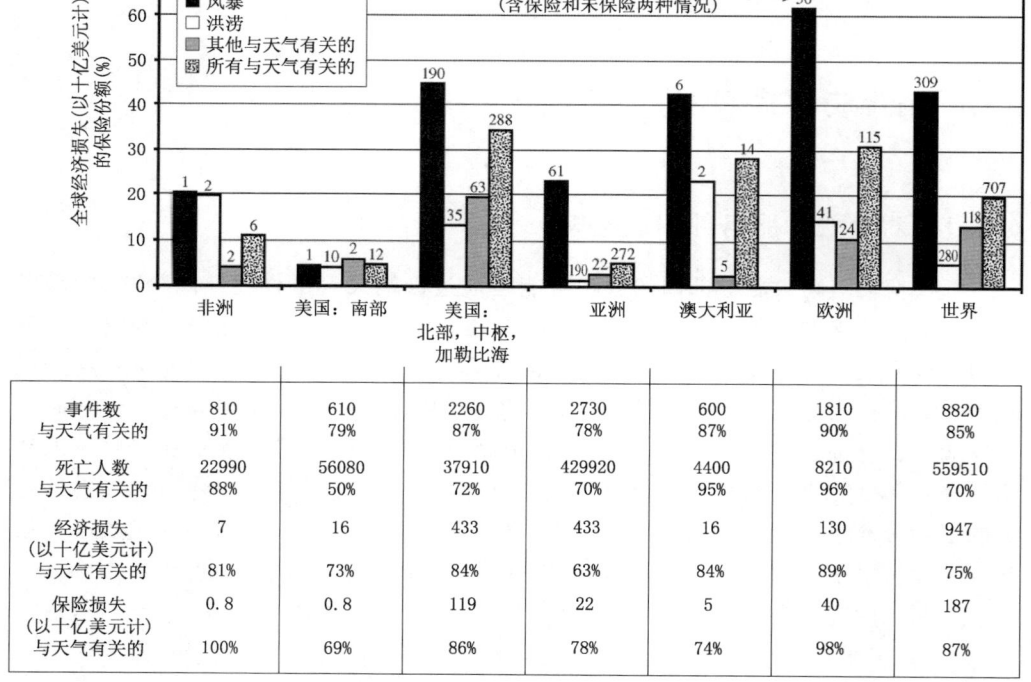

|  | 非洲 | 美国:南部 | 美国:北部,中枢,加勒比海 | 亚洲 | 澳大利亚 | 欧洲 | 世界 |
|---|---|---|---|---|---|---|---|
| 事件数 | 810 | 610 | 2260 | 2730 | 600 | 1810 | 8820 |
| 与天气有关的 | 91% | 79% | 87% | 78% | 87% | 90% | 85% |
| 死亡人数 | 22990 | 56080 | 37910 | 429920 | 4400 | 8210 | 559510 |
| 与天气有关的 | 88% | 50% | 72% | 70% | 95% | 96% | 70% |
| 经济损失(以十亿美元计) | 7 | 16 | 433 | 433 | 16 | 130 | 947 |
| 与天气有关的 | 81% | 73% | 84% | 63% | 84% | 89% | 75% |
| 保险损失(以十亿美元计) | 0.8 | 0.8 | 119 | 22 | 5 | 40 | 187 |
| 与天气有关的 | 100% | 69% | 86% | 78% | 74% | 98% | 87% |

图6.4 1985—1999年期间,对于与天气有关的和无关的自然灾害相应区域保险总额。在赔偿与天气有关的损失方面,保险的作用随事件类型和区域而变化,一般来说主要是风暴(来源:Vellinga等2001)。

为此,这就要求:(a) 更好地分析经济损失以便能够确定灾难的起因;(b) 包括处理气候变化及其适应方面的财政资源的评估;(c) 为了获得这些财政资源的替代方法的评估;(d) 加深对各部门脆弱性的研究;(e) 对一系列极端天气事件情景的恢复能力。此外,需要进一步研究这个部门可能如何进行创新,以此分摊和降低气候变化风险,以满足发达国家和发展中国家适应性资金的潜在增长的需求。

## 6.6 人类健康

全球气候变化将会对人类的健康产生多种影响,既有正面的也有负面的影响。酷热和严寒,洪涝和干旱的频率,以及局地的空气污染和空气过敏症的分布都将会直接地影响人类的健康。来自气候变化对生态和社会系统造成的影响将会促成其他的影响,如发生传染病的变化、局地作物的产量和营养不良,以及人口迁移和经济崩溃带来的其他健康后果。人口健康状况是受多种因素支配的,由于它取决于社会经济,人口统计和环境问题,这些因素同时也在变化。

一般说来,对健康影响的适应性选项包括:社会的,制度的,技术的和行为的方法。对于影响公众健康的基础设施方面有一个基本的需求,应该加强和维护,特别是对发展中国家。足够的财政和公共健康资源应包括培训计划,对制定和实施更有效的监视和应急响应系统的研究,以及可持续防控方案也是必须的。需要继续研究和更深入地了解在极端事件和媒介疾病之间的关系。深入到医学方面的预防和控制的研究是基本的(如疫苗、处理传染性疾病的药物抵抗力的方法、蚊虫的控制等)。更通俗一点说,为了评估这些适应性措施,估计它们对环境和健康的含意,以及建立在适应策略方面的优先权,需要进一步研究。

受到影响的团体适应健康风险的能力也依赖于社会,环境,政治和经济的状况。受到影响的个人由于一种自然的或自发的对气候变化的响应可能出现个体的适应。有目的的适应是通过政府或者其他社会组织对预估的气候变化的有序的响应组成的。有目的的适应可能还通过个人的,家庭的和社会团体的生活方式刻意修正而发生。改进的教育能够使得人们更好地意识到健康风险并且改善总体的健康状态,再次以正面的效应来增强气候变化可能对健康造成的不良影响的恢复能力。预期的适应是有序的响应,以便应对气候变化的提前发生。以下,将概述一些具体的与健康有关的影响和适应措施。

**热浪**

热浪频率和强度的增加将会增加死亡和患严重疾病的风险,主要发生在老人和城镇穷人中(Ando 等 1998a,1998b)。预测在中高纬度,炎热压力增加最大,特别是在不适当的建筑和有限的空调设施的人群中。一些证据表明在温带国家，减少的冬季死亡人数将会超过增加的夏季死亡人数（Langford 和 Bentham 1995）。

立法机关对热胁迫的适应措施包括建筑业的指导方针。技术方面的适应措施可能包括住房、公共建筑物，降低热岛效应和增加空调的城市计划。伴随着正在改变的着装和午休习惯，也有可能采用早期的供暖系统。

### 极端天气事件

风暴，洪水（Menne 等 1999），干旱（McMichael 等 1996）和热带气旋（Noji 1997）频率的增加将会从负面影响人类的健康。自然灾害能够造成人员伤亡，损毁住所，人口迁移，供给水的污染，粮食减产（引起饥饿和营养不良），增加流行性疾病的发生，而且会损坏健康服务供应的基础设施（IFRC 1998）。

制定法律，制定建筑规范，强制移民，以及建筑的经济激励都能被看作立法机关所采取的适应性措施。此外，城市规划和避风设施作为早期预警系统的组成部分也已被提出。

### 空气质量

气候变化可能影响市区的空气质量。温度的升高增加了地面层的臭氧的形成，给呼吸健康带来不利的影响（Patz 等 2000）。

一般而言，控制排放和交通管制对于减少因恶劣的空气质量而引起的身体健康受到影响是重要的步骤。因而，这些措施也将减少人类对气候变化的可能的额外影响的脆弱性。除了采用污染预警系统，改善公共交通，使用催化转炉，合用汽车，以及减少局地空气污染外，其他方法也都可能受到鼓励。

### 媒介传染病

高温，降水以及气候的变化都会影响媒介传染病的季节性。这些疾病通过以血液为营养的有机生物体来传播，而这些有机生物体为了生存又依赖于气候以及其他的生态因素（表 6.4）。气候条件的某一变化将增加各种各样以水或食物为媒介的传染性疾病的影响范围（Gubler 1998）。一些技术性的适应机制包括控制媒介，接种疫苗，充气蚊帐，维持监察，预防和控制方面的项目。应该鼓励健康教育和存储饮用安全水的实施。所有这些措施减少人类对健康危险的脆弱性，即使在不存在气候变化时。

### 水媒介疾病

为了使人们更好地免受水媒介疾病（而气候变化可能会加强这种危险），可以发起制定水源保护法和水质量的规定。病原体的一般分子学筛选，改进水处理技术（如过滤),以及改善卫生设施都可以减少风险。可以教育人们要煮沸受污染的水,洗手和采用其他卫生习惯,以及鼓励使用坑式厕所。

**生物体毒素中毒**

气候变化可能导致海洋环境的变化,这会改变来自消费鱼类和甲壳类动物的生物体毒素中毒的危险(WHO 1984)。与变暖的水有关的生物体毒素可能会把其范围扩展到高纬度(Tester 1994)。

**粮食供应**

粮食供应的改变可能影响贫困人群的营养和健康水平。减少粮食产量的影响在发展中国家中是最大的(FAO 1999)。由粮食问题所引起的营养不良,增加人们对传染性疾病的易感染性。

表 6.4 (IPCC 2001b,第 9 章,表 9.1)主要的媒介性疾病:
人们得各种疾病的风险和承受力(WHO 资料)

| 疾病 | 媒介 | 受威胁的人口 | 目前受感染的人数或每年的病例 | 无能力人生命年损失[a] | 目前的分布 |
| --- | --- | --- | --- | --- | --- |
| 疟疾 | 蚊子 | 24 亿(40%世界人口) | 2.73 亿 | 3930 万 | 热带/副热带 |
| 血吸虫病 | 钉螺 | 5 亿~6 亿 | 1.2 亿 | 170 万 | 热带/副热带 |
| 淋巴丝虫病 | 蚊子 | 10 亿 | 1.2 亿 | 470 万 | 热带/副热带 |
| 非洲锥虫病(昏睡病) | 舌蝇 | 5500 万 | 30 万~50 万例/年 | 120 万 | 热带非洲 |
| 利什曼病 | 白蛉 | 3.5 亿 | 150 万~200 万新病例/年 | 170 万 | 亚洲/非洲/南欧/美洲 |
| 盘尾丝虫病 | 墨蚊 | 1.2 亿 | 1800 万 | 110 万 | 美国/也门 |
| 美国锥虫病 | 锥猎蝽亚科臭虫 | 1 亿 | 1600 万~1800 万 | 60 万 | 南美中东部 |
| 登革热 | 蚊子 | 30 亿 | 每年成千上万 | 180 万[b] | 热带区域的所有国家 |
| 黄热病 | 蚊子 | 4.68 亿 | 20 万病例/年 | 数据不可用 | 热带南美和非洲 |
| 日本脑炎 | 蚊子 | 3 亿 | 50 万病例/年 | 50 万 | 亚洲 |

a:无能力人生命年损失(DALY) = 由慢性病或残疾和过早死亡组成的人类健康赤字的度量(Murray 1994, Murray 和 Lopez 1996)。数量已接近 100000。
b:数据来源于 Gubler 和 Metzer(1999)。
来源:McMichael 等(2001)。

## 参考文献

Anderson D R. 2000. Catastrophe insurance and compensation: remembering basic principles. CPCU *Journal*, **53**(2): 76-89.

Anderson D M, Cembella A D and Hallegraeff G M eds. 1998. Physiological ecology of harmful algal blooms. In *Proceedings of NATO Advanced Study Institute*, Bermuda, 1996. Berlin: Springer-Verlag.

Ando M, Uchyama I and Ono M. 1998a. Impacts on human health. In S. Nihioka, and H. Harasawa, eds., *Global Warming: The Potential Impact on Japan*. Tokyo: Springer-Verlag, pp. 203-213.

Ando M, Kobayashi I N, Kawahara I, et al. 1998b. Impacts of heat stress on hyperthermic disorders and heat stroke. *Global Environmental Research*, **2**: 111-120.

Antle J M. 1996. Methodological issues in assessing potential impacts of climate change on agriculture. *Agricultural and Forest Meteorology*, **80**: 67-85.

Arnell N W. 1999. Climate change and global water resources. *Global Environmental Change*, **9**: S31-49.

Arnell N W. 2000. *Impact of climate change on global water resources*: Vol. 2. Report to Department of the Environment, Transport and the Regions. Southampton: University of Southampton.

Bergstrom S and Carlsson B. 1993. *Hydrology of the Baltic Basin*. Swedish Meteorological and Hydrological Institute Reports. *Hydrology*, **7**, 21.

Bird E C F. 1993. *Submerging Coasts: The Effects of Rising Sea Level on Coastal Environment*. Chichester: John Wiley and Sons.

Bowes G, Vu J C V, Hussain M W, et al. 1996. An overview on how rubisco and carbohydrate metabolism may be regulated at elevated atmospheric ($CO_2$) and temperature. *Agricultural and Food Science in Finland*, **5**: 261-270.

Cane M A, Clement A C, Kaplan A, et al. 1997. Twentieth century sea surface temperature trends. *Science*, **275**: 957-960.

Casella E, Soussana J F and Loiseau P. 1996. Long-term effects of $CO_2$ enrichment and temperature increase on a temperate grass sward, I: productivity and water use. *Plant and Soil*, **182**: 83-99.

Cohen S J. 1997. Mackenzie Basin Impact Study Final Report. Downsview on: Environment Canada. Dallimore S R, Wolfe S and Solomon S M. 1996. Influence of ground ice and permafrost on coastal evolution, Richards Island, Beaufort Sea Coast, NWT. *Canadian Journal of Earth Sciences*, **33**: 664-675.

Dettmers J M and Stein R A. 1996. Quantifying linkages among gizzard shad, zooplankton, and phytoplankton in reservoirs. *Transactions of the American Fisheries Society*, **125**: 27-41.

EIA. 1998. *International Energy Outlook*. DOE/EIA-0484(98). Washington: US Department of

Energy. Energy Information Administration.

FAO. 1999. *The State of Food Insecurity in the World* 1999. Rome: Food and Agriculture Organization of the United Nations.

Forbes D L, Shaw J and Taylor R B. 1997. Climate change impacts in the coastal zone of Atlantic Canada. In J. Abraham, T. Canavan and R. Shaw, eds., *Climate Variability and Climate Change in Atlantic Canada*. Ottawa: Environment Canada. **6**:51-66.

Frisk T, Bilaletdin A, Kallio K and Saura M. 1997. Modeling the effects of climate change on lake euthrophication. *Boreal Environment Research*, **2**:53-67.

Gitay H, Brown S, Easterling W, et al. 2001. Ecosystems and their goods and services. In *Climate Change* 2001: *Impacts, Vulnerability and Adaptations*, J J McCarthy, O F Canziani, N A Leary, et al. eds. Cambridge: Cambridge University Press.

Gubler D J. 1998. Climate change: implications for human health. *Health and Environment Digest*, **12**:54-55.

Gubler D J and Meltzer M. 1999. The impact of dengue/dengue hemorrharic fever in the developing world. In K Maramorosch, F A Murphy and A J Shatkin eds. *Advances in Virus Research*, Vol. 53. San Diego: Academic Press, pp. 35-70.

Hardoy J E, Mitlin D and Satterthwaite D. 2000. *Environmental Problems in an Urbanising World: Local Solutions for City Problems in Africa, Asia and Latin America*. London: Earthscan Publications. Horne A J and Goldman C R. 1994. *Limnology* (2nd edn.). New York: McGraw-Hill.

IFRC. 1998. *World Disaster Report* 1998. New York: International Federation of Red Cross and Red Crescent Societies, and Oxford: Oxford University Press.

Kallio K, Rekolainen S, Ekholm P, et al. 1997. Impacts of climatic change on agricultural nutrient losses in Finland. *Boreal Environment Research*, **2**:33-52.

Kunkel K E, Pielke Jr R A and Changnon S A. 1999. Temporal fluctuations in weather and climate extremes that cause economic and human health impacts: a review. *Bulletin of the American Meteorological Society*, **80**(6):1077-1098.

Kunreuther H. 1998. Insurability conditions and the supply of coverage. In H Kunreuther and R Roth eds. *Paying the Price: The Status and Role of Insurance Against Natural Disasters in the United States*. Washington: Joseph Henry Press, pp. 17-50.

Langford I H and Bentham G. 1995. The potential effects of climate change on winter mortality in England and Wales. *International Journal of Biometeorology*, **38**:141-147.

Levitus, S., Antonov, J. I., Boyer, T. P. and Stephens, C. 2000. Warming of the world ocean. *Science*, **287**, 2225-2229.

Magnuson J J, Webster K E, Assel R A, et al. 1997. Potential effects of climate change on aquatic systems: Laurentian Great Lakes and Precambrian shield region. *Hydrological Processes*, **11**:825-871.

McLean R F, Tsyban A, Burkett V, et al. 2001. Coastal zones and marine ecosystems. In J J Mc-

Carthy, O F Canziani, N A Leary, et al. eds. *Climate Change* 2001: *Impacts, Vulnerability and Adaptations*. Cambridge: Cambridge University Press.

McGranahan G and Satterthwaite D. 2000. Environmental health or sustainability? Reconciling the brown and green agendas in urban development. In C Pugh ed. *Sustainable Cities in Developing Countries*. London: Earthscan Publications, pp. 73-90.

McMichael A J, Haines A, Sloof R and Kovats S eds. 1996. *Climate Change and Human Health*. (WHO/EHG/96.7). Geneva: World Health Organization.

Menne B, Pond K, Noji E K and Bertollini R. 1999. *Floods and Public Health Consequences, Prevention and Control Measures*. (UNECE/MP. WAT/SEM. 2/1999/22). Rome: World Health Organization European Centre for Environment and Health.

Minns C K and Moore J E. 1995. Factors limiting the distributions of Ontario's freshwater fishes: the role of climate and other variables, and the potential impacts of climate change. In R J Beamish, ed. *Climate Change and Northern Fish Populations*. Canada: Fish Aquatic Sciences, pp. 137-160.

Mirza M Q, Warrick R A, Ericksen N J and Kenny G J. 1998. Trends and persistence in precipitation in the Ganges, Brahmaputra and Meghna Basins in South Asia. *Hydrological Sciences Journal*, **43**:845-858.

Murdoch P S, Baron J S and Miller T L. 2000. Potential effects of climate change on surface water quality in North America. *Journal of the American Water Resources Association*, **36**:347-366.

Murray C J L. 1994. Quantifying the burden of disease: the technical basis for disability-adjusted life years. *Bulletin of WHO*, **72**:429-445.

Murray C J L and Lopez A D eds. 1996. *The Global Burden of Disease: Global Burden of Disease and Injury Series*, Vol. 1. Harvard School of Public Health. Boston: Harvard University Press.

Noji E ed. 1997. *The Public Health Consequences of Disasters*. Oxford and New York: Oxford University Press.

Parry M, Fischer C, Livermore M, et al. 1999. Climate change and world food security: a new assessment. *Global Environmental Change*, **9**:S51-67.

Patz J A, McGeehin M A, Bernard S M, et al. 2000. The potential health impacts of climate variability and change for the United States: executive summary of the report of the health sector of the US National Assessment. *Environmental Health Perspectives*, **108**:367-376.

Pielke R A Jr and Downton M W. 2000. Precipitation and damaging floods: trends in the United States, 1932-1997. *Journal of Climate*, **13**(20):3625-3637.

Pinstrup-Andersen P and Pandya-Lorch R. 1998. Food security and sustainable use of natural resources: a 2020 vision. *Ecological Economics*, **26**:1-10.

Reilly J. 1996. Agriculture in a changing climate: impacts and adaptation. In R T Watson, M C Zinyowera and R H Moss eds. *Climate Change 1995: Impacts, Adaptations and Mitigation of Climate Change: Scientific Technical Analyses. Contribution of Working Group II to the*

*Second Assessment Report of the Intergovernmental Panel on Climate Change*. Cambridge and New York: Cambridge University Press, pp. 429-467.

Rosenzweig C and Iglesias A. 1998. The use of crop models for international climate change impact assessment. In G Y Tusji, G Hoogrnboom and P K Thorton eds. *Understanding Options for Agriculture Production*. Dordrecht: Kluwer, pp. 267-292.

Rothrock D A, Yu Y and Maykut G A. 1999. Thinning of the Artic sea ice cover. *Geophysical Research Letters*, **26**:3469-3472.

Schindler D W. 1997. Widespread effects of climatic warming on freshwater ecosystems in North America. *Hydrological Processes*, **11**:825-871.

Shiklomanov A I, Lammers R B, Peterson B J and Vorosmarty C. 2000. The dynamics of river water flow in the Artic Ocean. In E L Lewis, E P Jones, P Lemke, et al. eds, *The Freshwater Budget of the Artic Ocean*. Dordrecht: Kluwer.

Shiklomanov A I. 1998. *Assessment of water resources and water availability in the World. Background Report for the Comprehensive Assessment of the Freshwater Resources of the World*. Stockholm: Stockholm Environment Institute.

Smith J B, Huq S, Lenhart S, et al. 1996. *Vulnerability and Adaptation to Climate Change: Interim Results from the U.S. Country Studies Program*. Dordrecht and Boston: Kluwer.

Solomon S M, Forbes D L and Kierstead B. 1994. *Coastal Impacts of Climate Change: Beaufort Sea Erosion Study*. Downsview ON: Canadian Climate Centre.

Springer A M. 1998. Is it all cc? Why marine bird and mammal populations fluctuate in the North Pacific. In G Holloway, P Muller and D Henderson, eds. *Biotic Impacts of Extratropical Climate Variability in the Pacific*. Honolulu: National Oceanic and Atmospheric Administration and the University of Hawaii, pp. 109-120.

Stattersfield A J, Crosby M J, Long A J and Wege D C. 1998. *Endemic Bird Areas of the World: Priorities for Biodiversity Conservation. Birdlife Conservation Series No. 7*. Cambridge: Birdlife International.

Tester, P A. 1994. Harmful marine phytoplankton and shellfish toxicity potential consequences of climate change. *Annals of New York Academy of Sciences*, **740**:69-76.

UNEP. 2000. *Global Environmental Outlook* 2000. Nairobi: United Nations Environment Program.

Vellinga P, Mills E, Berz G, et al. 2001. Insurance and other financial services, in J J McCarthy, F Canziani, N A Leary, et al. eds. *Climate Change* 2001: *Impacts, Adaptation, and Vulnerability*. Cambridge and New York: Cambridge University Press.

Ware D M. 1995. A century and a half of change in the climate of the North East Pacific. *Fisheries Oceanography*, **4**:267-277.

White R and Etkin D. 1997. Climate change, extreme events and the Canadian insurance industry. *Natural Hazards*, **16**:135-163.

WHO. 1984. *Environmental Health Criteria* 37: *Aquatic (Marine and Freshwater) Biotoxins*.

Geneva: World Health Organization.

Wilson E O. 1992. *The Diversity of Life*. New York: Norton.

Yan N D, Keller W, Scully N M, et al. 1996. Increased UV-B penetration in lakes owing to drought-induced acification. *Nature*, **381**: 141-143.

Young I. 1999. Seasonal variability of the global ocean wind and wave climate. *International Journal of Climatology*, **19**: 931-950.

# 第 7 章 区域脆弱性、影响和适应性

从区域角度考虑,处在热带地区的发展中国家对气候变化效应最为敏感和脆弱。在贫穷国家中的许多生态系统已经是在压力之下了,而气候变化的影响将进一步加剧这种状况。和工业化国家相比,因为这些国家收入水平较低(包括有限的资金、人力资源和技能),以及政治的、体制的以及技术支撑系统也较弱,因而社会和经济系统也更加脆弱。这意味着必须大力加强适应能力,特别是在最贫穷和最脆弱的地区和国家。在本章,我们将表明通常加强适应能力和达到主要发展目标是完全一致的。

本章简单地回顾了世界上和脆弱性、影响和适应性有关的主要地区的状况。这里和前面章节中一般的、部门的方法有些交叉,但本章试图集中阐述适应性选择,这些选择在不同区域有其特殊优先权。

## 7.1 非洲

### 7.1.1 脆弱性

由于地方的贫穷和不断增长的人口对自然资源、满足基本生存需要的农业以及经济产品的依赖(UNEP 2002),非洲对环境变化表现尤其脆弱。土地退化、森林砍伐、居住环境恶化、水资源的缺乏和压力、沿海地区的侵蚀和退化、洪水、干旱以及武装冲突,是牵制非洲发展的关键性环境问题。根据 UNEP(2002),应对这些问题不是一种选择,而是一种必须。气候变化可能加剧了许多这样的环境压力。

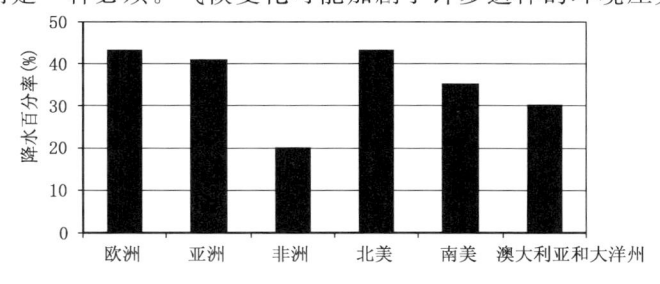

图 7.1 世界区域水文比较——总径流占降水的百分数。摘自 Desanker 等(1997)

鉴于这些考虑,非洲对气候变化高度脆弱,特别是联系到水资源(图7.1)(Reibsame等1995)、食物产量(WRI 1998)、人类健康(WHO 1998)、沙漠化(UNEP 1997)和海岸带(Nicholls等1999)。非洲气候的多样性、大的降水变率和观测网络的稀疏,都使得对未来气候变化的预测更加困难。

由于受到多民族差异的约束,特别是普遍贫穷的经济状况的约束,因此非洲对气候变化适应的总能力一般是很低的。目前的技术和方法,特别是在农业和水资源方面,在气候变率增加的条件下,是不适宜于面对未来情景的要求。未来条件的不确定性意味着对气候变化预估费用的信度较低。各个国家需要开始根据其各自特定的环境为了估算这些费用而发展一些方法。

### 7.1.2 水资源

受自然特征和降水的季节分布的影响,在各个国家内部可利用水资源有很大的不同。降水不足以补偿由于高温而增加的蒸发。从1990年以来,人均可用水大幅度减少(图7.2)。2000年,3亿非洲居民生活在缺水的危险环境中(Sharma等1996)。穷人因为最没有办法获得水资源而受影响最大。水资源的脆弱性影响了其对居民生活和工农业的供水。

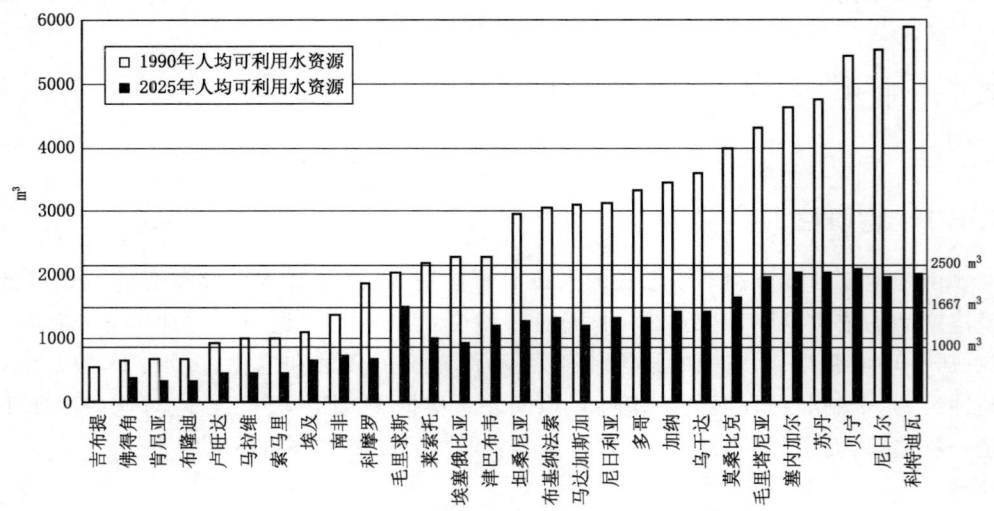

图7.2 非洲人均可利用水资源(摘自:Desanker等2001)

一些适应性选择包括:

(1)早期预警系统保证能及时采取补救措施。

(2)通过国际协议共享流域的经营,以确保各自得到的水资源的公平性,同时负责水的供应和水质的管理。

(3)在工业、居住和农业用水方面的策略(特别是价格和需求管理)。

(4) 改良农田用水技术,以便减少浪费。
(5) 增加储水设备,如筑坝、水库同步运转。
(6) 在工业方面采用循环用水。
(7) 限制供应。
(8) 加强监测以提高资料可信度。
(9) 采取包括长期变化和无悔策略的国家行动计划。
(10) 在科学、资源管理和发展方面的大区域合作。
(11) 在家庭和工业层面上,研究能源利用和可替代的再生能源,以减少对气候变化的脆弱性,如目前非洲依靠水力发电作为它的能量供应。

为了将对气候变化的敏感性最小化,非洲经济应该更加多样化,并且农业技术应该通过有效灌溉和作物改良优化水资源利用。

## 7.1.3　农业和粮食安全

显然非洲是在各个地区中粮食安全水平最低和对未来变化适应能力最低的地区。由于极端事件的增多以及气候时空分布的改变,粮食安全可能会更加恶化。过去30年间,非洲多数地区粮食产量不能和不断增长的人口并驾齐驱(WRI 1998),例如:20世纪90年代粮食消费超过国内产值50%。对非洲而言,农业不仅是生死攸关的粮食来源,而且还是生活的主要方式。由于气候变化导致的粮食年产量的波动正在增加对粮食援助的依赖。为寻求更好的土地和机会而导致的移民,正在增加对环境包括社会和谐的压力。如果对粮食的不安全感妨碍了个人在农业经济方面的投资,那么用于适应气候变化的资源就不可能与气候变化带来的影响保持同步。然而,非洲巨大的资源——人力和自然资源,可以轻而易举地快速获得粮食安全,从而减少气候变化的负面风险。

在温度、湿度水平、紫外辐射、二氧化碳水平以及害虫和疾病方面的变化,可能会影响粮食产量。作物水分平衡将会受降水变化、蒸散量增加和由于提高二氧化碳水平而导致的水分效率提高的影响。对大众而言主要的粮食(小麦、玉米、水稻、大豆和马铃薯)产量由于全球变暖可能减产(Pimentel 1993)。

家畜在许多非洲饲养业中占有重要的角色,主要集中在干旱和半干旱地带,并且靠草地和稀树草原饲养。在干季期间,作物残渣是主要的食物补充。随着温度升高,由于牲畜躲在阴凉地带而不愿觅食,导致肉和奶产量下降。适应需要物种的转换,例如:羚羊,能够忍受较高的温度。干旱和已经升高了的气温对湖里和河里鱼的数量有相反的作用。一些适应选择包括:

(1) 季节预报,如根据水需求量与全球海面温度和海平面气压历史资料可以在收获期前6个月制作玉米的季节水分需求量预报。

(2) 早期预警系统——以便确定在下一农季之前哪些地理区域不适合作物生存

需要。
(3) 技术转让和碳吸收,在一定程度上利用非洲的资源和人口潜力的优势。
(4) 防风林、覆盖物、垄作和石堤。
(5) 更好的水土保持措施和更好的灌溉措施。
(6) 更多的耐疾病和干旱的作物品种。
(7) 农林复合经营项目,例如塞内加尔河谷。
(8) 提高对虫害和杂草的控制。
(9) 补充牲畜饲料以提高肉产量。
(10) 降低每公顷土地上的牲畜数量以减少二氧化碳和甲烷的排放。
(11) 通过繁殖品种计划可以引入限定热阻量。
(12) 进入国际市场,使经济多样化并提高食物安全。
(13) 消除由于进口障碍所产生的曲解。
(14) 把环境退化和经济政策相联系。
(15) 给予人们为可持续生存而采取适应性战略的权利。

## 7.1.4　自然资源和生物多样性

不可逆转的生物多样性的损失可能由于高强度的、经常的、一定范围的植物火灾、栖息地的变更以及土地利用的改变而加速。温度、降水、太阳辐射和风的时空分布的改变将加速沙漠化(Tucker 等 1991)。

森林覆盖占陆地面积的 1/6(FAO 1999)。这些区域提供了碳吸收、存储和传递降水所需要的水分、保持土地肥力和形成多种植物和动物种群栖息地的生态系统服务。它们也提供了柴火、建筑木材、传统的药材、主要的食物,以及干旱时的应急食物。很大一部分非洲人口依靠森林资源。下一世纪干燥的林地和热带稀树草原将进一步遭受干旱和高强度的土地利用——包括向农业用地的转换(Desanker 等 1997)。物种可能对变化的气候和受到干扰的体制按照各自的特性做出响应,具有一定的时间滞后和重组的时期。

向森林资源倾斜的一些前景可观的适应性策略包括:
(1) 允许本地物种的自然再生。
(2) 高效能的厨灶。
(3) 可持续的森林管理。
(4) 基于群落的自然资源管理。

非洲占地球陆地面积的 1/5,包含地球上大约 1/5 的植物群和动物群(Seigfried 1989)。生物多样性潜在的危险地区受到降水的季节性移动、气温的升高和大气中二氧化碳变化的威胁。这种生物多样性是非洲人民一种重要的资源(例如:食物、纤维制品、燃料、庇护所、药材、野生动物贸易)和经济上重要的旅游工业。土地利用改变对所影响地区的生物多样性的影响将超过未来气候变化所带来的影响。如果没有适应和减缓策略，由于改变生态系统特征和物种迁移或消失，气候变化的影响将减小保护网的效力。

适应需要不同国家可能包括横贯边境的自然保护区间一种共同承担风险的方法。

## 7.1.5 人类健康

气温（图 7.3）和降水变化将对人类健康带来负面影响。地理位置（如靠近水地带）、社会经济的状态（住宅群的质量）和有关预防措施的认识，都可能会加剧健康的风险。1997—1998 年厄尔尼诺事件之后，疟疾、东非大裂谷热病、霍乱的爆发在东非已有记录。脑膜炎也已经向东扩展。薄弱的基础、土地利用的变化、病菌的抗药性，已经加重了疾病的传播。疟疾在卢旺达的增加可以用降水和气温的改变来解释（Loevinsohn 1994）。霍乱是水源性和食源性疾病，发病率的提高和海面气温的上升相联系（Colwell 1996）。脑膜炎感染通常在干季中期开始，在雨季开始几个月后结束（Greenwood 1984）。传播可能受变暖和降水减少的影响。降水增加可能使感染东非大裂谷热病的风险增加。生物燃烧和维修保养不够的交通工具带来的排放所引起的升温，可能增加呼吸系统疾病以及眼睛和皮肤的感染（Boko 1992）。

对气候变化的适应性必然将提高对气候如何影响这些疾病传播的认识。一些有效的适应性选择包括：

(1) 及早和有效的准备。
(2) 安全饮用水技术。
(3) 杀虫剂处理织物（例如，蚊帐和床帘）以便降低疟疾感染（Lengeler 1998）。
(4) 遥感预测疟疾和霍乱的危险（Hay 等 1998）。
(5) 饮用沸水和过滤水。

## 7.1.6 居住和基础设施

洪水、热浪、沙尘暴、飓风和其他极端事件发生频率的增加引起基础设施的退化，导致与社会、健康以及经济服务有关的系统的严重退化。海面上升、含盐海水的入侵和洪水将给非洲经济带来严重的影响。和气候变化有关的极端事件可能使与污染、卫生设施、垃圾处理、水供应、大众健康、基础设施、产品技术有关的问题的管理更加困难（IPCC 1996）。在海岸带 100 km 之内（Singh 等 1999）、高经济潜力的地区、河流和湖泊流域、靠近主要交通要道的地带以及气候宜人的地带，通常是高密度人口居住区。

海平面升高可能正在毁坏海岸带和港口地区。强降水对陆地交通网和空中航线可能有严重的负面影响。气温的升高和空气污染导致呼吸系统疾病发病率的升高。

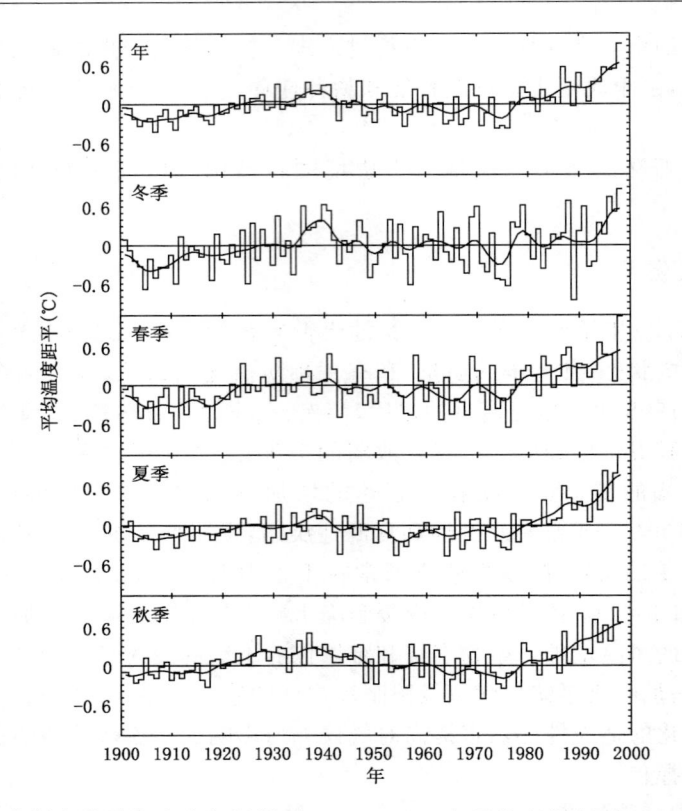

图 7.3 非洲大陆平均地表气温距平(1910—1998 年平均气温相对于 1961—1990 年平均气温的距平)。分别为年和四季(冬季 12—2 月、春季 3—5 月、夏季 6—8 月、秋季 9—11 月)气温距平。平滑曲线由 10 年高斯滤波得到(摘自:Desanker 等 2001)。

一些适应选择可能包括:
(1)在海岸带国家之中进行区域的整合。
(2)沿海防御系统。
(3)能够抵御极端事件的基础设施设备的设计(例如,道路和通讯)。
(4)设计具有自然通风等的建筑以应对气温的升高。
(5)清洁空气政策和严格的空气质量标准。
(6)洪水控制管理技术。
(7)更好地认识河流流域的水文情况。
(8)鉴别脆弱区域并且计划应对机制。
(9)洪水早期预警系统。
(10)改革建筑设计,如使城市内涝最小化。

(11) 区域合作共享水电潜能。

(12) 进一步加强可再生能源的利用,如太阳能、风能、生物能和沼气。

## 7.2 亚洲

### 7.2.1 脆弱性

亚洲占有超过世界 60% 的人口,引起它的自然资源承受着压力,同时大多数部门对气候变化的恢复能力是差的。亚洲拥有世界上最大的陆地,其地貌、气候和人口有极大的差异。因而,亚洲的不同区域对气候变化的脆弱性差别很大,并且需要适应选择的多种业务。

环境问题和非洲相似,包括森林砍伐、水资源短缺和污染、土地退化和海岸侵蚀。比非洲更多的问题是,亚洲的环境问题还集中在大量的人口超过百万的大城市,这些大城市遭受垃圾处理问题、不可持续的水资源供应以及空气污染等的困扰。许多问题,可能由于气候变化而加剧。气温已经清楚地显示出正在升高(图 7.4)。

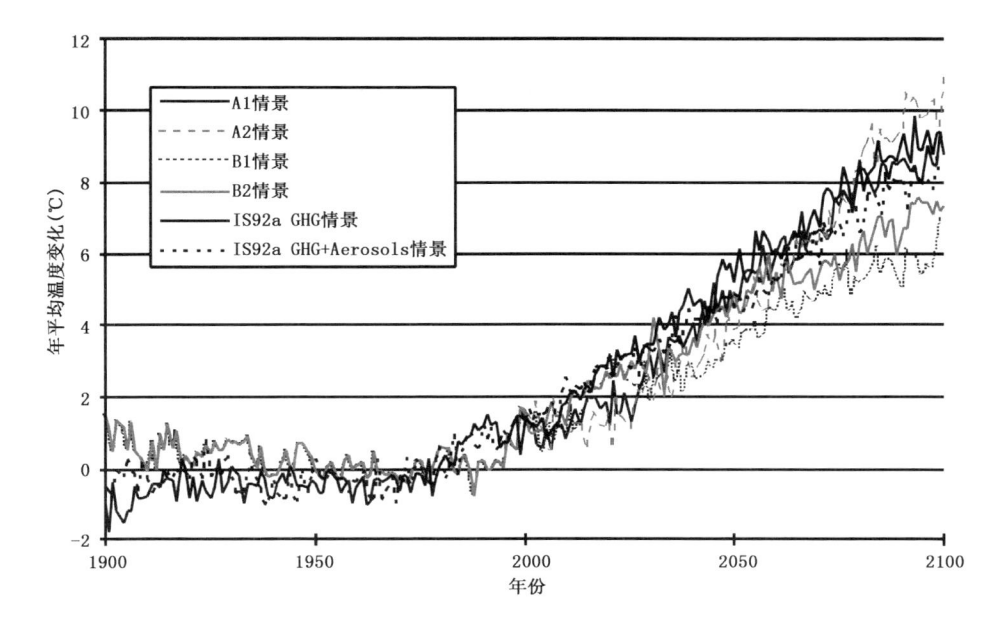

图 7.4 CCSR/NIES 全球海气耦合气候模式模拟的 IS92a 和 SRES 排放情形下亚洲陆地面积平均的年平均气温未来趋势。摘自:IPCC 2001

如表 7.1 所示，当农作物产量(Naylor 等 1997)和水产业受到热量、水分胁迫、海平面升高、洪涝增加和大风的威胁时，粮食安全成为首要关注的问题。气候变化会加剧目前由于土地利用和覆盖变化以及人口压力对生物多样性造成的威胁。许多物种(特别是栖息在沿海地区和山区的)可能经历了数量的大量降低。由于气温的升高，高山地区物种之间的竞争可能会导致新物种的接替。预计森林火灾发生频率在亚洲北部有所上升(Valendik 1996)。气候变化可能影响初级生产力、物种的构成和迁移以及病虫害和疾病的发生(Melillo 等 1996)。北半球高纬度地区显著地增暖可能导致永久冻土带的变薄和消失(Nelson 和 Anisimov 1993)。降水的变化可能影响河流和湖泊的水质(Fukushima 等 2000)。淡水的可用量和水质预计对气候变化是高度脆弱的(Arnell 1999a)。径流预计在高纬地区和近赤道地区增加，在中纬度地区减少(IPCC 1998)。亚洲发展中国家对诸如台风、气旋(Walsh 和 Pittock 1998)、干旱和洪涝等极端气候事件是非常脆弱的。海平面的升高将使大的三角洲和低洼海岸线地区被淹没(Huang 1999, Walker 1998)，如表 7.2 所示。大气二氧化碳浓度的增加和随之而来的海面气温升高可能已经对暗礁的增长和生物多样性有严重的破坏。近些年来，海水温度异常和海流的变化已经导致商业捕鱼业低迷(Yoshino 1998)。更加湿暖的条件可能提高和热有关的潜能(Ando 1998)和增加疾病的传染(Colwell 1996)。

表 7.1 1979—1999 年亚洲粮食安全：亚洲所选国家水稻种植面积的变化，摘自：Lal 等(2001)

| 国家 | 年份 | 水稻种植总面积 ($10^4$ hm$^2$) | 水稻种植面积的变化 ($10^4$ hm$^2$) | 水稻种植面积变化率 (hm$^2$/a) |
|---|---|---|---|---|
| 孟加拉 | 1979 | 10160 | 310 | 14762 |
|  | 1999 | 10470 |  |  |
| 柬埔寨 | 1979 | 774 | 1187 | 56524 |
|  | 1999 | 1961 |  |  |
| 中国 | 1979 | 34560 | −2840 | −135238 |
|  | 1999 | 31720 |  |  |
| 印度 | 1979 | 39414 | 3586 | 170762 |
|  | 1999 | 43000 |  |  |
| 印度尼西亚 | 1979 | 8804 | 2820 | 134286 |
|  | 1999 | 11624 |  |  |
| 马来西亚 | 1979 | 738 | −93 | −4429 |
|  | 1999 | 645 |  |  |
| 缅甸 | 1979 | 4442 | 1016 | 48381 |
|  | 1999 | 5458 |  |  |
| 尼泊尔 | 1979 | 1254 | 260 | 12381 |
|  | 1999 | 1514 |  |  |
| 斯里兰卡 | 1979 | 790 | 39 | 1857 |
|  | 1999 | 829 |  |  |

续表

| 国家 | 年份 | 水稻种植总面积 ($10^4 \text{ hm}^2$) | 水稻种植面积的变化 ($10^4 \text{ hm}^2$) | 水稻种植面积变化率 ($\text{hm}^2/\text{a}$) |
|---|---|---|---|---|
| 巴基斯坦 | 1979 | 2035 | 365 | 17381 |
|  | 1999 | 2400 |  |  |
| 菲律宾 | 1979 | 3637 | 341 | 16238 |
|  | 1999 | 3978 |  |  |
| 泰国 | 1979 | 8654 | 1346 | 64095 |
|  | 1999 | 3978 |  |  |
| 越南 | 1979 | 5485 | 2163 | 103000 |
|  | 1999 | 7648 |  |  |

表 7.2 亚洲海平面升高：对于所选的海平面升高量级和无适应性措施下，亚洲国家潜在的陆地损失和受威胁的人口，摘自：Lal 等（2001）

| 国 家 | 海平面升高 (cm) | 潜在陆地损失 ($\text{km}^2$) | （％） | 受威胁的人口 （百万） | （％） |
|---|---|---|---|---|---|
| 孟加拉 | 45 | 15668 | 10.9 | 5.5 | 5.0 |
|  | 100 | 29846 | 20.7 | 14.8 | 13.5 |
| 印度 | 100 | 5763 | 0.4 | 7.1 | 0.8 |
| 印度尼西亚 | 60 | 34000 | 1.9 | 2.0 | 1.1 |
| 日本 | 50 | 1412 | 0.4 | 2.9 | 2.3 |
| 马来西亚 | 100 | 7000 | 2.1 | >0.05 | >0.3 |
| 巴基斯坦 | 20 | 1700 | 0.2 | n.a. | n.a. |
| 越南 | 100 | 40000 | 12.1 | 17.1 | 23.1 |

注：n.a. 表示不可估计。

## 7.2.2 适应性

适应性策略在整个亚洲地区将不得不加以区分。对气候变化的适应性取决于措施的承受能力、可得到的技术和生物物理的约束，例如：水陆资源的可利用性、土壤特征、农作物育种遗传的差异和地形。对于陆地资源、水资源和粮食生产将不得不采用应对的策略。在亚洲的发展中国家中，选择如控制人口增长、缓解贫困、有关食物生产的能力建设、卫生保健体系变迁、水资源管理，在创建抵御气候变化所带来的负面影响较强复原能力的社会体系方面，保持巨大的潜力。适应性措施应该考虑到气候变化预估的潜在影响。在亚洲的不同地区难于普及适宜的适应性选择，但我们可以对不同的地区试图列出一些可能的优先选择。

在极端天气事件情况下，在区域和国家层面上的一系列预防性措施，包括在社团中危险因素的知晓和接受，将有助于避免或减小灾害对经济和社会系统的影响。对洪涝和干旱的早期预警系统将有助于避免主要的灾害。

农业适应性选择包括:(a)选择适合的农作物;(b)土壤保护;(c)种子播种日期的改变;(d)化肥的最优使用和发展农业技术;(e)改变作物类型使其对蒸散(发)不脆弱;(f)利用遗传资源培育耐热作物,以可能更好地适应较干暖的气候;(g)维持种子库;(h)鼓励温室农业;(i)预防土壤退化;(j)从遗传学来改变作物的结构和生理学,以适应变暖的环境状况并且开拓二氧化碳增加对作物生长和水分利用效率的潜在的有益影响;(k)提倡使用高产量品种和科技应用;(l)利用价格和市场政策以减小对贫困农民的影响。

正在增加的人口数量和正在增长的经济产品对水资源的需求正在增长,目前,这种需求不可能得到支持。为了确保对以消费和灌溉目的用水方面未来有足够的和安全的可用水量,提高用水效率和需求管理以及保护和增加水供应是至关重要的。为了达到这个目标,并且同时能够减小对气候变化影响的脆弱性的选择包括:(a)提高再循环水利用的能力和独立的用水系统;(b)干季减少工业用水量;(c)航用河道底部挖深以方便通过河道的货物运输;(d)径流管理和灌溉技术(例如,用水库控制河水径流,水运输和实行土地保护措施);(e)收集雨水和实行其他水保措施。

由于亚洲自然陆地面积的缩小,生物多样性损失的威胁尤其严重,主要来自当今人类的压力。同时,生物多样性也可能受到来自气候变化的不断增加的压力。可能的适应性选择包括:(a)建立大范围的和相互连接的保护区;(b)减少生境破碎化和提倡发展迁移通道和缓冲带;(c)提出完整的生态系统计划和管理;(d)鼓励混合利用策略;(e)用对气候变化抗尼性物种去修复和恢复受到影响的生态系统(尽管引进外国品种不得不要小心谨慎);(f)减少森林砍伐和保持自然的栖息地。

对沿海资源适应性选择包括:(a)执行海岸带管理计划;(b)修缮基础设施以适应海平面的升高;(c)保护湖泊和水库;(d)着手准备重新安置计划以应对海平面的升高;(e)改善对极端天气(如台风和风暴潮)的紧急准备;(f)保护海洋资源和湿地;(g)允许移民。为了使现存的水上资源能不断满足区域及国家营养的需求,需要发展水产业、有效的保持措施、海洋和内陆渔业可持续性管理。

亚洲不断增长的人口流向对气候变化影响脆弱的地区正在增加。在基础建设方面的适应性选择包括:(a)改变建筑结构使其能够为不断增长的人口提供居所并且减少洪涝和干旱的危险;(b)建筑耐热基础设施,采取措施以便减小空气和水污染;(c)保护海岸免受洪涝和海平面升高的损害;(d)在对海平面升高敏感的区域,制定社会的和制度上的适应性计划,并且发展和提倡危险管理系统。

气候变化对人类健康的影响,提倡采用适应性选择。这些包括:(a)发展技术/工程方案以便预防媒介疾病;(b)改善健康保健服务系统,包括监督、监测和信息分发;(c)提高公众教育和文化水平;(d)改善垃圾处理的基础设施;(e)改善卫生设施设备。

总体而言,需要继续监测关键气候因子的变率,并且需要高质量地制作天气预报。制定土地利用计划并且还需要改进重组。气候适应行动需要在区域内的国家中视为同等重要。公众对计划、适应性和减缓策略的认识和参与是基本的,因为传统的知识可以被用做未来的计划。

## 7.3 澳大利亚和新西兰

### 7.3.1 脆弱性

澳大利亚和新西兰,因为国家富足,他们与许多发展中国家相比对气候变化有较大的适应能力。但是,由于气候和生态系统的多样性(包括沙漠、雨林、珊瑚礁和高山地区),澳大利亚的生态系统对气候变化是非常脆弱的(IPCC 1998)。新西兰(一个面积较小而又多山地的国家且具有比较温和的海洋性气候)和澳大利亚相比,对气候变化的脆弱性较小(IPCC 1998)。气候变化将加剧现有的压力(例如,在脆弱的沿海地区,快速发展的人口和基础设施,对水资源的不适当利用和复杂的体制管理),并且阻碍土地利用的可持续性、陆地和水上生物多样性保护方面取得成绩。

澳大利亚部分地区在农业、电力、市区和环境流量之间,用水竞争非常激烈。农业对降水减少和气温升高是脆弱的。澳大利亚和新西兰的大部分出口产品是农业和林业产品,它们对气候变化、水分有效性、二氧化碳水平和病虫害是敏感的。区域内渔业受到周围水域富有营养的上翻流的影响。厄尔尼诺南方涛动(ENSO)影响一些鱼类的补充和有毒海藻开花的发生频率。气温的升高将对现在已经接近其生长温度上限的物种带来威胁。生境破碎化增加了物种的脆弱性。海平面的升高、二氧化碳的增加、气温的上升、污染的增加和热带飓风的危害,把珊瑚礁生态系统放在了高危险的水平上。热带气旋强度的增加以及它们的位置和频率的可能的变化将会有重要的影响(Pittock 等 1999)。高强度降水频率的增加将会增加对居民住所和基础建筑的洪涝灾害。气温升高导致的雪线上升使高山生态系统和滑雪行业受到威胁。尽管存在生物安全和健康服务体系,气候变化将增加和洪涝、干旱、气温升高有关的疾病的传播。

### 7.3.2 适应性

对气候变化的适应性,作为一种收益最大化损失最小化的手段是重要的。澳大利亚和新西兰的自然生态系统只有有限的适应能力,并且许多管理系统将面临着由于资金、可接受性和其他因素所强加的适应性限制。土著居民参与计划的制订过程将对源自气候的适应性政策方面是有益的。表 7.3 为澳大利亚和新西兰提供了一些适应性选择建议。

(1) 水：提高用水效率，有效的水贸易机制，水价，更适当的土地利用政策，减少森林砍伐，这些森林砍伐将增加径流、增加与洪涝有关的损害的风险以及增加水的污染物。

(2) 农业：提供气候信息和季节预报，改进农作物品种。

(3) 生物多样性：林地可以减轻干燥土地的盐度，并在碳贸易计划中获利。

(4) 居住社区：修订工程标准和发展分区基础建设，空调系统以及其他的器具以减少暴露在热环境中。

(5) 健康：改善生物安全和健康服务体系，纱窗和门以减少暴露到疾病媒介下，隔离和根除疾病媒介。

表 7.3 澳大利亚和新西兰的一些影响和适应性选择

| 部门/问题 | 影响 | 适应性选择 |
| --- | --- | --- |
| 水文和水供应 | 在一些地区水资源已经成为压力，并且因而是高度脆弱的（Schreider 等 1996）。一些河流盐度增加并且可见海岸的蓄土层 | √提高用水效率和有效的水贸易机制<br>√水的计划、分派以及价格<br>√选择水供应的消费<br>√在海水入侵的情况下，撤退应该是一种选择 |
| 陆地生态系统 | 气温升高 1℃ 将对现在已经接近其生长温度上限的幸存物种带来威胁（Whitehead 等 1992）。生物多样性的减少、火灾危险的增加和杂草的入侵是气候变化对这些系统的一些影响（Noble 等 1996） | √改变土地利用措施<br>√景观管理<br>√防止火灾 |
| 农业、牧业和林业 | 农业活动是脆弱的，特别是在澳大利亚西南和内陆地区由于降水的减少。由于干旱、森林火灾危险有所增加。虫害和疾病的传播很明显（Sutherst 等 1996）。最初，二氧化碳的增加提高了生产力，但很可能被后来进一步的气候变化影响所抵消。 | √为土地使用者提供气候信息和季节预测，以便帮助他们应对气候变率<br>√改善作物栽培品种<br>√更合适的土地利用政策<br>√管理和政策的改变<br>√火灾预防<br>√行销和计划编制<br>√小生境和燃料作物<br>√碳贸易<br>√排除和昆虫喷洒<br>√改变农田措施和转变工业再安置 |

续表

| 部门/问题 | 影响 | 适应性选择 |
|---|---|---|
| 水上和沿海生态系统 | 这些系统受到富有营养的上翻流的范围和位置的影响,上翻流由盛行风和边界层流控制。ENSO影响一些鱼类的补充（Harris等1987）和有毒海藻开花的发生频率。水生系统也遭受高水平的超营养作用。珊瑚变白化值得严重关注（Hoegh-Guldberg等1997）一些沿海的淡水湿地的盐化是普遍的。 | √需要物理的干预去防止淡水湿地的盐化<br>√改变水分配<br>√减少营养流<br>√珊瑚播种<br>√渔业的监测和管理 |
| 居住和工业 | 降水频率的增加和较高强度降水的增加将会增加对居住和基础设施的洪涝灾害（IFRCRCS 1999,Pittock等1999）。 | √基础设施发展的分区制<br>√减灾计划<br>√建筑和基础设施的工程标准 |
| 健康 | 气候变化可能增加疾病的传播和与热有关的疾病（Hales等2000），以及光化学空气污染。 | √提高生物安全和健康服务体系<br>√隔离检疫<br>√根除或控制疾病<br>√排放控制以防止光化学空气污染效应 |

## 7.4 欧洲

气候变化的影响在欧洲的不同地区是很不一样的。更多的边远地区和极少数的富有地区的适应性可能更小。气候变化很可能加大了南欧与北欧之间水资源的不同（Arnell 1999b）。预计水短缺的风险会加大,尤其是在南欧。考虑到气温升高以及大气中二氧化碳浓度增加,自然生态系统将会改变。预计将会出现动植物的迁移、重要的生活环境的破坏以及自然保护区多样性的降低。在南欧更暖更干的气候条件下,土壤性质将会恶化（Rounsevell等1999）。在山区,温度升高将使生物带上移（Beniston等1995）。北欧商用林的木料产出会增多（Sykes和Prentice 1996）,但是由于旱灾和火险的增多,地中海的木料可能减少。由于大气中二氧化碳浓度增加,大部分作物的农业产量将会增加（Harrison和Butterfield 1999）。然而,由于南欧和东欧的水短缺的风险,这种效应将会被抵消。气候变化会引起动物迁移,因而影响海鱼和淡水鱼以及甲壳类动物的生物多样性。由于财产损失,保险业将面临潜在的昂贵的气候变化影响（Dlugolecki和Berz 2000）,但是如果我们立即积极行动起来,就可以在更大范围采取适应措施。由于海平面升高和极端事件的增多,集中在海岸附近的工业,必须采取保护措施或者重新部署（Nicholls和de la Vega-Leinert 2000）。

由于温度升高,娱乐选择可能随之改变,户外活动会更流行。然而,高温将减少地中海假期传统的峰值需求量,降雪减少的状况可能对冬季旅游有相反的影响。在海岸地区洪涝(表 7.4),侵蚀和湿地减少的风险将增加,涉及人类居住、工业、旅游、农业以及海岸自然环境等诸多方面。由于处在高温环境(受城市空气污染而恶化)的时间增多、媒介疾病的蔓延以及海岸与河边洪涝灾害增多,人类健康将面临一系列的风险。然而,目前的证据显示:增暖使冬季死亡人数减少。

**表 7.4** 1990 年及 2080 年代欧洲海岸附近洪涝灾害的影响和范围的估算。洪涝影响范围的估算对保护措施的设定标准极为敏感,并且应该仅只在指示项中得到解释(不包括前苏联)

(来源:Nicholls 等 1999)

| 地区 | 洪涝影响范围 |||
|---|---|---|---|
| | 1990 年影响人数(百万) | 1990 年经历洪水的平均人数(百万) | 2080 年代假定不采取适应措施因海平面升高造成的增长(%) |
| 大西洋沿岸 | 19.0 | 19 | 50～9000 |
| 波罗的海沿岸 | 1.4 | 1 | 0～3000 |
| 地中海沿岸 | 4.1 | 3 | 260～120000 |

## 7.4.1 适应

由于经济条件(国民生产总值很高以及出生率稳定)、稳定的人口以及完善的政治、制度和技术支撑体系,在西欧、北欧和南欧社会经济系统的适应能力是比较高的。然而对自然系统的潜在适应能力一般较低。在中欧和东欧的部分地区适应能力更低。以下,我们给出一些在水资源、农业、海岸带管理和生态系统方面的适应选择建议。

水:南欧的许多地方将不得不适应由于气候变化导致的水分利用降低。可以在供求两方面采取措施来适应这种变化。供应方面的适应选择包括:(a)改变操作规则;(b)增加水源之间的联系;(c)寻找新水源;(d)改进季节预测;(e)发展灌溉新水源(如农业池塘、收集冬季径流);(f)加强洪涝灾害保护措施;(g)增强水位管理及挖泥以利于航行;(h)安装或增加储水设备以利于发电。

需求方面的选择包括:(a)减少需求(通过定价、宣传、必要条件立法等);(b)提高灌溉效率、改变种植模式;(c)预估洪涝灾害损失的严重风险,以及重新部署以减少影响;(d)在航海中使用较小的船只;并且(e)提高冷却水的利用效率来发电。

农业方面有发展前途的短期选择包括:(a)改变种植日期和培育新品种;(b)改变外界输入(如化肥、杀虫剂);(c)利用土地管理技术来维持土壤功能;(d)改进应用技术,提高水质量和完善水管理;(e)控制土壤 pH 值(酸碱度)以防止酸化;(f)保护土壤,避免侵蚀;(g)改良设备、完善定期耕种使土地得到修整;(h)改进灌溉技术和时间安排;(i)采取措施保护土壤湿度;(j)使用肥料、减少耕作以及实施作物轮种以保存土壤有机物;(k)覆盖以维持土壤温度;(l)定期施用肥料和淤泥以改进水运动和土壤结构;以及(m)改变土地利用维持正常碳通量。

农业方面一些其他的长期适应选择包括:(a)改变土地利用,产量年际变化较大的作物(如小麦)也许可以用低产但稳产的作物(如牧草)来代替;(b)生物技术和发展"设计培育植物";(c)更加耐旱抗热的替代作物;(d)改变小气候,提高水分利用效率(如种植防风林以减少蒸发);(e)间作以提高单位面积产量;(f)改变农业系统,以形成具有牲畜和有机耕种的混合农业,使其对环境变化有更大的弹性(IPCC 2001)。

欧洲的几个沿海地区很容易受到海平面升高的影响。在许多地方,没有现成的沙源以用于海滩支撑物。海岸防护管理的重新安排将有助于防止由于海平面升高和洪涝引起的洪水。需要发展战略管理方法,使之既能满足人类持续的需要,又能保护海岸生态系统。发展新的方法即权衡保护人类和经济免受海岸环境退化的损失,这将需要多种学科的研究。

需要保护苔原生态系统免受诸如土地开发和旅游的压力。在湿地附近建立缓冲区,并且恢复已经受到破坏的湿地,将会把压力减到最小(Hartig等 1997)。现在应该开始种植适应未来气候的树木。然而,考虑到气候变化影响的不确定性,因而还不可能采取这些措施。

## 7.5 拉丁美洲和加勒比地区

这个区域面临的许多环境问题同亚洲和非洲一样,但是同时还特定地面对如土地占用、自然生态系统的过度开采(例如:森林和渔业),以及诸如地震和飓风自然灾害(UNEP 2002)等问题。拉丁美洲显著的收入分配不公平,使穷人面对气候变化更为脆弱。由于 ENSO 事件,拉丁美洲承受明显的气候变化(表 7.5)。

表 7.5 拉丁美洲的一些国家中在 IS92 情景下的预估的变化
(来源:de Siqueira 等 1994,de Siqueira 等 1999)

| 地区 | 温度 | 降水 |
| --- | --- | --- |
| 墨西哥 | 上升 | 减少 |
| 哥斯达黎加 | | |
| 太平洋部分 | +3℃ | −25% |
| 加勒比东南部分 | | 少量增加 |
| 尼加拉瓜 | | |
| 太平洋部分 | +3.7℃ | −36.6% |
| 加勒比部分 | +3.3℃ | −35.7% |

续表

| 地区 | 温度 | 降水 |
|---|---|---|
| 巴西 | | |
| 　　中部、中南部 | +4℃ | 秋季+10%～+15%,夏季减少 |
| 阿根廷中部 | 夏季：+1.57℃（+1.08～2.21℃）,冬季：+1.33℃（+1.12～1.57℃） | 夏季：-12%,冬季：-5% |

热带气旋在中美和南墨西哥非常普遍,并且经常和暴雨、洪水及山体滑坡联系在一起。自大约1970年以来,拉丁美洲的冰河已经退缩(INAGGA-CONAM 1999);在高山地区的增暖可能引起雪和冰面的明显消失。拉丁美洲是地球上生物多样性密度最大的地区之一(Heywood 和 Watson 1995),所以当地气候变化的影响会加剧生物多样性损失的风险。全球增暖将彻底改变淡水的可用性。降水和温度的潜在变化对于径流、土壤湿度、蒸发以及一些水文区的干旱化将会产生巨大影响(Mendoza等1997)。农业是拉丁美洲的支柱产业,并且毫无疑问将由于气候变异的影响而受到严重侵袭。生长季节的缩短和降水的改变以及因此造成的农业产量的减少,将会有破坏性的后果。预计气候变化将会引起土壤中碳和氮储量的变化。在牧场饲养的家畜,没有干草或其他饲料储存。因此,干旱时间一长,将会影响家畜产量。种植林(在巴西的一种主要的土地利用)可能受到降水和水的可用性的减少的影响。在种植区气候变干还可能导致火灾加剧。降水和径流的变化也许对红树林群落有重大影响。海平面升高将缩小目前红树林的栖息地而影响红树林生态系统(Twiley等1997)。海岸洪水可能影响水资源和农业用地,加剧社会一经济和健康问题。温度升高将缩短作物周期从而减少其产量(Rosenzweig 和 Hillel 1998)。气候变化对健康的影响应该取决于人口的数量、密度、住处和财富(McMichael等1996)。ENSO(温度和降水的增加)导致带菌人群数量和水—媒介疾病的变化,以及此后一些疾病地理分布的变化。极端事件倾向于增加死亡率和发病率。所有这些气候影响加剧了目前存在的问题并且可能阻碍了对区域经济的持续发展的努力。

## 7.5.1 适应

拉丁美洲因适应能力低、高度脆弱性和社会经济系统差而受损害,特别是应对极端气候事件。与海平面升高对海岸生物多样性的影响有关的适应性选择包括建立国家级的法律体系和国家级的策略以保护包括陆地、海洋、海岸专用地的生物多样性。研究发现,在墨西哥增加氮肥是提高玉米产量的最佳选择(Conde等1997)。在阿根廷,可以调整种植日期,避开为数不多的几次晚霜以利用有利的热力条件来增加小麦、玉米和向日葵的产量(Travasso等1999)。为了获得更能适应新生长条件的品种，可以进行遗传改良。在乌拉圭和阿根廷，提高光周期敏感性使小麦和大麦作物的生长季延长（Hofstadter 和 Bidegain 1997，Travasso 等 1999）。可以把耐高温的紫花苜蓿作为一种替代的家畜草料作物。对于抵御疾病和对人类健康的其他威胁，必须实施预防和响应机制。

## 7.6 北美

虽然北美是全球性的火车头并且具有高水平的发展，但是该区域的确有一些严重的环境问题（UNEP 2002），其中一些可能因气候变化而恶化。北美将受到正、负两方面气候变化的影响。

温度升高很可能导致径流的季节性迁移，冬季径流更多而夏季有可能减少，使夏季用水短缺并且质量下降。证据表明全球增暖会引起年平均径流流量、季节分布、极端高和低流量的概率发生实质性的变化（Mearns 等 1995）。与降水、蒸散、江河总流量变化联系在一起的河道的变化使水质量发生改变。有证据显示：在全球变暖条件下，由于大气中的可视水容量的增加，降水事件的强度可能增加。一些地区，预估的降水强度增加可能造成侵蚀和沉降增强（Mount 1995），在一些流域可能增加洪水的风险（IPCC 1996）。由于水温升高造成蒸发增加可能会影响未来湖面和流出量（Mortsch 等 2000）。

在气候变异和影响海洋鱼类的产量与空间分布的过程，以及商业性捕鱼作业未来的不确定性变化之间有一种复杂的关联（Boesch 等 2000）。气候（在海洋环境中有关的变化）包括海平面温度、营养供应、环流动力学的变化——对判断北美几个渔场的产量有重要作用。

依靠现有的条件，全球变暖和富含二氧化碳对作物产量可能有正负两方面作用。预计从二氧化碳的直接生理学效应导致的产量增加，与农户和农业市场标准的调整（例如：行为的、制度的、经济的）将会抵消其损失（Reilly 等 2000）。变暖可能影响生长季，并且夏季温度和水胁迫将限制产量（Rosenzweig 和 Tubiello 1997）。野草、作物疾病、害虫的分布和繁殖很大程度上由气候决定。气候变化可能影响家畜食欲或者影响草原草料和提供饲料的质量和数量的变化。

预期气候变化会增加森林的面积和生产力（Myneni 等 1997）。然而，极端和/或长期气候变化情景则表明有大范围下降的可能性。由于气候变化，预期森林类型的地理范围将改变，火灾和虫害的发生频率将增加，以及二氧化碳储存能力将改变。

有充足的证据表明：气候变化还会导致特殊的生态系统类型的减少，诸如高山地区、特定的海岸（如盐水沼泽）和内陆湿地类型（如林间小空地"壶穴"）预计气候变化对湿地的结构和功能有明显影响，主要通过水利改造，特别是地下水位变化（Clair 和

Ehrman 1998)。海岸和海洋生物区还对上翻流、洋流动力学、淡水的流入、盐度和水温的变化是脆弱的(Boesch 等 2000)。与气候有关的压力可能通过诸如改变出生率、食物供应、再生和存活能力等生理学效应直接作用于野生生物。

在美国，由于气温、水温升高，以及来自农业和城市表面径流的增加，疾病传播范围可能扩大。热浪更多更强可能引起发病率和死亡率增大，特别是在小孩、老人和体弱人群中，尤其是在大城市中心。雷暴增多可能导致哮喘增加。频发的洪水和其他极端事件可能造成死亡和受伤、传染病和压力引起的失调等的增加，以及影响其他与社会混乱、因环境被迫迁移、居住在贫民窟等联系在一起的健康效应。随着气温升高，再加上来自农业和城市表面的严重径流事件，与水有关的疾病可能增加。

在城市中心的高度集中发展，可能受到与气候变化有关的极端事件的更严重损失。因为全球变暖可能引起诸如热胁迫、水短缺和强降水问题，因此大城市应作为高风险的地区被考虑。

冬季娱乐和商业场所可能受到温度升高的负面影响。季节长度的变化，以及与娱乐活动有关的资源设施的可利用性和质量将受到影响。极端事件如飓风、雪崩、火灾、洪水、海滨的损失的频率和强度的改变，将对旅游和与之相关的基础设施具有相当可观的潜在影响。

由于人口继续向更脆弱的地区流动，保险损失将增长。与天气有关的事件的可变性或保险精算的不确定性增加，使保险公司受到负面影响。

### 7.6.1 适应

温度、降水、媒介疾病和水的可利用性的变化态势，将要求当地采取适应性的响应。社会团体可以通过在适应性的基础设施方面的投资，例如：暴风雨的防护、供水的基础设施和社会健康服务，来减少其对不利影响的脆弱性。农村的、贫穷的和土著的群体也许没有能力做这样的投资。此外，基础设施投资的决定除了建立在气候变化的需求外，还包括人口出生率和现有设施的老化等多方面需要。

作为对目前气候相关挑战的一种回应，一些创新的适应技术正在测试。然而，这些方法的执行情况需要考察。下面我们讨论一些主要出现在北美相关领域的适应选择，这些领域包括水资源、渔业、海岸地区、湿地和生态系统、森林与保护区、健康、人居基础设施和居住、以及保险体系。

水资源的适应：气候变化对水资源的影响，将与水资源需求程度和特征的调整和变化联系在一起。对于径流分布变化的适应响应包括改变管理及人工储存能力，加强地下水和地面水供应管理上的协调，以及用户之间自愿的水转移。目前，水从农业灌溉转移到城市和其他高附加值利用的趋势有所增加。这种重新分配提出了优先权问题，并且需要调整价格，这将取决于适当的制度化机制。为了平衡增长的需求和可供应量，水资源保护受到鼓励。在流域中为了减少蒸发的损失而采取的水库存储政策,可以减少消费用水损失(Booker 1995)。为了建立灵活应对未来水的可利用性的不确定的变化,正在探索水和环境市场的作用(Miller 等 1997)。把水和能源系统结合在一起的设计和运行正在改变。目前的水管理基础设施,能让北美公民充分利用水,并且减少极端高和低流量情况下的负面影响。已经建立起来的法律和制度,用来控制在竞争的用户中的水分配,并且确定个人、政府实体和其他组织的权利和义务。这些制度随地区变化和时间而改变,反映了在气候与历史气候和社会价值中的差异。在河边水法和许可制度之下,干旱情况下,政府的职权可以在调节水的使用中具有实质性的判断(Scott 和 Coustalin 1995)。

为了适应渔场和海岸地区的变化状况,可持续的渔场管理将需要有关影响鱼类生长的环境状况的及时和精确的科学信息,以及对于这样的信息迅速作出反应的制度化和可运作的能力。考虑到海岸地区设计为高需求区,应该鼓励水产业、栖息地保护和减少舰队船只。

更好地控制湿地的供水和排水、防止附加的压力和破碎化、建立高地缓冲区、控制外来物种、保护低流量和剩余水、努力恢复和创造湿地、同时以封闭方式尽力阻止湿地的外来物种的繁殖,应该有助于减少湿地对气候变率的脆弱性。建立地区清单和管理计划用以防御气候变化的风险也是可行的。

农业方面,农民对其输入和输出的选择的适应能力很难预测,并且将取决于市场和制度的信号。在考虑到未来气候变化会影响作物和木材供应的同时,农业和林业应采取新措施。农田层面的适应包括:(a) 改变作物收获日期;(b) 作物轮种;(c) 作物的选择和耕作中作物种类的多样性;(d) 灌溉用水消费;(e) 肥料的使用;(f) 耕作措施。

通过保持计划来鉴别和保护受威胁的生态系统,以减少森林和保护区的损失,对于适应有缓解的潜在能力。需要长期综合的系统以监控森林生长状况和干扰时期,这可以使气候变化对森林影响具有早期预警系统的功能。由于适应性管理的潜在作用,有管理的木材生产地区比起没有管理的森林受气候变化的影响更少。当有新的景观适应气候变化时,受威胁的生态系统可能会得到保护。

为了减少与气候有关的健康问题,社会经济因素(如公众健康措施)在确定疾病的存在和程度上起了重要作用。为了改变风险因素,需要管理社会健康。适应行为(如空调的使用和增加液体的饮入)能帮助人们度过高温期。防热的其他适应选择包括:(a) 发展公众范围的热突发事件应对计划;(b) 改进热-警报系统和更好管理与热有关的疾病(Patz 等 2000)。减缓极端事件对健康影响的适应措施可能包括:改进建筑规范、灾难政策、警报系统、撤退计划、灾害救助(Noji 1997)。减少水媒介疾病的适应管理包括:改进水安全标准、地面水和污水监测和处理以及卫生系统(Patz 等 2000)。为改变污染水平,已经采取诸如联邦立法和对一般公众与易受感染人群的警告等措施(Patz 等 2000)。

通过在适应性基础设施方面的投资，公众和团体可以减轻他们对气候变化的潜在的负面影响的脆弱性。根据历史气候情况，已经修建了高速公路、大桥、管路、住房、商业大厦、学校、医院、机场、港口、排水系统、通讯电缆、传输线路及其他一些基础设施（Bruce 等 1999）。同样，已经发展了土地利用实施和建筑规范，以提供有效的保护，使之免受现在的气候变化的影响。沿海团体已经发展了一系列体系以便管理因海平面升高造成的侵蚀、洪水及其他灾害。防洪堤坝通常能成功应对大多数天气变化（Wright 1996）。区域共同繁荣计划和管理可能对于适应增长的洪水风险更有效。

强降水事件的频率、强度、持续时间的可能的变化，要求改变土地利用方案和基础设施设计方面，以避免来自洪水、滑坡、污水外流、污染物排放到自然水体增加的损害。

在公众和个人保险方面，极端事件已经引起保险公司更多地关注建筑规范和灾害应对，限制保险的实用性或提高价格，以及建立新的风险传播机制。近年来，保险公司已经开始用模式来预测未来与气候有关的损失。政府作为灾害救助的保险者和提供者起了关键性作用，特别在个人保险认为风险不可接收的情况下。应该加大公共紧急救助和个人保险的作用。

## 7.7 极区

在世界任何地区之中，预计在极地区域气候变化最大。在主要的大陆地区已经观测到气温升高。降水增加和冰架惊人的消退是已经显现出来的信号，尽管这些发展还不能确定是否归因于气候变化（图 7.5）。

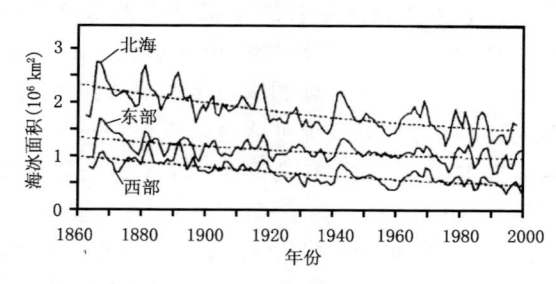

图 7.5 四月北海海冰范围时间序列图(1864—1998 年)（来源：Anisimov 等 2001）

北极对气候变化极其脆弱，预计将很快出现重大的自然、生态和经济的影响。需要考虑减缓解冻在其发达地区的有害影响（例如：严重损坏建筑物和交通设施）(Vyalov 等 1998)。然而，北冰洋海冰的消退可能开通生态—旅游业的海洋通道，这可能已经影响了贸易和当地社会。

由于降水增加,大多数南极冰层可能加厚。南极西部和格陵兰的冰层融化将对海平面升高有贡献。由于融化,水和径流增加,将导致流入北冰洋的淡水增加。夏季降水将要增加,但蒸发和蒸腾也将增加。如果再加上积雪融化较早,那么到夏末土壤湿度会非常低(Oechel 等 1997)。水文方面的变化、集水速率的可能增长以及冰的消融,可能会导致由于意外事件造成的污染物在更大范围扩散。冰盖和湖泊水文的变化也许使它们变成河流-媒介污染物的更大的汇。

气候变化可能导致北极主要生物群系的变更。有些物种也许会受到威胁(如海豹、北极熊)(Tynan 和 DeMaster 1997),在那里其他物种将繁殖(北美驯鹿,鱼)(Gunn 和 Skogland 1997)。气候变化最终也许会增加极区自然系统的总生产力(Henry 和 Molau 1997)。由于植物蒸发和蒸腾增加,泥沼地可能干涸。在苔原区,由于主要是无蒸腾作用的苔藓类被越来越多的维管植物取代,蒸腾就会增加(Rouse 等 1997)。在森林区物种组成可能改变,完整的森林类型可能消失,可能会建立新的物种的集合。冰层的融化将使更多的裸地暴露,使陆地生物发生变化。变暖可能使不耐热的物种灭绝。然而,其他可以耐热的物种会繁殖得更好。与全球变暖有联系的大洋环流的变化,可能影响具有商业重要性的鱼类的分布和迁移路线(Vilhjalmsson 1997)。暖水还将提高鱼类出生率。冰盖的消退为渔业的进入提供了方便。冰盖变薄应该使到达深水的太阳辐射增多,因而增强了氧的光合生产力,并且减少了冬季鱼类的死亡。然而,无冰季节的延长应该导致混合层厚度增加和降低氧的浓度,并且增加对冷水生物压力(Rouse 等 1997)。气候变暖可能改变管理方法。具有冰面的深厚积雪的存在使动物得不到食物。

从历史上看,本地物种在资源可利用性发生变化时已经表现出幸存的弹性和能力,但是它们对于气候变化和全球化的综合影响可能还欠准备(Peterson 和 Johnson 1995)。气候变化将破坏土著人及其传统的生活方式,例如:狩猎的范围和降雪的季节性等。由于多冰的永冻土的解冻引起海岸侵蚀和退缩,已经威胁到社会、世袭地、石油和天然气设施(Wolfe 等 1998)。

气候变化还可能导致提取石油和天然气的费用增加,因此,需要设计新的技术抵御这种变化。

## 7.7.1 适应

未来成功的适应于变化取决于技术的进步、制度的理顺、财政的支持、信息的交流。资金保管者从一开始就必须参与到研究,以及任何适应性和减缓措施的讨论中(Weller 和 Lange 1999)。技术发达的社会通过采用替代的传送方式和通过为了利用新的商业贸易机会的优势来增加投资,较容易适应气候变化。极地自然生态系统,将主要通过迁移和物种变异来适应气候变化。对于遵循传统生活方式的土著人群体,适应的机会受到限制。有必要对收割政策、劳动力和物力(例如:船、雪上汽车、武器等)的分配进行局地调整。需要维护自尊、社会凝聚力及社区文化的一致性。

可能需要广泛地挖壕沟以便抵御尤其是永冻土解冻造成的海岸不稳定和侵蚀的影响(Maxwell 1997)。随着航空和航海旅行的增加,需要建立极端天气记录网和航海的援助。需要设计新的建筑式样、铁路、河道,以及应对永冻土解冻、积雪、强风效应的建筑物(Maxwell 1997)。由于永冻土不稳定以及洪水,对于海岸边的石油和天然气设施以及冬季的道路都需要新的设计。

## 7.8 小岛国

小岛国对于气候变化是很脆弱的,这是由于:(a) 相对于广阔的海洋,它们的自然范围小;(b) 有限的自然资源;(c) 相对孤立;(d) 小规模经济的极端开放;(e) 对外部的扰动敏感;(f) 直接面对自然灾害和其他极端事件;(g) 具有高密度、迅速增长的人口;(h) 已有的基础设施很差;(i) 有限的资金、人力资源和技术(Maul 1996)。这些特点限制了小岛国减缓和适应气候变化与海平面上升的能力。

虽然这些岛国对全球温室气体排放的贡献不重要,但是由于对外部扰动的高度敏感性,以及对自然灾害的高度脆弱性,预估可能受气候变化和海平面上升的影响是很大的(Nurse 等 1998)。许多小岛国最关心的是经济的发展和缓解贫穷。因此,由于资源有限和适应能力低,这些岛国面临着在维持风俗方面适应他们的人口的社会和经济的需要的挑战。同时,他们必须制定适当的策略以适应来自气候变化的越来越大的威胁,尽管他们对气候变化的贡献极小。

这些岛国已经经受了海岸地带的变化,人类活动使得海岸更加恶化(Gillie 1997)。由于降低自然的恢复力和增加适应的费用,这将增加脆弱性(Nurse 1992)。需要给小岛国家提出严肃考虑的问题,即他们是否有能力在本国范围内适应海平面升高,例如无需安置他们的人口到其他国家。气候变化和海平面升高将造成物种组成和竞争力的转变(McIver 1998)。通常依赖稳定环境条件的珊瑚礁、红树林和海草场将受到气温、海温和海平面的升高的不利影响(Edwards 1995)。再过几十年,预计气温将超过造礁珊瑚的温度极限。因为可耕地和水资源的有限,使得水资源(Amadore 等 1996)、农业和渔业是关注的焦点。气候变化和海平面升高将引起脆弱的生物成分不利的转变并且在一些物种之中造成逆效应的竞争。

预估气候变化通过提高大气二氧化碳浓度直接和间接地影响广泛的生物多样性,可能一些物种会增加而另一些会减少,并且可能产生新的物种。

水供不应求,因为许多岛屿极其依赖雨水、河水、地表径流和有限的地下水。由于海平面升高和气候变化,土壤盐渍化将变得很普遍。

小岛国的粮食安全和出口创汇依赖于农业。高温胁迫、土壤湿度和温度的变化、蒸散和降水以及诸如洪涝和干旱极端事件,将影响一些现存的作物产量。预计气候变化将对岛上的暗礁－鱼类数量的丰度与分布造成严重影响。

人类系统可能会受到预估的气候和海平面变化的影响。这些国家的经济可能会被诸如气旋和风暴潮等极端事件对关键基础设施的破坏(例如:机场、港口、公路、海岸保护建筑、旅游建筑和重要的公用设施等)所毁坏。旅游业(对许多经济领域是一个主要的税收来源和工作机会)可能受到由于降水和温度的变化、珊瑚礁白化、海滩退缩的负面影响。重要的传统的遗产(例如:海岸附近的神社遗址)会受到海平面升高的影响。温度和降水的变化造成媒介和水媒介疾病的高发性。

## 7.8.1 适应

适应气候变化的发展需要将适当的减灾策略与结合其他领域的政策方针相结合:例如可持续发展战略、灾害的防止和管理、海岸综合管理和健康保障计划。

因为气候变化和海平面升高在未来是不可避免的,所以有必要实施合理利用资源的方案。加强和维护自然保护(例如重新种植红树林以保护珊瑚礁)、海滩的人造食物、提高海边村庄地面的高度(Nunn 和 Mimura 1997)、通过管道和驳船把沙子从"不重要的"岛屿运到重要的岛屿(IPCC 1990)。为了适应海平面升高,应采用增强海岸恢复力,允许以动力系统(如沙丘、泻湖、河口)为手段,以利用其自然生长能力(Helmer 等 1996)。由于有限的可用空间,一些适应选择(如退到海拔高的地方)是不可行的。在重要的基础设施面临直接威胁的地方,为了有效地防御洪水和海岸侵蚀,需要正确实施坚固的工程方案(如防波堤、海墙、防浪堤、防水壁的修建)(Mimura 和 Nunn 1998,Solomon 和 Forbes 1999)。要想发展旅游业,首先要统一海岸管理。加勒比海岛越来越注重"预防"措施。这些包括:(a) 强制执行土地利用规章制度;(b) 建筑规范;(c) 保险总额;(d) 传统应对措施的运用(如:建支柱,利用可消耗的、容易得到的、本地建筑材料),已经证实是有效的措施(Forbes 和 Solomon 1997,Mimura 和 Nunn 1998)。加入最近美国国家研究计划的所有小岛国家认为,统一海岸管理是最适宜的适应战略,应该成为他们的气候变化国家行动计划的一个基本部分(Huang 1997)。

陆地、海洋、海岸保护区的建立,有助于保护濒危的栖息地和生态系统,并且对维持生物多样性作出贡献,同时增强这些系统应对气候变化的弹性。

渔业管理协调包括:(a) 保护;(b) 恢复;(c) 为重要物种建立保护区;(d) 水产业;(e) 增加红树林、珊瑚礁、海草场重要栖息地;(f) 为开发和管理共有的渔业,需要执行双边和多边协定与协议(IPCC 1998)。

水资源管理能力首先迫切需要改进,包括资源的详情清单及其合理公平的分配。实施更有效的雨水收集方法、脱盐处理、有效地检测漏洞和修复、节约用水和积极的再循环,这些都值得一试。

为了确保旅游业的维持,塞浦路斯已经推荐了一种策略,即在有计划地撤退的同时保护基础设施。其目的应该是通过建立坚固的设施、强行建筑后退和利用人工养育等来维护有限的海滩地区(Nicholls 和 Hoozemans 1996)。

在本国内重新安置居民也许是唯一可行的适应选择。在极端情况下,放弃一些地区也许是必要的(Nurse 等 1998),但是这样会造成社会分裂,并且需要充实的资源储备,大多数国家不可能提供。

减少健康威胁可以通过:(a) 实施有效的健康教育计划;(b) 预防性的维护和健康保障设施的改进;(c) 有效的污水和垃圾管理措施的费用;(d) 灾难准备计划;(e) 有利于预测各种疾病的发作而采用疾病早期预警系统。在个人层面上为防止疾病传播,可以使用杀虫剂处理网络和过滤饮用水。

急需关注的是要提高公众对气候变化和海平面升高的威胁意识和理解,以及对合适的适应措施的需求。由于许多小岛国存在紧密的社会和血缘关系,以社会为单位的适应方法应该是有成效的。某些传统的岛屿经验可能是有用的,如:现存的和传统的技术和知识,加上紧密的社会结构,它在过去已经帮助了小岛居民抵御各种形式的大变动,支撑其恢复(Kaluwin 和 Hay 1999)。因此,任何气候变化适应政策,都应和这些传统的应对技能结合,这应该是十分重要的。

## 参考文献

Amadore L, Bolhofer W C, Cruz R V, et al. 1996. Climate change vulnerability and adaptation in Asia and the Pacific: workshop summary. *Water, Air and Soil Pollution*, **92**:1-12.

Ando M. 1998. Risk assessment of global warming on human health. *Global Environmental Research*, **2**, 69-78.

Arnell N W. 1999a. Climate change and global water resources. *Global Environmental Change*, **9**, S51-67.

Arnell N W. 1999b. The effect of climate change on hydrological regimes in Europe: A continental perspective. *Global Environmental Change*, **9**:5-23.

Beniston M, Ohmura A, Rotach M, et al. 1995. Simulation of climate trends over the Alpine Region. In *Development of a Physically Based Modeling System for Application to Regional Studies of Current and Future Climate*. Final Scientific Report No. 4031-33250. Bern: Swiss National Science Foundation.

Boko M. 1992. *Climats et Communautes Rurales du Benin*. Rhythm Climatiques et Rythmes de Developpements. Dijon: Universit'ede Bourgogne.

Boesch D F, Field J C and Scavia D, eds. 2000. *The Potential Consequences of Climate Variability and Change in Coastal Areas and Marine Resources*. Report of the Coastal Areas and Marine Resources Sector Team, US National Assessment of the Potential Consequences of Climate Variability and Change, US Global Change Research Program, National Oceanic and Atmospheric Administration Coastal Ocean Program Decision Analysis Series No. 21. Silver Spring

MD: National Oceanic and Atmospheric Administration Coastal Ocean Program.

Booker J F. 1995. Hydrologic and economic impacts of drought under alternative policy responses. *Water Resources Bulletin*, **31**(5):889-906.

Bruce J P, Burton I, Egener I D M and Thelen J. 1999. *Municipal Risks Assessment: Investigation of the Potential Municipal Impacts and Adaptation Measures Envisioned As a Result of Climate Change*. Ottawa: The National Secretaries on Climate Change.

Clair T A and Ehrman J M. 1998. Using neutral networks to assess the influence of changing seasonal climate in modifying discharge, dissolved organic carbon and nitrogen export in eastern Canadian rivers. *Water Resources Research*, **34**(3):447-455.

Colwell, R. 1996. Global climate and infectious disease: the cholera paradigm. *Science*, **274**, 2025-2031.

Conde C, Liverman D, Flores M, et al. 1997. Vulnerability of rainfed maize crops in Mexico to climate change. *Climate Research*, **9**:17-23.

Desanker P V, Frost P G H, Justice C O and Scholes R J eds. 1997. *The Miombo Network: Framework for a Terrestrial Transect Study of Land Use and Land Cover Change in The Miombo Ecosystems of Central Africa*. Stockholm: International Geosphere-Biosphere Programme.

Dlugolecki A and Berz G. 2000. Insurance. In M L Parry ed. *Assessment of Potential Effects and Adaptations for Climate Change in Europe: The Europe ACACIA Project*. Norwich: University of East Anglia.

Edwards A J. 1995. Impact of climate change on coral reefs, mangroves and tropical sea grass ecosystems. In D Eisma ed, *Climate Change: Impact on Coastal Habitation*. Boca Raton: Lewis, pp. 209-234.

FAO. 1999. *Production Yearbook* 1999. Rome: Food and Agriculture Organization of the United Nations.

Forbes D L and Solomon S M. 1997. *Approaches to Vulnerability Assessment on Pacific Island Coasts: Examples from Southeast VitiLevu Fiji. and Tarawa Kiribati.*. Miscellaneous Report 277. Suva: South Pacific Applied Geoscience Commission.

Fukushima Ozaki T N, Kaminishi H, Harasawa H and Matushige K. 2000. Forecasting the changes in lake water quality in response to climate changes, using past relationships between meteorological conditions and water quality. *Hydrological Processes*, **14**:593-604.

Gillie R D. 1997. Causes of coastal erosion in Pacific island nations. *Journal of Coastal Research*, **25**:174-204.

Greenwood B M. 1984. Meningoccocal infections. In D J Weather all, J G G Ledingham, and D A Warrell, eds., *Weather all: Oxford Text book for Medicine*. Oxford and New York: Oxford University Press, pp. 165-174.

Gunn A and Skogland T. 1997. Responses of caribou and reindeer to global warming. *Ecological Studies*, **124**:189-200.

Hales S, Kjellstrom T, Salmond C, et al. 2000. Daily mortality in Christchurch, New Zealand in relation to weather and air pollution. *Australia and New Zealand Journal on Public Health*, **24**:89-91.

Harris G, Nilsson C, Clementson L and Thomas D. 1987. The water masses of the east coast of Tasmania: seasonal and interannual variability and the influence on phytoplankton biomass and productivity. *Australian Journal of Marine and Freshwater Research*, **38**:569-590.

Harrison P A and Butterfield R E. 1999. Modeling climate change impacts on wheat, potato and grapevine in Europe. In R E Butterfield, P A Harrison and T E Downing, eds., *Climate Change, Climate Variability and Agriculturein Europe: An Integrated Assessment*. Environmental Change Unit, Research Report No. 9. Oxford: University of Oxford.

Hartig E K, Grosev O and Rosenzweig C. 1997. Climate change, agriculture, and wetlands in Eastern Europe: vulnerability, adaptation, and policy. *Climate Change*, **36**:107-121.

Hay S I, Snow R W and Rogers D J. 1998. Predicting malaria seasons in Kenya using multi-temporal metereological satellite sensor data. *Transactions of the Royal Society of Tropical Medicine and Hygiene*, **92**:12-20.

Helmer W, Vellinga P, Litjens G, et al. 1996. *Meegroein met de Zee*. Zeist: Wereld Natuur Fonds.

Henry G H R and Molau U. 1997. Tundra plants and climate change: the International Tundra Experiment ITEX.. *Global Change Biology*, **3**:1-9.

Heywood V H and Watson R T, eds. 1995. *Globa lBiodiversity Assessment*. Cambridge and New York: Cambridge University Press.

Hoegh-Guldberg O, Berkelmans R and Oliver J. 1997. Coral bleaching implications for the Great Barrier Reef Marine Park. In N Turia and C Dalliston, eds., *Proceedings of The Great Barrier Reef Science ,Use and Management Conference*, 25-29 November, 1996, Townsville, Australia. Townsville: Great Barrier Reef Marine Park Authority, pp. 210-224.

Hofstadter R and Bidegain, M. 1997. Performance of General Circulation Models in southeastern South America. *Climate Research*, **9**:101-105.

Huang J C K. 1997. Climate change and integrated coastal management: a challenge for small island nations. *Ocean and Coastal Management*, **37**:95-107.

Huang Z G. 1999. *Sea Level Changes in Guangdong and Its Impacts and Strategies*, Guangzhou: Science and Technology Press (in Chinese).

IFRCRCS. 1999. *World Disasters Report*. Geneva: International Federation of the Red Cross and Red Crescent Society.

III. 1999. *The Insurance Fact Book*: 2000. New York: Insurance Information Institute. INAGGA-CONAM 1999. Vulnerabilidad de Recursos Hidricosde alta Montana. In *Climate Change 2001:Vulnerability, Impacts, Adaptation to Climate Change*, chap. 14. Cambridge: Cambridge University Press.

IPCC. 1998. *The Regional Impacts of Climate Change: An Assessment of Vulnerability*. Special

*Report of IPCC working Group II*. R T Watson, M C Zinoyowera and R H Moss, eds., Cambridge and New York: Cambridge University Press.

IPCC. 1996. *Climate Change 1995: Impacts, Adaptation and Mitigation of Climate Change: Scientific-Technical Analyses. Contribution of Working Group II to the Second Assessment Report of the Intergovernmental Panel on Climate Change*. R T Watson, M C Zinyowera and R H Moss, eds., Cambridge and New York: Cambridge University Press.

IPCC. 1990. *Strategies for Adaptation to Sea Level Rise*. The Hague: Ministry of Housing.

IPCC. 2001. *Climate Change 2001: Vulnerability, Impacts and Adaptation to Climate Change, Contribution of Working Group II to the Second Assessment Report of the Intergovernmental Panel on Climate Change*. Cambridge and New York: Cambridge University Press, pp. 675-677.

Kaluwin C and Hay J E, eds. 1999. *Climate Change and Sea Level Rise in the South Pacific Region. Proceedings of the Third SPREP Meeting*, New Caledonia, August, 1997. Apia: South Pacific Regional Environment Programme.

Lal M, Harasawa H and Takahashi K. 2001. *Future Climate Change and its Impacts over Small Island States*. [location of publisher]: Climate Research.

Lengeler C. 1998. *Insecticide Treated Bednets and Curtains for Malaria Control*. Cochrane Library, Issue 3. Oxford: Oxford University Press.

Loevinsohn M E. 1994. Climate warming and increased malaria in Rwanda. *Lancet*, **343**:714-748.

Maul G A. 1996. *Marine Science and Sustainable Development*. Washington: America Geophysical Union.

Maxwell B. 1997. Responding to Global Climate Change in Canadas Arctic, Vol. II. In N. Mayer, ed., *Canada Country Study Climate Impacts and Adaptation*. Downsview ON: Environment Canada.

McIver D C ed. 1998. *Adaptation to Climate Variability and Change*. IPCC Workshop Summary, San Jos'e, Costa Rica, 29 March1 April 1998. Montreal: Atmospheric Environment Service, Environment Canada, p. 55.

McMichael A J, Ando M, Carcavallo R, et al. 1996. Human population health. In R T Watson, M C Zinyowera and R H Moss eds. *Climate Change1995: Impacts, Adaptations, and Mitigation of Climate Change. Contributions of Working Group II to the Second Assessment Report of the Intergovernmental Panel on Climate Change*. Cambridge and New York: Cambridge University Press, pp. 561-584.

Mearns L O, Giorgi F, McDaniel L and Shields C. 1995. Analysis of daily variability of precipitation in a nested regional climate model: comparison with observations and doubled $CO_2$ results. *Global and Planetary Change*, **10**:55-78.

Melillo J M, Prentice I C, Farquhar G D, et al. 1996. Terrestrial biotic responses to environmental change and feedbacks to climate. In: J T Houghton, L G Meira Filho, B A Callander, et al., eds., *Climate Change 1995: The Science of Climate Change, Contribution of Working*

Group I to the Second Assessment Report of the Intergovernmental Panel on Climate Change. New York: Cambridge University Press, pp. 444-516.

Mendoza M, Villanueva E and Adem J. 1997. Vulnerability of basins and watersheds in Mexico to global climate change. *Climatic Research*, **9**:139-145.

Miller K A, Rhodes S L and MacDonnell L J. 1997. Water allocation in a changing climate: institutions and adaptations. *Climate Change*, **35**:157-177.

Mimura N and Nunn P D. 1998. Trends of beach erosion and shoreline protection in rural Fiji. *Journal of Coastal Research*, **14**(1):37-46.

Mortsch L, Hengeveld H, Lister M, et al. 2000. Climate change impacts on the hydrology of the Great Lakes -St. Lawrence System. *Canadian Water Resources Journal*, **25**(2):153-179.

Mount, J. F. 1995. *California Rivers and Streams: Conflict Between Fluvial Process and Land Use*. Berkley: University of California Press.

Myneni R B, Keeling C D, Tucker C J, et al. 1997. Increased plant growth in northern high latitudes from 1981 to 1991. *Nature*, **386**:698-702.

Naylor R, Falcon W and Zavaleta E. 1997. Variability and growth in grain yields, 1950-94: does the record point to greater instability? *Population and Development Review*, **23**(1):41-61.

Nelson F E and Anisimov O A. 1993. Permafrost zonation in Russia under anthropogenic climate change. *Permafrost Periglacial Processes*, **4**(2):197-248.

Nicholls R J and Hoozemans M J. 1996. The Mediterranean: vulnerability to coastal implications of climate change. *Ocean and Coastal Management*, **31**:105-132.

Nicholls R J, Hoozemans F M J and Marchand M. 1999. Increasing flood risk and wetland losses due to global sea level rise: regional and global analyses. *Global Environmental Change*, **9**: S69-87.

Nicholls R J and Mimura M. 1998. Regional issues raised by sea level rise and their policy implications. *Climate Research*, **11**:5-18.

Nicholls R J and A Vega-Leinert de la. 2000. Synthesis of sea level rise impacts and adaptation costs for Europe. In de la A. Vega-Leinert, R J Nicholls and R S J Tol, eds., *Proceedings of the European Expert Workshop on European Vulnerability and Adaptation to the Impacts of ASLR*, Hamburg, 1921 June 2000. Enfield: Flood Hazard Research Centre.

Noble I R, Barson M, Dumsday R, et al. 1996. Land resources. In *Australia: State of the Environment* 1996. Melbourne: Commonwealth Scientific and Industrial Research Organization, pp. 6.1-6.55.

Noji E. 1997. The nature of disaster: general characteristics and public health effects. In E Noji, ed., *The Public Health Consequences of Disasters*. Oxford: Oxford University Press, pp. 3-20.

Nunn P D and Mimura N. 1997. Vulnerability of South Pacific island nations to sea-level rise. *Journal of Coastal Research*, **24**:133-151.

Nurse L A. 1992. Predicted sea level rise in the wider Caribbean: likely consequences and response options. In P. Fabbri and G. Fierro, eds., *Semi-Enclosed Seas*. Oxford: Elsevier, pp. 52-78.

Nurse L A, McLean R F and Suarez A G. 1998. Small island states. In: R T Watson, M C Zinyowera and R H Moss, eds., *The Regional Impacts of Climate Change: An Assessment of Vulnerability. A Special Report of the IPCC Working Group II*. Cambridge and New York: Cambridge University Press, pp. 331-354.

Oechel W C, Cook A C, Hastings S J and Vourlitis G L. 1997. Effects of $CO_2$ on climate change in Arctic ecosystems. In: S J Woodin and M Marquiss, eds., *Ecology of Arctic Environments*. Oxford: Blackwell Science, pp. 255-273.

Patz J, McGeehin M, Bernard S, *et al*. 2000. The potential health impacts of climate variability and change for the United States: executive summary of the report of the health sector of the US National Assessment. *Environmental Health Perspectives*, **108**(4):367-376.

Peterson D L and Johnson D R, eds. 1995. *Human Ecology and Climate Change*. Washington: Taylor & Francis.

Pimental D. 1993. Climate changes and food supply. *Forum for Applied Research and Public Policy*, **8**(4):54-60.

Pittock A B, Allan R J, Hennessy K J, *et al*. 1999. Climate change, climatic hazards and policy responses in Australia. In T E Downing, A A Oltshoorn and R S L Tol, eds., *Climate, Change and Risk*. London: Routledge, pp. 19-59.

Reibsame W E, Strzepek K M, Wescoat Jr J L, *et al*. 1995. Complex river basins. In K M Strzepek and J B Smith, eds., *As Climate Chnages, International Impacts and Implications*. Cambridge and New York: Cambridge University Press, pp. 57-91.

Reilly J, Tubiello F, McCarl B and Melillo J. 2000. Climate change and agriculture in the United States. In *Climate Change Impacts on the United States: The Potential Consequences of Climate Variablity and Change*. Report for the US Global Change Research Program. Cambridge and New York: Cambridge University Press, pp. 379-403.

Rosenzweig C and Hillel D. 1998. *Climate Change and the Global Harvest: Potential Impacts of the Greenhouse Effect on Agriculture*. Oxford: Oxford University Press.

Rosenzweig C and Tubiello F N. 1997. Impacts of future climate change on Mediterranean agriculture: current methodologies and future directions. *Mitigating Adaptive Strategies in Climate Change*, **1**, 219-232.

Rounsevell M D A, Evans S P and Bullock P. 1999. Climate change and agricultural soils: impacts and adaptation. *Climatic Change*, **43**:683-709.

Rouse W R, Douglas M S V, Hecky R E, *et al*. 1997. Effect of climate change on freshwaters of Arctic and sub-Arctic North America. *Hydrological Processes*, **11**:873-902.

Schreider S Y, Jakeman A J, Pittock A B and Whetton P H. 1996. Estimation of possible climate change impacts on water availability, extreme flow events and soil moisture in the Goulburn and Oven Basins, Victoria. *Climatic Change*, **34**:513-546.

Scott A and Coustalin G. 1995. The evolution of water rights. *Natural Resources Journal*, **35**(4): 831-979.

Sharma N, Damhang T, Gilgan-Hunt E, et al. 1996. *African Water Resources: Challenges and Opportunities for Sustainable Development*. World Bank Technical Paper 33, African Technical Department Series. Washington: The World Bank.

Siegfried W R. 1989. Preservation of species in southern African nature reserves. In B. J. Huntley, ed., *Biotic Diversity in Southern Africa: Concepts and Conservation*. Cape Town: Oxford University Press, pp. 186-201.

de Siqueira O J F, Far'as J R B and Sans L M A. 1994. Potential effects of global climate change for Brazilian agriculture: applied simulation studies for wheat, maize and soybeans. In C. Rosenzweig and A. Iglesias, eds., *Implications of Climate Change for International Agriculture: Crop Modeling Study*. Report EPA 230-B-94-003. Washington: US Environmental Protection Agency.

de Siqueira O J F, Salles L and Fernandes J. 1999. Efeitos potenciais de mudancas climaticas na agricultura brasileira e estrategias adaptativas para algumas culturas. In *Memorias do Workshop de Mudancas Climatics Globais e a Agropecuaria Brasiloeira*. Campinas, Brazil, pp. 18-19 (in Portuguese).

Singh A, Dieye A, Finco M, et al. 1999. *Early Warning of Selected Emerging Environmental Issues in Africa: Change and Correlation from a Geographic Perspective*. Nairobi: United Nations Environment Programme

Solomon S M and Forbes D L. 1999. Coastal hazards and associated management issues on the South Pacific islands. *Oceans and Coastal Management*, **42**:523-554.

Sutherst R W, Yonow T, Chakraborty S, et al. 1996. A generic approach to defining impacts of climate change on pests, weeds, diseases in Australasia. In W J Bouma, G I Pearman and M R Manning, eds., *Greenhouse: Coping with Climate Change*. Victoria: CSIRO, pp. 190-204.

Sykes M T and Prentice I C. 1996. Climate change, tree species distributions and forest dynamics: a case study in the mixed conifer/northern hardwoods zone of Northern Europe. *Climatic Change*, **34**:161-177.

Travasso M I, Magrin G O, Rodriguez G R and Boullon D R. 1999. Climate change assessment in Argentina, II: adaptation strategies for agriculture. In *Food and Forestry: Global Change and Global Challenges*. Global Change and Terrestrial Ecosystems Focus 3 Conference, Reading.

Tucker C J, Dregne H E and Newcomb W W. 1991. Expansion and contraction of the Sahara Desert from 1980 to 1990. *Science*, **253**:299-301.

Twiley R R, Snedaker S C, Yanez-Arancibia A and Medina E. 1997. Biodiversity and ecosystem processes in tropical estuaries: perspectives of mangrove ecosystems. In H A Mooney, J H Cashman, E Medina, et al., eds., *Functional Roles of Biodiversity: A Global Perspective*. Chichester: John Wiley and Sons, pp. 327-68.

Tynan C T and DeMaster D P. 1997. Observations and predictions of Arctic climatic change: po-

tential effects on marine mammals. *Artic*, **50**:308-322.
UNEP. 1997. *World Atlas of Desertification*, 2nd edn. London: Edward Arnold.
UNEP. 2002. *Global Environmental Outlook* 3. London: Earthscan Publications.
Valendik E N. 1996. Ecological aspects of forest fires in Siberia. *Siberian Ecological Journal*, **1**: 1-18, (in Russian).
Vilhjalmsson H. 1997. Climatic variations and some examples of their effects on the marine ecology of Icelandic and Greenland waters, in particular during the present century. *Rit Fiskideildar Journal of the Marine Research Institute*, Rykjavik, XV:9-29.
Vyalov S S, Gerasimov A S and Fortiev S M. 1998. Influence of Global Warming on the state and geotechnical properties of permafrost. In A G Lewkowicz and M Allard, eds., *Proceedings of the Seventh International Conference on Permafrost*, Yellowknife, 23-27 June 1998. Collection Nordiana, No. 57, Centre detudes Nordiques. Quebec: Universit'e Laval, pp. 1097-1102.
Walker H J. 1998. Arctic deltas. *Journal of Coastal Research*, **14**(3):718-738.
Walsh K and Pittock A B. 1998. Potential changes in tropical storms, hurricanes and extreme rainfall events as a result of climate change. *Climatic Change*, **39**:199-213.
Weller, G. and Lange, M. 1999. *Impacts of Global Climate Change in the Arctic Regions*. International Arctic Science Committee, Center for Global Change and Arctic System Research. Fairbanks AK: University of Alaska, pp. 159.
Whitehead D, Leathwick J R and Hobbs J F F. 1992. How will New Zealand's forests respond to climate change? Potential changes in response to increasing temperature. *New Zealand Journal of Forestry Science*, **22**:39-53.
WHO. 1998. The state of world health. 1997 Report. *World Health Forum*, **18**:248-260.
Wolfe S A, Dallimore S R and Solomon S M. 1998. Coastal permafrost investigations along a rapidly eroding shoreline, Tuktoyaktuk, NWT, Canada. In A G Lewkowicz and M Allard, eds., *Proceedings of the Seventh International Conference On Permafrost*, Yellowknife, NWT, 2327 June 1998. Collection Nordicana 57. Quebec: Centre dEtudes Nordiques. Universit'e Laval, pp. 1125-1131.
WRI. 1998. 1998-1999 *World Resources Database Diskette: A Guide to the Global Environment*. Washington: World Resources Institute.
Wright J M. 1996. Effects of the flood on national policy: some achievements. Major challenges remain. In S. A. Changnon, ed., *The Great Flood of* 1993: *Causes, Impacts and Responses*. Boulder: Westview Press, pp. 245-275.
Yoshino M. 1998. Deviation of catch in Japans fishery in the ENSO years. In *Climate And Environmental Change*. International Geographical Union, Commission on Climatology, Evora, 24-30 August.

# 第 8 章 减缓气候变化：概念及其与可持续发展的关系

## 8.1 基本概念和方法综述

减缓气候变化是指人为地减少温室气体的排放源并同时提高温室气体的吸收汇，以达到《联合国气候变化框架公约（UNFCCC）》的最终目的，使得大气中温室气体的浓度趋于稳定。对于最重要的温室气体二氧化碳而言，实现这一目标需要将全球的二氧化碳排放量减少到只有目前排放量的相当小的一部分。根据要达到的全球大气二氧化碳浓度稳定标准的不同，通过减排实现这一目标的期限也不一样。以欧盟的标准为例，要使得大气二氧化碳含量稳定在 550 ppm，必须在 2020—2030 年实现减排峰值；而要达到 450 ppm 的水平，则必须在 2005—2015 年达到减排峰值。减排幅度越大，减排计划实施得越早，那么全球增暖也将越慢，增暖幅度也越小。减排对消除由于甲烷这一类生命周期很短的温室气体而造成的增暖将会非常迅速。对那些属于大气吸收汇的气体（例如甲烷和氧化亚氮），稳定的排放最终会使得它们在大气中的浓度也趋于稳定。

评估减缓潜力的一般方法分为以下几个步骤：

（1）针对某一区域中的一个特定部门，确定减少排放源、提高吸收汇的技术路线和方法。

（2）评估这些技术路线和方法的潜力，首先要综合考虑当这些方法付诸实施时可能产生的负面效应，也就是所谓的实施成本；然后再确定是否可以通过政策的调整以及对实施成本和实施效果之间进行综合成本效力分析，来尽可能地克服上述方法的缺陷。

这一方案主要是通过在现有的技术条件下，使其在较短的时期内达到某一个特定的排放标准（例如《京都议定书》中的一些目标）。然而有时候还需要对减缓气候变化潜力做一些长远的评估，并且这些工作同样非常重要。例如政府间气候变化专门委员会（IPCC）的工作报告指出，虽然绝大多数气候模式的模拟结果都指出，以现有的技术条件在未来的一百多年中可以使大气二氧化碳含量稳定水平有一个较大的范

## 第 8 章　减缓气候变化:概念及其与可持续发展的关系

围,比如 550 ppm、450 ppm 或者更低,但如果真正实施减排计划又会牵涉到其与社会经济的发展以及社会制度的变革等因素之间的相互作用(IPCC 2001c)。

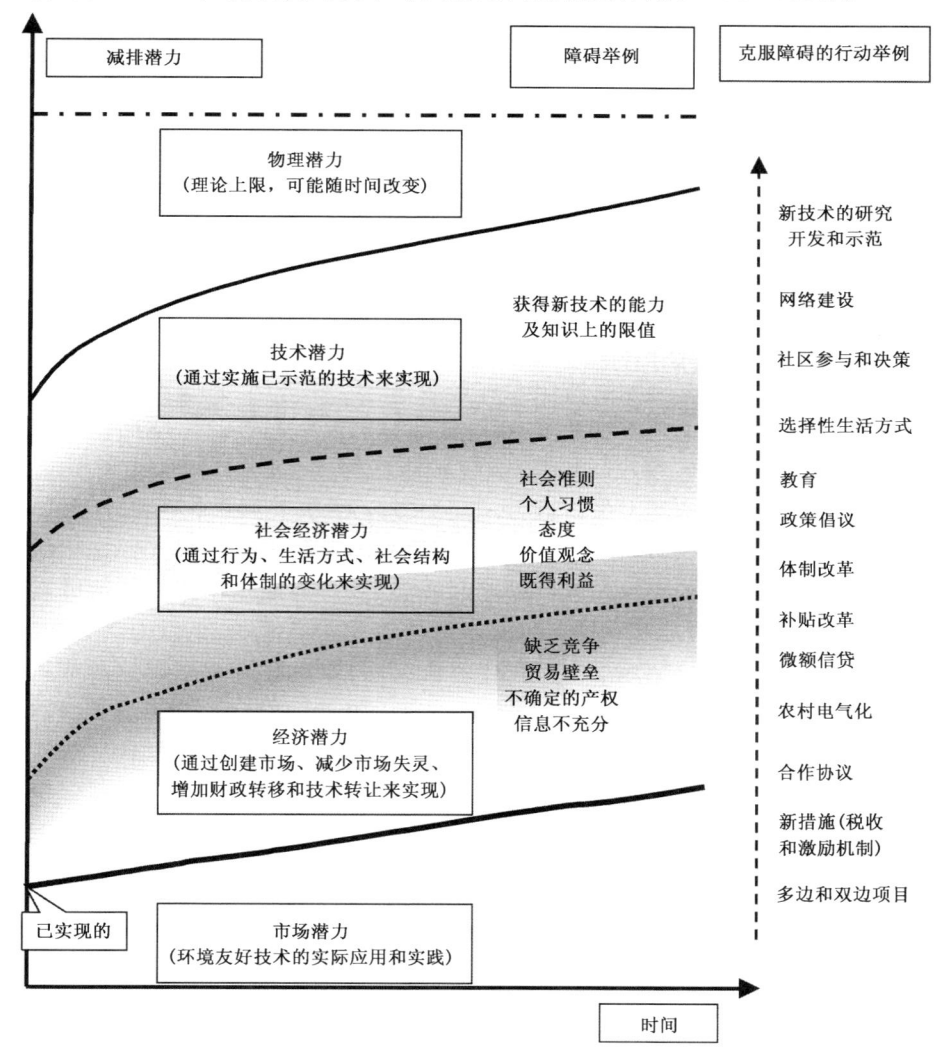

图 8.1　合理环保技术透析:一个概念性框架。由于存在着种种困难,往往使得一些潜在的可行性被忽视,但却可以通过对方案、计划和资金预算的修改来克服这些困难。一种措施能解决多个问题,那么采用更多的措施则可以彻底地同时解决更多的问题。这些措施需要公共政策、评估方法以及具体手段的配合实施起来才更加有效。注意社会经济可行性在空间上处于经济可行性和生态可行性之间(来源:Sathaye 等 2001)

上述的两个步骤将在第 9 章中详细地进行讨论,这里我们只给出一个概念性的框架,由 Sathaye 等(2001)提出的。在图 8.1 中,纵坐标是减缓气候变化潜力的不同类别，横坐标显示的是随着时间推移，这些不同的可行性将会带来什么影响。图中最上面的曲线代表物理潜力，也就是可行性的理论上限。技术潜力是除物理潜力之外最有可能的途径，它可以采取现今已知的所有合乎环境要求的工艺，也就是被证明行之有效的一些技术方法。随着时间的推移，人类的科学技术和研究水平也会不断地向前发展，因此，技术潜力也会随时间而不断提高。图中最下方的一条曲线代表了市场潜力，也就是减缓气候变化的技术和方法所具有的市场价值。在图 8.1 所示的概念性框架中，处于市场潜力和技术潜力之间的区域则代表了不同技术手段所遇到的障碍。在图的底部，位于市场潜力和经济潜力两条曲线之间的区域，代表了市场调控的失败，即没有选择出一种最好的技术方法，而导致各种可供选择的、具有不同成本效力的方法同时被实施的情况，也就是贸易受阻，信息不畅，竞争缺乏以及无力吸引外部投资等缺陷，而这些缺陷完全可以通过减少或者避免市场调控的失败加以克服。同时，另外一些不利因素，例如是否切实有力地执行这些措施、是否解决资金问题以及这些措施是否与传统文化相抵触等，也会妨碍到减缓气候变化措施的实施。如果已经排除了所有的不利因素（通过改变人民的生活方式、进行社会改革等方式来达到），就能实现上面所说的社会经济潜力。社会经济潜力可以比经济潜力大（如人们愿意付出更多的金钱，因为这些减缓气候变化的措施看起来很时髦或者这些措施满足了人们保护生态环境的要求），也可以比经济潜力小，例如一项技术虽然可以使人们得到经济上的利益，但是这一技术的设计规划却不能吸引大众的注意力，此时人们就不会投资于这项技术。图 8.1 中概念性方法说明，通过政策调整和技术革新的方法，我们有机会克服一切阻力，使得市场潜力越来越接近于技术潜力。图 8.1 右侧所示的其他一些方法可以非常有效地处理那些很特殊的问题，例如可以通过信息化工程来实现信息的及时更新；与此同时，还可以采取一些很普遍的方法，如调整税收政策等。

需要说明的是上面提到的概念性框架还存在着一些争议。图 8.1 提供的模型是建立在一个假定基础之上的，这一假定就是人们对各种经济和技术措施的反应是理智的、个体性的，而这些经济技术措施必须能够在现有的技术设备上加以实现（Wilhite 等 2000）。当今社会科学的一个重要任务就是探讨各种社会以及文化问题，从而使得一些特殊的科学技术能够得以应用，例如在节能领域就是这样。但是，我们往往忽略了能源设施的需求（而不是那些特殊的科学技术），还要受到便利性、舒适性、审美观念和社会规范等一些其他因素的制约。对纷繁复杂的社会问题和文化内容加以研究，相对于以具体硬件设施和个人要求为导向的技术经济论证（如图 8.1 所示），可以带来更大的政策灵活性（Wilhite 等 2000）。这就需要社会科学从一个全新的角度去研究能源需求和与之相关的减缓气候变化的途径。

另外，这一概念性框架并没有从长期气候变化的角度来说明采取上述那些技术方法的迫切性。此时，我们可以采取不同的决策—分析框架，同时对迫切性和可行性的不同选择进行研究。通常情况下,对不同问题采用不同的研究框架将会得到不同的结果。在第3章中我们已经讨论过运用在可持续发展分析中的各自分析框架,特别是成本收益分析和多判据分析,这些框架也被运用于评估减缓气候变化的各种措施。另外,成本效益分析,也称之为容许窗口或安全登陆法以及多情景分析法,也已经被广泛应用于分析减缓气候变化的各种途径,并且在分析过程中都综合考虑了影响气候变化的各方面的约束条件。接下来,我们将简要介绍在气候变化领域应用上述方法时应该注意的一些关键点,包括应用中可能出现的各种问题。如果有兴趣详细了解这方面的内容,可以阅读 Munasinghe 等(1996)以及 Jepma 和 Munasinghe(1998)发表的文章。

## 8.1.1 成本—效益分析和多判据分析

在使用成本—效益方法分析气候政策时,需要考虑在避免气候灾难以及增加气候适应成本的可能性这一原则下,评估减缓气候变化的各种成本和收益,一般情况下,这包括对气候响应行为和气候灾难进行货币评估。第3章中已经讨论了如何计算当前净价值,即当前净价值等于全部收益和全部成本的差值,并且当前净价值随时间在不断减小,但是对于一个可接受的策略,当前净价值应该始终为正值。在理想情况下,当气候响应处于最佳水平时,减缓气候变化和气候适应的边际成本应等于避免气候灾难的边际成本。当评估方法在绝大多数情况下能够按照工程化的要求实施时,这些方法同样也可以应用于像气候变化这样一些大范围的整体性的问题。

虽然成本—效益分析方法只使用了单一价值(货币)作为衡量标准,但是多判据分析方法(多归因分析方法)却定义了一个评估框架,可以从多个方面同时进行评估(详见第3章)。多判据分析方法认为,在现实世界中,决策在很多时候都不是基于某个单一标准,而是基于多重标准而做出的(像在成本收益分析中使金钱成本最小化)。例如,评估公共政策一系列典型标准就包含灵活性、紧迫性、低成本、不可逆性、连贯性、经济有效性、利率、政治可行性、健康和安全性、法律和行政可行性、公平性、环保品质、个体与公众的关系、唯一的或者决定性的资源和策略等。使用这些标准可以在一个质量模型中对不同的政策进行评估。这样一个模型可以显示出不同标准之间的协作性和平衡性。另外,对于不同问题,近几年已经发展了各种量化方法并得到了实际应用。尽管这一方法已经完全被运用到范围更大的有关环境问题的政策中,但还没有以某种系统化的、定量的方式来使用这一方法以便对气候变化进行科学评估。

## 8.1.2 成本有效性分析

在第3章中,我们泛泛地讨论了成本有效性分析方法,将讨论的焦点集中于一个大范围的可持续发展问题。在本章中,成本有效性分析方法将用于确定在短期或长期范围内,温室气体的减排限额这一特定目标,并分别分析要达到这一目标,我们必须采取最基本的和最有效的措施。这一方法在短期范围内加以应用的一个实例是分析发达国家实现《京都议定书》第一阶段的减排任务；在长期范围内应用的例子是分析使大气中温室气体浓度趋于稳定的成本最小化方法。采用这一分析方法时，需要充分考虑到必要的信息和前提条件，包括：(1)相关社会经济发展模式的研究进展和选择；(2)现有的减缓气候变化的技术在未来的有效性；(3)在各种假定条件下，例如补贴现有的技术成本；(4)各种政策、评估措施和技术设备的效率。从某种意义上来说，成本有效性分析方法是成本收益方法的一个特殊部分，是将实现所选择的目标作为收益。通常情况下，成本有效性方法要综合考虑到实现既定目标的收益同时也要考虑到成本，例如：当成本太高而无法让人接受时，目标就会有所放宽，因为成本越大则要承担的风险也越大。

### 8.1.3　可容窗口法和安全着陆法

可容窗口法和安全着陆法是为了分析特定的与气候变化相关的问题而专门发展起来的一类方法论，这些特定的与气候变化相关的问题包括短期内的排放要求如何依赖于长期气候目标？首先，要根据实际的气候变化来确定长期目标(例如根据全球温度变化速度或者海平面升高速度)，接下来使用全球模式得到所谓的(安全)排放标准。这一方法是受到"临界载荷"和"临界水平"方法的启发发展起来的，上述两种方法已经被应用于评估酸沉降的应对措施，在这些措施中，酸性化合物(二氧化硫和一氧化氮)短期内的排放限度由酸性物质的沉积程度和浓度来决定，并且从生态学角度出发，这一标准被认为是可以接受的。此外，安全着陆法也已经被运用于决定在近期内(截至于一个特殊年份，如2010年)的安全排放的限额，当然，这一安全排放限额必须是在温度变化(速度)、海平面上升(速度)和全球性减排的可行性等条件都可以接受这些前提下得出的。可容窗口方法在方法论上更加复杂，这一方法针对随时间变化的温室气体排放，提供了连续变化的容许窗口。现在，上述两种方法已经开始使用在《京都议定书》的谈判中，而且在考虑与"合理减排义务"、"未来下一个承诺期的减排量"等有关的问题时也可以使用这两种方法。用这两种方法已经证明了气候系统和社会经济系统中的惯性是非常重要的，即对于特定的长期目标而言，延迟对排放加以限制将大幅度减小人类可接受的安全排放标准的范围。

### 8.1.4　多情景方法

上面所述的所有方法都需要开发或者选择一个基准情景作标准，以此为基准对应对气候变化的各种措施的成本和收益进行评估。虽然排放情景是在没有政策干扰、常规方案下建立起来的，但是任何分析结果都依赖于所选择的基准情景，并且大部分分析方法都只采用了单一的基准情景进行评估，如根据IPCC IS92情景范围内分析得到的IS92a情景。这样做不仅掩盖了分析结果中由单一情景导致的不确定性,而且还可能产生错误的印象,认为得到的结果与多种情景有关。所以,研究人员就进一步开发了一种多情景方法(Toth 等 2001 年)。在多情景方法中,首先使用计算机模拟的方法来设置许多甚至大量的、基本的、各不相同的各种情景,在分析中将这些情景作为工具来传递更深层次的不确定性信息,包括未来社会经济的发展、各项政策对社会经济发展的影响方式等。

## 8.1.5 鲁棒性决策

以上所有的方法都需要面对不确定性的问题,这也是决策者们为什么对具有"鲁棒性"的选择如此感兴趣。然而,对"鲁棒性"的解释有很多种,在考虑到气候变化的不确定性时,鲁棒性决策可以使减缓气候变化达到最佳水平;当不确定性随时间而逐渐减小时,也可以采用鲁棒性决策来确定这一不确定性的可接受程度。当然,鲁棒性决策需要认真对待各方面的问题,例如,社会经济系统的惯性是非常重要的,但是关于它的细节却知之甚少。在本章的开头,我们介绍了为使大气中温室气体的浓度不高于 450 ppm,全球温室气体的排放必须在随后的十年之内加以控制、减小,如果做不到这一点,则意味着假如不能加紧实施减排计划,实现这样一个目标是完全不可能的,应该放弃,尽管后人也许会认为这一目标只具有政治企图。Hua-Duong 等(1997)通过研究一个整体评估模式而提出了相同的问题,他们发现,在 2020 年实现大气温室气体浓度趋于稳定(可能是 450 ppm)这一目标的最佳排放形势,比现在如果是 550 ppm 这一目标的最佳排放形势要好得多,因此,用大量的回避措施会是很合适的。但是,如果换一个角度观察这一问题就会得到完全不同的理解,Manne 和 Richels(1995)使用了一个非常强调因果关系的情景并得到了一个很小但非零的概率,而在使用一个平均基准情景时则得到了非常高的概率。假定已经解决了在 2020 年实现减排目标的种种不确定性,同其他情况相比,此时的减排方案是非常经济有效的,因为仅仅需要进行数量最小的"回避套头交易"就可以实现目标。通过与参加能源模式论坛的一些建模小组的合作,使决策具有鲁棒性的分析方法兼顾了减排措施成本与收益。但得到的结果看上去是自相矛盾的,它们包含了相似的信息(Toth 等 2001):短期行为的成本与收益必须依靠对推迟控制减排的成本与收益进行评估,并且在决策过程中必须综合考虑像未来气候目标的不确定性和社会经济系统惯性的不确定性这些问题才能达到目的。结果中明显自相矛盾的地方首先来源于对社会经济系统惯性的认识不足(也就是实现快速改变温室气体排放现状的可行性),因为社会经济系统惯性不仅受经济的影响,同时也受到社会文化、社会制度等外部力量的制约。

"鲁棒性"也可能更具体地涉及那些在未来的某个时候可以实现温室气体减排的技术,这可以反映在不同的主管部门采取了自己认为是有希望或者更可取的其他发展模式。例如,对于能源部门来说,在中短期时间内提高天然气和生物燃料的利用率是许多稳定大气温室气体浓度措施的标志性的选择（Morita 等 2001），而加大核能的利用以及提高碳物质的捕获、存贮等这些方法的选择仅仅适用于反映了特定领域的一小部分减排措施。根据鲁棒性的定义，后一种选择具有更少的鲁棒性，但在一些特定的情况下或特殊的领域内，这些选择可能会带来更好的效果。鲁棒性的另一种定义是指能够满足具有不同标准的选择，例如能源部门要考虑的可持续性、可行性和成本效力比等，而在众多可持续发展的标准中，气候变化只是一个次等级标准。

## 8.1.6　气候政策的评估

在将各种各样的评估方法实际应用于气候政策评估时，会发现这些方法存在着很多缺陷。首先，在对成本和收益的不同方面进行评估时存在着很大的不确定性，对一些项目的资金分配也存在着疑问，分配的问题是很重要的；其次，在气候政策的实际执行中，存在着各种各样的成本，这也是非常重要的一点；第三，关于如何选择一个合理补贴率的问题至今还在争论之中；第四，排放基准的选择、实施减缓气候变化措施过程中的灵活性都会影响成本的大小；此外，减缓气候变化的不同措施的成本和收益之间的差别十分明显，而这又与气候变化密切相关，在第 4 章中已经讨论了气候变化响应和可持续发展战略之间的联系。无论是对这些"附加的"成本和收益进行量化，还是将全部成本和收益中的一部分认为是由气候变化造成的，这些决策都包含了太多的不确定性，有时甚至就是随机性的决策（具体内容也可以参考 5.3 节和 10.4 节）。

**度量、总体和分布**

以货币形式就气候变化对环境和社会的影响、公平性和可持续发展进行度量是否合适还在争论，困难就在于货币的价值受到生物物理和社会变化的影响（见第 3 章）。而且，即使所有的成本和收益都可以货币化，但在对其他政策措施进行评估时，总体成本也不是唯一考虑的因素。所有成本和收益在不同贸易、不同区域和不同个体之间的分布，以及这一分布随时间的变化也是非常重要的。

**实施成本**

所有气候变化政策的实施都需要付出一定的实施成本，也就是对现有条款和规则加以改变、确保对必要的基础设施加以利用、对各项政策的执行人员以及受政策影响的人们进行培训和教育等所要付出的代价和费用，不幸的是，在传统的成本分析中并没有考虑到以上这些方面。这里所说的执行成本是指在实际执行一项计划时，对制度上的内容进行更持久的改革而付出的代价，与传统意义上的那些交易成本是不同的，后者在定义上是一个暂时性成本。为了量化改革制度所需的成本和其他一些计划程序的成本还有大量的工作需要去做，上面所说的方法就可以对真正实施减缓气候变化措施时的真实成本做出更加准确的估计。对实施成本进行完全分析(包括环境和社会方面的内容)还需要进行完整的经济学范畴分析,例如使用可计算的综合平衡模型和多部门宏观经济模型(Munasinghe 1996)等。

### 补贴

从广义上来说,补贴有两种方式:一种是基于应有的补贴率,称为常规方法或称为处方方法,再一种就是基于人们(包括存款者和投资者)在实际日常生活中常采取的补贴率,称为描述性方法(Munasinghe 等 1996)。对于减缓气候变化分析来说,国家必须将它的决策,至少是部分决策以首要机会成本的补贴率为基础。在发达国家,补贴率大约是 4%~6%,在发展中国家,高达 10%~12% 甚至更高(Watts 1999)。气候变化问题的长期性是补贴多少的关键所在。减少温室气体排放的收益也不是固定的,它随实施减排计划的确切时间以及从实施减排到实现大气温室气体浓度稳定这一段时间的长短而变化,实现大气温室气体浓度稳定可能需要 100 年甚至更长的时间。更大的挑战在于减缓气候变化的方案在面对各种补贴率时的争论,除非减缓方案的实施周期特别漫长(Arrow 等 1996)。现在,使用补贴率随时间减小的方法日渐增多,因为这样长期收益将获得更大的好处(Weitzman 1998)。需要说明的是上述补贴率并不代表个体利润的补贴率,对于一个合理的方案,典型情况是后者要比前者高,比如在 10%~25% 之间(见 5.3 节)。

### 基准排放

基准排放是指在不考虑气候变化影响的前提下,继续排放温室气体的水平。基准排放对于评估减缓气候变化措施的不断增长的成本尤为关键,因为基准排放的定义决定了将来温室气体减排计划的可行性和实际实施减排措施的成本。由于基准排放情景的变化常常被加入到增长的"成本"和"收益"里。在宏观经济和部门经济的层次上,基准排放水平对未来经济政策的制定有非常重要的意义,包括部门结构、资源的分布密度、价格及其技术路线等。

### 灵活性

面对众多可供选择的方案,减缓气候变化措施的成本依赖于一个国家的政府为了实施温室气体减排计划而采取的管理结构。一般情况下,方案的灵活性越大,那么所拥有的空间和时间也就越多,实现减排目标的成本也越小。在某个特定时期,灵活性越大的方案可以更多地减少成本,比如吸引更多的贸易伙伴;同时,随时间变化,灵活性也可以削减成本,如银行开展减排额度的贸易。不够灵活的措施和拥有较少的贸易伙伴只会适得其反。不管是在一国之内还是在国际范围,灵活的方案都提高了以最小的成本来实现二氧化碳减排的可能性。

## 8.2 长期减缓和稳定方案

### 8.2.1 引言

在第 2 章中,我们结合了温室气体的排放情景讨论了社会经济方案。在这些方案中,根据人口统计,经济发展和技术改进等方面的判断,明确的气候政策无法起到重要作用。我们已经看到未来会发生很多的变化,世界也会发展。而未来的气候变化是最显著的不确定性问题之一。然而,与科学不确定性(比如气候敏感性的精确值)不同,气候变化的不确定性的解决方法需依靠人们选择和行动。在第 2 章中讨论的一些方案,例如 IPCC 的气候变化的特别报告中的 B1 情景,或是全球情景工作组中"大转变"情景会导致全球后半世纪温室气体减排,并最终使得二氧化碳浓度趋于稳定。关于减排的理想性和可行性,提出了以下问题:

(1)什么是温室气体浓度稳定的理想水平?
(2)对于不同的基准排放情景,通过什么样的技术和措施能够达到这些水平?
(3)近期的排放目标是什么?

在下面的章节,将回答这些问题。

### 8.2.2 温室气体浓度的理想水平

我们不知道什么是温室气体浓度的理想水平,或者说尚未达成共识。从定性的角度看,它由 UNFCCC(联合国气候变化框架公约)的最终目标决定,即将大气温室气体的浓度稳定在防止气候系统受到危险的人为干扰的水平上(UNFCCC 第 2 条)。这个目标的表达非常复杂,模棱两可,因此造成不同的解释。例如,气候系统受到的危害干扰是否也涉及到由于气候变化影响而造成的生物系统和社会的危险干扰?正如我们在第 1 章所述,该公约第 2 条特定的条件表明:大气中温室气体浓度稳定水平和时间尺度应该使生态系统(a)自然地适应气候变化,(b)确保粮食产量不受威胁,(c)保证经济的可持续发展。这 3 个条件没有必要相互兼容,如果我们把第 1 个条件诠释为所有的生态系统自然地适应气候变化,那么最脆弱的生态系统(例如在北极或高山地区)将设置一个非常严格的标准。事实上,根据 IPCC 的报告,McCarthy 等(2001)已经发现了气候变化对生态系统不利的影响,认为就现在而言,这些生态系统不可能自然地适应气候变化。不过,非常低的排放浓度目标(例如 450 ppm 以下或重回工业时代之前的水平)不仅要求全球非常严格地减排,而且要求尽快执行。这将导致减排成本高并严重影响发展机会,特别是对发展中国家,并与上述的第 3 点准则不一致。IPCC(2001d)清楚地表明,如何判断哪些因素构成对气候系统的危险干扰

## 第8章 减缓气候变化:概念及其与可持续发展的关系

是十分有意义的。这并不是通过科学抉择,而是通过一系列的经济政治进程来达到的。科学、技术和经济研究在此可为决策提供有用的信息。

不可能在任意时间用任何确切的方法对保护气候目标作出重要的决定。由于信息技术在逐渐改进,即使在不确定的情况下,决策者也将不得不相继作出一系列的决定,估计公约第 2 条的复杂性还由于这样的事实,即危险干扰水平不仅仅受气候变化影响的制约,而且还依赖于社会和生态系统对其的适应和减缓能力。相对而言,危险水平受社会减缓气候变化程度的影响却不明显。原因是气候变化造成对生态系统和社会的压力不仅与它们的最终变化大小有关,而且也取决于它们的变率。理论上说,若温室气体减排越严格越快地执行,那么气候变化的速度将下降越快。另外,社会减缓气候变化的能力越大,他们的适应能力也越强。如果从强调可持续性观点(见第 2 章)来诠释公约第 2 条的观点,表明不论代价如何,气候变化造成的危害应该避免,从弱的可持续性观点考虑,通过减排避免这些危险干扰的代价与前述第 3 点的要求是相一致的。保护敏感的生态系统不受干扰可能要求的二氧化碳浓度水平低于或等于 450 ppm 目标,但是,像本书第 10 章将要阐明的那样,若要达到 550 ppm 含量以下的话,随着浓度下降减缓代价可能快速呈指数增长。因为要求快速减排的话,资金财产也会过早地耗尽。在目标水平还没有达成一致时,需要考虑稳定水平的范围。在文章中,我们将考虑各种情景以使二氧化碳浓度稳定水平分别达到 450 ppm、550 ppm、650 ppm、750 ppm。

有限的科学研究主要试图提供有关生态系统适应能力的信息。20 世纪 90 年代初,根据全球平均气温变化率,(Rijsberman 和 Swart 1990,Vellinga 和 Swart 1991),提出了气候目标的建议。根据植物种类迁徙率的真实信息,为了减少气候变化的风险,建议全球平均温度的变率不应该超过每 10 年 0.1℃。德国气候变化咨询委员会将气候限制建立在地质历史争论的基础上得出:与工业时期前相比,推荐的可容忍全球的气温变化幅度为 2℃,以及最大变率为每 10 年 0.2℃。欧洲委员会(1996)认为全球气温不应该比工业化前高出 2℃以上,由此,低于 550 ppm 的二氧化碳浓度应该为全球努力减排的首要目标。考虑到全球地表温度已经增加了大约 0.5℃,并且由于历史排放的原因,未来温度增长已经是不可避免的,温度变化率的目标是每 10 年低于 0.15℃。这些早期建议没有进一步得到支持或被生态学家采纳,原因主要是由于它们的自然属性,即事实上生态系统的脆弱性取决于当地的条件,而温度变化只是其中之一。正如在第 1 章讨论所述,全球平均温度和局地温度变化的相关性是非常不确定的。在一次有关这论题的研讨会上,生态学家凭直觉推断出,气温的变化每 10 年 0.1℃ 是上限;历史上观测植物种类的迁徙率(每 100 年 20~100 km)可以解释大约每 10 年 0.01℃ 的变化,远比上个年代观测到的每 10 年 0.15℃ 低(Leemans 和 Hootsmars 2000)。尽管如此,生态系统本身的可塑性对于一些年代来讲,可能有高变率的时期。由于涉及它的复杂性,除了温度变化的绝对值,其他指标都已提议过。(例如,超过某一特定温度范围的时间段)。关于温度增加值的不同阈值可能由不同生态系统所决定(Leemans 和 Hootsmars 2000)。另一个复杂性是因为快速气候变化会破坏植物种类间长期的稳定关系。这可能影响它们本能地适应气候变化的能力。IPCC(2001d)对这个争论引入了一个新的观点:气候变化造成超长期的、突然的、不可逆的影响,例如格陵兰岛冰盖融化(如表 8.1 所示)。当我们在讨论应对可避免的气候变化影响以及与 UNFCCC 第 2 条的 3 个条件有关的议题时,气候参数之间(它们往往在各区域是不相同的)的复杂关系,已引起研究者和决策者对稳定大气中温室气体排放浓度问题的极大关注。这在公约第 2 条的开头部分已有所反映。

**表 8.1 一些可考虑的二氧化碳浓度稳定目标**

| | |
|---|---|
| 450 ppm | • 最低的环境风险,经常为正的副作用<br>• 与《京都议定书》目标一致,如果在这之后,大幅度减排<br>• 21 世纪积累的二氧化碳排放量① 为 365～375 Gt 碳<br>• 2005—2015 年全球排放量达到峰值<br>• 与 1990 年相比较,经济合作发展组织(OECD)国家到 2030 年减少 30%～40%②,到 2050 年减少 70%～80%<br>• 发展中国家排放不久与基准水平偏离<br>• 成本可能很高,取决于基准水平(见第 10 章) |
| 550 ppm | • 环境风险显著降低<br>• 与欧盟的 550 ppm 的二氧化碳稳定目标相一致<br>• 与《京都议定书》目标一致,如果在这之后逐步减排<br>• 21 世纪积累的二氧化碳排放量达 590～1135 Gt 碳<br>• 2020—2030 年,全球排放达峰值<br>• 数十年后,发展中国家的排放量将偏离基准水平<br>• 费用很高,取决于基准水平(见第 10 章) |
| 650 ppm | • 21 世纪的环境风险稍有下降<br>• 严格按《京都议定书》目标,只是按要求缓慢地减排<br>• 21 世纪积累的二氧化碳排放量达 735～1370 Gt 碳<br>• 2030—2045 年,全球排放达峰值<br>• 要到 21 世纪下半页,发展中国家才偏离基准水平<br>• 各种情景中的成本适中(见第 10 章) |
| 750 ppm | • 21 世纪环境风险没有显著降低<br>• 比所要求的更为严格地按《京都议定书》目标减排<br>• 21 世纪积累的二氧化碳排放量达 820～1500 Gt 碳<br>• 2080—2180 年,全球排放达峰值<br>• 要到 21 世纪下半页,发展中国家才偏离基准水平<br>• 各种情景中的成本很低(见第 10 章) |

①在基准情景 A1B 中,所积累的二氧化碳排放量为 1415 Gt 碳,A1T 为 985 Gt 碳,A1FI 为 2105 Gt 碳,B2 为 1080 Gt 碳。
②根据情景说明中的代表值;与其他区域扩大排放贸易会导致 OECD 国家更低的减排要求。
来源:作者对 IPCC 报告结果的诠释(2001c,2001d)。

## 8.2.3 稳定二氧化碳浓度的途径

尽管 UNFCCC 提到总体的温室气体浓度稳定性,但迄今为止,科学、技术和经济方面的研究分析把重点仅仅放在二氧化碳上(见专框 8.2)。在下一章将讨论使不同水平的二氧化碳浓度稳定所造成的经济影响。这里,我们讨论对不同的社会经济和技术发展道路,稳定二氧化碳浓度的含义。在可能出现的未来不同情景下,利用第 2 章中所讨论的 IPCC 特别报告中(SRES)关于不同的排放情景作为基线(Morita 等 2001),考虑如何使二氧化碳浓度达到稳定。9 个模式小组参与了称为"后 SRES"的工作,图 2.9 中,后 SRES 情景稳定性分析的排放量包括在 SRES 基本情景的排放范围内。

二氧化碳浓度水平更多的是由时间积累决定的而不是某个特定年份的排放,因此,虽然最终导致稳定度相同,但排放情况可能是不同的:排放变率以及是哪个年份浓度稳定下来是同样重要的。这解释了图 2.9 所示根据所用的模式和假定得到的任何一个稳定目标的排放范围。

---

**专栏 8.1　UNFCCC 的最终目标和长期不可逆的影响**

预估 21 世纪气候变化表明,由于陆地和全球范围的影响可能导致未来气候系统大尺度的、不可逆的变化(IPCC 2001b)。例如北大西洋环流(温盐环流)的减缓,格陵兰岛冰盖融化,西南极大冰原崩解,以及在永冻区域通过加快碳排放和水合物中的甲烷排放造成无法控制的温室效应,最终导致全球变暖。在 21 世纪,这种改变的可能性很小,并且如果它们一旦发生,则主要取决于气候变化的量值、变率以及持续时间。但格陵兰岛冰盖融化显然是一个有趣的例外。根据 IPCC(2001a)的大冰原模式的评估结果表明,超过 3℃ 的局地增温如果能持续千年,将最终导致冰盖全部融化以及相关海平面上升 7 m。如果局地升温 5.5℃ 持续千年将可导致海平面升高 3 m。格陵兰岛的局地增温可能是全球平均的 1~3 倍。图 8.2 显示不同稳定度水平所对应的 2100 年平衡态温度变化。这幅图表明,将二氧化碳浓度稳定到较低水平可以减少格陵兰冰盖融化的风险。但是就算稳定在 450 ppm,也无法避免最终的融化。这对决策意味着什么?根据 IPCC(2001d)的报告:决策过程中必须处理不确定性包括非线性或不可逆的改变,需要平衡那些不充分的或过度的行动所造成的风险,还必须仔细考虑(环境和经济的)后果,它们的可能性以及社会对待风险的态度。UNFCCC 的最终目标并不是对如何估计这种长期的、大范围的、不可逆的变化提供明确的指导。决策者考虑这些风险到什么程度是取决于他们对待风险的态度以及他们考虑超长期和近期决策的意愿。

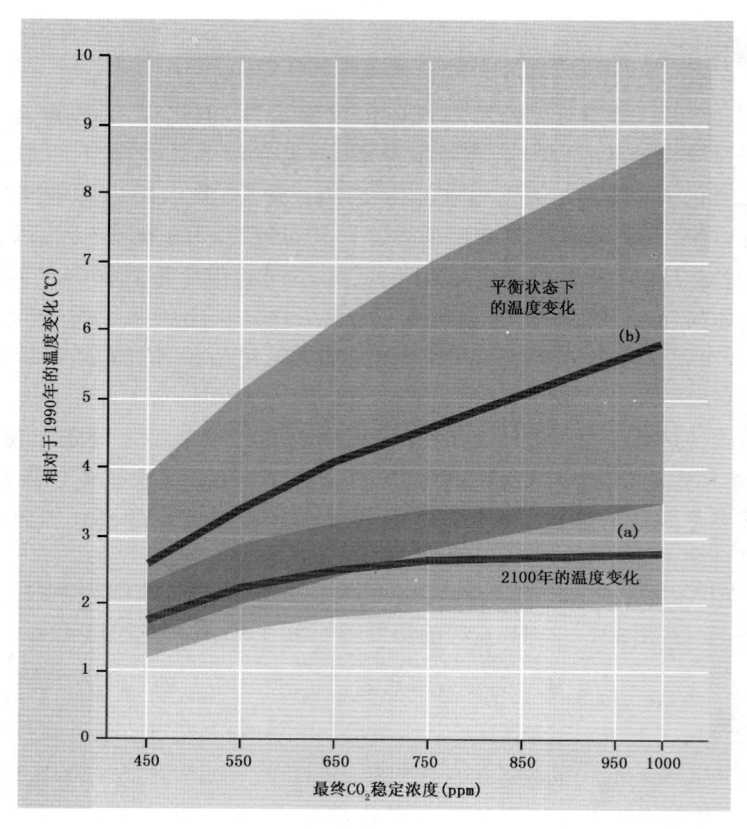

图 8.2 稳定二氧化碳浓度能降低增温,但量值不能确定。图中表明,利用一种简单的气候模式估计,相对于 1990 年而言,2100 年温度变化(a)和平衡状态下的温度变化(b)。对稳定水平的最低和最高估计分别假设气候敏感度为 1.7℃ 和 4.2℃,中心线为最低和最高估计的平均。对于任意给定稳定目标的彩图可以由原始出版物或网址得到。http://www.grida.no/climate/ipcc tar/vol4/english/figspm—7.htm。(来源:IPCC 2001d)

从国际协调决策观点上看,两条重要的信息非常有趣:为了使全球排放稳定在一个特定水平,什么时候必须开始减排?什么时候全球排放能降到 1990 年水平以下?表 8.1,若二氧化碳浓度稳定在 450 ppm,全球排放将必须在以后的 5～15 年内达到一个高峰。若二氧化碳浓度分别稳定在 550 ppm、650 ppm 以及 750 ppm,各自对应的时间分别为以后 20～50 年、30～45 年以及 80～180 年才能达到 1990 年前的水平。当全球排放需要降到 1990 年水平时,则要求二氧化碳浓度分别在 2000—2040 年降为 450 ppm,2030—2100 年为 550 ppm,2055—2145 年为 650 ppm,2080—2185 年为 750 ppm。碳循环的不确定性和不同的排放情况是造成那么大变化的原因。

> **专栏8.2 对温室气体含量或者是二氧化碳含量的统计**
>
> 为了便利和简单,实际上决策者和研究者都主要研究二氧化碳的浓度而不是所有温室气体的浓度。理论上,其他的温室气体(如在《京都议定书》中规定的6种)浓度被认为在满足稳定目标上有更大的弹性。这些目标是根据大气中的稳定辐射强迫来表示的,而不是根据稳定浓度。有时,大气中的温室气体相当浓度的概念的使用中,把非二氧化碳浓度变化的辐射强迫用于计算导致相同辐射强迫的二氧化碳浓度。Wigley(2001)指出,二氧化碳和它的当量之间的差异可能是重要的,他利用平均非二氧化碳的排放情景,计算它的稳定的当量浓度为550 ppm,也就意味着稳定的二氧化碳浓度大约为400 ppm。
>
> 为了提高大气浓度的稳定性,二氧化碳的排放不得不减少。一般地说,这也表示能源部门的非二氧化碳排放也必须减少。另外,在情景分析中,能源部门的发展通常与其他部门为减少温室气体排放所做的努力应该是相匹配的。这又一次导致非二氧化碳温室气体总体排放的减少,包括那些在大气中生命很短的成分,实际上造成了这些气体浓度和辐射强迫的降低。把这些发展考虑进去,一旦非二氧化碳排放继续减少,二氧化碳的减排量可能低于二氧化碳独立控制的水平,除非有人想超过如工业化前的稳定的浓度。可清楚地看出,在短期和长期控制不同温室气体和文章中提到的二氧化碳当量浓度和辐射强迫的问题上,研究选择最佳的结合是十分有用的。

尽管对基准与稳定水平两个情景下,排放范围都很大,但是,我们从图2.9可以立刻得到以下两个结论:第一,毫不奇怪的是当稳定目标限制较多时,达到稳定浓度水平需要更多的努力,在任一组情景中,基准水平与各种稳定水平之间的差别表示努力的程度。第二,更有趣的,稳定大气中二氧化碳浓度所需的努力,主要是取决于基准水平的特征,即取决于社会经济发展道路。比如,在A2情景组中的基准水平与稳定水平的差距比B1情景中差距更大,两者可能很难接近,A2情景中很难接近的原因有以下几个方面:(a)科技改革缓慢;(b)能量结构仍然继续以矿物燃料为基础;(c)由于控制物质经济增长的目标导致对减缓的支持很低;(d)在世界各地区为国际协调二氧化碳减排措施的机会是不多的。在B1情景中,情况就完全不同了,因为:(a)科技以一种很完好的方式快速发展;(b)生活方式和经济结构的改变;(c)对环境保护意识已经成为流行趋势;以及(d)快速的和通过国际协调来转换,环境优美、卓越的可再生能力、科技全球化。在B1情景中,在没有附加的气候政策情况下,到21世纪末二氧化碳浓度稳定为550 ppm,与450 ppm稳定水平的差距是很小的。这一点很有力地表明了气候变化减缓措施与广泛的社会经济目标之间的联系是十分重要的:

如果社会以一种与社会、经济和环境的可持续目标相符的方式发展，那么稳定二氧化碳浓度要容易得多，因此可避免对气候系统的危险干扰。

尽管 B1 情景代表的不只是一个特定的世界以一种可持续的方式发展的情况，但还是应该值得注意。你可想象许多不同的发展方式也可达到可持续发展的目标，或甚至可能有更多的发展方式。例如，在第 2 章中讨论过的"大转变"方案与 B1 情景不同，那个方案中它假定在社会价值和有关的行为方面发生了基础性的改变（转变），将会在改善社会和环境条件方面超过 B1 情景。另一个例子是 A1T 情景，由于快速科技发展，尤其是非矿物燃料能源的发展，导致温室气体排放很低。在 A1T 情景中，为了把温室气体浓度稳定在一个很低的水平，通过科技手段使二氧化碳排放进一步减少（这在 B1 中不适宜），例如二氧化碳净化、存储和核能利用技术等。初步的分析（见第 10 章）认为，这种稳定二氧化碳浓度（例如在 550 ppm 或更低）的代价相对很高，但在高收益情景中是可以允许的。

为了分析的目的，尽管量化稳定温室气体浓度的情景是不可缺少的，但是，一份定性的对全球未来情景的评估则可提供一些关于避免量化问题的认识，例如管理问题、安全和社会公平问题。Morita 等（2001）曾做了一份 100 多种情景的详细目录，总结了 4 种类型：(a) 悲观情景；(b) 当前趋势情景；(c) 高科技乐观情景；和 (d) 可持续发展情景（表 8.2）。在作者眼里许多情景被标准化，描述美好的未来（例如，一个更好的世界）或不好的未来（例如，崩溃）。

表 8.2 "全球未来"情景组描述

| 情景组 | 分组情况 | 方案数目 |
| --- | --- | --- |
| 悲观情景 | 分解：人类社会崩溃 | 5 |
| | 被破坏的世界：敌对区域群体恶化 | 9 |
| | 噪音：不稳定和无秩序 | 4 |
| | 传统：世界经济萧条后，紧跟着保守和右倾政权 | 2 |
| 当前趋势情景 | 惯例：从现行趋势的现状继续来看，没有显著的变化 | 12 |
| | 快增长：政府疏导经济，有利于积累社会财富 | 14 |
| | 亚洲转移：经济政权由西方转至亚洲 | 5 |
| | 经济至上：对经济值的强调导致社会和环境情况的恶化 | 9 |
| 高科技乐观情景 | 计算机化：信息和通讯科技有利于创造个性、多样性和创新世界 | 16 |
| | 技术化：科技解决了人类的全部或大部分问题 | 5 |
| 可持续发展情景 | 我们共同的未来：增强的经济活跃度与改善的公平性和环境质量相一致 | 21 |
| | 低假设：消费主义的有意识转移 | 16 |

来源：Morita 等（2001）

## 第8章　减缓气候变化:概念及其与可持续发展的关系

表8.3表示一些未来派(常常含蓄地)假定各种社会经济因素是如何与上升或下降的温室气体排放联系在一起的,后者是稳定浓度的必需条件。毫不奇怪,随温室气体排放量下降的情景(排放量相对少),常有如下的特征:(a)低人口增长;(b)快速科技改革和推广;(c)增加可再生资源的利用;(d)通常会提高环境质量;以及(e)增加社会和经济的公平性。这些特点表示与这种趋势相协调的社会经济发展可能就是气候友好型。这个评估报告认为对温室气体稳定情景的综合评估,会把各种因子考虑进去,比在通常用模式分析时考虑的因子还要多。制定温室气体政策应有弹性地处理未来可能情况的多样性,才能使政策更加稳健。收入和人口增长不是必然地会导致温室气体排放的增加,全球未来情景支持来自SRES报告的这个分析结果。未来派认为在没有丰厚的福利情况下,科技和生活方式的选择,经济结构的变化,也会降低温室气体的排放。除了气候政策以外,未来的低排放与各种政策和行动是紧密相连的(Morita等2001)。

表8.3　未来全球改变温室气体排放的因素

| 因素 | 温室气体上升 | 温室气体下降 |
| --- | --- | --- |
| 经济 | 增长,全球化后工业经济,(通常)低政府干涉,高水平竞争 | 一些情景显示GDP增长,其他情景显示,限制生态可持续性水平的经济活动,通常高水平政府干涉 |
| 人口 | 移民人口增长迅速 | 人口相对低地稳定增长,移民增长缓慢 |
| 管理 | 在管理中没有明确的内容 | 公民参与管理和团体的积极性提高,制定相应的制度 |
| 公平 | 通常国家收入公平性衰退,社会公平和国际收入公平没有清晰的内容 | 国内国际的社会公平和收入公平性的提高 |
| 冲突/安全 | 高冲突和安全行为(通常),冲突坚定能力恶化 | 低冲突,安全行为,冲突坚定能力的提高 |
| 科技 | 低科技水平,科技改革水平低和科技传播能力弱 | 高科技水平,科技改革水平高和科技传播能力强 |
| 资源利用能力 | 可再生资源和水资源衰退,非再生资源和食物利用没有明确的内容 | 可再生资源,食物和水资源的利用能力提高,非再生资源利用没有明确的内容 |
| 环境 | 环境质量衰退 | 环境质量提高 |

来源:Morita等(2001)

生活方式的选择有助于降低温室气体排放,但无视效力的选择是没有意义的,在各种稳定温室气体浓度的尝试中,科技创新是至关重要的。IPCC报告证实前面的观点,报告中陈述了在现有的所知科技条件下,温室气体可以稳定在550 ppm或450 ppm,甚至更低水平,所知的科技指的是在今天正在运转的或在试验阶段的科学技术。这些所知的科技在实际中已经真正的广泛运用,但各种技术的未来市场潜能是不确定的。因此,一个有趣的问题是:以不同的人生观来看,为了达到不同气候目标,什么样的技术是最好的,能吸引人的?Morita 等(2001)通过分析后 SRES 的多项情景组,得出对于社会经济发展的各种基准情景(A1、A2、B1、B2)与不同的稳定水平(分别为 450 ppm、550 ppm、650 ppm、750 ppm)对应起来。表 8.4 给出,为了达到二氧化碳浓度稳定水平 550 ppm,通过多种情景模式所作的各种选择。

表 8.4 通过 9 个后 SRES 模式稳定二氧化碳浓度在 550 ppm 水平下的各种减排资源情况

|  |  | A1B | A1F1 | A1T | A2 | B1 | B2 |
|---|---|---|---|---|---|---|---|
| 2050 年 | 各种矿物燃料的替代物 | 0.0~1.2 (0.55) | 0.6~3.3 (2.2) | 0.0~0.11 (0.1) | 0.13~0.96 (0.6) | 0.0~0.11 (0.02) | −0.02~0.54 (0.25) |
|  | 核能的转换 | −0.42~0.56 (0.45) | 0.33~1.1 (0.53) | −0.03~0.12 (0.04) | 0.18~0.98 (0.97) | 0.0~0.25 (0.17) | 0.12~0.54 (0.48) |
|  | 生物量的转换 | −0.15~1.7 (1.13) | 0.26~1.3 (0.76) | −0.1~0.14 (0.02) | 0.64~2.3 (1.14) | 0.0~0.73 (0.34) | −0.14~0.87 (0.31) |
|  | 其他可再生能源的转换 | −0.1~3.1 (1.12) | 0.26~4.91 (0.88) | −0.15~0.05 (−0.05) | 0.0~1.1 (0.55) | 0.0~0.51 (0.29) | 0.1~0.85 (0.38) |
|  | 二氧化碳的净化和清除 | 0.0~2.5 (0.0) | 0.0~5.75 (3.09) | 0.49~0.58 (0.53) | 0.0~0.5 (0.0) | 0.0~0.0 (0.0) | 0.0~2.4 (0.14) |
|  | 需求的减少 | 1.0~3.5 (2.45) | 1.66~8.5 (4.6) | 0.03~0.99 (0.51) | 0.83~5.7 (2.3) | 0.0~1.1 (0.23) | −0.2~2.4 (1.15) |
| 2100 年 | 总量的减少 | (5.46) | | (1.12) | (6.7) | (1.25) | (3.5) |
|  | 各种矿物燃料的替代物 | −0.1~2.2 (0.97) | 0.2~11.8 (1.82) | 0.1~0.1 (0.09) | 2.4~5.4 (2.95) | 0.0~0.2 (0.09) | 0.6~2.7 (1.35) |
|  | 核能的转换 | 0.3~6.4 (0.55) | −2.4~1.9 (1.20) | 0.0~2.0 (1.03) | 0.3~1.7 (1.18) | 0.0~3.1 (0.02) | −0.2~5.1 (2.28) |
|  | 生物量的转换 | −0.8~1.5 (1.03) | −0.2~5.5 (2.50) | −0.2~0.3 (0.07) | 1.1~3.8 (1.84) | 0.0~4.3 (0.04) | −1.9~1.5 (0.63) |
|  | 其他可再生能源的转换 | 0.1~2.5 (1.51) | 0.6~15.1 (2.70) | −0.1~0.0 (−0.05) | 2.2~6.7 (3.33) | 0.1~0.3 (0.28) | 0.1~3.2 (2.07) |
|  | 二氧化碳的净化和清除 | 0.0~4.7 (0.00) | 0.0~23.8 (0.39) | 0.5~1.6 (1.06) | 0.0~5.8 (0.0) | 0.0~1.1 (0.0) | 0.0~3.0 (0.63) |
|  | 需求的减少 | 0.5~6.6 (0.94) | 1.9~17.5 (10.4) | 0.0~0.2 (0.11) | 5.2~15.6 (10.21) | 0.1~0.3 (0.08) | 0.7~3.5 (1.64) |
|  |  | 7.1~11.9 (9.16) | 21.7~30.5 (21.1) | 0.3~4.4 (2.31) | 21.7~26.9 (22.81) | 0.2~9.6 (0.39) | 6.0~10.6 (8.14) |

表中数据为 2050 年和 2100 年最小值—最大值,括号内为中值 GtC
注释:减排的估计是通过从每个情景的基准值(GtC)减去减缓值(GtC)。
作者在这个情景中用"++"标注十分重要的相对值。
用+表示这个情景中重要的部分;0 为这个情景中不十分重要的部分。
来源:对于 2100 年,Morita 等(2001);2050 年基础数据由 T. Morita 提供。

# 第8章 减缓气候变化：概念及其与可持续发展的关系

根据表 8.1 情景分析表述,所要求的减排量(通过效率的增加,结构和经济变化)是在所有情景中最主要的部分,在 21 世纪前半叶最为明显。在 21 世纪后半叶,不同的(能量供应)在用于减排实现稳定大气浓度方面是必不可少的。在各种情景中,逐步引进可再生能量因素是很重要的;在前半个世纪,生物量起着重要作用,在后半世纪,大规模的其他可再生资源则占主导地位。在少数情景中,核能和捕获存储二氧化碳是唯一重要的,反映了这些选择是有争议的,在世界视点(例如,在科技导向的 A1T 情景和在 B2 情景中核能两种选择)和一些地区中唯一被考虑的是提供一些重要的机会。有关讨论详见第 9 章。

## 8.2.4 温室气体稳定水平的近期意义

对当前政府和私人部门的决策制定者来说,短期目标比前面所讨论的百年时间尺度的目标更为重要。但是,鉴于气候变化响应的最终目标——温室气体浓度稳定,该长期目标给近期决策制定提供了一个框架[①]。只要长期目标尚未形成一致意见,气候变化响应就还是一项持续的需作决策的工作:逐步调整法,随着更多信息可被利用,逐步调整应对措施。随之相应的问题是:假如在预先给定的长期气候变化及其不确定的情况下,近期最合适的行动方针是什么？对减排时间方案争论激烈,有很多意见,经常有些是对立的(表 8.5)。有些意见倾向于采用非常严格的减排措施,而另一些支持用渐进的步骤来减少排放。

表 8.5　近期减排政策的平衡

| 论　点 | 倾向于适度减排的论点 | 倾向于严格减排的论点 |
| --- | --- | --- |
| 技术发展 | 即使没有政府干涉,能源技术不断变化,改进的现有技术变得可用<br>如果没有及早地拥有现有的、低生产率的技术,对快速的技术改进较早地进行适度调度,使得学习成本降低<br>先进技术的快速发展将需要基础研究的投资 | 低成本方法的可持续影响排放量曲线<br>内在的变化(市场导致的)加速低成本方案的发展(边做边学)<br>聚类效应突现出转移到低排放趋势的重要性<br>尽快促使共同的能源研究、发展的转变:从边缘化发展到低碳技术 |
| 资本库存与惯性 | 一开始采取适度的排放限制,能避免现有资本的提前退出,并能充分利用资本的自然周转率<br>能够降低现有资本的周转成本,预防由于溢出效应引起的投资成本升高 | 从今往后,通过影响新的投资,全面地开发资本的自然周转<br>限制排放量在一定水平,这与低二氧化碳浓度一致,给予一个机会利用现有技术,限制二氧化碳浓度在低水平<br>减少来自于稳定化约束不确定性的风险,以及来自于被强制地执行快速减排而带来的风险,这样快速的减排需要提早资本的退出 |

---

① 在某些国家,这是认同的。比如,在荷兰环境政策计划内容中,除了《京都议定书》的近期目标之外,还包括到 2030 年二氧化碳排放量减少 20%～30% 的目标(VROM 2001)。

续表

| 论　点 | 倾向于适度减排的论点 | 倾向于严格减排的论点 |
|---|---|---|
| 社会影响与惯性 | 逐步的减排措施降低导致部门性失业的程度，能给予更多的时间安置劳动力，以及改变劳动力市场、教育的结构<br>减少福利损失，这关系到人们生活方式生存条件快速变化的需要 | 如果最终需要较低的稳定浓度目标，尽早、强有力的行动能够降低以后所需的最高减排率，减少与之相关的过渡期问题、破坏和福利的损失关系到人们生活方式生存条件快速变化而需要的 |
| 补贴与代际的公平性 | 降低将来减排成本的现在价值，但是由于技术成本降低和将来收入水平提高，也可能降低未来的相对成本 | 减缓影响，并且减少减排成本的现在价值 |
| 碳循环和辐射变化 | 近期二氧化碳浓度较小地增加<br>早期的排放被吸收，因此，使得21世纪较高的碳排放量在假定的稳定化约束之下（其后由低排放量补偿） | 二氧化碳浓度有较小的降低<br>降低最高温度变化率 |
| 气候变化影响 | 很少有证据证实过去几十年相对较快的变化造成破坏 | 避免由气候快速变化引起的、可能的严重破坏 |

来源：IPCC(2001a)

在 Wigley 等（1996）提出"及早行动"和"滞后反应"的观点以后，IPCC 第二次评估报告中基于"WRE"情景方案对减排措施做了较早的讨论，虽然如此，当前的争论中还有许多细微差别之处。目前比较认同的共识是：现在需要采取何种行动，而不是滞后的行动。"行动"并不一定意味着立即减少排放，但是可以采取一些不同类型的行动，包括通过加强研究激励技术的创新，环境无害化技术的发展与验证；在表 8.5 中列出了适度的和严格的减缓措施的差别。为了使大气中二氧化碳含量保持稳定，未来需要有很大的减排量：最终的二氧化碳排放量需要降低到当前排放量的很小一部分（IPCC 2001a）。这将需要进行基础性的能源结构调整，或者使用替代燃料，或者将排放的二氧化碳捕获和储存在地下、深海里，通过这种方法形成一个清洁矿物燃料系统。无论如何，投资于技术革新是一种稳健的选择。如果政府有一种长期考虑的政策提供给私人部门，温室气体的减排可能是更加容易和更加经济的。如同 IPCC（2001d）所指出的，比起先前已经验证的、能够逐步获取经济利益的计划中的政策，那些为了短期突发效果的无计划、不可预测结果的政策（快速方法）也许会花费更多。

关于《京都议定书》承诺协议可行性的一个重要问题是：要达到《联合国气候变化框架公约》(UNFCCC)的最终目标，《京都议定书》规定的减排目标合适吗？现阶段，这个问题并不容易回答，因为我们不知道如何将这一最终目标量化到各种浓度的稳定水平上，同时有多种途径都可能达到任何一种所选择的稳定水平。此外，《京都议定书》只要求《联合国气候变化框架公约》附件Ⅰ国家减少排放量。而其他国家的排放量没有限制。要达到《京都议定书》制定的二氧化碳稳定浓度,取决于附件Ⅰ国家和非附件Ⅰ国家之间商定的后《京都协议》。如果发展中国家排放永不受约束,而发达国家的排放要稳定到 2010 年的水平,那么对控制全球平均气温将没有实际意义。但是,如果《京都议定书》能够引导对未来排放量的控制,这将会有所变化了。对稳定温室气体浓度的问题,《京都议定书》是否提供我们正确的途径呢? 对这个问题,根据一些模拟研究结果,我们也许可推断出一些大概的答案。

图 2.9 显示,在所谓的"后 SRES"情景分析模拟中,附件Ⅰ国家[①]的减排量设计为从 1990 年的水平减到各种不同的稳定水平(Morita 等 2001)。根据特定的模拟方法,关于减排的时间方案、发达国家和发展中国家的不同发展状况的设想,会有很多结果。尽管如此,图 2.9 给出了一些大体趋势。通过分析,要达到 450 ppm 的稳定排放量,或许是《京都议定书》目标的最低浓度水平,在 2010 年后就可能要进一步地减排。对于 550 ppm 的稳定排放量,《京都议定书》的减排目标就在实际所需要的减排量范围之内,往后或许只需要逐步减排就可以了。对于 650 ppm 或者更高的稳定排放量——《京都议定书》目标的最高浓度水平,到将来某个时间就没有必要进一步地减排了。

通过另一种分析可以给出不同的答案。举例来说,如果用 8.1 节所讨论的可容窗口方法或者安全着陆方法则答案是不同的,"倒推法"可导致更严厉的短期排放限制,特别是如果这种限制是根据可容许的气温变化速率提出的情况(见专栏 8.3)。

---

**专栏 8.3 欧盟长期气候目标的近期意义:安全着陆方法的应用**

安全着陆法(见 8.1 节方法论的讨论)已用于分析欧盟委员会的长期气候目标(二氧化碳浓度稳定为 550 ppm,以及与工业化前的水平相比,全球平均气温增温不超过 2℃)对近期行动的意义(Swart 等 1998)。如果只考虑以 2100 年的温度目标为约束因素,则 IPCC IS92 情景方案中的一系列指标,"最佳预估"的气候敏感性、稳定的硫化物排放量、可行的最高年减排率为 2% 都在模式计算的全球二氧化碳排放量的限定范围"走廊"之内,这表明在 2010 年前将不需要减少排放量。但是,如果我们考虑更多的制约因素,情况就不一样了。举例来说,如果加入由小岛国联盟国家所建议的海平面上升不超过 20 cm 的约束因素,则"走廊"将变狭窄。同样也可引入气温变化率的限制,比如 0.15℃/10a(与欧盟委员会的目标一致)或 0.1℃/10a(基于生态系统脆弱性所建议的目标),也会导致"走廊"的变化。因此,最终得出的排放限量"走廊"似乎完全取决于气温变化幅度和 10 年气温变化率的假定。

---

① 值得注意的是,这些分析对非附件Ⅰ国家、地区假设了多种排放途径,这将影响附件Ⅰ地区的减排效果。

为达到《联合国气候变化框架公约》和《京都议定书》的目标内容,近期内附件Ⅰ国家的排放量是至关重要的。如果假定非附件Ⅰ国家的排放量按照IS92a情景发展,则附件Ⅰ国家的排放量在2010年应该比1990年排放量水平低5%(图8.3a中假定的限制)。图8.3b表示排放"走廊"随限制因素的变化:对于0.1℃/10a,可以花20年时间,在2010年排放"走廊"从高端的6.1 Gt C/a降到3.3Gt C/a,即要减排40%这是不切实际的。显然,非附件Ⅰ国家较低或较高的排放量将分别导致附件Ⅰ国家一个较宽或者较窄的排放"走廊"。这些分析表明:更好地了解气候变化影响和温度变化率之间的关系是很重要的,但明显缺少这方面的知识。另一个重要问题是关于如何设定可行的年最高减排率。在上述分析中,最高减排率假设是每年2%,但如果降低这个比率到1%,则至2010年将使排放"走廊"变窄10%以上。因此,考虑代际问题是非常重要的。

如果未来的排放量随着所模拟的排放"走廊"的最高值来发展,要达到全球气候目标,必须按照设定的全球最高减排率来减少排放量。这对未来严格执行气候目标是不会留有余地的。在这种情况下,估算的排放限量"走廊"表明,在2030年以前,附件Ⅰ国家的排放量必须降到零以下,除非非附件Ⅰ国家的排放量一直低于IS92a方案的排放量。这些分析表明,在根据长期气候目标来考虑近期减排要求时,把气候和社会经济系统的惯性考虑进去是重要的。

所谓"可容许窗口方法"(Toth等 2001)与"安全着陆方法"类似,并且也将导致类似的结果:如果考虑到长期气候变化目标,近期的排放量将受到极大的限制,考虑越多未来可行的减排率将降低越多。对于气候稳定化责任的公平分配,上面所说的"可容许窗口方法"也可以提供一些启发。如果假定附件Ⅰ国家的排放量按IS92a基准到2010年,非附件Ⅰ国家按照IS92a方案进程直至达到附件Ⅰ国家在1992年人口基础上的排放水平,这将导致一个非常狭窄的排放"走廊",每年减排率为3%~4%(Toth等 2001)。应当指出的是,与上面讨论的"安全着陆法"分析相比,在这项分析中假设的气候保护目标是更宽松的,同时也设定了更高的可行减排率[①]。

[①] 一个乐观的"连续增长率"(即在资本库存周转以及避免资本过早退出的近似同步性下,矿物燃料可能被逐步淘汰的速度)可能使燃烧矿物燃料导致二氧化碳排放量每年减少2.5%~3%。提高矿物燃料的效率(历史上每年1%的速度)理论上可以达到模拟的增长率。例如,世界经济增长率为每年3%,这将需要执行每年2%~3%最高的、可行的减排率。经济、政治和社会的现实状况将降低这种可能实现的减排的可行性(Swart等 1998)。

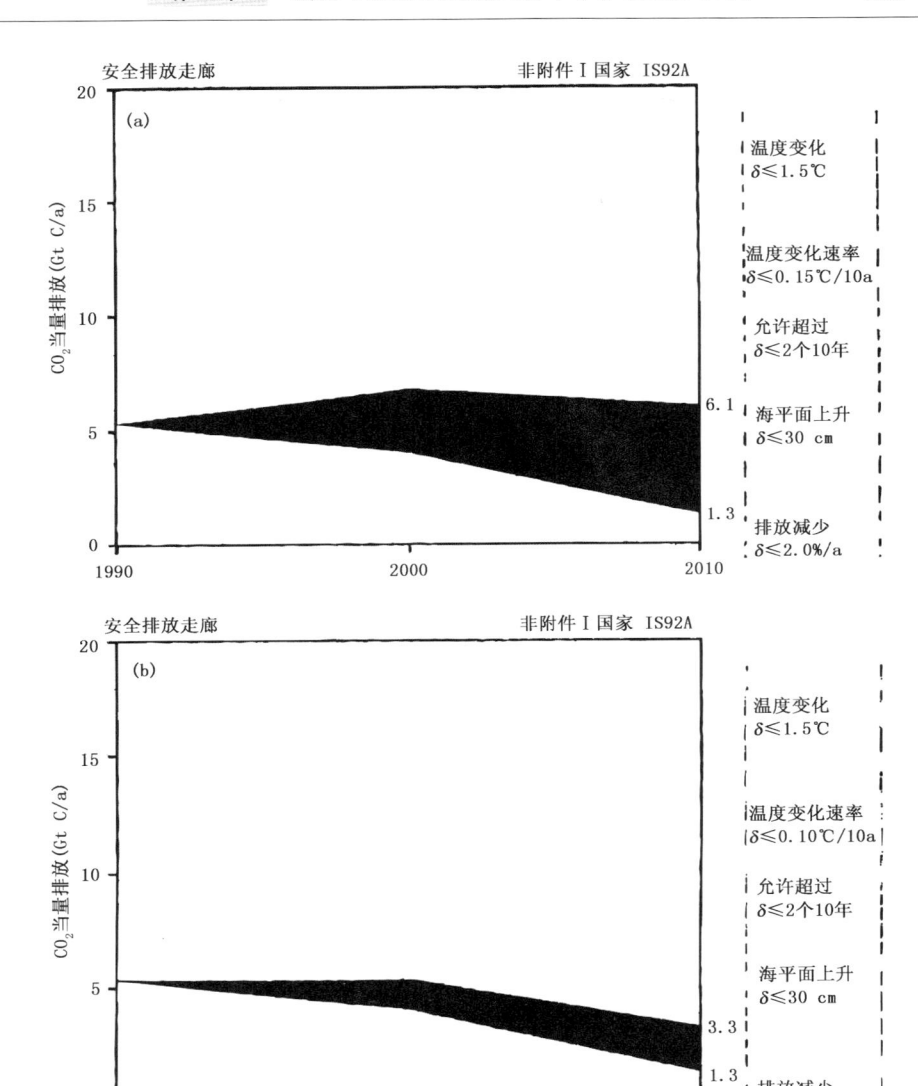

图 8.3 不同的温度 10 年变率限制条件下，与欧盟长期气候目标一致的附件 I 国家的两个排放"走廊"

## 8.3 关于发展、公平和可持续性的问题

在第 8.2 节,我们了解到可持续发展与应对气候变化密切相关。《联合国气候变化框架公约》和《京都议定书》以各种方式处理这一互相关联的问题。《联合国气候变化框架公约》提出各国家有权利而且应该促进可持续发展,而这些国家应该基于平等的原则去保护气候系统——这与公约第 3 条的原则"共同但有区别的责任"是一致的。如上所述,最终的目标包含一个条件:经济发展要以一个可持续的方式进行(条款 2)。《京都议定书》所倡导的清洁发展机制已经建立,不仅使工业化国家更灵活地来满足自己被量化的排放限制和排放量减少的要求,也帮助发展中国家实现可持续发展和促进《公约》最终目标的实现。上述情景分析表明,世界各国正在协调一致地努力向更公平和可持续的方向发展,使得温室气体浓度稳定化变得更容易实现。从另一方面来说,稳定温室气体浓度以及与其相关的减排将要求改变生产和消费模式,这将有多重好处。

环境无害化技术发展、实施、转让往往是为了一些与气候变化无关的理由,例如:减少当地空气污染问题的需要,或是提高能源利用效率而获益的需要。社会和经济战略的影响在第 3 章已经讨论过。减缓气候变化问题的一整套策略其影响比单纯气候变化带来的影响涉及的范围要大。如果严格的温室气体减排行动执行太快,经济后果可能是严重的,并影响《联合国气候变化框架公约》最终目标提及的经济可持续增长。如果逐步推行,结果可能是正面的。例如:(a)提高能源利用率,将降低能源成本和对进口燃料的依赖;(b)转移到非矿物能源,有助于减缓当地和区域的空气污染、土壤酸化、农业和生态系统的压力;(c)制止毁林且加强森林的再生长有助于保护森林资源和当地生物的多样性。这种"辅助"效益将在第 10 章中讨论。

一般而言,制定的决策是考虑了多种原因的,气候变化只是其中原因之一。从这个意义上说,多谈谈共同效益,好于只讨论辅助效益。日益一体化的政策方针往往把空气污染和温室气体减排等结合在一起考虑(例如,美国环保局 2000 年报告)。一般来说,像制定目标明确的气候战略一样,这种综合策略往往可通过技术手段来寻求缓解排放量增加的措施。

现在有两个基本的问题是:(a) 通过逐步的科技变革,气候变化问题能被减缓到什么程度;以及(b) 基本的经济结构和社会经济行为的转变要达到何种程度? 如上所述,根据 IPCC 报告,不仅是需要基础性的新技术来使二氧化碳浓度稳定在 450 ppm 或以下,而且倘若相关的社会经济和制度发生变革,就会放弃这个目标,这是事实。关于技术变革和社会经济行为的转变,目前两者之间还没有明显的分歧,因为两者之间相互依靠。情景报告指出,单独着眼于气候问题,科技可以解决这个问题,而

经济结构和经济行为的变革将使这一工作更容易实现。反过来说,技术创新使得所有气候变化减排方案似乎更有依据了。全球情景小组在可持续发展的大背景下深入探讨了这个问题。他们坚称,在"传统发展方式的世界"里,如果人类文明不发生重大的意外事件或根本性转变,则社会经济将继续发展。在严格的减排政策下,可以实现可持续发展的大部分目标,这是可能的。这些政策不仅致力于环保目标(如温室气体稳定、改善水资源缺乏、减缓荒漠化、保护森林及生物多样性、减少有毒物质等),而且也致力于社会目标,例如缩小收入差距,使世界饥饿人口减半(Gallopin 等 1997, Raskin 等 1998)。在全球化、工业化、市场运作的基础下,社会经济的发展将继续。随着近年来反全球化运动加强,这种发展并不是没有沉重的压力。对传统发展方式所带来的社会不平等和环境退化等副作用,要采取行动不断地予以纠正,这些负面影响会使世界的社会经济制度和环境越来越脆弱。这种情况好比在一个向下运转的滚梯上要向上跑动,一直就需要有更好的机制来维持这种运行一样(Raskin 等 2002)。将来可能是另一种情况,由于采取了保护自然系统、公平分配资源,效益最大化和强烈的团结感等改革机制和措施,就会出现包括社会、经济新秩序和基本原则在价值观上的根本性变化("大变革",见 Gallopin 等 1997, Raskin 等 2001)。在这样一个未来的世界里,到处都是与可持续发展相适应的情景,人们的福利不损害资源的保护,这些不但通过一个"技术楔子"可以初步达到(如常规发展情景),而且也可以通过由生活品味和行为所支配的"生活方式楔子"来实现。

## 8.3.1 气候变化减缓策略的公平性

温室气体浓度稳定化最终需要持续减少全球排放量。因此,在今后某个时候,全球所有国家、地区都要参加排放控制计划。《京都议定书》附件 I 国家已经开始第一步行动,然而尽管美国已要求发展中国家"有意义地参与减排",非附件 I 国家迄今对实施《京都议定书》中的承诺日期还不同意;但也不能期望近期内这些国家会通过此承诺协议,因为这些国家认为今天环境的大部分问题是附件 I 国家造成的,而且他们也拥有大部分资源能处理这个问题。例如,1988 年,占全球人口 20% 的最富有人口的收入占全世界总收入的 82.7%,而最贫穷的 20% 人口的收入只占全球总收入的 1.4%(贫富收入的差距超过 60 倍),而温室气体排放量与收入水平有密切的联系。

不过,从科学的角度看,为了达到《联合国气候变化框架公约》的最终目的,考虑以"共同的但有区别的责任"的原则,来完成此任务是一个有意义的问题。

各种各样关于公平性的观点是有区别的(Banuri 等 2001)。基于权利方法以全球所有公民享有平等的权利为基础,可理解为同等的人均排放权。这是"收缩和趋同"办法的核心,这个方法已经用在众多民间、非政府组织团体的气候变化政策辩论中。"收缩"意味着减少全球二氧化碳的排放量,以使之与大气的承载能力相一致,"趋同"则是指将来在不同地区使人均收入趋于相同。基于责任的方法来源于这样的假设:在没有足够的补偿情况下,人们的行为不应该伤害其他人。在《联合国气候变化框架公约》谈判中的适应基金问题与此看法相关。基于贫困的方法着重于帮助穷人脱离不利的地位,例如通过政府的能力建设活动和强化其谋生能力来降低穷人的脆弱性。基于机会的方法的基础是所有人都应有这样的机会:能享受世界上富裕人口所享有的生活水平,该方法是与限制工业化国家排放控制协议的目前限额有关。与此有关的建议是,当非附件 I 国家达到某一特定的人均收入和人均排放量水平的时候,他们会要求参与排放控制。这将导致这么一种情况,对于全球排放限制体系所需要达到的排放水平会逐步提高,或者这可称为"多级"方法,而且对气候变化响应来说,也可以被认为是一种负责任的方法(Berk 等 2001):当这些国家发展达到一定的水平时,至少他们能负责管理这些问题。Toth 等(2001)研究了一整套方法,他们发现,运用不同的方法来减缓气候变化将导致完全不同的结果。应用某一特定方法与达到某种气候目标的可能性是有联系的。对基于多级的方法来说,这种情况是完全可能出现的:如果分级排放水平要求太高,则二氧化碳浓度稳定在较低水平将是不可能实现的(Berk 等 2001)。

## 参考文献

Arrow K J, Cline W R, Maler K-G, *et al*. 1996. Intertemporal equity, discounting, and economic efficiency. In J P Bruce, Lee Hoesung and E F Haites, eds. 1996. *Climate Change* 1995: *Economic and Social Dimensions of Climate Change*. Cambridge: Cambridge University Press.

Banuri T, Weyant J, Akumu G, *et al*. 2001. Setting the stage: climate change and sustainable development. In B Metz, O Davidson, R Swart and J Pan, eds., *Climate Change* 2001: *Mitigation*. Cambridge: Cambridge University Press.

Berk M, van Minnen J G, Metz B and Moomaw W. 2001. *Climate Options for the Longterm* (COOL) *Final Report*. Bilthoven: National Institute for Public Health and Environment.

European Commission. 1996. *Communication on Climate Change*, *Council Conclusions*. Brussels: European Commission.

Gallopin G, Hammond A, Raskin P and Swart R. 1997. *Branch Points*: *Global Scenarios and Human Choice*. Boston MA: Global Scenario Group, Stockholm Environment Institute.

Hua-Duong M, Grubb M J and Hourcade J-C. 1997. Influence of socio-economic inertia and uncertainty on optimal $CO_2$ abatement. *Nature*, **390**(4):426-446.

IPCC. 2001a. *Climate Change* 2001: *The Scientific Basis*. Cambridge: Cambridge University Press.

IPCC. 2001b. *Climate Change* 2001: *Impacts*, *Adaptation*, *and Vulnerability*. Cambridge: Cambridge University Press.

IPCC. 2001c. B Metz, O Davidson, R Swart and J Pan, eds. *Climate Change* 2001: *Mitigation*. Cambridge: Cambridge University Press.

IPCC. 2001d. *Climate Change* 2001: *Synthesis Report*. Cambridge: Cambridge University Press.

Jepma C and Munasinghe M. 1998. *Climate Change Policy: Facts, Issues and Analyses*. Cambridge: Cambridge University Press.

Leemans R and Hootsmans R. 2000. *Assessing Ecosystem Vulnerability and Identifying Climate Protection Indicators*. Report410200039. Bilthoven: National Onderzoek Programma Mondiale Luchtverontreiniging en Klimaatverandering Dutch National Research Programme on Global Air Pollution and Climate Change.

Manne A and Richels R. 1995. The greenhouse debate: economic efficiency, burden sharing and hedging strategies. *Energy Journal*, **16**(4):1-37.

IPCC. 2001. O F Canziani, N A Leary, D J Dokken and K S White, eds., *Climate Change* 2001: *Impacts, Adaptation, and Vulnerability*. Contribution of Working Group II of the Intergovernmental Panel on Climate Change to the Third Assessment Report. Cambridge: Cambridge University Press.

Morita T, Robinson J, Adegbulugbe A, et al. 2001. Greenhouse gas emission mitigation scenarios and implications. In B Metz, O Davidson, R Swart and J Pan, eds., *Climate Change* 2001: *Mitigation*. Cambridge: Cambridge University Press.

Munasinghe M. 1996. *Environmental Impacts of Macroeconomic and Sectoral Policies*. Solomons, Washington, and Nairobi: International Society for Ecological Economics, The World Bank, and United Nations Environment Programme.

Munasinghe M, Meier P, Hoel M, et al. 1996. Applicability of techniques of costbenefit analysis to climate change. In J P Bruce, H Lee and E H Haites, eds., *Climate Change* 1995: *Economic and Social Dimensions*. Geneva: Intergovernmental Panel on limate Change, Chap. 5.

Raskin P, Gallopin G, Gutman P, et al. 1998. Bending the Curve: *Towards Global Sustainability*. *Global Scenario Group*. Boston MA: Stockholm Environment Institute.

Raskin P, Banuri T, Gallopin G, et al. 2002. *Great Transitions, The Promise and Lure of the Times Ahead*. Boston: Global Scenario Group, Stockholm Environment Institute.

Rijsberman F and Swart R J. 1990. *Targets and Indicators of Climate Change*. Stockholm: Stockholm Environment Institute.

Sathaye J, Bouille D, Biswas D, et al. 2001. Barriers, opportunities and market potential of technologies and practices. In B Metz, O Davidson, R Swart and J Pan, eds., *Climate Change* 2001: *Mitigation*. Cambridge: Cambridge University Press.

Swart R, Berk M M, Janssen M, et al. 1998. The safe landing analysis: risks and trade-offs in climate change. In J Alcamo, R Leemans and E Kreileman, eds., *Global Change Scenarios of the 21st century. Results from the IMAGE2.1Model*. London: Pergamon and Elsevier Science, pp. 193-218.

Toth F L, Mwandosya M, Carraro C, et al. 2001. Decision-making frameworks. In B Metz, O Davidson, R Swart and J Pan, eds., *Climate Change* 2001: *Mitigation*. Cambridge: Cambridge University Press.

USEPA. 2000. *Developing Country Case Studies: Integrated Strategies for Air Pollution and*

*Greenhouse Mitigation*. Colorado: National Renewable Energy Laboratory.

Vellinga P and Swart R. 1991. The greenhouse marathon: a proposal for a global strategy. *Climatic Change*, **18**:7-12.

Watts W. 1999. *Discounting and Sustainability*. Brussels: European Commission.

Weitzman M. 1998. *Gamma Discounting for Global Warming*. Discussion Paper. Harvard: Harvard University Press.

Wigley T M L. 2001. Stabilization of $CO_2$ and other greenhouse gas concentrations. *Climatic Change*.

Wigley T M L, Richels R and Edmonds J A. 1996. Economic and environmental choices in the stabilization of atmospheric $CO_2$ concentrations. *Nature*, **379**:240-243.

Wilhite H, Shove E, Lutzenhiser L and Kempton W. 2000. The legacy of twenty years of energy demand management: we know more about individual behaviour but next to nothing about demand. In E Jochem, J Sathay and D Bouille, eds., *Society, Behaviour and Climate Change Mitigation*. Dordrecht: Kluwer Academic.

# 第9章 减缓措施:技术、实践、障碍与政策工具

## 9.1 温室气体减排技术概况

### 9.1.1 引言

第8章中已经介绍了与气候变化减缓相关的概念与方法,本章将继续介绍一种已被政府间气候变化专门委员会(IPCC)所采纳的方法(Anderson 等 2001,Bashmakov 等 2001,Kauppi 等 2001,Moomaw 等 2001,Sathaye 等 2001)。目前,现有的很多技术可以对减缓温室气体排放作出贡献(见 9.1.2 节),但却存在妨碍其得到充分实施的障碍(见 9.1.3 节)。在障碍存在之处,如能通过一般的或特定的政策、措施和手段将其移除,这些技术就有机会被实施(Jepma 和 Munasinghe 1998)。

### 9.1.2 建筑和居民点

建筑部门贡献了将近1/3 的与全球能源有关的 $CO_2$ 排放。本节介绍从建筑与居民点减少温室气体排放的几种方法,其中包括提高器具、设备、建筑结构的能效。由于人口、收入的增长和工业化国家的家庭规模变小等社会变化,建筑使用的能源和相关的排放量也在迅速增加。尽管设备和器具的能效在增加,但本部门的能源需求自 1990 年后仍然以每年 2.5% 的速度增加。同时,利用当前可用的技术与实践,建筑部门为减少温室气体提供了最具成本效益的机会。本部门排放的最主要的温室气体是 $CO_2$,而在发展中国家,低效的炊事炉排放甲烷($CH_4$),在致冷和取暖设备中卤代烃(如氢氟碳化物 HFCs)的排放起主要作用,后者将在 9.1.8 节中讨论。IPCC 提及的减缓措施主要有:

(1)使用现有的最具能源效率的设备和器具。冰箱、洗衣机、洗碗机、空调、供热和通风系统、照明等器具等的能源强度在过去几十年来显著增加。由于使用更大和/或是功能更强大的器具的趋势,再加上其他新型器具(如干衣机和电脑)的使用,温室气体的排放空间已经受到限制。对于单个器具,能效提高 30%~40% 在当前是可能的(在 10%~70% 的范围内)。在发展中国家,改良的生物质能和燃木炉可以降低温

室气体的排放。

（2）整体建筑设计。建筑地选择和建筑物各部分之间的相互作用为这个方案的实施提供了可能性。例如，窗户（双层甚至三层玻璃）、墙壁和屋顶的隔热处理可以考虑减小尺寸和容量以及室内供热和制冷设备的管道，有报告称能效提高可超过10%~70%。

（3）减少待机损耗。许多家用设备在待机状态下仍然要消耗大量的能量（耗能量从美国的5%到日本的12%不等）。通过技术进步，可以限制设备处于待机状态的能耗，使其降低到1 W以内，显著降低了能源消费。如果1 W的目标在美国可以达到，那么美国的能源部门每年可节约20亿美元。

（4）建筑太阳能。在很多情况下可以利用太阳能加热水以代替矿物燃料。在没有电网的乡村地区，光电系统将是非常好的选择。在具有中央电网的地区，这个系统剩余的能量可以输入到网点。虽然目前价格仍然较高，但其价格正在下降，全球范围内的销售量在迅速增加。

（5）建筑的分布式发电。在建筑区附近安装相对较小的发电系统以减少输送损耗，并尽量结合热能与电能，协调供需。与大的集中型电厂相比，这些优势能弥补较低的转化功率。这些电厂可通过可再生能源（如光电系统）或矿物燃料（如微型涡轮机）来提供动力。

一般这些方案适用于居民区与商业建筑区。除了这些主要的技术解决方案，居家和办公的行为改变也有助于节能和减少温室气体排放，这些方案我们将在9.3节里讨论。

### 9.1.3 运输

**道路运输**

全球温室气体排放增长最迅速的经济部门是交通运输业，已经占据了超过20%的由能源使用导致的$CO_2$排放。最重要的是道路运输（到1996年占73%），1970年以来，美国的机动车数量一直在增加，每年增加2.5%。在20世纪80年代，客运车的平均燃油效率明显下降，现在基本稳定（图9.1）。这并不是能源效率改进技术下滑的结果，恰恰相反，技术性能源效率改善增长十分迅速，但这被人们购买重型的强马力车辆的事实所抵消。由于道路运输几乎全部依赖液态矿物燃料，还有整个的基础设施设计均遵循这一目的，限制$CO_2$和其他温室气体的排放将是运输部门面临的主要挑战。成本较低的液体矿物燃料的实用性和人们对灵活性要求的提高将加速对运输服务业和相关基础设施的需求。

从全球增暖的角度来看，这些趋势可能是坏消息，幸运的是在科技前沿也有一些好消息传来。未来可通过提高效率与改变燃料来减少排放量。表9.1显示一系列科技产品下每千米的温室气体排放。Moomaw等(2001)讨论了5种改良产品：

# 第9章　减缓措施：技术、实践、障碍与政策工具

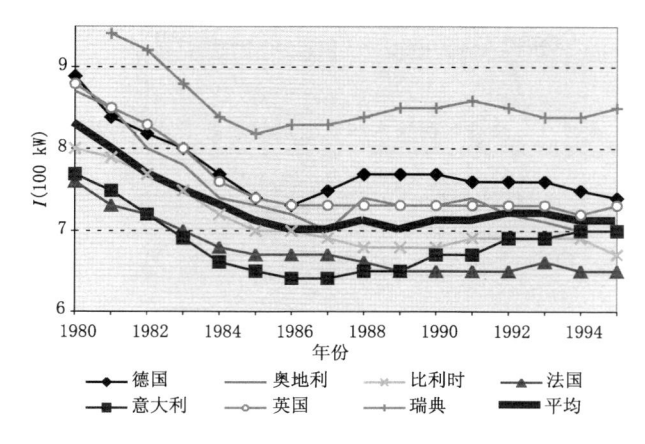

图 9.1　新型客车满载情况下的平均能耗。源于：Moomaw 等（2001）

(1)油电混合动力车。混合动力车已进入许多工业化国家的汽车市场，如日本市场上的丰田 Prius 和美国市场上的本田 Insight 等。这些车辆将内燃机和电力驱动装置与电池结合使用。其特色是可以储存刹车能量、发动机尺寸较小，因为配备了催化转换器的混合动力车可以储存氧化亚氮，不完全燃烧还可以产生甲烷，可被用作助动力，避免怠速损耗并通过电力驱动模式以避免发动机的低效运转，从而提高能效。在高速行驶时能效可提高 50%，在城市拥堵的低速状态下能效提高可超过 100%。

(2)更轻的结构材料。过去，轻型材料车普遍存在生产成本高、安全性低的问题，但是近来使用塑料和铝胜于钢铁的开发证明了，与提高效率相联合，减少重量 20%~30%甚至更多是可行的。

(3)直接加注汽油和柴油引擎。直接加注燃烧汽油引擎在日本和欧洲已经实行，这能够提高 12%~20%的效率。对于卡车柴油引擎，直接加注引擎所提高的效率更大，但是成本的增加也是相当可观的。

(4)汽车燃料电池。在 2005 年很多地区的厂商宣布引进燃料电池汽车，比 5 年前估计的早了 10 年。显然，温室气体排放上的优势依赖于用来驱动燃料电池的燃料。然而氢是最清洁和最具效率的燃料，这可能需要一个全新的并行的分布式基础设施的建立。如表 9.1 所示，即使汽油动力的燃料电池汽车也可以实现温室气体减排 50%，对于甲醇驱动的车减排数值更高。

(5)使用生物燃料。如果生物燃料能够稳定生产，利用它们为车辆提供能源（可能要与汽油混合使用）相对于全汽油驱动从而排放温室气体的车辆而言可能具有极大的优势。但是低廉的石油价格阻碍了生物燃料技术在世界大部分地方的突破，而且政府鼓励使用生物燃料的项目在近几年减少了（如巴西的乙醇项目）。这并不排除未来为了运输的目的向生物燃料的转变。在许多中、长期温室气体减缓情景中，生物

燃料的使用在向低碳燃料系统转变上扮演了重要的角色。拉丁美洲、东欧和非洲区域可能会成为主要的生物燃料输出地。而且,生物燃料生产被认为是欧洲废弃的农业土地的再处理。

表 9.1 改进车辆技术和改变燃料后的温室气体排放

| 燃料循环阶段 | 二氧化碳当量(g/km) |||||||
|---|---|---|---|---|---|---|---|
| | 温室气体 ||||||||
| | 给料 | 燃料 | 操作 | 二氧化碳 | 氧化亚氮 | 甲烷 | 合计 |
| 汽油(再生) | 15.6 | 52.7 | 228.9 | 282.2 | 5.7 | 9.4 | 295.6 |
| 汽油直接喷射(DI) | 12.6 | 42.1 | 184.3 | 225.6 | 5.7 | 7.7 | 237.6 |
| 丙烷(源于天然气) | 19.0 | 13.6 | 197.6 | 217.5 | 5.5 | 7.3 | 228.9 |
| 压缩天然气(CNG) | 30.7 | 21.3 | 174.6 | 206.2 | 3.1 | 17.3 | 225.3 |
| 柴油机 DI | 10.6 | 27.2 | 161.6 | 191.7 | 3.3 | 4.5 | 198.4 |
| 20%生物 DI | 11.7 | 32.7 | 132.7 | 169.1 | 3.7 | 4.3 | 176.1 |
| 网格混合(RFG) | 9.8 | 63.5 | 88.8 | 152.7 | 4.1 | 5.3 | 161.2 |
| 混合(RFG) | 8.6 | 27.5 | 123.3 | 148.3 | 5.7 | 5.4 | 158.5 |
| 电力车(EV,US 混合) | 12.3 | 145.2 | 0.0 | 152.1 | 0.6 | 4.8 | 156.6 |
| 燃料电池(汽油) | 7.8 | 26.1 | 112.6 | 140.8 | 1.4 | 4.4 | 145.7 |
| 混合(CNG) | 19.1 | 13.2 | 110.5 | 127.6 | 2.7 | 12.5 | 142.0 |
| 燃料电池(甲醛 NG) | 8.1 | 17.9 | 83.1 | 105.0 | 1.2 | 3.0 | 108.5 |
| 燃料电池(甲醛生成的氢) | 11.0 | 97.3 | 0.0 | 103.1 | 0.2 | 5.0 | 107.6 |
| 电力车(CA 混合) | 10.4 | 51.1 | 0.0 | 58.5 | 0.2 | 2.8 | 61.1 |
| 燃料电池(太阳能) | 0.0 | 20.3 | 0.0 | 18.9 | 0.2 | 1.2 | 20.2 |
| 100 年全球增温潜势 |||||||||
| 二氧化碳 | | | 氧化亚氮 | | | 甲烷 | |
| 1 | | | 310 | | | 21 | |

上述方案也与用柴油引擎驱动的卡车运输相关。综合所有的方案。卡车的整体效率将在现在的水平上提高 60%(Moomaw 等 2001)。

上述方案都是从交通技术的视角探讨运输与其环境效应之间的联系。但是,如果跳出交通技术的视角,则可以认定更广泛的方案(Nijkamp 2001)。运输或移动,在具有社会和行为特征的同时也具有空间属性。空间组织性,运输活动,基础设施和生态系统是密切地内部联系在一起的。而且,运输本身不是目的,它是"导出的需求"(Nijkamp 2001),因为人们要去工作,追求娱乐,购买食品和休闲物品,拜访亲朋好友。更广泛的方案包括:

(1)交通容量与经济发展的联系。这可以通过缩短家与工作地点的距离,土地利用管理战略(如停车面积规划,限制低密度城市设计),对运输、步行和自行车基础设施的投资,或者追求更加区域化的产品系统来实现。

(2)发展新的后勤系统。这不仅包括鼓励更高的车辆使用率或者共享汽车所有权和增加卡车道路因素,也包括公路向铁路和船舶运输的转变。

(3)促进物理运输的代替业务。包括目前尚未充分开发的信息和交流技术的使用,从而避免运输,例如,电话办公,电话会议和电话购物。

对于发展中的地区,有一些特殊的方案。例如,铺平路面和加强常规的车辆保养能够减少能源消耗和温室气体排放。以上的大多方案对非气候问题有重要的附带利益,因此有利于可持续发展。事实上,在许多情况下,这些附带利益成为政策的主要动力。例如:(a)减少本地和城市的空气污染(硫酸盐、烃、煤烟、一氧化碳等);(b)减少区域空气污染(例如酸化物质);(c)减少噪音,提高运输安全,解决交通拥堵和减少道路损坏(Barker 等 2001)。根据 OECD 的估计,工业国家交通运输非内部环境和社会成本至少占 GDP 的 5%。以上的许多方案将减少这部分成本,而且可能是无悔方案。

**其他运输方式**

另一些重要的运输方式有飞机、铁路和轮船,在这些方式中,空运(到 1996 年占据了世界运输能源的 12%)是增长最迅速的部门。尽管最近有很多改进,但飞机的能源效率在以下几方面仍然有可能再提高 40% 或更多,例如引擎性能、空气动力学的进展和替代材料(Moomaw 等 2001)。这些技术对于未来几十年的飞机能源消耗及其温室气体排放有重要的影响。在转变燃料方面并不乐观。技术突破需要选择另一种不同于传统喷气燃料的替代燃料。未来的方案有由核能和可再生能源产生的液态甲烷和液态氢(Penner 等 1999)。对于道路交通也有一些非技术性方案可减少航空业的温室气体排放。这些包括增加载重因素、减少飞机场拥塞和通过市场工具放慢增长(如税收),加强降落与起飞的管理。Penner 等(2001)特别提到空运管理和操作程序的改进(减少 8%~18% 的燃料燃烧),同时还有一系列的调整、经济以及其他方案。后者包括:(a)更加严格的飞机引擎排放标准;(b)免除对环境有负影响的津贴和鼓励;(c)征收环境税;(d)排放贸易;(e)自愿协议;(f)研究计划;(g)以铁路和汽车代替空运。

对于海运和河运,柴油发动船是最重要的。Moomaw 等(2001)列举了性能的显著改进:热效率或者轮船推动力(5%~10%),螺旋推进器设计和维护(2%~8%),水力拖曳减少(10%),船的大小,速度,增加载重因素和新的推动力系统(12%~64%)。对于铁路运输,有趣的是普通列车是大宗运输最有效率的方式,新的高速列车能源效率却低很多,然而技术的进步低于公路运输。未来,公路与铁路运输间的能源效率差距将显著减小。

## 9.1.4 工业

在制造业,能源燃烧产生的二氧化碳再一次成为最重要的温室气体排放源。工业部门对全球碳排放的贡献是40%。一些工业(如水泥的生产、精炼、氨、钢和铝的生产)碳的排放更确切地说是过程排放。另外,一些特殊的行业会排放氧化亚氮、臭氧损耗物质或者他们的替代物和六氟化硫(见9.1.8节)。虽然最近二十年在工业能源效率方面取得了许多进展,工业依然是全球温室气体排放的主要贡献者(京都协议中表明大约为1/3)。幸运的是,还有许多保留方案能进一步提高效率和减少温室气体排放。然而,估计未来减排的潜力是很难的,因为有许多内在相关的因素在起作用:(a)生产量;(b)部门的生产结构;(c)制造过程的效率(Moomaw 等 2001)。工业部门将怎样发展,还不完全清楚。例如,部门中似乎存在向能源密集型的子部门结构转化,然而单位产量或单位增加值的能源强度有所下降。国外的观点是20世纪70年代的石油危机后,物质生产量一方面与温室气体排放相关,另一方面与经济增长相联系(经济向服务型社会的结构转变有时被称作丧失物质形态)。最近,有迹象表明,在许多工业国家,可能存在上面提到的部门内的结构转变。

有许多方案来减少制造业中排放的温室气体。它们由于工业的类型和区域不同而不同。在经常使用过时设备的发展中国家和经济转型国家,减排方案是最多的。在工业国家,美国和澳大利亚具有比日本和西欧低效率的经济,但是在所有的地区都有收效。评估往往关注于重工业和高能耗型工业,如炼油,金属生产(如钢铁、铝),大批化学制品(如矿物、肥料、氯),造纸和水泥等行业。轻工业也有许多减排措施,但是因为范围广而更难以实施。IPCC将方案分为以下几类(Moonmaw 等 2001):

(1)能源效率的提高。在制造业部门减少温室气体排放的主要方法是通过增加能源效率。表9.2给出了一些可行方案的例子及其潜力与成本的定性评估。所有工业部分减排的关键是过程控制和能源管理系统的执行,过程集成和利用废能产生热和电。

(2)燃料转换。不同国家的相似产业间碳强度的区别说明,根据当地的实际情况,某些时候通过转换矿物燃料可减少10%~20%的二氧化碳排放。

(3)可再生能源。用可再生能源来进行当地热和电的生产将减少工业排放的温室气体(见9.1.5节)。

(4)二氧化碳去除。对于大型高耗能型工业,烟气、枯竭油气藏、储水层、或深层海洋的二氧化碳回收是一个重要的问题。过去几年人们对此问题的理解有显著提高(见9.1.5节)。在一些行业(如氨水生产和精炼厂),二氧化碳是氢产物的副产品,其二氧化碳回收较之烟气容易。

(5)材料效率的改进。越来越多人知道,在生产过程和材料的使用方面也有机会减少温室气体的排放,(a)产品设计上节约用材,(b)材料替代,(c)产品或材料循环利用,(d)质量串级,(e)良好的家政管理。让生产者对每一件产品使用寿命的更大部分负责(如义务回收)能够鼓励这些方案的实施。在西欧,材料－能源结合战略(包括废弃物处理、材料效率、材料替代、矿物化学物替代、最后管道方案)将减少温室气体排放大约 1/3~2/3(Kram 等 2001)。

(6)工业处理过程中的氧化亚氮排放。一个重要的排放源是脂肪酸的生产。几个主要的生产商已经自愿达成一致,通过热或接触反应破坏实现大幅减排。因为硝酸制品废气中氧化亚氮浓度(氧化亚氮的第二重要来源)较低,较之于脂肪酸工业中的减排稍微困难些。但是,大幅的减排也是可能的,如通过接触反应破坏。

(7)铝和半导体生产中的全氟化碳(PFCs)排放。PFCs 的主要排放源是铝的熔炼,正极碳用于铝的电解时会释放 PFCs。不同的生产过程具有不同的排放,通过新技术,翻新和改进工厂操作,已经取得了较大的减排成果,并可望通过工业－政府间的协调合作项目使减排持续下去。20 世纪 90 年代以来,半导体工业中使用 PFCs。减排方案包括过程优化,选择化学制品,回收和循环使用,减少流出。

(8)氢氟碳化物(HFC-23)的排放来自氟化物氢醛-22(HCFC-22)的生产过程。根据蒙特利尔协议,在几十年内 HCFC-22 将逐步被淘汰,作为药品给料的生产期望能继续使用。相应的减排方案包括在发展中国家优化 HCFC-22 的生产过程和热破坏技术。另一些消耗臭氧的物质和他们的替代物将在 9.1.8 节中讨论。

(9)镁产物和绝缘开关生产中排放的六氟化硫($SF_6$)。$SF_6$ 是《京都议定书》规定的非常强的温室气体之一。它的生命期很长,因此需要非常小心。$SF_6$ 主要用于绝缘设备的高压传输,是一种非常有效的绝缘体,用于在许多精密设备中。除了低排放技术,特别重要的是改进安装、维护与报废的处理,包括循环利用和避免随意丢弃。一个相对不太重要的来源是在镁工业中使用的抗氧化保护层,目前,对此项应用的主要减排方案是谨慎操作和使用替代物——有毒的并具有腐蚀性的二氧化硫。一些小的排放源(如运动鞋和豪华汽车轮胎气体)没有必要使用这样的替代物。

以上那些针对二氧化碳和能源消耗的方案一般也有许多附带利益,但是那些针对非二氧化碳温室气体的方案主要是为了应对气候变化。

## 9.1.5 能源

温室气体的关键排放源是能源部门,尤其是其生产、运输、转化以及矿物燃料的使用都要排放温室气体。这部分碳排放超过了全球碳排放的 1/3。能源效率通常以每年 1%的比率增加经济效益,但这不足以排除经济增长和温室气体排放增加的联系。另外,有两种选择可以减少经济增长和能源系统的碳强度。第一,将矿物燃料转化成碳排放较低的能源(例如:煤转化成石油再转化成天然气),或者矿物燃料转化成可再生的能源以及核能。第二,继续使用矿物燃料,但是 $CO_2$ 使用后能被捕获,埋藏到地下或海底。矿物燃料的转化过程将以最清洁,最有效的方式进行,例如:清洁煤技术。有时，第二种方案也叫做清洁燃料。这两种方案可能结合使用，甚至可以考虑像减排情景中所考虑的那样（见第2章）。世界范围内能源系统的转换时间由矿物燃料短缺情况决定，而不是由所关注的环境问题如气候变化决定的，对这一观点目前存在争议，当然这里考虑了煤、非常规的石油和天然气的巨额储量（见专栏9.1）。

表9.2 工业能源效率提高技术的重要例子和相应的减排潜力与减排成本（比例不是线性的，成本随地区不同而不同；来源：Moomaw 等 2001）

| 部门 | 技术 | 2010年潜力 | 减排成本 | 备注 |
| --- | --- | --- | --- | --- |
| 所有工业 | 过程控制和能源的执行 |  | — | 估计：节约5%的初级能源 |
|  | 管理系统 |  |  | 世界范围内需求 |
|  | 可调整速度的电力驱动 |  | ++ | 工业国家的工业电力要求的大约30%是来自于电力驱动系统 |
|  | 高效电力发动机 |  | + |  |
|  | 电力驱动系统的优化设计，包括低电阻管道系统 |  | +++ | 发展中国家还未知 |
|  | 过程综合处理，如执行收缩技术 |  | + | 节约燃料需求每个工厂从0%~40%；花销依赖于式样翻新活动的要求 |
|  | 共同产生热量和动力 |  | — |  |
| 食物、饮料和烟草 | 执行高效的蒸发处理（奶制品，糖） |  | + |  |
|  | 隔膜分离 |  | ++ |  |
| 纺织业纸浆和造纸 | 提高烘干系统，如热量回收 |  | ++ |  |
|  | 连续蒸煮器的应用（碎浆） |  | + | 仅执行化学碎浆；能量一般由生物燃料提供 |
|  | 热力机械碎浆中的热量回收 |  | +++ | 能量一般由生物燃料提供 |
|  | 残渣焚烧来产生动力（树皮，黑色酒精） |  | + |  |
|  | 更高连贯性的挤压，如夹挤延展（造纸） |  | — | 并未对所有纸张等级都执行 |
|  | 改善烘干，如推动烘干或冷凝带烘干 |  |  | 工业革命前阶段；导致生产更加大的纸张机器（所有纸张等级） |
|  | 减少空气需求，如通过纸张机器烘干机罩湿度控制 |  | + |  |
|  | 燃气涡轮发电（造纸） |  | — |  |

## 第9章 减缓措施:技术、实践、障碍与政策工具

续表

| 部门 | 技术 | 2010年潜力 | 减排成本 | 备注 |
|---|---|---|---|---|
| 精炼厂 | 高架蒸汽逆流再压缩(蒸馏) |  | + |  |
| | 天然预热分段(蒸馏) |  | + |  |
| | 执行真空抽吸(蒸馏和裂化) |  | + |  |
| | 燃气涡轮预热(蒸馏) |  | − | 提供精炼厂热量需求的30% |
| | 气化代替液化炼焦(裂化) |  | + |  |
| | 动力回收,如碳氢化合物分裂 |  | − |  |
| | 提高接触反应(重整接触反应) |  | + |  |
| 肥料厂 | 自热 |  | − | * |
| | 高效的二氧化碳隔离,如通过隔膜 |  | + | *节约量强烈依赖于综合处理的新老技术的机会 |
| | 低压氨水合成 |  | + | *特殊的一点:在大量气体被处理的同步电压与反应速度之间的一个优化性已被发现 |
| 石化产品 | 再压缩蒸汽机制,如丙烷/丙烯的爆裂 |  | + |  |
| | 燃气涡轮发电 |  | − | 还未证明可用于炉子加热 |
| | 故障排除 |  |  | 估计:节约5%的燃料需求 |
| | 提高再反应设计,如通过提供制陶术或者制膜 |  | + | 还未商业化 |
| | 甲醇的低压合成 |  | + | *特别的一点:在大量气体被处理的同步电压与反应速度之间的一个优化性已被发现 |
| 另一些化学物质 | 通过电力隔膜(氯)处理的水银和膜过程代替物 |  | + | *在一些国家,如日本膜电力已经是主要的技术 |
| | 燃气涡轮发电 |  | − |  |
| 钢铁 | 炉子吹风注入40%煤灰(初级钢) |  | − | 最大注入速率仍在研究中 |
| | 工厂熔渣和烤箱中的热回收(初级钢) |  | + |  |
| | 烤箱过程气体回收,炉子吹风和基于氧气的炉子(初级钢) |  | − |  |

续表

| 部门 | 技术 | 2010年潜力 | 减排成本 | 备注 |
|---|---|---|---|---|
| 钢铁 | 炉子吹风释放气体中的动力回收（初级钢） |  | + |  |
|  | 开膛炉子的替代物（初级钢） |  | − | *主要在前苏联和中国 |
|  | 持续铸件和薄板层铸件的应用 |  | − | *代替锭铁铸件 |
|  | 低温加热的高效生产（从高温过程和共产生物中回收热量） |  | ++ | 从高温过程中回收热量在技术上很难 |
|  | 电力弓形炉子的残余物预热（中级钢） |  | + |  |
|  | 以电力弓形炉子进行氧和燃料注射（中级钢） |  | − |  |
|  | 高效铸勺预热 |  |  |  |
|  | 次级产物气体减少过程（初级钢） |  | − | 预计2005年后成立第一个商业化团体 |
|  | 近网格形式铸件技术 |  | − | 还未商业化 |
| 铝 | 已有的式样翻新的Hall-Heroult过程，如矾土点加料，计算机控制 |  | −/+ |  |
|  | 变换至工艺水平加料，预烘烤技术 |  | + |  |
|  | 湿的阴极 |  | +++ | 还未商业化 |
|  | 拜尔法流化床窑炉 |  | ++ |  |
|  | 拜尔法综合共生 |  |  |  |
| 水泥和其他非金属矿石 | 湿过程阴极替代物 |  | −/+ | * |
|  | 应用多阶段预热和预铸锻 |  | + | 在式样翻新情况下没有节约 |
|  | 利用产物渣块废热或者共产物去烘干未加工物质 |  | − |  |
|  | 应用高效分类者和磨碾技术 |  | + |  |
|  | 应用再生炉子和提高已有炉子的效率（玻璃） |  | + | 以可再生炉子替代可回收炉子的代价是很高的 |
|  | 砖与陶瓷生产的隧道和滚筒窑 |  | − | * |
| 金属过程和另一些轻工业 | 建筑物高效设计，空气质量和空气出力系统，以及热提供系统 |  | − | * |

## 第 9 章　减缓措施：技术、实践、障碍与政策工具

续表

| 部门 | 技术 | 2010年潜力 | 减排成本 | 备注 |
|---|---|---|---|---|
| 金属过程和另一些轻工业 | 已气化火熔炉替代电力熔炉（铸造厂） |  | — | * |
|  | 回收火炉（铸造厂） |  | — |  |
| 交叉部门 | 另一些工业部门的热湍流 |  | + |  |
|  | 非工业部门的废热利用 |  | + |  |

潜力：▨ = 0~10 百万吨碳；▨ = 10~30 百万吨碳；▨ = 30~100 百万吨碳；▨ > 100 百万吨碳。年成本折扣率 10%；— = 收益大于成本；+ = 0~100 美元/吨（碳）；+ + = 100~300 美元/吨（碳）；+ + + > 300 美元/吨（碳）；* 表明成本数据只在常规替代物或者扩展物上是正确的。

---

**专栏 9.1　什么限制了矿物燃料的使用：燃料短缺还是稳定 $CO_2$ 的目标？**

在政府和公众的争辩中，经常暗示是能源短缺而不是环境问题，例如气候变化限制了能源使用。图 2.3 和表 9.3 显示至少在物理层面上这是不正确的，21 世纪矿物燃料的短缺将不会限制 $CO_2$ 的排放。主要是因为煤和非传统的石油和天然气的储量较大。图 2.3 也显示了在第 2 章讨论的各种 IPCC 情景下的碳排放情况。然而，已经被证实的天然气、石油储量以及常规石油资源中的碳比在碳浓度稳定 450 ppm 或更高水平的模拟情景中允许排放的碳累积量要少。这确实暗示着要做出选择，在这些存储和资源被耗尽前，必须开发额外的资源，煤、非常规的石油和天然气、或者非矿物燃料。两种途径都需要大量的额外投资。正如 IPCC 得到的结论，能源混合的选择及相关的投资将决定温室气体的排放是否能保持稳定，稳定在什么水平，成本是多少（Metz 等 2001）。目前，多数研究和开发工作都是按着传统的方式，寻找和开发常规的和非常规的矿物燃料资源。

表 9.3　目前矿物燃料总量和铀总量

|  | 消费量 |  |  |  |  |  |
|---|---|---|---|---|---|---|
|  | 1860—1998年 | 1998年 | 储量 | 资源基础[a] | 现有资源[b] | 额外资源 |
| 石油 |  |  |  |  |  |  |
| 　常规 | 4854 | 132.7 | 5899 | 7663 | 13562 |  |
| 　非常规 | 285 | 9.2 | 6604 | 15410 | 22014 | 61000 |
| 天然气[c] |  |  |  |  |  |  |
| 　常规 | 2346 | 80.2 | 5358 | 11681 | 17179 |  |
| 　非常规 | 33 | 4.2 | 8039 | 10802 | 18841 | 16000 |
| 混合 |  |  |  |  |  |  |
| 　煤 | 5990 | 92.2 | 41994 | 100358 | 142351 | 121000 |
| 矿物燃料总量 | 13508 | 319.3 | 69214 | 142980 | 212193 | 992000 |

续表

| | | | 消费量 | | | |
|---|---|---|---|---|---|---|
| 一次性循环燃料铀[d] | 1100 | 17.5 | 1977 | 5723 | 7700 | 2000000[e] |
| 可再生铀[f] | | | 120000 | 342000 | 462000 | >120000000 |

[a] 发现的储量或者开发出来的资源储量;

[b] 资源量基础为储量和资源的总和;

[c] 包括液体天然气;

[d] 来自经济合作与发展组织/全美教育协会(OECD/NEA)以及国际原子能组织(IAEA);

[e] 包括海水里的铀;

[f] 如果使用快速增殖反应堆天然铀储量和资源大约增加60倍。

我们总结了IPCC关于能源部门减少温室气体排放技术的一些特点(Moomaw等2001):

(1)提高矿物燃料发电的效率。一般在发展中国家,发电厂的实际效率和可利用的最先进技术之间有很大的差异。今后的几十年,平均效率将从30%提高到超过60%,而且热电结合技术将进一步减少能源浪费。例如,先进的粉煤工厂效率可以超过45%。联合循环燃气轮机通过气体和废热利用发电,能使效率达到60%,未来效率可能会更高。整体气化联合循环技术用煤和液体燃料做给料,能与联合循环燃气轮机达到相似的效率。气化过程能回收$CO_2$,联合热电技术能达到90%的利用效率,对于有热量需求的地方是实用的,例如,在工业区或者连接区域供暖系统。最后,从长远来看,燃料电池因为个体尺寸小,潜在的低排放、低维护、以及低噪音等特点将有望进入未来市场。

(2)生物质能。在许多减缓和稳定情景中(见第2章),处在向基于更广泛的可再生燃料的能源系统过渡的中间阶段时,中短期使用生物燃料代替矿物燃料是普遍的选择。许多能源专家认为,特别是拉美和非洲有巨大的潜力成为国际绿色石油输出国家组织。然而,一些人也发出警告,指出了粮食生产和保护自然之间可能存在的许多矛盾,如果生物量生产不能持续,也可能产生其他的环境和社会问题。生物能包括能产生能量的作物、农业和林业剩余物以及废流燃料。农业和林业残余物中生物能特别有潜在的经济价值。能量作物成本较高,最近的一些计划(例如,巴西的甘蔗/乙醇)由于低的石油价格没有持续发展。商用生物燃料只在一些有政府激励措施的国家才能成功。在许多发展中国家,还是以传统的生物质能为主,现代生物质能技术具有显著提高效率的潜力,但是也需要较高的前期投资。生物质能比煤更容易转化成气态或液态燃料。

(3)水力发电。目前,水力发电是世界上最重要的可再生能源。在工业化地区水力发电已经发展到(有时可能超过)社会和环境约束的上限,例如:在西欧还有65%的技术潜力,在美国可达到76%。发展中国家有较大的潜力,估计40%~60%的技术潜力。在很多地区,建设大坝的阻力越来越多,主要因为(a)损失农业用地和破坏生态系统,(b)移民问题(例如中国三峡大坝 120 万的人口搬迁),(c)有时高的输送费用也是阻力之一。从温室效应方面来看,填充大坝后,腐烂的有机物质可造成甲烷排放,考虑这些问题,建设中小规模的水电厂似乎更具有吸引力,或许与可持续发展目标更一致。

(4)风力发电。风电目前是全球的小能源,但是,在很多地区风电的使用发展迅速,成本也在降低。在风大的地区,风力发电比其他发电方式更有竞争力。风电的主要的问题是供电不连续,若需要备用电力,则将增加成本。

(5)太阳能。太阳能,原则上是最有潜力的能源。即使估计最低的潜力也要超过目前全球用能的 4 倍。然而,(a)成本仍然非常高;(b)空间和时间上变化较大;(c)经常需要大的表面。因此,在 21 世纪的后 50 年,在大多数长期减排的情景下,太阳能是唯一贡献能量需求的能源。尽管技术在提高,成本在降低,应用在增加,与其他可再生的能源例如风能、生物能、水能相比,太阳能在世界上仍然是利用得比较少的能源。太阳光电市场主要在没有联入电网的乡村。随着新材料的试验使用,光电效率在逐渐提高:其中硅电池效率大约 20%,薄膜技术不到 68%,铟镓硒化物 16%~18%。太阳能另一个重要的日益增多的应用是在屋顶安装的太阳能热水器。

(6)核能。为了减少温室气体排放而使用核能代替矿物燃料是较有争议的选择。只有在一些不受公众关系限制的国家,核能才是可行的。因为在许多地区安全问题、废弃物处理以及核扩散等问题都没有解决,公众对这样的技术没有信心。然而,目前的多数核电站在解除市场管制的情况下,基于边际成本是更具有竞争力的(Moomaw 等 2001)。但在已有天然气供应基础设施的地区都不是这样。延长生命在经济学上是更吸引人的选择。通过核燃料回收减少废弃物量是可能的,但是会导致核扩散的风险。未来是否使用核能主要取决于开发经济上具有竞争力的技术的可能性,包括内在安全性,防止核扩散以及全社会能接受的核废料处理方案。提到的许多问题通过技术能够解决,但是因为有很多经济原因。许多新的反应堆类型有先进的安全特征。在第 7 次缔约方会议(COP7)上将核能排除在清洁发展机制之外,暗示着核能方案和可持续发展的目标并不一致。

(7)碳捕获及其处理。最近几年,捕获和处理矿物燃料燃烧释放的 $CO_2$ 的可能性在增加。似乎这种方案的成本与其他相比更有竞争力,因此在许多稳定情景下,起到了重要作用。不像其他方式,这种最后的选择吸引人的地方在于,人们可以继续目前基于矿物燃料的消费和生产模式。但如果人们认为这种方式仍不能完全避免气候变化,而且最后的方案主要是产生另一种废弃物,那它就不是吸引人的选择方案。因此,通常矿物燃料工厂积极考虑这种选择,而一些非政府环保组织对这种解决方案态度消极并不足为奇。发电厂矿物燃料燃烧后使用溶剂可以从废气中把 $CO_2$ 分离出来,或者在催化转移过程中矿物燃料气化期间将 $CO_2$ 分离。在第二种情形下,$CO_2$

浓度较高，所以也较易分离。然而在两种情形下，都有能量损失，发电厂的效率下降。分离后 $CO_2$ 被加压，运送到处理地点，再次导致能量损失。$CO_2$ 处理的可能地点包括枯竭油气井、煤田、地下盐库，或者深海。第一种处理方式中，增强油和气的开采会使成本降低（在一些情况下可能受益）。有信心相信 $CO_2$ 能被长期、安全地储藏在地下和海洋中。$CO_2$ 地下存储已经有很多经验，深海存储还需要进一步的研究。矿物燃料捕捉和存储 $CO_2$ 时产生的氢被看作促进向氢经济过渡的一种方式，在未来氢可能来自可再生燃料而不是矿物燃料。

## 9.1.6 农业

### 农业对全球变暖的影响

农业通过三种方式排放温室气体（Moomaw 等 2001）。首先，通过毁林、土地利用变化以及农场矿物燃料消费[①]，农业贡献了全球 $CO_2$ 排放量的 21%～25%。其次，各种农业活动，例如水稻种植、土地利用变化、生物燃烧、家畜的肠发酵以及动物粪便等产生的甲烷占全球甲烷排放量的 55%～60%。第三，氮肥和动物粪便贡献了全球氧化亚氮排放量的 65%～80%。与矿物燃料释放的 $CO_2$ 相比，这些温室气体的准确排放量具有更大的不确定性。全球单位面积的能源排放在逐渐增加，但是单位重量产品的排放量在降低。1998 年的世界粮食高层会议，一致达成协议力争到 2015 年把世界上营养不良的人口数量减少一半。尽管提高获取食物的途径是达到这个目标的关键战略，增加整体粮食产量也是很重要的。从可持续发展的角度看，人们在粮食安全（增加粮食产量）和环境保护之间能想出许多权衡利弊的方法。一般来讲，增加耕地面积和提高农业生产力能够增加粮食的产量。

多数未来规划假设需求增加的部分将主要由能源强度增加所满足。例如，地球高峰会目标可能需要农业部门的能源消费增加 4～7 倍，带来相应温室气体排放的增加。同时，肥料的消费在许多地区都可能增加，这不仅使土壤和地下水资源存在被硝酸盐污染的风险，而且增加了氧化亚氮的排放。尽管如此，大量肥沃的天然土地很可能被转化成耕地，有时，是以损害宝贵的天然生态系统为代价的，例如，热带雨林。土地利用变化和毁林在 9.2 节讨论。这里，我们讨论与农场能量输入以及氧化亚氮和甲烷的排放相关的选择。

### 农业能源输入

参考农业能源输入，在工业化国家高度集约化耕作的农业和发展中国家低输入的农业之间有很大的差异。在工业化国家，公众越来越关心动物福利，归因于欧洲的

---

① 大约只占整个能源需求的 3%，然而，有许多间接的温室气体的排放。化肥生产过程排放的温室气体通常被划归为工业部分的排放，产品向市场输送过程的相关排放又被归为运输部门。

疯牛病、猪瘟、口蹄疫以及化学物质的加入，例如化肥和杀虫剂在许多地区威胁了饮用水的质量。这导致农业朝着较低强度集约耕作发展的趋势，尽管速度缓慢。在发展中国家，需要养活不断增加数量的人口，许多地区喜欢增加收入，这导致需要快速推进生产力，工业化国家通常曾以同样的方式推动生产力，也就是通过增加能源输入。然而，有各种方式用来减少农业的能源输入和碳的释放。下面是 Moomaw 等（2001）给出的一些例子：

（1）提高土壤碳吸收。增加土壤有机物吸收碳和控制土壤腐蚀、盐化、土地退化、沙漠化的策略并进，进而为可持续发展目标做贡献。

（2）保护性耕作。提高碳吸收的一个重要例子是保护性耕作，这个也有能源益处。在工业化国家，传统耕作消耗60%的拖拉机燃料。最低限度或零耕作技术能节省燃料，保持土壤湿度，减少土壤腐蚀，但是需要进行除草。

（3）拖拉机操作和选择。通过培训司机，拖拉机操作过程也能够节省燃料，例如给机器匹配适当的任务，尽量减少土壤压实等。

（4）灌溉方案。如果根据当地的天气和土壤条件在最好的时间和地点灌溉，将减少泵抽水的能耗。

（5）减少收割后的农业损失。特别是在热带地区，收割后容易腐烂的作物的损失比较严重（谷类作物10%，水果和动物产品损失25%）。密封冷藏存储和运输能够减少损失，但是增加能量消耗。

某些可能性仍然是不确定的或存在争议的。比如，当种植区域足够大并且管理得当时，温室农业对能源的利用相当高效，但如果这些条件不能满足，反而会需求更多的能量。为了满足世界粮食需求，同时又要避免土地被进一步开发利用以及高投入农业或者畜牧管理带来的环境问题，这时常常建议人们食用更多的鱼类食品。遗憾的是，世界渔业的增长潜力非常有限。海洋食物资源几乎已经将被开发殆尽，这给海洋生态系统带来极大的损害，严重地影响了海产品产业的可持续发展。水产业的开发能够减轻这种压力，但是同时带来了新的环境危机，特别是一些自然海岸湿地被开发成水产业。另一个主要的不确定性在于生物技术所扮演的潜在角色，尤其是遗传工程在农业中的应用。生物技术能够提高产量，减少化肥的使用，改进食物的营养价值。但是同时会给作物多样性带来极大的威胁，通过扩散抗病虫害基因改良的作物还会使生态系统退化，并且会使农民对农业综合企业产生很大的依赖性（Raskin 等 2001）。

**甲烷排放**

农业上甲烷主要的排放源是稻田和反刍动物。近些年，相当多的研究加深了我们对稻田甲烷排放的了解，但如何降低排放量仍然是非常困难的问题。因为稻田甲烷的排放由局地天气、土壤和管理措施等多方面因素决定。通过间歇灌溉和使用无机肥料会减少每公顷稻田甲烷的排放量。相对来说,减少反刍动物的甲烷排放量有更多的办法。比如改善牲畜的饮食结构,包括药品、抗生素和生物添加剂的使用。特别需要提到的是,改善牲畜饮食结构会增加其生产力,从而降低单位产量的甲烷排放量,而不是降低每头牲畜的排放量。不同的地区畜产品的消耗量有很大的差异,如工业化国家对畜产品需求量的增长已经下降,出于公众健康的考虑,甚至已经开始减少。而在许多发展中国家,随着收入的增加对畜产品的需求会增加(Rosegrant 等 1995)。更多的蔬菜食品,或者从红肉向白肉食品的转变会显著地影响甲烷的排放和土地利用方式。这种趋势变化能够或应该在多大程度上发生仍是一个开放的争论问题(可参考 9.3 节对减少温室气体排放的社会行为措施的讨论)。

**施肥土壤氧化亚氮的排放**

虽然在工业化的国家由于加强了氮肥使用效率,提高了氮肥的稳定性,以及使用氮肥的数量在下降,使得潜在的氧化亚氮排放量降低了,但是在发展中国家需要增加生产力通常被认为是主导和导致 21 世纪氧化亚氮排放增加的主要原因(Alcamo 和 Swart 1998)。从施肥的土壤中排放的实际的氧化亚氮的量存在很大的不确定性,氮的损失量在 1%到超过 2.5%之间变化。不确定性主要取决于当地土壤的类型、土地管理、气候条件以及肥料种类等很多因素。就是在最近,专家们意识到氮的排放并不局限于施肥的时间和地点,而是发生在从氮饱和到氮脱离过程的较长时间内以及氮化合物通过地下水能输送到的较大范围内。尽管如此,研究者们相信通过调整氮肥的应用技术,利用缓慢释放肥料、有机肥料以及氮饱和抑制剂等措施能够减少氮的排放量,在全球范围内或许能达到 30%。

### 9.1.7 废弃物

有 5 种废弃物处理方式影响温室气体的排放(Moomaw 等 2001):(1)垃圾填埋的甲烷排放;(2)用废弃物燃烧代替矿物燃料;(3)在采掘业和制造业通过可回收废弃物的循环使用节约材料和能源;(4)通过循环使用还可以减少对白纸的需求,使得碳能存储在森林里;(5)与废弃物运输相关的能耗。

发展中国家追求发达国家的消费模式从而产生了越来越多的垃圾。大部分垃圾通过填埋场和公开倾卸的方法处理掉。由于垃圾填埋过程中有机物质为厌氧分解,产生的主要气体成分是甲烷,当与其他化合物结合时能产生臭味和地下水污染问题。把垃圾填埋场排放的气体减少到最低限度的一个比较好的方法是捕获这些气体,用它发电。在很多情况下,这是费用低廉的解决方法。在美国超过一半的垃圾填埋产生的甲烷被有益地捕获(Moomaw 等 2001)。然而,这种策略有时或许和通过回收减少垃圾填埋的措施相悖。回收废纸和其他有机废弃物减少了填埋垃圾产生甲烷的数量,也就减少了这种策略的收益率。不过总体来讲,回收对于减少废弃物是一个比较吸引人的选择。据一项研究显示,如果整个美国重复利用废弃物水平与西雅图相同,全美温室气体的排放量将减少 4%,在贫穷国家,废弃物回收占非正式经济的比重很大。

另一个方案是将食物和有机物和其他废弃物分离,进行好氧堆肥或厌氧消化处理,混合废弃物材料于是可以作为肥料。在许多情况下,肥料和废水淤泥的厌氧消化,产生沼气是一个特别吸引人的选择。沼气能代替矿物燃料用于发电或者作为交通燃料。肥料的储藏以及废水处理设备能引起大量的温室气体排放。这里讨论的废弃物处理过程减少温室气体排放的最后一个方案是提高废弃物焚烧的效率,例如流化床燃烧、气化、或有机废弃物的高温分解(生产易燃燃料)以及矿物燃料与废弃物的共同焚烧(Moomaw 等 2001)。这样,废弃物能代替矿物燃料产生热和电。

上面讨论的废弃物的利用和处理都假设废弃物已经产生了,考虑到影响可持续发展的环境问题,从更广泛的角度看,另一种完全不同的方案就是要减少初级废弃物流,这也是最环保又划算的选择。尽量减少废弃物产生的政策包括简化包装,实施终身产品责任法,减少生产过程中的材料浪费,甚至在家庭层面上,例如,尽量减少食物浪费。在发展中国家目前产生的废弃物较少,这些政策可以避免其将来达到与工业化国家产生的废弃物量一样多。

## 9.1.8 消耗臭氧物质和它们的替代物

温室气体的一个特殊种类就是消耗臭氧物质,平流层的臭氧空洞和全球变暖问题在多方面是相互联系的。大气系统的物理和化学动力特征有一些联系,例如,由于平流层臭氧洞的存在造成对流层紫外线的穿透增加,提高了羟基自由基的总量,影响温室气体的生命期,例如,甲烷(Ramaswamy 等 2001)。另外,更值得注意的是许多损耗臭氧的物质本身就是具有较高增温潜力的温室气体。因而,从抑制全球变暖的角度来看,逐渐停止氟氯化碳(CFCs)和它们的最初代替物氢氟氯化碳(HCFCs)的使用,以减少对平流层臭氧层的破坏(图 9.2)是非常实际的。但是,HCFCs 的替代物卤代烃,如氢氟碳化物(HFCs)和全氟化碳(PFCs),虽然不损耗臭氧成分,却有非常大的潜力导致全球变暖,尽管程度通常低于它们代替的损耗臭氧的物质。

当 HFCs 在 20 世纪 90 年代初开始进入市场的时候,估计在未来将有很高的排放量,因为它们代替了大部分逐渐停止使用的 HCFCs,此外也是为了满足快速增长的其他需求,例如制冷、绝缘、发泡剂等。最近,专家们认为先前高估了 HFCs 的排放量,因为在其应用的过程,其他可供选择的物质也会作为 HCFC 的替代物,以前没有考虑到这一点。因为这些化合物未来的排放量存在很大的不确定性,所以要谨慎评估减少它们潜在的可能性。氢氟碳化物(HFCs)、全氟化碳(PFCs)和六氟化硫($SF_6$)是《京都议定书》中包括的温室气体。应该值得注意的是在卤代烃的使用和释放之间有一个时间滞后,因为在许多应用过程中,它们主要是在使用的设备报废前才被释放出来。

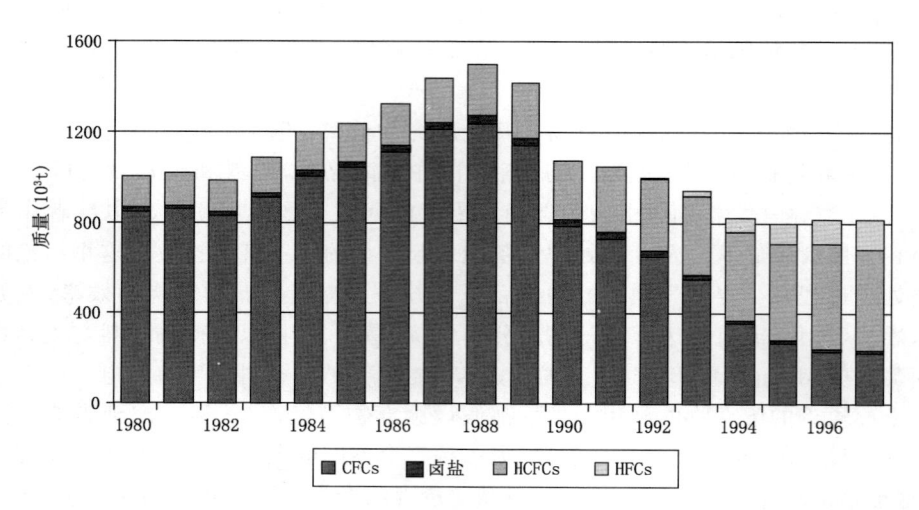

图 9.2　全球 CFCs,卤盐(halons)，HCFCs 和 HFCs 的消耗估计(来源：Anderson 等 2001)

氢氟碳化物(HFCs)的重要来源是冰箱、空调和热泵等冷却或者加热释放出来的。根据 Anderson 等(2001)的研究显示,以中低成本,通过改进设计,密封设备减少泄露,维修和报废过程的回收再利用等措施能减少 HFCs 的排放。此外,通过使用卤代烃的替代物(例如碳氢化合物、氨水、$CO_2$)或者完全不同的技术也能减少 HFCs 的排放量。

在这方面,值得注意的是,为了确切地估计应对全球变暖的某种措施的效益,需要采用哪种考虑可选方案的能源效率的生命周期分析方法。据称如果采用不使用卤代烃的方案,那么由于能源效率惩罚而会导致这种措施的效益降低。因为当前卤代烃的使用正在飞快的增加,特别是汽车空调的使用。其他的使用如冰箱和冷柜,居民和商业空调和加热,食物处理,冷藏和运输等。

第二个重要的排放源:绝缘泡沫胶的喷射也存在类似的问题。可以选择有各种各样的化合物来避免 HFCs 的使用(如戊烷和二氧化碳)或者可以选择那些非泡沫绝缘方案,诸如矿物纤维和真空板。此外,这些措施的绝缘效果与喷射泡沫有显著差别(Anderson 等 2001)。

最后,HFCs 和 PFCs 的排放源有溶剂和清洗剂,医用的和其他的气雾剂产品,消防设备以及非绝缘泡沫。对此,可以采用类似的解决方法:加强管制、回收和销毁,使用非碳氟化合物以及采用非氟替代技术(Anderson 等 2001)。但是一个例外是一些医疗和消防器材的使用,如世界上 3 亿哮喘病人需要吸入气雾药剂,飞行器和军用车辆需要的消防设备等。干粉吸入器是一种非 HFC 的替代品,但是并不是所有的病人对其效果满意。

六氟化硫($SF_6$)是一种增温潜势很高的化合物(表 1.1)。它的排放主要来自高压电绝缘设备的生产和使用（占 75%）以及镁产品的生产（占 7%）。减少电力绝缘设备对排放的 $SF_6$ 可采用改进生产工艺、维护、处理、测试和报废程序以及采用低排放技术（Moomaw 等 2001）。镁生产释放的 $SF_6$ 可以通过将其转化为二氧化硫并浓缩的方法来降低排放量。其次还有一些小量的排放源，如运动鞋。

### 9.1.9 地球工程

在气候变化争论中，一个相当具有争议的问题是地球工程，定义为通过直接调整地球的能量平衡来稳定气候系统，以此应对温室效应的加剧（Kauppi 等 2001）。同样的，地球工程治标而不治本。有时，很多活动都是以地球工程的名义组织的，例如：试图提高海洋、湖泊水库甚至陆地系统 $CO_2$ 的生物吸收，从燃烧的矿物燃料中捕获并存储 $CO_2$。后面的两个选择在 9.1.5 和 9.2 节中分别讨论。就海洋吸收来说，与陆地系统有非常显著的不同，当海洋和陆地系统净初级生产力相似（分别为每年 50 和 60 Gt 碳），海洋生物区只容纳 3 Gt 碳，而陆地生态系统容纳 2500 Gt 碳，其特点是存储在死的和活的植物以及土壤中。因为生物能够运输碳从小的生物海洋库到溶解在海洋中的无机碳的非生物库，有提议要在海洋生产力受到限制的地方添加微量营养素（例如，铁）来提高生物的吸收能力，例如在南海就进行过类似试验。的确是这样，模式模拟和小尺度的试验都已经证明了这一点。然而，这种方式是否可行主要取决于铁是否能被加入足够长的时间，还要看这样做可能的长期后果，例如对当地和区域生态系统还没有充分的研究。

地球工程经常与通过反射进入地球的太阳辐射回太空来影响地球能量平衡的超前提议相联系。太空镜、人造气溶胶（例如氧化铝微粒）和反光气球都曾经被提议过。后面的建议有一定的背景，因为只要地球反照率增加 1.52% 就能抵消加倍的 $CO_2$ 产生的影响。铝散射物质和反光气球与其他减缓措施比成本较低，与早期提出的地球工程相比风险也较低。然而，应该注意到，这些技术将影响地球的辐射平衡，这与温室气体的影响是截然不同的，这种解决方法在环境、伦理以及法律等层面上仍有很多不确定性。

### 9.1.10 综合

IPCC 第三次技术评估报告的主要发现认为与早期的评估相比，技术发展迅速。在 9.1.2—9.1.9 节中举出了一些例子。尽管没有全面的全球评估，Moomaw 等（2001）根据大量的区域研究结果（表 9.4）给出了他们专家组的看法。表 4 表明还有很大的减排潜力，大约一半与提高建筑、运输和工业的能源使用效率有关。到 2020 年这一半潜力通过纯经济利益，节能的收益超过资本、经营和维护成本能够实现。然而，这里也有一些反对意见。首先，在多数研究中使用 5%～12% 的贴现率以达到这个潜力，与在公共部门使用的贴现率的范围是一致的，但私营部门使用的贴现率常常偏低。第二，交易成本一般既没有被全面地整合，也不包括这些技术大范围引进的宏观经济成本。第三，从可持续发展的观点考虑这一点是重要的，一般这些成本估计并没有考虑附带的福利（例如，消除当地的空气污染）。按照同样的假定，以每吨碳低于100美元的成本能够达到其余另一半的减排潜力。在第10章将全面考虑减排方式的成本问题（附带的福利）。

**表 9.4 到 2010 年和 2020 年全球温室气体减排潜力的评估**

| 部分 | | 1990年历史排放量（MtC） | 1990—1995年历史排放量排放增长率（%） | 2010年潜在的减排量（MtC） | 2020年潜在的减排量（MtC） | 每吨 $CO_2$ 减排的净成本 |
|---|---|---|---|---|---|---|
| 建筑物[a] | 仅二氧化碳 | 1650 | 1.0 | 700~750 | 1000~1100 | $CO_2$在负的净成本的情况下可获得最大的减排量 |
| 运输 | 仅二氧化碳 | 1080 | 2.4 | 100~300 | 300~700 | 大部分研究显示每吨碳花费净成本要少于25美元，但是有两项暗示会多于50美元 |
| 工业 | 仅二氧化碳 | 2300 | 0.4 | | | |
| 能量效率 | | | | 300~500 | 700~900 | 在负的直接成本中可获得超过一半 |
| 物质效率 | | | | ±200 | ±600 | 成本不确定 |
| 工业 | 非二氧化碳 | 170 | | ±100 | ±100 | $N_2O$ 的减排成本为 0~10 美元/t $CO_2$ 当量 |
| 农业[b] | 仅二氧化碳 | 210 | | | | $CO_2$ 最大减排量成本为 0~100 美元/t $CO_2$ 当量 |
| | 非二氧化碳 | 1250~2800 | N. A. | 150~300 | 350~750 | |
| 废弃物[b] | 仅甲烷 | 240 | 1.0 | ±200 | ±200 | 甲烷垃圾掩埋法存储75%的甲烷成本为20美元/t $CO_2$ 当量净负成本的25% |
| 蒙特利尔草案代替应用 | 非二氧化碳 | 0 | N. A. | ±100 | N. A. | 大约一半的减少量是由于研究基线和SRES基线值之间的差异造成的。在成本低于200美元下保持一半的减排 |

续表

| 部分 | | 1990年历史排放量（MtC） | 1990—1995年历史排放量排放增长率(%) | 2010年潜在的减排量（MtC） | 2020年潜在的减排量（MtC） | 每吨$CO_2$减排的净成本 |
|---|---|---|---|---|---|---|
| 能量提供和转化[c] | 仅二氧化碳 | (1620) | 1.5 | 50~150 | 350~700 | 低于100美元/t $CO_2$当量可以有选择方法 |
| 总计 | | 6900—8400[d] | | 1900~2600[e] | 3600~5050[e] | |

[a] 包括用具、营造物和建筑外形
[b] 农业存在甲烷、氧化亚氮和土壤有关的$CO_2$排放量的一系列不确定性
[c] 上面只包括部分值。减排只包括发电（燃料转换成天然气/核燃料）。$CO_2$捕获和存储提高了电站的效率
[d] 整个包括第3章的所有6种气体。其中不包括非能源的碳源（如水泥生产，160 MtC；天然气燃烧，60MtC；土地利用变化，600Mt~1400 MtC；末端部门使用转化燃料，630 MtC）。值得注意的是森林排放和汇的减少不包括在里面
[e] SRES情景基线（在《京都议定书》中包括6种气体）在2010年排放为11500~14000 MtC碳当量，2020年为12000~16000 MtC。在SRES B2情景下估计减排量和基线排放趋势最一致。潜在的减排考虑了常规的资金周转。他们没有被限制于成本效益方案，但是不包括成本大于100美元/t碳当量的方案，因为这种方案通常不会被接受。

## 9.2 生物学温室气体减排方法

### 9.2.1 生物学方案的潜力

此处生物减排方案涉及陆地生物圈对大气中碳的吸收和储存的潜力，例如，在这方面往往被称为碳汇的森林或农业土壤。IPCC估计在未来半个世纪将通过生物减排方案累积固存约100 Gt的碳（Kauppi等2001），这约占矿物燃料燃烧所产生的碳排放的10%~20%。然而，一方面，这些方案仅能起到局部和临时作用，不能被视为根本的解决方案，另一方面生物学方案值得特别关注，因其潜力相当可观，尤其在特定地区。此外，这些方案与广义的可持续发展战略之间存在非常明显的联系，这在本章中将被作为独立的一部分予以讨论。碳汇的问题是一个存在政治争议的问题（表9.2）。

值得注意的是，上述的潜力是指人为或管理引起的固碳活动的估计潜力，并不包括各种自然因素或间接因素对地球生物圈吸收和排放的碳通量产生影响所导致的结果。目前，由于碳氮施肥（由于人类活动引起$CO_2$浓度和氮沉积程度增加，导致植物生长加速）、过去土地利用变化（砍伐后再生，尤其在温带和寒带）以及气候变化三方

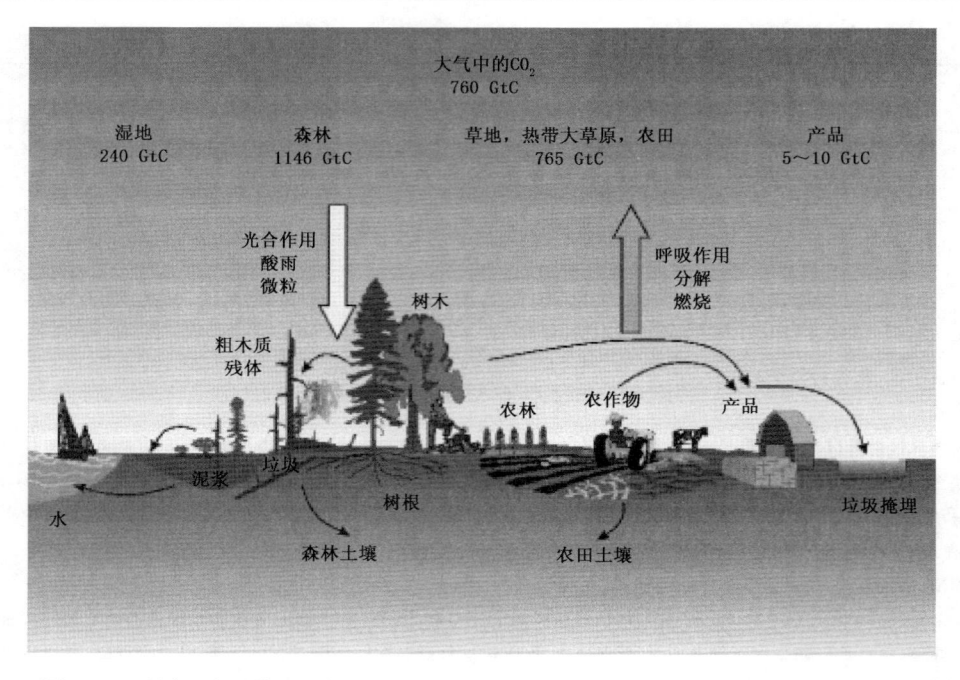

图中文字：
- 大气中的CO₂ 760 GtC
- 湿地 240 GtC
- 森林 1146 GtC
- 草地，热带大草原，农田 765 GtC
- 产品 5~10 GtC
- 光合作用 酸雨 微粒
- 呼吸作用 分解 燃烧
- 树木
- 粗木质残体
- 农林 农作物 产品
- 水 泥浆 垃圾 树根 森林土壤 农田土壤 垃圾掩埋

图 9.3　不同生态系统、不同组分以及人类活动的碳存储和碳交换。不包括苔原、沙漠、半沙漠和海洋上的碳存储（来源：Kauppl 等 2001）

面的结果，生物圈被认为是一个净碳汇。21世纪下半叶随着温度变化，林木成熟，腐烂度增加，该汇将减弱，甚至转变为源（Watson 等 2001）。这将抵消上述管理行动的碳效应，此点将在本节中予以讨论。图9.3概括了大气圈和陆地生物圈碳储存和碳交换，并提供了固碳时机讨论框架。

有三种生物途径缓解碳排放。第一，保存现有的碳库，避免其受到破坏，例如，减缓或停止热带森林砍伐；第二，增大现有碳汇的规模或建立新的碳库，如通过植树造林或土壤管理；第三，使用生物替代产品以减少矿物燃料排放，如采用生物做燃料，或者木材作为产品的基本原料，下面将讨论这三种方法。

---

**专栏 9.2　《京都议定书》中的碳汇**

《联合国气候变化框架公约》(UNFCCC)中涉及有关碳汇的各项活动内容即土地利用、土地利用变化和林业(LULUCF)，《京都议定书》表明这些方案从政治角度是有很大争议的。这与固碳潜力等的科学不确定性没有多大的关系，但与(a)精确测量固碳能力,(b)碳库的稳定性,(c)可能产生的正反面效应,(d)国家主权方面，却有着一定关系。首先一个特定项目活动固碳量的不确定性远远大于矿物燃料相关项目的不确定性，并在极大程度上取决于项目定义，例如：森林。第二，对于森林固碳,存在一个责任问题,即在项目活动开始时,任何人都不能保证之后树木不被砍伐或烧毁。此外,还存在一个泄漏问题,例如,森林保护项目可以避免当地的森林破坏,但是社会经济压力将导致其他地方的林木被毁坏,倘若没有该保护项目,也许不会发生这样的事。第三,通过森林种植固碳将对生物多样性产生负面影响,如:自然森林将被单一品种种植或外来物种树林所取代。第四,倘若京都机制,尤其是清洁发展机制允许固碳活动,那么工业国为了实现减排目标在发展中国家土地上实施碳汇项目可能会侵犯发展中国家的主权。碳汇将降低国内碳减排的成本。那些有多种固碳方案的国家具有足够空间,固碳活动由于缓减气候变化之外的原因正在进行,或已作好计划(如,澳大利亚和美国),相对于选择权小、风险顾虑大的国家(如西欧国家)对碳汇项目给予了更大的支持。

随后的缔约方大会协商了 LULUCF 的规则,不仅包括《京都议定书》中关于合格的 LULUCF 活动的定义,而且将碳汇分为不同类别。首先,包括了第3.3款中列出的由造林、再造林和毁林活动引起的碳排放和碳吸收。这一条款下碳汇的报告是强制性的,由这些活动所产生的碳变化也必须考虑在承诺期间的减排目标里。任何潜在的由于毁林高于造林产生的净排放量,将通过森林管理活动加以弥补,在5年承诺期间每个国家每年要达到9 Mt碳的总体水平。其次,在马拉喀什各国一致同意第3.4款的额外活动将包括森林管理和农业活动等。在3.3款中尚未用于抵消净排放量的其他森林管理活动可用于帮助达到减排目标。但是对马拉喀什协定附件中所列出的(UNFCCC 2002)缔约方,这些减排量要有85%的折扣并有各自的最高限额。第3.4款中额外的农业活动包括耕地管理、植被、牧场管理。第3.4款中的条例是可选择的:各国必须作出决定他们是否实施3.4款中的任何或一切活动。无论如何,在承诺期开始至少两年前,他们必须宣布将采取哪些活动。最后,碳汇项目将被清洁发展及联合履行机制所接纳。清洁发展机制下,只有造林和再造林项目被认为是符合条件的。这类项目产生的温室气体减排量在承诺期内每年只允许最多使用基准线的1‰用于帮助实现减排目标。在另一方面,第3.3和第3.4款的活动在联合履行下都是合格的,但各国必须实施包括3.4款中森林管理的联合履行项目。

### 保存和限制碳损失

有三种方式避免碳损失:(a)减慢或停止森林破坏;(b)减少伐木;(c)在非林业生态系统,尤其是农业方面,保存土壤中的碳。现今的毁林,尤其是热带地区,会导致每年将向大气中释放1.1~1.7 t的碳,最优估计表明每年约为1.6 t(Bolin等2000)。由于森林破坏存在极大的时间和空间变化,该估计数字并不准确。各国考虑了更多因素的详细研究表明净排放量稍微低于大范围集合估计值。一些长期的情景研究,由于对驱动力的发展采用不同的假设和方法给出了不同的前景。有两组长期情景（Alcamo 和 Swart 1998），其中一种情景是人口出生率降低，不断增加农业活动，并更加重视森林保护，从而使今后的森林破坏率及相关的净碳排放量降低。另一种情景是，对森林不断施压（如伐木企业或者没有土地的农民）将导致在未来几十年毁林率上升。这两种观点在20世纪后半期一致，森林资源枯竭，加上稳定的人口数量与不断提高的农业生产力，会导致低的甚至负的森林破坏率，与之相关的碳排放亦会降低。

上述数字显示，如果减少或者停止森林砍伐，甚或造林，那么减缓全球碳排放将具有很大的潜力。在此，驱动力是人们必须考虑的一个方面，它是一个复杂因素，往往是相互关联的，并随地区而异。驱动力主要因素包括以下（a）人口及收入增长，（b）经济、政治和体制条件（如外债问题），（c）价值观念。此外，另一个需要考虑的因素是农业、畜牧业管理以及林业品（尤其是木材和木柴）对土地需求的日益增加。在当地水平面上了解这些因素是有效保护热带森林的一个必要条件。一般来说，在许多地区森林转化为农田和牧场，是一个非常重要的因素（Kauppi 等 2001）。在很多亚热带区域，如东南亚和西非国家，造成木材收获无法维持的一个主要原因是区域森林破坏。值得注意的是，那些直接影响比较小的伐木公司往往促使失地农民进入森林采伐林木。燃木和木炭的生产仅是少数地区造成森林破坏的重要原因，尤其是非洲地区。在拉丁美洲，由于牲畜密度的关系，森林转变成牧场也是一个重要因子。此外，在许多国家，毁林是出于政治原因，如为实现全国范围的经济发展向贫困农民提供土地，从人口过剩地区向人口密度低、但往往生态脆弱地区的有组织移民，有争议边界的控制与安全防护等。在许多发展中国家，森林破坏是多种因素综合作用的结果，包括（a）土地缺乏及获取土地的不平等，（b）无土地使用权，（c）大型的商业扩张，定向出口，农业，（d）传统资源管理和社会控制系统的腐朽，（e）贫穷居民的迁移。

这些原因与过去工业化地区的原因非常相似，工业化时期森林被清除，以便提供务农与牲畜饲养管理所需的土地，并为军舰制造和商品生产加工提供木材。图9.4提供了3个主要地区过去2000年土地利用变化的历史形态。在欧洲，近几个世纪森林土地已由减少转变为增加。在北美，稍晚时期也发生了同样的转变。这表明随着国家的日益富裕，各项技术提高，破坏森林的原因消失了——与第4章图4.5讨论的技术跨越相似，从而将发展中国家人均温室气体排放与发展水平曲线比喻成隧道。图9.4表明发展中国家可能有重要的措施可以避免当前工业化国家曾经的森林毁坏，此处，我们需要提醒大家的是，允许工业化国家保存甚至扩大森林面积的前提之一在于他们从发展中国家进口林业产品，这是发展中国家所不具有的选择权。

显然，森林保护应该从可持续发展的长远观点来考虑。固碳作为土地利用管理方案的环境、社会和经济目标，也需要从长远观点来考虑。然而，现今那些期望通过林木出口赚钱（如为了减轻债务）的国家和对生存毫无其他选择的无地农民，他们都

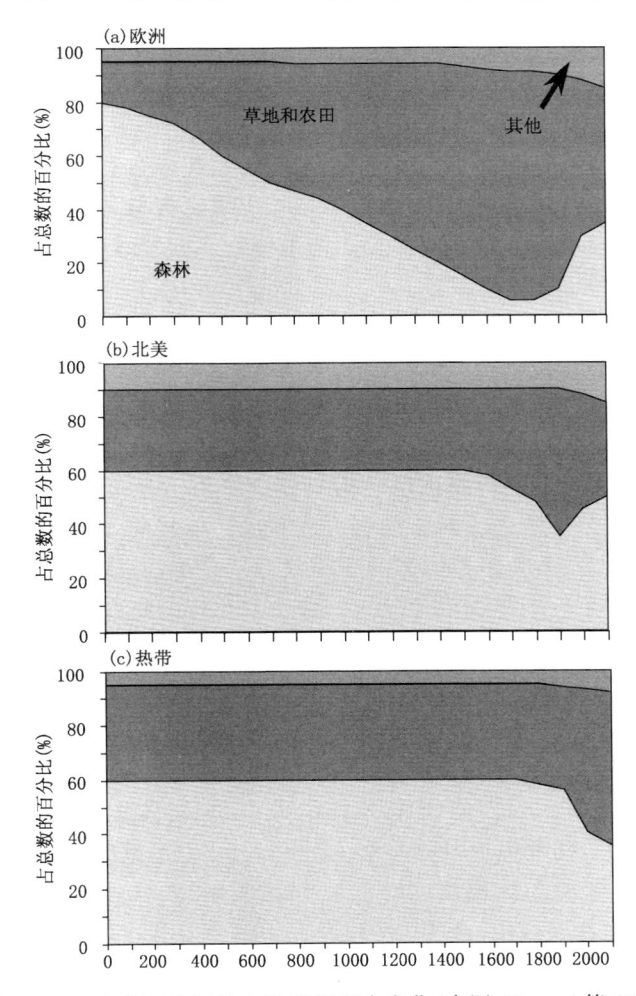

图 9.4 三个主要地区的土地利用历史变化（来源：Kauppi 等 2001）

很难认识到这一点。然而,百年老树被砍伐后仅能卖一次,当贫瘠的林木被很快用完,伐木者将不得不继续对其他地方进行砍伐。

除了气候变化,保护森林尚有很多有利之处,其中最重要的是通过减少径流来进行侵蚀和洪涝控制。减少侵蚀不仅对当地有利(如减少土地沙漠化,防止土壤退化和水资源短缺),对其下游地区也有好处:降低用于水力发电的大坝的淤塞程度,减少洪涝灾害。从生物多样性角度来看,保护森林的好处相当明显,因为非森林地区的生物多样性通常较低。保护森林主要不利之处是阻碍当地居民将其作为资源加以利用,倘若没有提供其他的替代生计,他们将不得不搬迁到其他林区。总之,可以说天然林的保护是最简单、最有效的储碳方式。

第二种将碳保存在现有生态系统中的方法是减少生态干扰中的碳流失。马来西亚一个项目表明正常情形下引起的50%的损害可以通过所谓减少对环境影响的采伐来避免。这包括改变常规推土机收割做法、定向采伐、预先砍伐攀缘切割，集材道设计，以及收割后恢复(Kauppi等2001)。

第三种将碳保存在现有生态系统中的方法是避免来自农业土地的碳流失，例如，减少耕作或免耕技术。这种技术不仅可以增加土壤碳含量，气候受益，而且在降低侵蚀的同时提高了土质、容水量和生产力。如果与轮作和有效施肥方法结合起来，可以进一步优化固碳效果。

## 9.2.2 通过造林和再造林固碳

除了保存现有碳池，固碳的第二策略是增加新的碳池。这可以通过林业活动以及农业管理技术来实施。首先建立人造林。自1990年全世界有6130万 hm$^2$ 的土地被建成人造林，这一数字目前正以平均每年320万 hm$^2$ 的速度持续增加，以平衡由于毁林造成的部分碳流失。对于拥有再造和再生森林的一些热带国家19世纪90年代初的详细研究表明，大多数国家的净排放低于总量估计(Makundi等1998)。

地球系统提供了一个生物学消除大气中二氧化碳的有效机制，即将植物组织、已死的有机材料和土壤作为碳库，将碳以不同的形式储存于碳库中。地球系统同样提供了收获品的流动，不仅包含碳流动，而且包括影响全球碳循环的矿物燃料、建筑材料(如水泥)和其他原料(如塑料)的市场竞争。

其次，通过各种管理技术来增加现有森林储存的碳量，包括(a)防火、防病、防止草食动物、昆虫及其他害虫的破坏，(b)变换轮伐期，(c)控制林分密度，(d)加强有效养分，(e)地下水位控制，(f)物种和基因型选择，(g)生物技术，(h)减少再生延误，(i)减少对环境影响的采伐，(j)管理采伐残留，(k)回收利用木制品，(l)提高林木产品生产效率(Kauppi等2001)。在实践中，这些机会仅存在于整个森林区域的一少部分(如10%)，但今后有可能增加。通过以上措施增加的碳储量低于植树造林的固碳总量，但在很多地区仍然很显著。图9.5a表明这些方案的重要性随地区而异，尤其与整个国家的排放有关。图9.5b(来自同一研究，Nabuurs等2000)也表明各种管理措施的效果也随着国家的不同而不同，强调了对固碳潜力进行总体估计是极为困难的，很难估计这些活动世界范围的潜力，但是每年的固碳量都低于1 Gt，大概接近0.1 Gt。

从可持续发展的观点看，为了最大程度地固碳，建立人造林或有效管理森林会产生其他的积极和(或)消极效应。如果人工林取代了原来生态富饶的自然草地，湿地栖息，或天然林，将对生物多样性产生消极影响。此外，还有可能引起负面社会效应，例如干扰当地民众资源利用机会，使当地居民流离失所，收入减少。使用肥料、人工化肥和/或杀虫剂对当地土壤和水质也会产生不良后果。人造林扮演着3个重要角色：(a)自然碳池，(b)高耗能型材料的代替品，(c)产生能源的原材料(Burschel等1993，Matthews等1996)。人造森林的正面副作用是，它减少了天然森林压力、留下

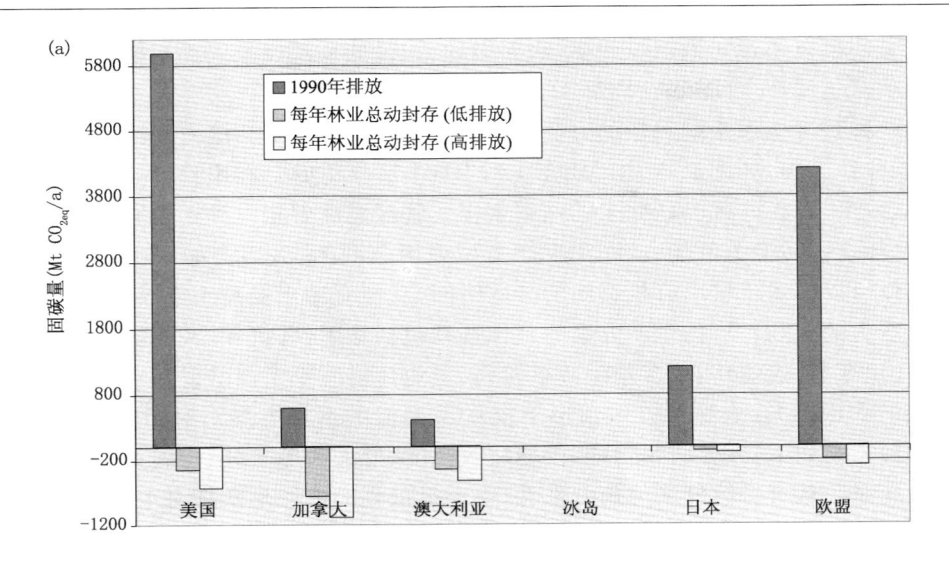

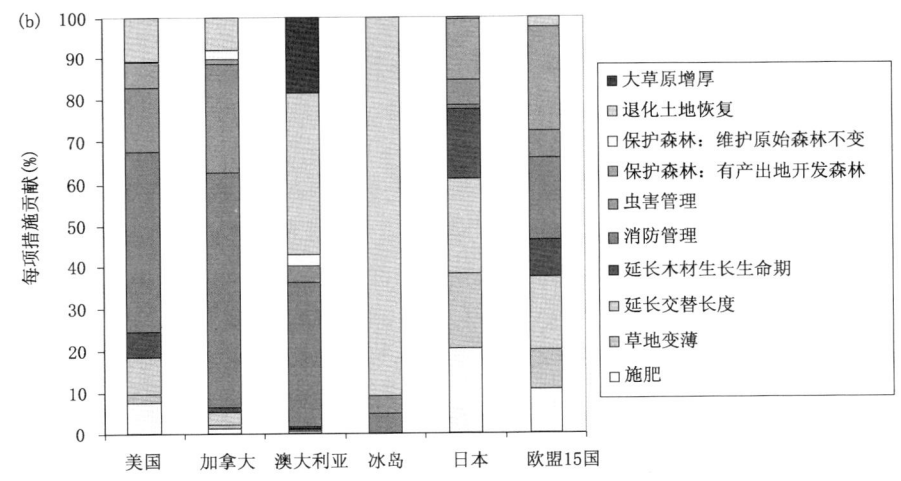

图 9.5 （a）不同国家森林管理的相对固碳量，（b）10 种森林管理技术对捕获碳的相对贡献。如欲查看本图的彩色版本，请参阅原始文献或网址：http://www.grida.no/climate/ipcc_tar/wg3/fig4-7.htm 与 http://www.grida.no/climate/ipcc_tar/wg3/fig4-8.htm）（来源：Kauppi 等，2001）

更大面积的森林为生物多样性和其他环境提供服务（Sedjo 和 Botkin 1997）。森林同样有利于保存水资源和防止水患。

农林不仅有利于固碳，而且能产生一系列的经济、环境与社会经济利益。例如，树木通过树控制水土流失、维持土壤有机质和自然性能、增加氮的有效利用、从深层土壤提取养分以及增进封闭养分循环等过程，有助于提高土壤肥力（Young 1997）。

森林覆盖还可以通过对地球反照率、水文循环、云量的反馈以及表面粗糙度对空气运动的影响对气候产生间接的影响(Garratt 1993)。

第三种扩大生态系统碳池的方法是增加农业体系固碳量。随着天然土地转为农业地，碳往往流失，如图 9.6(由平衡态 I 到 III)中所指出的。利用管理技术可以达到低于 A,等于 B,甚至高于 C 原来的储碳水平。管理意味着把一种土地利用类型变成另一种(如农田转变为牧场)或同类生产类型采用不同的技术,例如:改良稻田管理。减少耕作可以缩短土壤中有机物质的分解时间，从而有助于提高土壤固碳量，同时有助于生产力的提高。作物生产方面的其他选择包括施肥(有机和/或无机)、改良作物品种、优化灌溉、遮盖作物、多年生牧草轮作、避免休耕时土地裸露以及水土流失控制(Kauppi 等 2001)。农林在许多情形下提供了类似的选择方案。对于牧场，可供选择的类似方案如下:改变植物物种、改变放牧强度、增加磷等养分、控制火灾和水土流失以及灌溉。从可持续发展的角度来看，一个很重要的选择是恢复由于侵蚀、过度放牧、盐化等因素导致的土地退化。但这些恢复活动只有在导致退化的基本起因首先得到治理时才有可能取得成功。对于这类活动，很多作者对其全球潜力做了估计，每年有 0.5G～0.8Gt 的碳，伴随有很大的不确定。

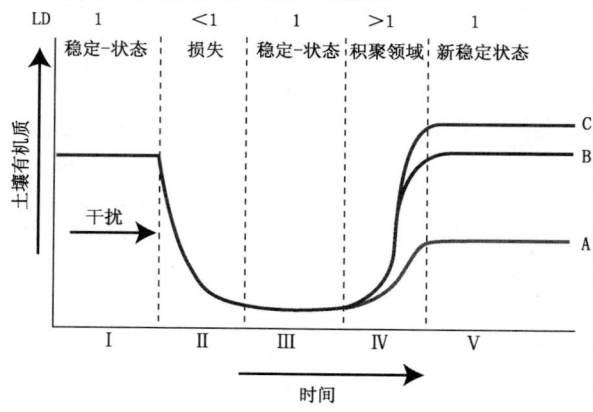

图 9.6　改变管理方式后土壤有机质变化的概念模型，最后的稳定态(A,B 或 C)
取决于新的管理方式(来源:Kauppi 等 2001)

**采用生物品代替矿物燃料或高能耗产品**

最后，第三类主要生物固碳方案是用木材等生物制品代替矿物燃料或高耗能产品。前两种(保存碳库和扩大碳库)受时间限制，第三种则具有可以持续发挥减排作用的潜力。木材及其衍生物木炭均可作为再生能源，从而替代矿物燃料。燃烧效率越高，该方案所起的作用越明显。但目前很多实际情况并非如此，如采用林木做饭、砖瓦生产等。因此首要方案是提高燃烧过程和木炭生产效率。需要注意的是，薪材燃烧时对当地和室内空气品质常有不利影响，而薪材供给对某些地区来说也很艰难。

因此如果收入允许,通常用煤油炉来代替燃木炉。除了作燃料,木材也可用作建筑材料。增加木制品的长期固碳量的方案包括:(a)鼓励木制品的生产和消费;(b)提高质量和加工效率;(c)加强回收及循环再用(Kauppi等 2001)。据全球估计,这一方案的潜力与其他相比较小。应该认识到,产品中多数的碳最终被填埋,未来这有可能成为越来越重要的碳储存库。更为重要的是替代材料的生产需要大量的木材提供(矿物)能源,此替代潜力为每年 0.25 Gt 碳左右。

**生物学方案:成本,收益及与可持续发展的联系**

在许多情况下,生物学方案与其他方案相比在经济上具有竞争力。热带国家成本估计一般低于温带或寒带国家:热带国家每 t 碳 0.1~20 美元,在其他地方需要 20~100 美元(Kauppi 等 2001)。需要注意的是,其不确定因素很大。由于许多这方面的成本研究并未考虑诸如基础设施费用、适当贴息、数据收集和解释,以及机会成本等,因此较低成本估计可能被低估。当与土地利用之间的竞争与日俱增时,后者尤其适合大规模生物减排应用。图 9.7 为不同地区林业方案与其他温室气体减排方案的成本曲线图,指出了热带的林业管理是一个具有吸引力的减排方案,但 OECD 国家林业减排成本可能较高。林业方案成本在东欧地区处于中间。因此,如果纯粹定位于固碳目的,成本估计可能被低估,因此必须意识到这种计算并未考虑到在实践中固碳可能只是多个目标之一。换言之,土地利用变化决定有很多目的,固碳只是其中之一。对于一些特殊情况,可能会在固碳和其他目标之间进行取舍,即便没有显著的正面或负面的相互作用,但往往可以协同实现成本效益的共赢。这适用于林业以及农业方案(见表 9.5 一些例子)。一般来说,通过充分地获取协同效应和避免取舍,这些方案能够有助于在实现发展目标的同时通过固碳减缓气候变化,特别是在发展中国家。

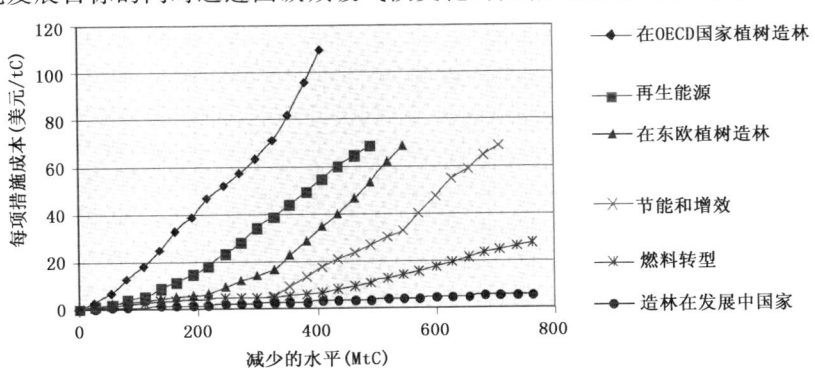

图 9.7 林业与其他减缓行为的成本曲线示意图。请注意图中每种行为的成本在与减少总水平可比的基础上可进行较大的改变,主要是因为所研究的成本没有以同样的方式被执行(Kauppi 等 2001)

**表 9.5  以提高固碳为目的的生物学减排方案与其他目标之间的抵触与协同**

| | 固碳与其他目标之间的抵触 | 固碳和其他目标之间的协同 |
|---|---|---|
| 林业方案 | ·森林保护——利用森林制造薪材及其他产品相对<br>·通过养分和农药提高碳吸收——土壤和地下水污染相对 | ·生物多样性保护——通过森林保护固碳<br>·森林或人造林固碳控制水土流失和水资源<br>·采用人工林木材生产以避免损失天然林,并替代矿物型燃料/材料 |
| 农业方案 | ·强化提高土壤有机质的管理,例如化肥、农药——增加能源使用及当地水源、土壤污染等。<br>·减少轮作耕地——休耕区薪材缺乏 | ·提高含碳量和农作物产量<br>·减少耕作可以增加土壤碳并减少能源使用量<br>·恢复退化土地,提高生产力,并控制水土流失 |

## 9.3  结构经济变化和行为方案

9.1 和 9.2 节强调了减少温室气体排放的技术方案。多数认为,在一个经济持续增长和发展的世界中,这些技术方案是减少温室气体排放的最重要的方式。然而,针对北半球不可持续性消费模式及在南半球的精英中,还有其他方案,其主要原因是日益增加的全球环境压力,如温室效应的增强。这需要变革生活方式。在第 2 章讨论的长期情景既包括技术方案,也有建筑和生活方式方案的基本要素,且略强调技术方案。经济结构变革和生活方式调整的可能性和有效性比技术方案更难以评估。全球大多数分析表明,技术变化的贡献非常显著。此外,在当今科技社会中,影响消费模式的可行性或可取性遭到质疑。

在强迫人们形成特殊行为(有时称为社会工程)和谨慎地通过信息、教育来影响人们这两种做法之间应谋求最佳路线。实际上,行为、经济和技术的变革紧密依存,互不分离。正如过去农业和运输技术的引入对行为模式造成的影响,信息和通信技术的引入正在世界范围内深深地影响着人们的行为模式。在部分欧洲国家,消费者选择绿色电力,大大减轻了温室气体排放。或许能源支出的费用略上升,但人们的一般生活方式未被改变,因为人们更关注的是能源所提供的服务,而非其来源。

Banuri 等(2001)对资源流通中的脱钩增长和生产中的脱钩福利加以区分。前者注重减少单位经济产量所需要的能源数量,基于整体可持续性的观点采取更广泛的方法,而不仅仅只是减少温室气体排放量。Banuri 等(2001)提出 4 种方案,这些方案不仅仅提出减缓技术,且强调了技术、结构和行为方案的结合。

首先,追求高生态效率的生产系统,如:
(1)生态效率的创新,例如,利用生物可降解的材料,延长寿命,减少投入。
(2)产业生态学,从生产量线性增长转变为循环经济。

## 第9章 减缓措施：技术、实践、障碍与政策工具

（3）从产品到服务，把业务中心从硬件转向销售服务。

（4）高生态效率消费，减少浪费和污染。

第二，物理设计方面的新方法可促进轻能源基础设施建设。这与发展中国家尤为相关，因为其基础设施还有待于更大规模的发展。追求拥有卓越公共交通系统的紧凑城市可以避免像许多工业化国家那样出现密集能源郊区化。同样，在农村地区的分散型电力比集中型更有优势。第三，根据当地情况和经验调整适当技术，其能源密集性要比采用不合适的技术低。第四，如适当地考虑自然能源价值的完全成本定价等经济方法可以促进生产中的低能耗。

何种程度的行为变化有助于减轻气候变化？与这个问题密切相关的是生产中的脱钩福利方案。研究表明，超出一定界限时，国内生产总值水平与生活质量（或满意度）并无直接联系（Banuri 等 2001）。国内生产总值增加，而人类福利并未相应增加。例如，在美国一般民众认为自 1957 年开始自己的幸福已减少，而消费量却增长了一倍（Toth 等 2001）。支出越来越花费在保护人类所拥有的（如安全），补偿人类可能放弃的（如，由于缺乏休闲时间而购买消费品，减少环境污染）。Banuri 等（2001）从 4 个层面来研究引起生产中的脱钩福利的可能性：

（1）中间性能水平，例如避免重型汽车配备强引擎，无论如何由于车速限制，强力引擎在重型汽车上不能得到充分利用。

（2）区域化，例如，优先消费当地产品，避免长途运输。

（3）恰当的生活方式，例如，关注非物质满意度，素食或少肉类饮食（这将减少牲畜管理中的甲烷排放和土地利用变化），在交通出行方式上远离私人汽车，以及住房低供暖，等等。

（4）社区资源权利，例如福利源自当地资源。

在 9.4 节我们详细讨论如何通过文化喜好和习惯推行这些方案。生活方式是某一社会团体里一套普遍的基本态度，价值观与行为模式（Toth 等 2001）。因此，生活方式由经济模式所设想的多种经济理念所决定。生活方式可以看作是个人身份的表现，是社会关系的表达。在西方世界，人们认为相对于许多其他文化而言自己是独立于社会环境的，而在那些其他文化中，人们更多地认为他或她自己是一个相互依存的团体中的一部分。因此，文化间的交流有助于克服基于消费观念不同产生的障碍（Toth 等 2001）。原则上，有 4 种资产组合：(a)私人物质资产（如汽车）；(b)私人无形资产（如创造力）；(c)公共物质资产（如公共汽车或共用用具）和(d)公共无形资产（如良好环境或艺术）。目前尤其是在西方社会，仅以第 1 种为重。在许多国家，政府环境教育计划不仅针对学生，也包括普通大众，其主旨不仅要尽力提高对气候变化等环境问题的关注，也要试图带动更多环保行为。这些计划强调其他 3 类资产（Toth 等 2001）。但是在现实世界中，这些方案都难以落实（见专栏 9.3，以荷兰的一项研究为例）。

> **专栏9.3 荷兰生活方式改变的可行方案?**
>
> 在荷兰,对通过改变家庭生活方式来减少温室气体排放的可能性已进行了广泛研究。一项研究评估了一些日常行为变化所引起潜在的温室气体减排量。
>
> (1) 食品:少吃温室产品,少吃肉,多素食,骑自行车购物,使用购物服务,把冰箱/冷柜放在地窖,选择一个更高效冰箱/冷柜,从用电转变为用燃气做饭,用手洗餐具,少用温水冲洗,更高效的洗碗机。
>
> (2) 生活:高效加热,高效暖水供应,低室内温度,高效灯泡,天然地板,长寿命家具(优质),用艺术而非切花来装饰。
>
> (3) 服装:用棉替代合成材料制衣,长寿命鞋子(优质),少洗,更高效的洗衣机,自然晾干,更高效的烘干机,公用洗衣机,长寿命洗衣机/烘干机(优质)。
>
> (4) 其他:公用报纸/杂志,公用工具,野营共享,不用切花作为礼物,假日乘火车度假,不住酒店。
>
> 如果所有这些变革都可以实现将直接或间接减少27%的温室气体排放量(1990年水平)。然而,通过家庭调查对上述方案的可行性分析表明,实际的潜在减少量接近5%,且这些方案主要涉及购买节能设备,并不需要生活方式真正变化。没有一个方案能被所有的家庭认可(Moll等 2001)。这表明气候变化问题并不足以促进行为的改变:即使人们意识到问题的严重性,但目前人们的行为和解决方案之间还没有明确的联系。因为问题太大难以把握,并且可能只是造福子孙后代,多半还在其他地区。政府提倡节能的电视广告都被淹没在倡导高耗能生活方式(花式车,电器等)的商业广告之中。一项普查结果显示,尽管荷兰人认为自己消息灵通,关心环境问题,觉得个人至关重要,展示了高自我效能和优先关注经济效益中的生态问题(East和vinken 2000),但他们不接受限制个人选择机会的政策抉择。

## 9.4 实施的障碍和范围

### 9.4.1 引言:技术变化和障碍

本章概述目前所知的减少全球温室气体排放量的许多技术和做法,使得全球排放量在中短期内达到高峰,并在几十年内开始下降,长期而言,排放量继续稳定下降且二氧化碳浓度稳定在450 ppm,甚至更低。在第10章中我们将表明,至少在总体层面,减排成本似乎是合理的。例如,履行《京都议定书》的成本在没有排放贸易的经济合作和发展组织(OECD)国家为 GDP 的 0.2%~2%左右,在工业化国家和经济转型国家若所有的贸易都能实现减排成本则为 GDP 的 0.1%~1.1%(在第 10 章中详细讨论)。这些数字与目前 OECD 国家在环境问题上的支出相比在同一量级或偏低。人们不禁会想,对于一个被称为有史以来最严重的环境问题,这些支出不应该受到限制,应当能完成向低温室气体排放经济体系的转变。但为何难以落实可行方案?IPCC 对原因进行了系统的评估(Sathaye 等 2001)。首先,我们将重提概念框架,然后归纳障碍类型,最后我们在可持续发展的框架下讨论特定行业障碍和机遇。详尽的障碍讨论,见 Sathaye 等(2001)。

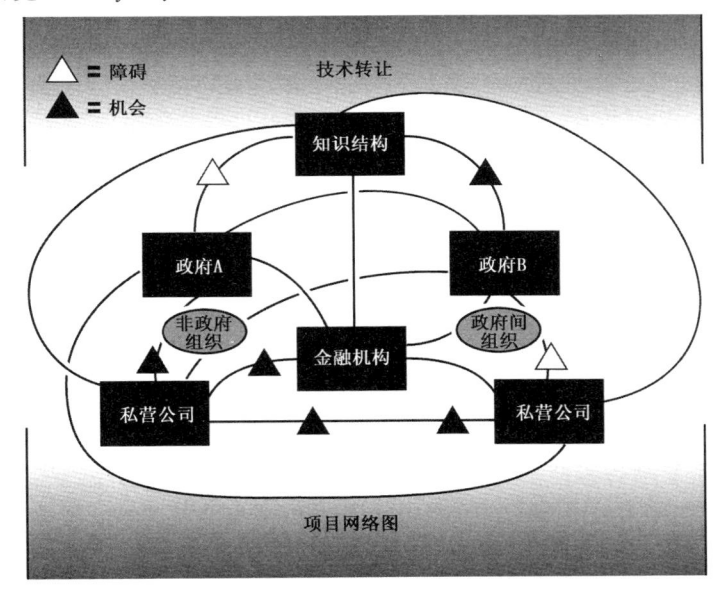

图 9.8 技术创新体系

第 8 章我们介绍了常用的技术－经济方法来确定气候减缓方案,成功的气候减缓方案关键在于明确和解决执行可行方案时的障碍。在寻找技术创新和变化的障碍时,这种框架是合理的。过去,技术创新与变革被视为从研发到大范围实施的线性过程,近年来人类认识到该过程的复杂性。Trindade 等(2000)认为技术开发与转让是创新体系中的一部分,不同的利益集团(私营部门、政府、学术界、民间社团)参与其中(图 9.8)。就参与者而言该体系是复杂的,就过程而言也是复杂的:它不是一次通过,在过程不同阶段之间有许多相互联系和反馈。在不同的阶段,不同的参与者起到不同的作用。且过程也随着变化和创新的不同而变化:(a)特殊技术的日益改进;(b)根本的创新或新技术;(c)相关技术体系的变化;(d)基本技术经济模式的根本性变化及相关的生产和消费模式的转变(Sathaye 等 2001)。在相互联系的体系中起重要作用的过程包括:(a)评估需求及其潜在的市场;(b)基础研究;(c)建立新观念;(d)

学习经验；(e)交流信息和想法；(f)试验和检测；(g)技术开发与示范；(h)技术选择。在该体系中部分同时、部分相继的发展和各种反馈起了作用,例如根据经验和评价结果进行调整。

尽管动态网络系统表明快速转变的巨大潜力,但仍有许多因素阻碍这种快速转变。许多技术嵌在发展多年的复杂的基础构造和行为系统之中。众所周知的例子是关于燃油私家车的基础设施发展,包括汽油销售系统,与道路交通和停车场有关的城市规划,以及人们已习以为常的依赖汽车的社会生活。其他例子,如由于现有灯的设计并不适合不同外形的灯泡,所以荧光灯难以引入；微机的传统键盘,原本是为避免卡住的机械打字机设计的。由于现有的设施和习惯,这种低效技术非常难于被取代的情况被称为锁定效应。

### 9.4.2 普通障碍类型

IPCC区分出各种类型的障碍(Sathaye等2001)：

(1)不稳定或其他不利的经济状况。由于投资者担当的风险,这种状况抑制了对环境无害技术的投资。典型例子有腐败,不合理的借贷财政政策,贸易壁垒。另外,限制性援助常被认为是大多数有效的环境无害技术方案的阻碍。

(2)商业融资体制。通常环境无害技术规模比较适中,还款时间长,交易成本高,这阻碍了银行和其他资金机构的投资。

(3)扭曲的或不完善的价格体系。最主要的例子是如环境因素等外部条件缺乏市场价格,于是鼓励而非抑制税收和补贴,导致产品生产过程中温室气体排放较高,而非减少温室气体排放量。

(4)系统外部性。通常,考虑到所有要素的协调性,环境无害技术的成功实施要求一系列的、系统的行为改变。这有助于协调系统惯性(例如,运输业),而它依赖于整个行为和设施链,特别是石油生产和销售制度。

(5)错位的激励措施。若温室气体排放者不对其行为负责,如房子或公寓租金中固定的取暖费,或雇员使用雇主租给他们的汽车等,则这种错位的激励措施起了作用。

(6)特权阶级。减缓气候变化可能要求我们生产和使用能源方式的转变,这对大型企业不利,他们易受这种转变的影响。他们影响政府倾向于保守方案。

(7)缺乏有效的协调机构。大多数国家都有好的规范准则,但缺乏执行它们的制度能力,尤其在发展中国家。

(8)信息。信息或缺乏信息仍是环境无害技术传播的一个重要障碍。提供相应信息应该是政府的一个主要任务。

(9)目前的生活方式,行为和消费模式。正如9.4.1章中讨论的,目前发达国家生活方式是高耗能型,且很难改变,因为它们已渗入人们的日常生活中。不同集团之间的关联,个人的追求和抱负,日新月异的世界观,科学、经济和技术的发展以及其他一些问题,这些都很重要。所以仅仅为了一个原因(缓解气候变化)通常并不足以让人们改变,即使他们认识到问题的严重性。

(10)不确定性。不确定性有许多方面。需要处理的问题的不确定性,以及可行方案的效果和效率的不确定性都是重要的障碍。

## 9.4.3 部门障碍和解决的机会

上面所述的障碍对在不同经济部门和不同地区执行环境无害技术的阻碍不同(Sathaye 等 2001)。在 9.5 节,将概述政策和措施以及他们的正反面。这里,我们将讨论在部门水平上的障碍以及解决的机会。由于篇幅限制,不能全面介绍所有的方案。

在建筑物方面,由于空间采暖/致冷、烹饪、电器、照明、烧水等能源消费,排放量迅速增长。商业和住宅能源消耗所占比例约相等。生活方式和习惯很重要。目前居民倾向于大住房和更多的器具,而且家庭决策中能源效率并不起主要作用。有时,这是经济原因:节能的住房或电器往往需要高额的前期投资,人们会考虑回馈期短的问题。由于环境外设一般不包含在能源价格中,所以有时能源价格需要特殊补贴,人们以为到处都应补贴能源价格。有时缺少信息是关键障碍:人们得设法明确了解节能产品的信息。在许多情况下,建筑师缺乏在其设计中考虑节能设计的动力,房客向房东缴纳包含了能源服务的固定费用与此类似。

有许多机会来克服这些障碍,通常政府扮演重要角色。其中至关重要的是建筑物和设备的目标能源效率标准。这是在许多国家商业和住宅建筑克服节能技术应用障碍的最普遍方式。志愿方案可以同建筑业、服务业、电器制造商协议,如建设节能建筑,标注节能设备,信息交流等各种方式。公共部门是建筑物方面的重要参与者,应在本身的建设活动中树立榜样。可通过供应商或中介来克服许多对节能建筑无兴趣或不了解的消费者和中小型企业所形成的障碍。前者通过需求方管理方法实现,其中能源公司为购买节能设备的客户提供折扣。后者的一个例子是能源服务公司,它提供保证达到一定数量的节能合同,通过节约成本以及减轻客户信息获取的困扰来回馈客户。能力建设和信息基础的加强是非常重要的,特别是在发展中国家。最后,有几个减少建筑业能源消耗的常用方法,如通过税收政策,排放贸易,鼓励研发等。下面讨论这些涉及其他部门的减排措施。

运输部门的排放量增长最快,特别是由于汽车使用、公路货运、空中交通的增长。在这方面,许多障碍与现有的基础设施、富人的生活方式以及消费和生产结构相关。舒适、大小、安全、性能相对于能源效率而言通常更重要。气候变化或能源消费不是购车者在选购汽车时考虑的主要事情。即使高效汽车在其使用寿命中成本效益高,消费者也不愿作额外的投资。在交通方面,道路交通的锁定效应尤其强,这不仅因为与道路、燃油销售系统有关的自然因素,也因为私家车个人自由、地位、身份的象征以及安全性。因此,转向替代燃料,甚至转向其他交通工具,很难实现。

不过,也有机会来克服这些障碍。我们已经讨论过巨大的科技潜力。有趣的是,这种机会往往与交通的其他负面影响相联系,尤其是当地空气污染、空间需求、交通阻塞和安全等。经济工具(如税收)似乎是有力的手段,但税收常被视为政府增加收入的手段,并不受欢迎。因而不得不通过提高路税和停车费来显著改变驾车及购车行为。在交通问题非常严重的地区,通常在地方层次(如城市),结合交通管制及相关能源利用的措施非常有效。至少在理论上,由于基础设施仍需大力发展,发展中国家的锁定效应还不太强,也有更多机会避免出现类似工业化国家的汽车依赖性。全球汽车制造商数量有限,这表明在政府干预下有更多通过国际协调提高汽车效率的机会。

在工业部门,有效和无害环境的技术的采用也有许多障碍。许多可行方案在发达国家的许多国际大公司已经开始实施;这种情况在许多发展中国家和经济转型国家的企业以及全世界中小企业中还较少。不过,一些国际大公司也能取得进展。如同其他行业中一样,能源效率通常不是企业决策的首要因素。通常情况下存在缺乏信息、信息不可靠、或者信息获取费用太高等问题。在竞争环境中需要较短的回馈时间,这会阻碍节能设备和措施的采用。在发展中国家,特别是中小型公司,缺乏足够的资金进行必要的投资是主要障碍,缺乏设备安装、操作和维护技术则是另一个主要障碍。

消除这些障碍的机会俯拾皆是。在处理具体情况时,政策和措施若发展或相结合都可能是最有效的方法。如在建筑和运输业,能源效率标准是在企业中鼓励实施环境无害技术的普遍方法。同样,可以使用特种税收和补贴,或两者结合的方法克服障碍。在制造业方面,许多工业化国家中私营企业和政府之间的自愿协议日渐普及,尽管它们的有效性仍有所争议。这种有效性在很大程度上取决于当地情况和协议的具体内容,如目标确定、支持政策、报告要求以及有关部门的性质、规模、结构等。一般政策(如税收和排放贸易制度)将在第 9.5 节中详细讨论。

在能源方面,获取信息往往不成问题,但是还有很多其他的障碍阻碍环境无害技术的实施。缺乏使用和维护技术是个问题,可用资金问题对这个资本密集行业也非常重要。此外,由于政府补贴或未计入社会和环境外设等引起的能源价格普遍偏低也是一个障碍。若企业可以收回其所有营业费用,也就无需追求改善效率。在许多国家,能源部门的放松管制/私有化深刻影响供给结构。一方面,它可能会导致更高的发电效率;另一方面,由于在世界市场矿物燃料的低廉价格,它可能引起非矿物能源恶化状况。此外,能源链分割的进行是以需求方的管理可能性牺牲为代价的。体制和管理的复杂性可能阻碍高效联产设备的引进。

目前尤其是在发展中国家,能源部门有从落后技术向现行最高效技术跃升的好机会,如发电效率从 30% 提高到 50% 以上。但是,为达到该目标,应确保可用资金,并提高技能以保证技术转让的有利环境。至于运输业,当地环境问题联合能源供应业务也许能提供实现互利的机会,因此减少了壁垒。在农村地区,存在建立分散能源系统的机会,从而避免构建昂贵的电网系统。在所有国家,完全成本定价利于克服实施有效技术中的障碍。

土地利用、农业、林业、废弃物管理部门的总和对全球变暖的影响要小于上述任一单独的部门(即建筑、交通、工业、能源)的影响,但仍为减少温室气体排放量及其他问题提供了重要的机会。在农林方面,障碍往往与农村、农场或森林的信息、技能和资本缺乏相关。在农业部门能源通常不是主要的生产要素,因此减少农业生产中的能源消费的动力有限。同样,除了气候变化没有任何其他理由能促进二氧化碳之外的温室气体减排。有时,政府对能源和密集能源的投入有所补贴(如肥料)。在废弃物管理部门,通常很少有政府激励或制度措施来控制排放量,例如垃圾填埋场的甲烷排放。在这个部门,参与者的多元化和废弃物管理链的复杂性(即形成、收集、运输、处理、处置或再循环)使得协调困难。也许因为这些部门的能源消耗相对比较小,以及非二氧化碳温室气体来源的科学不确定性,对创新方案、减缓变化的障碍和机会等关注比较少。

能力建设、信息项目、信用或价格支持计划有利于排除农业农场水平的障碍。在废弃物管理方面,提高认知和制度能力的能力建设以及甲烷回收制度都有利于克服障碍。一般手段(如政府规章、税收和补贴)也都属于这些行业的组合方案的一部分。这些行业相对缺乏研发的问题若得到解决,也可减少不确定性并产生可行的减排方案,如:土壤和水管理、灌溉效率、亚热带和热带地区的二氧化碳吸收作用。此外,这些行业内的减缓政策可以解决多目标性问题(见 9.4.3 节),这为克服障碍提供了机会。

## 9.5 政策,措施和手段

### 9.5.1 政策类型和部门实例

在上文中,就减少温室气体排放问题,我们谈到了一个在经济技术上具有合理性的方法。这一方法是在技术上的一种选择与实践,并将随着时间继续发展。但是在它的执行中仍然存在着障碍。按照这一方法,我们应该利用政策,措施和手段[①]来克服这些障碍并把握机会。可能的政策可以分为 4 个主要的方面:

(1)市场手段;

---

① 在下文中,"政策"一词被用来代表政策、方法和手段。这一术语可能有不同的定义,但是通常也可以交替使用。

(2)调控手段；
(3)自愿协议；
(4)信息活动。

目前，对于在一种特定的情景下如何来确定选择哪种政策还没有一个简单的标准。政策的适应性和有效性多半依赖于当地的环境（例如制度能力、公众的认知度、现有的法律和法规体系等）、执行的细节（例如，严格的程度、税款/津贴的数量、补偿机制等）和当地的选择（这些选择可以来自原先的经验或者是政策可能涉及的股东的影响力水平）。政策在使用时可以有不同的组合，以此获得不同类型政策的合力。对政策可行性的系统评估可以使用不同的标准（Bashmakov 等 2001）：

(1)环境效果。政策该怎样达到一个好的环境目标，比如说，一个减少温室气体排放的目标？为达到这一目标所用的手段有多大可靠性？手段的效力是否会随着时间而衰减？这种手段能否对以减少排放的方式改善产品或生产过程产生持久的激励作用？而且，对大环境的影响如何？例如，当地空气质量的改善（通常被看作一个附带利益）。

(2)成本效率。在考虑交易成本、信息成本和执行成本时，政策能否以最低成本达到环境目标？如果对税收进行重复利用，是否能够产生其他的额外利益？如何来进行这种重复利用？更广泛的经济影响是什么？例如，是否会对通货膨胀、竞争、就业、贸易和经济增长产生潜在的影响？是否有次级效应？例如，是否会引起在态度和认知度、知识、创新、技术进步和技术转让等方面的变化？

(3)分配效应。获得环境目标的成本是如何分布于社会的各个团体中的？包括不同区域之间的分布和各代人之间的分布？

(4)管理和政策的可行性。当获得新的知识时，政策进行调整的空间有多大？这种调整是否能被大众理解和接受？对不同行业之间的竞争的影响是什么？

**表 9.6　4 类政策、方法和手段的例子**

(a)运输业部门的政策和方法的例子

| 基于市场的手段 | 调控手段 |
| --- | --- |
| 信息技术定价运输的外部成本，从交通堵塞到环境污染<br>执行更有效的定价，对装备和模型结构的节能提供更多的激励机制 | 强制实行节能规则<br>限速 |
| 自愿协议 | 研发，信息活动 |
| 自愿的节能规则<br>生活方式改变影响的模型分级 | 加强对轻型路上交通工具，路上货运工具，飞机，火车和海运技术的研发，例如发展混合燃料以及燃料电池技术<br>以信息为基础，让消费者知情 |

## 第9章 减缓措施:技术、实践、障碍与政策工具

续表

| (b)建筑部门的政策和方法的例子 | |
|---|---|
| 基于市场的手段 | 调控手段 |
| 税收鼓励<br>补贴<br>能源定价 | 强制标准,建筑规范<br>能源工业的反向调节<br>需求方的管理 |
| 自愿协议 | 研发,信息活动 |
| 自愿的方案和标准 | 建筑容量<br>改善市场方法和技巧<br>改革方案<br>以信息为基础,让消费者知情 |
| (c)工业部门的政策和方法的例子 | |
| 基于市场的手段 | 调控手段 |
| 直接补贴和课税扣除<br>停止不合理的税费<br>更佳的市场方法<br>贸易许可证 | 立法,例如强制节能规则<br>环境许可证<br>耗能规则<br>产品禁令,例如 CECs<br>再循环规则 |
| 自愿协议 | 研发,信息活动 |
| 非政府商业的自愿协议<br>政府商业间的自愿协议 | 信息方案<br>联合政府/行业的研发 |
| (d)土地利用和林业部门的政策和方法的例子 | |
| 基于市场的手段 | 调控手段 |
| 税收,例如,能源税,肥料费<br>补贴改革<br>贸易许可证<br>为存碳提供市场支付 | 土地利用规范<br>生物密度规范<br>肥料规范 |
| 自愿协议 | 研发,信息活动 |
| 自愿项目 | 研发和扩大方案 |
| (e)农业和废弃物管理部门的政策和方法的例子 | |
| 基于市场的手段 | 调控手段 |
| 税收,例如,肥料费<br>扩充信用方案 | 政府规范<br>制定减少甲烷排放的政策,并利用垃圾中排放的甲烷作为一种能源 |
| 自愿协议 | 研发,信息活动 |

续表

| 自愿方案 | 转让研究优先权 |
|---|---|
|  | 方便跨国间的制度连接 |
| (f)能源部门的政策和方法的例子 | |
| 基于市场的手段 | 调控手段 |
| 总成本定价　　　　　补贴 | 效率标准 |
| 能源/碳税 | 混合能源的需求 |
| 贸易许可证 | 促进能源供需技术的交互前进 |
| 自愿协议 | 研发,信息活动 |
| 工业—政府间协议 | 建筑容量 |
| 绿色能源方案 | 合适的清洁、高效的能源转换技术 |
|  | 研发方案 |

不同的国家对如何权衡不同的标准有差异。在参考文献中,强调的是成本效率标准,因为在这一领域经济分析占主导地位。在9.4节,我们讨论了一些部门性时机。值得注意的是,在所有这些部门中,这4类政策都是有效的。其中的一些例子在表9.6中给出。

接下来,我们将更加详细地讨论不同类型的政策。

### 9.5.2　国家政策

专栏9.5给出了在国内对可能政策的定义,包括市场性的和非市场性的政策。

**调控手段**

调控手段(例如产品或服务的能效和排放标准)在世界范围内被广泛使用,通常通过罚款方式强制执行。这些手段需要随着技术的进步而定期更新。适当地提前宣布新的或修正的标准促使公司在战略上制定改革计划。对规定特定技术的标准越多,在达到环境目标方面的灵活性也越少。另一个问题是,标准的应用需要具有普适性,因此在一些特殊情况会不适用。伴随信息项目(可参考下节的信息和教育方案)进行政策调整,可以排出由于信息缺乏造成的实施环境无害技术的障碍。从经济学观点看,调控手段的效率低于基于市场的手段,因为它降低了达到环境目标的灵活性。调控系统需要制度能力建设,因为它优先于基于市场的手段。同时基于市场的手段的执行和管理也需要合适的机构和受过良好教育的职员。

> **专栏 9.5　选出的国家温室气体减排政策手段的定义**
>
> 1. 排放税是政府对于税源每单位 $CO_2$ 当量排放征收的税目。由于所有矿物燃料中的碳都会以 $CO_2$ 的形式排放,对矿物燃料中碳征税,即碳税,就相当于对矿物燃料燃烧引起的排放征排放税。能源税,即对燃料中的能量征税,将减少对能源的需求,进而减少使用矿物燃料产生的 $CO_2$ 的排放。
> 2. 贸易许可证系统可以限制某个特定源的总体排放量。要求每种源的实际排放要和其许可的相等。同时也允许不同源之间就许可量进行交易。这一系统不同于信贷系统,在信贷系统中,当一个排放源的排放量低于不考虑减排措施时的最低排放标准时,就产生了"排放配额存款"。当其受到减排义务的限制时,就可以用这些"配额存款"来抵消其减排债务。
> 3. 补贴是由于执行了政府所鼓励的活动而获得的直接报酬或减税优惠。温室气体的减排可以通过减少现有的实际效果会导致高排放的补贴(例如,使用矿物燃料的补贴)或对减排和扩大碳汇量的行为(例如,使建筑物绝缘,植树)提供补贴来实现。
> 4. 抵押—返还系统是指对某一商品进行抵押或收税,并在履行了某一特定行为后进行偿还或回扣(补贴)。
> 5. 自愿协议是在一个政府权威部门和一个或多个私人社团之间的协议,也可以认为是为了达到环境目标或改善环境业绩而经过政府认证的一个单方面委托协议。
> 6. 不可交易的许可证是对每个受管制的排放源建立温室气体的排放配额。每个源必须保证其真实的排放量小于其配额;不同源之间禁止就排放配额进行交易。
> 7. 技术和性能标准是确定产品及其生产过程的最小能源需求,以减少产品生产和使用中的温室气体排放。
> 8. 产品禁令是指在能够引起温室气体排放的特定应用(例如冷藏系统中的 HFCs)中禁止某种特定产品的使用。
> 9. 直接的政府支付和投资包括政府在降低温室气体排放和增强温室气体汇的措施研发方面的支出。
>
> 来源:Bashmakov 等(2001)。

### 基于市场的手段

基于市场的手段处理了调控政策中的一些问题,但是它们也存在其他的问题。基于市场的政策通过市场而不是指出特定的解决方案来达到特定的环境目标。同时,它们在实施过程中也面临许多必须处理的问题。我们不能作出一种政策比其他政策首选的一般性声明。有两种主要的基于市场的手段:(a)税收和补贴;(b)排放贸易。不同于可交易许可证系统,税收和补贴不能保证达到某一特定的环境标准或目标。要想达到这些标准或目标,就必须对税率进行定期调整。原则上,税率限制了减排的成本,因为当减排成本过高时可以提高排放量。此时税率也因为考虑了新的排放而升高。相反地,排放贸易制度可以保证有效地达到特定的环境目标,但它并不能防止出现高成本。假设一个税收系统,将采取的减排成本将比没有减排而缴纳的税费更低,这样,成本最低的减排将首先被执行。税收的效力依赖于多种执行选择。例如,基本税(碳排放,能源使用),征收对象(能源生产者,消费者),部门之间的变化水平,税收的处理,以及和其他政策的联合。排放贸易制度面临同样的执行选择,例如许可证可以分配给直接造成排放的终端用户(例如,消费者和产生排放的公司),或者产品的制造商(例如,卤代烃的制造者)。许可证系统的一个关键问题就是将许可证在各个参与者之间进行分配。它们可以按照当前的排放成比例的分配,或者依据其他的标准,免费分配或拍卖,这一系统适合有限量的排放(例如来自能源中的 $CO_2$ 排放)或一个更广的范围(例如,其他的排放源或其他的温室气体);这一系统既可以仅针对于国内的源,也可以进行国际交易;既可以限定排放者参与,也可以有其他的当事人(例如,经纪人)参与交易。从经济角度上看,可交易系统的主要问题是许可证的价格没有上界,因此减排成本也存在这个问题。一个当价格超过特定水平时政府及时干预的混合系统可能是一种折中的解决办法。补贴也可以减缓温室气体排放。例如,通过激励研发或支持引进清洁(绿色)能源。

**国家自愿协议**

国家自愿协议正受到越来越多的关注。通常指的是一个政府和一个或多个私人部门参与者之间为了改善环境业绩或能源效率而达成的一个协议。自愿协议存在不同的形式。它被限定于报告需求或研发,但也可以有具体的效率改进或排放目标。资源协议的流行是显而易见的:它通常没有和法律结合,从而给私有部门很多可操纵的空间,同时政府的管理和控制也不费力(因此,交易成本较低)。同时,自愿协议也可以通过构建舆论的过程来激励行动。但其缺点是减排目标不能保证实现,这也是为什么当自愿协议得不到圆满执行时,还需要结合一定的调控手段。对自愿协议进行评估很困难(像评估其他政策一样),因为要评估没有这一协议时会发生什么存在很多不确定性。除了双方或多方协议外,可以采取单方自愿承担义务的方式。Margolick 和 Russell(2001)通过北美、欧洲和日本的超过 12 个大公司来鉴定和评估自愿承诺。这些公司采用不同的方式来承担义务(例如,Shell:到 2002 年,排放量比 1990 年降低 10%;DuPont:到 2010 年,排放量比 1990 年降低 65%)或者能源效率目标(例如,与 1990 年相比,2005 年丰田产品的单位能耗降低 15%)。公司采用这种自愿方案的动机包括对长期经济竞争的期望，企业文化，基于公众方面的考虑，环境的双赢以及政治环境。

**信息和教育方案**

缺少有关增加能源效率和降低温室气体排放的信息被认为是实现现有技术的主要障碍。另外，我们对于环境问题，比如气候变化问题的认识通常不足，教育可以提高我们的认知度，并可以为实际减缓排放提供指导，因此也成为国家气候变化响应策略的一个有益的组成部分。这些方案通常包括：小册子或其他出版物，信息交流中心网站、广播、电视节目、或者一些有目的的信息和教育活动（例如研讨会）。能源效率标签的使用也越来越多。

**结构改革政策和能源市场自由化**

除了特定的气候导向的政策外，还需要注意的是主要的社会经济学政策都对能源消耗以及与之相连的温室气体排放有影响。20 世纪最后 20 年，许多处于经济转型阶段的发展中国家都采用结构改革政策，将其经济朝着更多市场导向的方向发展。原理主要包括国有企业私有化，贸易自由化，税费改革，开放主要的市场以吸引外资和统一汇率。这些改革的效果是不确定的，主要可以分为两个方面：一方面，政策可能加速经济的发展和能源消耗，从而导致对高含碳燃料需求的显著增加；另一方面，开放的市场可以导致在能效技术上有快速的突破，并减少温室气体排放。一些工业化国家，包括发展中国家和转型中的国家，已经采取一定的措施来使能源市场（电，天然气）向自由化方向发展。虽然当前有大量的研究成果，但是对于温室气体排放的影响，至今仍然没有一个很明确的指导。对于依赖于可再生能源（例如，在多山国家的水电资源，其他国家生物能源）的国家，能源市场的自由化将导致低价矿物燃料的使用明显上升。竞争的增加导致效率的提高，但是这些可能还是不能平衡能源消耗以及上面提到的一些国家矿物燃料突增所带来的压力。能源市场自由化政策的另一个缺点就是将能源生产从节能降耗管理中分离出来。

## 9.5.3 国际政策

专栏 9.6 给出了一些可能的国际协调政策的定义。从理论上而言，从全球的角度来考虑全球变暖问题是最有效的。从稳定全球温室气体浓度的角度看，只要减排可以在花费最小成本的地方实现，并不需要考虑实现的具体位置。考虑世界上不同国家的差异，在那些还没有使用高效技术的国家，例如发展中国家和经济转型国家，减排成本最低。但发展中国家很少有财力来实现可用的先进技术。此外，工业国家历史和现在的排放是问题的主要原因，所以应该率先减排。出于这些考虑，在联合国气候变化框架公约（UNFCCC）的背景下，发展中国家没有任何减排的义务。不过，在1997年的《京都议定书》中规定了三种国际机制(清洁发展机制,联合履行,国际排放贸易),其执行规则花费了4年的谈判才得以达成,同时付出的代价是美国退出了议定书。这三种机制是国际协调政策的范例。

---

**专栏9.6　选出的国际温室气体减排政策手段的定义**

1. 可贸易配额系统对每个参与国建立了国际排放限制,并要求其实际的排放额与其配额平衡。参与国的政府和一些实体可以对配额进行相互交易。《京都议定书》第17条提及的排放贸易,是在根据议定书附件B所列减少和限制排放承诺计算出分配数量的基础上的可交易配额体系。

2. 联合履行允许附件Ⅰ国家或这些国家的企业联合执行限制或减少排放、或增加碳汇的项目,共享减排单位。减排单位也可以被投资国或其他附件Ⅰ国家使用,来帮助其完成减排义务。议定书的第6条规定在附件B中列出的有减限排义务的国家之间建立这种联合履行机制。

3. 清洁发展机制允许有减限排义务的国家或实体在没有减排义务的国家实施减少排放或增加碳汇的项目。这些减排量经过核证后可以部分或全部地作为项目实施方的减排量;《京都议定书》第12条确定清洁发展机制既要帮助项目所在国实现可持续发展,同时实现附件Ⅰ缔约方的减限排义务。

4. 排放,碳,能源的协调税允许缔约国对于同一源[1]按照一个共同的税率征税。每个国家都可以保留收缴的税款。

5. 排放,碳,能源的国际税是由一个国际组织对缔约国的一些特定源所征收的税目。所征税款被缔约国或国际组织作为专款使用。不可贸易配额是对每个缔约国的温室气体排放所做的限制,这些配额只能通过各缔约国自己国内的措施达到,不允许进行贸易。

6. 国际产品和技术标准对受到影响的产品和技术在其被采用的国家中建立最小的需求量。这一标准结合产品的生产和技术的应用来减少温室气体排放。

7. 国际自愿协议是在两个或多个的政府之间,一个或多个的排放源之间就限制排放或实行限制排放的措施达成的协议。

8. 财政资源和技术的直接国际转移包括将财政资源,直接或通过一个国际机构,从一个国家政府转移到另一个国家的政府或法律实体。其目的是刺激接受国的温室气体减排,或增加碳汇的行动。

来源:Bashmakov等(2001)。

[1] 协调税并不一定要求缔约国都使用相同的税率来征税,但是在不同国家之间使用不同的税率会没有成本效益。

### 调整政策

虽然并没有与法律结合,但检测程序和环境业绩的标准化(例如,依靠通过国际标准化组织)还是能够刺激全球公司的能源效率以及环境业绩。其他在国际水平上的调整政策没有类似的可行性和吸引力,因此也不予考虑。

### 基于市场的政策

当前被研究和讨论的大多数政策都是基于市场的。它们在执行中也面临很多的问题,京都机制签署过程中的激烈谈判就是一个例子。

### 国际性协调税

理论而言,国际税是一种达到环境目标(例如减少温室气体排放)的一种有效的方式。但是参与的国家越多,差距越大,关于其实施就越难达成一致共识。包括:(a)哪些国家需要增加税款?(b)税款如何使用?(c)亏本国该如何得到补偿?(d)国际税相比国家税有何优势?因为每个国家都各自管理税收,国际协调税可能稍微容易,但仍然极其难于在政治上达成一致。

### 国际排放贸易

从经济学角度上看,排放贸易是国际政策中非常重要的一项。毕竟,在减排成本最低的地方实行减排是最有效的。这一系统应用于有排放限制国家的实体,目前只有工业化国家,还包括处于经济转型期的国家。在《京都议定书》(第17条),国际排放贸易已经作为附件Ⅰ国家在第一个承诺期(2008—2012年)中,实现它们承诺的目标(配额)的一项选择。

理论上,越多经济实体参与到这个系统中就会越有利(同见第10章)。京都协议声明这一贸易政策也应该被应用到国内减排行为中。目前就在多大程度上限制国际减排贸易政策才是合适的这一问题正在进行激烈的辩论。限制的支持者(例如,欧盟国家)认为缔约国不仅有降低本国温室气体排放的义务,而且还应该促进技术的创新,并将这些技术推广到其他国家。另一方则认为,对减排贸易的限制会增加减排的成本从而使达到减排的目标更加困难。激烈的争论产生了一个问题:国际排放贸易是否和世界贸易组织的条款一致。《京都议定书》下的贸易制度将于2008年启动。2002年欧洲委员会通过了排放贸易协议,在欧盟成员国建立了$CO_2$排放贸易体制,并于2005年启动。

### 联合履行

《京都议定书》的第二个机制是联合履行。这一机制允许附件Ⅰ国家通过基于项目的活动来实现排放限制和减排义务。按照《京都议定书》的第6条规定,当一个附件Ⅰ国家对其他的附件Ⅰ国家减少排放或增加碳汇有贡献时,它也可以获得排放量减少单位。这一机制可以实现缔约国的减排义务。在马拉喀什召开的缔约方第7次会议上(COP7),排放额度通过3.3条下的碳汇项目(造林,再造林,毁林)来获得,同时3.4款列出了免除单位。有关碳汇的更多信息可以参考专栏9.2。

**清洁发展机制**

《京都议定书》的第三条机制就是清洁发展机制(CDM)。清洁发展机制想要达到两个主要的目标:(a)协助非附件Ⅰ缔约方实现可持续发展;(b)以更廉价的方式协助附件Ⅰ缔约方实现其量化的限制和减排承诺。附件Ⅰ国家可以使用在非附件Ⅰ国家通过实施减少排放或增加碳汇的投资项目获得的核证减排量,来实现其国家减排承诺。CDM执行理事会(EB)会指定专门的机构来核证CDM项目的实际减排量,以确保项目对减缓气候变化产生长期的、可以测量的利益。CDM的一个关键问题是额度基线的确立:如果没有这一机制会怎么样?东道国有责任认定这一项目是否有利于实现可持续发展目标。

在COP7大会上,缔约方达成了可以立即执行CDM的协议。减排单位,核证减排量和免除单位可以用来实现《京都议定书》的目标,例如,这些减排量可以完全地在附件Ⅰ国家之间进行交换。缔约国分配的排放量减少单位可以延续到第二承诺期(如果缔约国有这一时期)。这一情况不适合减排单位和核证减排量,这两种减排量只能积累到原始分配单位的2.5%。而免除的单位不能积累。

**国际自愿协议**

迄今为止,自愿协议这种政策主要应用于国内。但是,对于很多工业部门,往往存在有限的几个大的跨国公司(例如,汽车业,电力业,机械装备业),在这种情况下,采取国际自愿协议的政策可能很有吸引力。事实上,在欧洲,欧洲委员会和国际汽车制造业已经签订了类似协议。一些跨国公司已经发起了自愿方案。

## 9.6 发展中国家的特殊问题

在鼓励减少温室气体排放的政策和措施方面有3个问题对发展中国家尤为重要:资金,技术转让和能力建设。

### 9.6.1 资金的转移

国际政策的一个特殊例子就是资金和技术的转移以及能力建设。议程21呼吁加大对发展中国家的资金援助以支持这些国家坚持走可持续发展道路。这些资金必须立足于现有的官方发展援助之外。但是,在20世纪90年代全球官方发展援助是下降的,这种下降趋势一直持续到1998年。同时通过多边发展银行实现的气候相关的国外贷款自1992年就一直在下降(Radka等2001)。尽管对于一些穷国来说官方发展援助仍然扮演主要角色,在整体上其他形式的资金援助显得愈发重要,特别是外国直接投资(图9.9)。可是这些投资大多集中在少数几个发展中国家,主要分布在东亚、东南亚和拉丁美洲。对于一些私人投资没有涉足的领域(合理的环境政策、人力资源投资、机构的建立等)以及其他一些对私人投资吸引力较小的领域(如农业、林业、公共卫生、海岸地区管理)官方发展援助仍然十分重要(IPCC 2001)。

《联合国气候变化框架公约》指出附件Ⅱ国家应当给发展中国家经济援助以帮助其应对气候变化及适应气候变化的不利影响。在2001年召开的COP7会议上,与会国就三项新的基金达成了一致。首先,最不发达国家可能在清洁发展机制中获益最少,因此一项最不发达国家基金将帮助这些国家应对气候变化;第二,一项特别气候基金已经设立并用来资助适应、技术转让、能源、交通、工业、农业、林业和废弃物管理方面;应当对经济主要依赖矿物燃料出口的国家进行区分。这些基金在《联合国气候变化框架公约》下运作。《京都议定书》框架下在清洁发展机制计划实施的过程中将设立第三项基金。

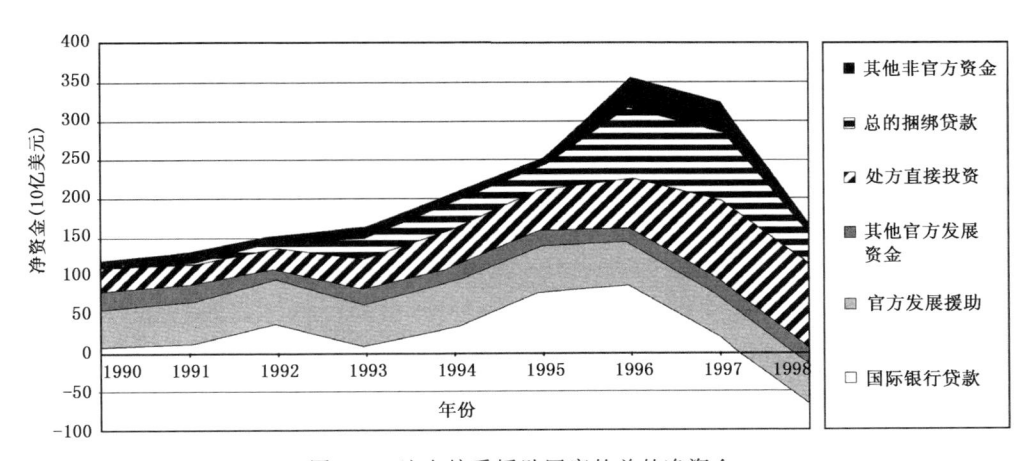

图9.9 流向接受援助国家的总的净资金

**技术转让**

尽管根据《联合国气候变化框架公约》,发达国家应首先承担起减排的义务,但为了达到《联合国气候变化框架公约》有关稳定温室气体排放量的目标,并最终使全球的温室气体排放量有明显的下降,所有国家都将不可避免地加入到减排的过程中来。发展中国家需要得到来自发达国家在技术上的支持——技术转让。对于发展中国家来说,还存在很多较之气候变化更为迫切的问题,幸运的是减少温室气体的排放可以和可持续发展很好地结合起来。总的说来,环境无害技术的转让将有助于减缓温室气体排放。避免不可持续发展道路意味着发展中国家在提升技术和改进制度上将走得更快。需要指出的是,技术转让不仅仅是硬件的获得和使用,它还包括能力的培养(知识、技术和管理技巧)及合适的机构和网络(IPCC 2001)。一方面,转让的技术应当符合当地的需求;另一方面,它们的成功应用还需要一个合适的环境。不幸的是,技术转让是一个相当复杂的过程,其成功与否很大程度上取决于环境的影响。通常,各种不同的机构或人将参与到这一过程,它们在技术转移不同的阶段扮演着不同的角色(表 9.7)。参与者不仅包括政府和私人企业,也包括消费者、非政府组织和其他社会团体、研究和教育机构和金融机构。技术的创新和转让可被看成是这些不同的参与者互相作用互相影响的过程(图 9.8)。在多数情况下,私人部门扮演了决定性的角色,也有许多情况下政府发挥了激励和推动的作用,在确定用户需求时社区团体的作用也很重要。换句话说,在不同阶段不同的参与者扮演领导者的角色。

表 9.7 主要参与者和其在技术转让过程中的决策和策略

| 参与者 | 动机 | 影响技术转让的决策和策略 |
|---|---|---|
| 政府 | | |
| 国家/联邦 | 发展目标 | 税收政策(包括投资税收政策) |
| 地区/省 | 环境目标 | |
| | | 进口/出口政策 |
| | | 创新政策 |
| 地方/市 | 竞争优势 | 教育和能力建设政策 |
| | 能源安全 | 规章和制度建设 |
| | | 直接信用规定 |
| | | 技术 |
| 私人商业部门 | | |
| 跨国的 | 市场份额 | 研发/贸易决策 |
| 国家的 | 投资收回 | |
| | | 市场决策 |
| | | 投资决策 |
| 地方/企业 | | 技术/发展决策 |
| (包括生产者, | | 获得外界信息的渠道 |
| 使用者传播者, | | 技术转让的决策 |
| 和技术提供者) | | 技术转让途径的选择 |
| | | 信贷政策(生产者、资助者) |
| | | 技术选择(传播者,使用者) |

## 第9章　减缓措施:技术、实践、障碍与政策工具

续表

| 参与者 | 动机 | 影响技术转让的决策和策略 |
|---|---|---|
| 捐赠者 | | |
| 　多边银行 | 发展目标 | 项目选择和设计标准 |
| 　全球环境基金 | 环境目标 | |
| 　双边援助机构 | 投资收回 | 投资决定<br>技术援助设计和传播需要<br>改革的需要 |
| 国际机构 | | |
| 　世界贸易组织 | 发展目标 | 关注政策和技术 |
| 　联合国可持续发展 | 环境目标<br>政策形成 | 选择论坛的参与者 |
| 　经济合作发展组织 | 国际对话 | 信息传播模式的选择 |
| 　研究/拓展 | | |
| 　研究中心/实验室 | 基本知识 | 研究日程 |
| 　大学 | 应用研究<br>教学 | 技术<br>研发/贸易决定 |
| 　拓展服务 | 知识传播<br>感知信誉 | 技术转让决定<br>技术转让途径的选择 |
| 传媒/公共团体 | | |
| 　电视、广播、报纸 | 信息传播 | 广告的接受 |
| 　学校 | 教育 | 所选择技术的推广 |
| 　社会团体 | 群体决定 | 教育课程 |
| 　非政府组织 | 群体福利 | 对技术相关政策的游说 |
| 消费者个人 | | |
| 　城市/核心 | 福利 | 消费决定 |
| 　农村/边缘 | 设施<br>开销最小化 | 学习更多技术的决定<br>学习/信息渠道的选择<br>信息可信度级别 |

技术转让可看作一个可以按步实施的过程。下面是一种划分成 5 个步骤的方法:

(1)评估。第一步是确定需求,包括确定技术的使用者。

(2)协议。根据对使用者需求的评估,通过谈判和技术提供者、资金提供者和其他相关人员达成技术转让的协议。

(3)实施。技术的取得、安装或应用。

(4)评价和调整。由于在当地情况下转让的技术并不一定能够处于最佳状态,需要对技术进行相关的调整以适应当地的环境。为了达到这一目的需要进行仔细的评价。

(5)复制。转让有效性的一个重要方面就是转让的技术必须可以大规模地复制。

(6)对于新的项目回到步骤(1)。对前面5个步骤进行仔细的评价以确定存在的障碍,可以在随后的活动中消除,避免错误的重复出现。

在步骤(2)中,知识产权的问题扮演了重要的角色。在《联合国气候变化框架公约》谈判中,发展中国家和发达国家激烈地辩论过这个问题。绝大多数的知识产权都产生自发达国家,目的在于保护其商业利益,对于知识产权强有力的保护旨在刺激新技术开发方面的投资。对于发展中国家来说实现可持续发展需要新的技术,而严格的知识产权保护使获得新技术的费用过高。表9.8列出的是严格保护知识产权的支持者和反对者的不同意见。某种程度上,在其他一些问题上已经达成共识,如在1994年的关税与贸易总协定知识产权相关的谈判中取得的协议。然而,由于利益分歧较大,争论一直没有停止。成功的技术转让依赖于多方面的因素。专栏9.7列出了工商业的观点。

**表9.8　技术转让和知识产权**

| 赞成严格的知识产权保护 | 赞成宽松的知识产权保护 |
| --- | --- |
| • 给予研发投资更大的信心从而鼓励新技术<br>• 投资者将会在研发领域增加投资因其能够回收其研发资金<br>• 增加销售者的收益<br>• 在个别部门有利于通过外国直接投资实现垂直传播和技术转让<br>• 并不是所有的国家都需要最先进的技术,"软"技术(专长、技巧)往往更加重要 | • 严格的知识产权保护将会减缓技术的开发进步速度,依赖旧的技术<br>• 降低消费者的购买价格<br>• 加强向其他地区和部门的水平传播和技术转让<br>• 通过生产许可给发展中国家提供机会<br>• 环境无害技术因其对于可持续发展的重要性应当特殊对待<br>• 减少限制性商业活动,即限制/禁止寻租、非法授权等情况 |

**专栏9.7　成功技术转让的条件,工商业视角**

如果一系列的条件都符合的情况下所有各方将最有可能获得最大利益,这些条件包括:

(1)平稳运行的经济和对投资者有吸引力的投资环境。

(2)透明公正的法律和金融系统和合理的环境法。

(3)东道国和合作体对于合作可能带来利益的现实预期。

(4)各方长期的坚持和资源的奉献。

(5)各方利益的公平分配。
(6)业界对地方文化和价值观的尊重。
(7)对于所有员工和投资方的安全的工作环境。
(8)人力资源和物资的运转无不必要的障碍。
来源:国际石油工业环境保护协会 1999(IPIECA)

## 9.6.2 能力建设

然而即使有资金的援助并且得到了相应的环境无害技术,这也并不一定意味着它们得到应用和维持以帮助发展中国家走上可持续发展的道路。成功的前提是人员、制度和信息评估和监测的能力的有效获取和持续性(IPCC 2000)。尽管不同发展中国家的能力情况不同,但协调一致的努力对提高能力尤为重要。在很多情况下,政府开发援助相关的努力对支持此过程具有特殊的作用。与此同时,在劳工的培训和教育中企业也很重要。根据国际石油工业环境保护协会(IEIPCA 1999)在实现长期自给自足和多样化的前提下,企业应当寻求机会拓展员工的能力。必须认识到新的技术需要新的技巧、新的制度和基础设施。这需要人员和机构对新的条件的长期适应。捐赠国和接受国有各自不同的责任。IPCC(2000)区分了环境无害技术领域 3 种不同形式的能力建设:(a)人的能力;(b)机构(或制度)的能力;以及(c)信息的评估和监测能力。人的能力指个人层面上的环境无害技术转让相关的能力,包括技术的、商业的和协调能力。这些包括对员工的教育和培训,与其他企业、研究机构或组织建立联系以保持技术的先进性和在实践中学习(IPCC 2000)。机构和制度能力指有效的技术转让不仅依赖个人的能力,而且与通过网络或制度沟通的方式有关。图 9.8 显示,各种各样的机构都参与进来,包括政府、研究机构、私人公司、金融机构和社会团体等。为了使技术转让在每个阶段都能够有效地运行,这些机构应该有互相交流的能力并朝着共同的目标努力。能力建设的努力因此应当致力于加强这些联系网络。例如:(a)实施所有参与者共享的方式;(b)对企业、专业人员和消费者机构给予鼓励;(c)政府决策权的不时下放;(d)给新的参与者更多的机会,如顾问、能源服务公司、媒体等。

## 参考文献

Alcamo J and Swart R. 1998. Future trends of land-use emissions of major greenhouse gases. *Mitigation and Adaptation Strategies to Global Change*, **3**:343-381.

Anderson S O, Carvalho S M M, Devotta S, et al. 2001. Options to reduce global warming contributions from substitutes for ozone-depleting substances. In B Metz, O Davidson, R Swart and J Pan, eds., *Climate Change 2001: Mitigation*. Cambridge: Cambridge University Press.

Banuri T, Weyant J, Akumu G, et al. 2001. Setting the stage: climate change and sustainable development. In B Metz, O Davidson, R Swart and J Pan, eds. , *Climate Change* 2001: *Mitigation*. Cambridge: Cambridge University Press.

Barker T, Srivastava L, Al-Moneef M, *et al*. 2001. Sector costs and ancillary benefits of mitigation. In B Metz, O Davidson, R Swart and J Pan, eds. , *Climate Change* 2001: *Mitigation*. Cambridge: Cambridge University Press.

Bashmakov I, Jepma C, Bohm P, *et al*. 2001. Policies, measures and instruments. In B Metz, O Davidson, R Swart and J Pan, eds. , *Climate Change* 2001: *Mitigation*. Cambridge: Cambridge University Press.

Bolin B, Sukumar R, Ciais P, *et al*. 2000. Global perspective. In R T Watson, I R Noble, B Bolin, *et al*. , eds. , *IPCC Special Report on Land Use, Land-use Change and Forestry*. Cambridge: Cambridge University Press.

Burschel P, Kuersten E and Larson B C. 1993. Die Rolle von Wald und Forstwirtschaft im Kohlenstoffhaushalt. Eine Betrachtung fur die Bundesrepublik Deutschland. Role for forests and forestry in the carbon cycle: a tryout for Germany. . *Forstliche Forschungsberichte Munchen, Schriftenreihe der Forstwissenschaftlichen Fakultatder Universitat Munchen und der Bayerischen Forstlichen Versuchsnd Forschungsanstalt*, 126.

Ester P and Vinken H. 2000. *Sustainability and the Cultural Factor: Results from the Dutch GOES Mass Public Modukle*, National Research Programme Report No. 410 200 048. Bilthoven: Globus, Institute for Globalization and Sustainable Development, Tilburg.

Garratt J R. 1993. Sensitivity of climate simulations to land-surface and atmospheric boundary-layer treatment review. Journal of Climate, **6**, 419-449.

Grubb M and Ramakrishna K. 2000. International agreements and legal structures. In B Metz, O R Davidson, J-W Martens, *et al*. , eds. , *Methodological and Technological Issues in Technology Transfer: A Special Report of IPCC Working Group III*. Cambridge: Cambridge University Press.

IPCC. 2001. B Metz, O Davidson, R Swart and J Pan, eds. , *Climate Change* 2001: *Mitigation*. Contribution or Working Group III to the *Third Assessment Report* of the IPIECA 1999. *Technology Assessment in Climate Change Mitigation*. Report of the IPIECA Workshop. Paris: International Petroleum Industry Environmental Conservation Association.

Jepma C and Munasinghe M. 1998. *Climate Change Policy: Facts, Issues and Analyses*. Cambridge: Cambridge University Press.

Kauppi P, Sedjo R, Apps M, *et al*. 2001. Technological and economic potential of options to enhance, maintain, and manage biological carbon reservoirs and geo-engineering. In *Climate Change* 2001:*Mitigation*. B Metz, O Davidson, R Swart and J Pan, eds. , Cambridge: Cambridge University Press.

Kram T, Gielen D J, Bos A J M, et al. 2001. *The MATTER Project: Integrated Energy And Materials Systems Engineering for Greenhouse Gas Emission Mitigation*. Dutch National Research Program Report 410 200 055.

Makundi W R, Razali W, Jones D and Pinso C. 1998. Tropical forests in the Kyoto Protocol: prospects for carbon offset projects after Buenos Aires. *Tropical Forestry Update*, **8**(4):58. [Yokohama: International Tropical Timber Organization.]

Margolick M and Russell D. 2001. *Corporate Greenhouse Gas Reduction Targets*. Arlington VA: Pew Center on Global Climate Change.

Matthews R, Nabuurs G J, Alexeyev V, et al. 1996. WG3 summary: Evaluating the role of forest management and forest products in the carbon cycle. In M J Apps and D T Price, eds., *Forest Ecosystems, Forest Management and the Global Carbon Cycle*. NATO Advanced Science Institute Series, NATO-ASI Vol. I, 40, Berlin: North Atlantic Treaty Organization, Proceedings of a workshop held in September 1994 in Banff, Canada, pp. 293-301.

Metz B, Davidson O, Swart R and Pan J. 2001. *Climate Change 2001:Mitigation*. Cambridge: Cambridge University Press.

Moll H C, Nonhebel S, Biesiot W, et al. 2001. *Evaluation of Options for Reductions of Greenhouse Gas Emissions by Changes in Household Consumption Patterns*. De Centrum voor Energie en Milieukunde (Center for Energy and Environmental Studies), Groningen: NOP Report No. 410 200 059. Bilthoven.

Moomaw W R, Moreira J R, Blok K, et al. 2001. Technological and economic potential of greenhouse gas emissions reduction. In B Metz, O Davidson, R Swart and J Pan, eds., *Climate Change 2001:Mitigation*. Cambridge: Cambridge University Press.

Nabuurs G J, Dolman A V, Verkaik E, et al. 2000. Article 3.3 and 3.4. of the Kyoto Protocol-consequences for industrialised countries commitment, the monitoring needs and possible side effect. *Environmental Science and Policy*, **3**(2/3):123-134.

Nijkamp P. 2001. *Globalization, International Transport and the Global Environment*. Amsterdam University and National Research Programme Report No. 410 200 075, Bilthoven: University of Amsterdam.

OECD. 1999. *Indicators for the Integration of Environmental Concernsin to Transport Policies*. Paris: Organization for Economic Co-operation and Development Environment Directorate.

Penner J E, Lister D H, Griggs D J, et al. 1999. *Aviation and the Global Atmosphere*. Cambridge: Cambridge University Press.

Penner J E, Lister D H, Griggs D J, et al. 1999. *Aviation and the Global Atmosphere*. A Special Report of the Intergovernmental Panel on Climate Change Working Groups I and II in collaboration with the Scientific Assessment Panel of the Montreal Protocol on substances that deplete the ozone layer. Cambridge: Cambridge University Press.

Radkha M, Aloisi de Larderel J, Abeeku Brew-Hammond J P and Xu Huaqing. 2001. Trends in technology transfer. In B Metz, O Davidson, J W Martens, et al., *Methodological and Technological Issues in Technology Transfer Intergovernmental Panel on Climate Change*. Cambridge and New York: Cambridge University Press.

Ramaswamy V, Boucher O, Haigh J, et al. 2001. Radiative forcing of climate change. In J

Houghton, Y Ding, D J Griggs, et al., eds., *Climate Change* 2001: *The Scientific Basis*. Cambridge: Cambridge University Press.

Raskin P, Banuri T, Gallopin G, et al. 2001. *Great Transition: The Promise and Lure of the Times Ahead* (in press). Boston MA: Global Scenario Group, Stockholm Environment Institute.

Rosegrant M, Agcaoili-Sombilla M and Perez N D. 1995. *Global Food Projections to* 2020: *Implications for Investment*. Discusson Paper No. 5, Washington: International Food Policy Research Institute.

Sathaye J, Bouille D, Biswas D, et al. 2001. Barriers, opportunities, and market potential of technologies and practices. In *Climate Change* 2001: *Mitigation*. B Metz, O Davidson, R Swart and J Pan, eds., Cambridge: Cambridge University Press.

Sedjo R A and Botkin D. 1997. Using forest plantations to spare natural forests. *Environment*, **30**(10):14-20, 30.

Toth F L, Mwandosya M, Carraro C, et al. 2001. Decision-making frameworks. In *Climate Change* 2001: *Mitigation*. D B Metz, O R Davidson, R Swart and J Pan, eds., Cambridge: Cambridge University Press.

Trindade S C, Siddiqi T and Martinot E. 2000. Managing technological change in support of the Climate Change Convention: a framework for decision-making. In B Metz, O R Davidson, J-W Martens, et al., eds., *IPCC Special Report on Methodological and Technological Issues in Technology Transfer*. Cambridge: Cambridge University Press.

Watson R T, Albritton D L, Barker T, et al. 2001. *Climate Change* 2001: *Synthesis Report*. Cambrige: Cambridge University Press.

Young A. 1997. *Agroforestry for Soil Management*, 2nd edn. Oxford: Commonwealth Agricultural Bureaux International.

# 第 10 章 减缓的成本和效益评估

第 8 章讨论了不同减缓方案成本计算的多种方法。本章将讨论这些方法中目前有多少已得到应用,以及它们的应用结果。10.1 节介绍正在使用的各种模拟技术。10.2 节讨论主要温室气体排放部门的减缓成本。10.3 节探讨国家和全球尺度的减缓成本,侧重讨论为完成《京都议定书》设定的减缓目标所需的成本。10.4 节重点介绍做成本核算时需要考虑的一些有关价格分析关键问题,尤其是无悔选择的存在,双赢概念,碳释放,飘逸效应,以及防止损失等,最后,10.5 节分析要达到温室气体排放的各种稳定目标所需要的成本。

## 10.1 温室气体减排成本计算模型

对减排策略进行评价往往意味着使用模型模拟。气候减排策略的模拟十分复杂,目前已有包括输入-输出模型、宏观经济学模型、可计算的一般平衡模型以及基于能源部门的模型等在内的多项技术已经得到了应用。为了提供更多关于经济和能源部门结构的细节信息,混合模型也得到了大力发展。这些模型的合理使用取决于所要评估的对象和所掌握的数据。通常不同的模型会针对不同问题给出互不相同而又相互补充的结论。

下面给出了各种评估气候变化政策成本分析方法,包括:

(1)输入-输出模型。它用线性方程组来描述经济部门之间复杂的相互关系。这种模型只有对减缓和适应都感兴趣的部门来选择使用,主要用于研究减排的部门性结果以及适应性选择(Frankhauser 和 McCoy 1995)。

(2)宏观经济学模型。描述各部门的投资和消费模式,强调有关温室气体减排政策的短期动力学机制。这种模型非常适用于研究经济因素对中短期温室气体减排政策的影响。

(3)可计算一般平衡模型。它利用可细致描述供求行为的方程,在微观经济原理的基础上模拟经济代理的行为,主要模拟生产要素市场(如劳动力、资金和能源)、产品以及外汇。

(4)动态能源最优化模型。它的设计基于在 40~50 年的时间跨度内使能源系的总成本最小化(其中考虑包含了所有最终用户部门),由此计算出能源市场的局部平衡。成本中包括了所有部门的投资和运作成本。该模型适用于温室气体减排及其动态评估以及研究其潜在成本的动态评估。

(5)综合能源系统仿真模型。它是一个详细描述能量供求技术的自下而上的模型,能量供求技术包括最终用途、转化以及生产技术。该模型适用于中短期研究,其中技术方面的细节信息有助于解释主要的能源需求。

(6)局部预测模型。它用于预测能量供求情况,包括对某一特定时段的预测或者对动力学机制和反馈随时间变化的预测。

对于以技术为主,自下而上的模型和方法来说,减缓成本来源于技术和燃料成本(例如投资、运行和维修成本,以及燃料采购)、税收和进出口成本,并越来越趋向于后者。

所有模型大体可分为两类。第一类,由简单的工程-经济计算(逐项科技的技术)集成到总能量系统的局部平衡模型。第二类,从严格的减排减缓技术成本的计算到考虑市场对技术的选择、需求量减少和税收所造成的福利损失以及贸易变化所带来的得失。

自然,接下来我们将对工程经济学方法和最小成本平衡模型进行对比分析。对在工程经济学方法分析中,根据各项技术的成本和储蓄对它们进行独立核算,当各个要素得到评估之后即可对各个行为的成本进行计算,并据此归类。该方法在指出消除负成本的潜力时非常有用,负成本是由最先进技术和现有技术之间的"效率差"而产生。尽管如此,它最大的局限性在于没有采用系统化的研究方式,忽视了所研究的各行为之间的相互影响依赖。

局部平衡最小成本模型是对上述缺陷的修正,同时考虑了所有行为,并选出所有部门和时段的最优行为组合。这种更加整体化的研究得出的温室气体减排减缓成本要高于严格的技术研究。基于最优化框架,该方法很容易解释最优响应反应和最优基底线的比较,但是,其局限性在于不能根据实际的非最优化情形对模型中的基准年进行校准,且默认最优基底线。因此该方法不能提供任何关于潜在负成本的信息。

自下而上的方法针对附件Ⅰ国家和非附件Ⅰ国家以及国家集团给出了很多新的结果。同时该方法大大拓展了成本削减的传统计算范围,考虑了需求影响和某些贸易影响。但是,受多种因素的影响,该模型的结果在不同研究之间会出现较大差异,其中一些反映了所研究的不同国家之间的条件差异(如:先天的能源状况,经济增长,能源强度,工业及贸易结构),另一些则反映了模型中所用的假设以及关于潜在负成本的假设。

减排减缓成本之间的差异似乎很大程度上来源于不同方案和假设的选择,其中最重要的是采用何种模型。自下而上的工程模型中假定新技术对减排减缓有益。由自上而下的时间序列经济学模型所得到的成本要高于自上而下的一般性均衡模型。

造成后一类模型中成本降低的主要假设有：

(1)将新的柔性手段纳入考虑(如排放贸易和联合执行)。

(2)假设通过减轻赋税使得税收收入和销售许可证的收入反哺回归经济。

(3)结论中包含了附带利益。

最后要说的是，在自上而下的模型中长期的技术进步和传播扩散在很大程度上被认为是外因，不同的假设或者更整体化的、动态的处理会对结果产生重大影响。

中短期边际减排减缓成本掌控着气候政策宏观经济学影响的多个方面，对基准线情景(增长率和能量强度)的不确定性和技术成本非常敏感。即使做出了明显的负成本的选择，边际成本仍可能很快超出一定的减排减缓预期水平。在考虑碳贸易的模型中这种危险性显著降低。就长期情形看，这种危险性会随着技术变革带来的边际成本曲线坡度的减小而降低。

在大量复杂的问题上，对减排减缓和适应分开模拟是一种必要的简化手段。对降低风险的成本分开估算将造成各自结果的潜在偏差。这一现实提醒我们，尽管在影响的本质和时间方面存在的不确定性以及可能出现的意外情况会限制相关成本充分内在化的范围，更多的关注减缓和适应的相互关系及其经验分歧仍然是有价值的。

气候变化减缓政策主要分为以下几类：(a)市场导向政策；(b)技术导向政策；(c)自愿政策和(d)其他政策，如研发、教育以及交流项目(见第9章)。气候变化减缓政策可以包含上述所有的4个政策的内容，但大多数分析方法只考虑了4个因素中的部分内容。例如，经济模型主要考虑市场导向政策，有时还包括与能源供应的选择相关的技术政策；而工程方法主要考虑的是供给和需求方的技术政策。所有这些方法都无法很好地表现自愿协议、研发、教育及交流沟通政策。

减缓成本问题和扩大发展对政策的影响在很多方面都有紧密的联系，包括宏观经济影响、创造就业机会、通货膨胀、公共资金的边际成本、资金供应、外流人口和贸易(详见10.2节)。

综合评估模型将生物物理和经济系统中的关键要素纳入一个综合系统来对气候保护成本进行评估。这在评价政策及响应、知识构成以及优先级的不确定性方面已经有所应用(Parson等 1997)。

## 10.2 国内外减缓政策及相关措施的部门性成本和效益

采取减缓全球变暖的政策对某些部门来说有特殊意义。部门评估有益于：(a)洞察减缓成本；(b)识别潜在的受损害者及损失发生的范围和位置；(c)确定有可能获益的部门。第8章中我们讨论了各部门采用的不同减排减缓技术、执行过程中所遇到的障碍，以及克服这些困难所采用的政策和手段。接下来我们将讨论减排减缓的部门性经济成本和效益。

减排减缓政策中存在一个基础性的问题。众所周知,相较于潜在受益者,潜在受损害者的情况更容易明确,且其损失可能更直接,更集中,更确定。潜在受益部门(不包括可再生能源部门和天然气部门)在很长时期内只能期待小的、分散的、相当不确定的收益。其实,这些可能的受益者中有很多现在尚不存在,只是将来可能产生或随着工业发展而产生。

另一个众所周知的事实是减缓政策和措施对国内生产总值(GDP)的全局性影响,无论是正面的还是负面的,都存在很大的部门性差异。总的来说,经济体的能源强度和碳强度都在降低。尽管这对它们的影响存在多样化,相对于参考情景,煤炭业,也许还包括石油工业,预计会有相当比例的产量损失,且其他部门增加的产量可能远小于这个比例。

在过去的40年里,许多国家二氧化碳的增长趋势远慢于国内生产总值(GDP)的增长。造成这一趋势的原因很多,其中包括:

(1)能量源从煤炭和石油向核能和天然气转变。
(2)工业生产和家庭使用对能源利用率的提高。
(3)从制造业向服务业和信息业占更大比重的经济体制的转变。

减缓政策将会进一步鼓励和加强上述变化趋势。

矿物燃料的消费成本伴随着开采和使用燃料量的减少所带来的环境和公共卫生上的收益。这些利益来自于降低以上活动所造成的损害,尤其是燃烧过程中所排放的污染物的减少,例如二氧化硫、一氧化二氮、一氧化碳和其他化学物质,还有颗粒物。这将改善当地空气和水的质量,减少对人类、动植物健康以及生态系统的伤害。如果所有与温室气体排放有关的污染都被新技术或末端消减去除掉(如:在电站进行烟气脱硫并结合消除其他所有非温室气体污染物),那么这些附带利益将不复存在。但是在今天这种去除操作还是有限且昂贵的,尤其是对住房和小型车的小规模排放而言。

研究者们对项目、部门以及整体经济范畴的分析进行了区分。项目水平的分析假设某一单独的投资对市场影响不大。所用的方法包括成本—收益分析、成本—效益分析,以及生命周期分析。部门水平的分析在"局部平衡"的背景下衡量部门性政策,其他因素均被认为是外因。整体经济分析探讨的是政策如何影响所有的部门和市场,用到了许多宏观经济模型和一般性平衡模型。评估的细节水平和系统的复杂程度之间存在取舍。

经济部门对气候变化减排减缓选择的有效评估需要综合利用不同的模拟方法。例如,项目细节评估与一般化的部门性影响分析相结合,宏观经济角度的碳税研究与大型技术投资项目的部门性模拟相结合。

## 10.2.1 煤

就这一大的方面来看,有相当多的部门会在很大程度上受到减排减缓的影响。煤炭业制造了绝大多数的碳密集产品,就长远来看将面临不可避免的相对于基线而言的萎缩。可以在将来维持煤炭产量同时又避免二氧化碳等有害物质释放的新技术仍在发展当中,如在燃煤设备和汽化过程中滤除和储存二氧化碳的技术。人们希望取消矿物燃料补助金,调整能源税结构使其对煤而不是石油征收更多的税款等政策可以对煤炭部门产生巨大的影响。既定事实表明取消补助金可以切实减少温室气体的排放并刺激经济的增长。尽管如此,对各国家而言,具体的效果在很大程度上取决于所取消的补贴的类型以及替代能源的商业生存能力,其中包括进口煤炭。

煤炭消费量的减少(以及因此而造成的产量减少)对经济会有一定的影响(IEA 1997,1999,WCI 1999)。包括:(a)由于煤炭销售量的减少从而使产煤国之间的经济活动减少;(b)煤矿业,运输业及加工部门工作岗位的减少;(c)使煤矿业及加工资产限于困境的潜在可能;(d)煤矿的关闭(重新开启将付出昂贵的代价);(e)由于煤矿关闭给社会带来的负面影响;(f)由于煤炭出口减少而造成的贸易赤字上升,特别是哥伦比亚、印尼、南非地区(Knapp 2000);(g)由于更多依赖能源进口而造成的国家能源安全性降低;(h)从煤炭转向其他类型能源从而可能带来的经济增长减缓。

减少煤燃烧量带来的附加利益包括公共健康。对煤炭业来说,减排减缓政策有助于能源利用率的提高(Lietal 1995)。另外,新的、高效的、清洁的煤炭技术(IEA 1998a)可以引导发展中国家技术水平和科技能力的增强。长远利益包括由于市场压力增长以及煤炭储备时间延长所带来的生产力的提高(IPCC 2001)。为了找到煤的无排放替代品,煤炭业的研究和发展也将得到推进(IEA 1999)。由于能量密集产业向发展中国家的转移,减排减缓政策似乎更偏向于非附件B中的产煤国。

## 10.2.2 石油

石油业也面临着潜在的相对下降,尽管这一现象可能由以下因素得到缓解:(1)在运输方面缺乏石油的替代品;(2)在发电上使用液体燃料取代固体燃料;(3)普通能源供应业的多元化。

表10.1显示的是对石油输出国执行《京都议定书》的情况的模型结果。每个模型都使用了不同的衡量影响大小的方法并各自定义了不同的石油输出国群体。然而,所有研究都显示采用弹性机制可以减少石油生产者的经济成本。

研究结果显示出温室气体减排减缓政策对石油生产和收入影响的多样化模拟结果。这些差别大多来源于以下假设:(1)常规石油储量;(2)所要求的减排减缓程度;(3)排放贸易的采用;(4)控制除二氧化碳以外的其他温室气体;(5)利用碳汇。然而,所有研究显示,至少到2020年,石油产量和收入都是净增长的,并且其对实际石油价格的影响远小于过去 30 年因市场波动而造成的影响（IPCC 2001）。

表 10.1 石油出产地区/国家执行《京都议定书》的成本[a]

| 模型[b] | 无贸易[c] | 有附件 I 贸易 | 有"全球贸易" |
|---|---|---|---|
| G-cubed | 石油收入减少 25% | 石油收入减少 13% | 石油收入减少 7% |
| GREEN | 3%大幅减少亏损 | 实际收入减少 | N/A |
| GTEM | GDP 减少 0.2% | GDP 下降小于 0.05% | N/A |
| MSMRT | 福利损失 1.39% | 福利损失 1.15% | 福利损失 0.36% |
| OPEC | OPEC 收入减少 17% | OPEC 收入减少 10% | OPEC 收入减少 8% |
| CLIMAX | N/A | 某些石油出口商的收入减少 10% | N/A |

[a] 石油输出国的定义不同：就 G-cubed 和 OPEC 模式而言是指欧佩克成员国，就 GREEN 模式而言是一组石油输出国，就 GTEM 模式而言是指墨西哥和印度尼西亚，就 MSMRT 模式而言是指欧佩克成员国和墨西哥，就 CLIMAX 模式而言是指西亚和北非的石油出口国。

[b] 所有模型都考虑了 2010 年的全球经济状况，通过施加碳税或拍卖排放许可证的收入一次性支付给消费者以达到《京都议定书》的目标（通常在模型中应用的是 2010 年二氧化碳的减排减缓而不是到 2008 年 12 月温室气体的排放），在结果中不考虑任何共同利益（如减少当地空气污染的损害）。

[c] "贸易"是指国家之间排放许可的贸易。

这些研究的部分或全部不考虑以下可能减少对石油出口国影响的政策和措施（Pershing 2000）：

(1) 有关非二氧化碳的温室气体或者非温室气体能源的政策和措施。
(2) 从汇冲抵。
(3) 工业结构调整，例如能源生产者转变为能源服务提供者。
(4) 利用石油输出国组织的市场力量（OPEC）。
(5) 与资金、保险和技术转让有关的行为（如附件 B 缔约方）。

另外这些研究不包括以下可以降低减排减缓总成本的政策：

(1) 利用税收收入来减少税负或者其他金融缓解措施。
(2) 由于减少矿物燃料的使用带来的环保附带利益。
(3) 减排减缓政策导致的技术变革减少。

这样一来，研究结果就可能夸大了石油输出国的成本和整体成本。

减缓原油需求增长速度的政策的附带福利将减缓石油储备枯竭，减少石油生产对空气和水的污染。

基准线以下的矿物燃料产量的减少不会对所有矿物燃料造成相同的影响。燃料有不同的成本和价格敏感性，对减排减缓政策的反映不同。燃料节能技术、燃烧装置以及需求量减少对进口有着与产量不同的影响。能源密集的行业（如重化工、钢铁、矿物生产）将面临高成本，技术或组织变革加速、产量减少（同样是相对于参考情景）等问题，这些问题决定于能源使用状况和所采用的减排减缓政策。

## 10.2.3 天然气

天然气是含碳最低的矿物燃料,使用天然气可以减少二氧化碳排放量(Ferriter 1997)。模拟研究表明,减排减缓政策对石油影响最小,对煤炭影响最大,对天然气的影响程度介于两者之间。减排减缓政策对天然气需求量的影响随着不同地区获取天然气的难易程度不同,需求模式的不同以及天然气取代煤炭发电的潜在可能不同而有很大差异。这些研究结果表明天然气的使用量增加远快于煤炭和石油,这与现实的趋势不同。这一现象可以解释如下。在 2020 年之前,对附件 I 国家的运输部门,同时也是最大的石油用户来说,现有的技术及其基础组织不允许从石油向非矿物燃料的大规模转变。附件 B 国家只能通过减少整体的能源使用量以达到《京都议定书》的目标,这将造成天然气需求量的减少,除非发电站改用天然气。这些模型关于这种转变的模拟仍然很有限。

天然气需求量减少的附加利益来源于该自然资源损耗的减缓、生产天然气所造成的空气和水污染的减少、天然气爆炸的危险性的降低。

## 10.2.4 电能

矿物燃料继续主导热力和电力生产,约占全世界能源部门二氧化碳排放量的1/3 (EIA 2000)。1990 年,发电产生 21 亿吨的碳,占全球碳排放量的 37.5%。如果没有碳排放政策,根据基线情景,预计到 2010 年和 2020 年,碳排放量将分别达到 35 亿吨和 40 亿吨。

鉴于发电过程中矿物燃料的大量使用,提出了很多关于温室气体减排减缓的提议。其中包括再生技术(SDPC 1996,Piscitello 和 Bogach 1997)、碳税、核能发电等。对电力部门来说,减排减缓政策无法强制或有力地刺激采用无排放(如核能发电、水力发电以及其他可再生能源)或降低温室气体排放的发电技术,例如:天然气联合循环。他们掌握了更柔性的方法,利用税收以及排放许可证。不管是哪种方法,都是从混合燃料发电向无排放或减少排放技术的转变,远离高排放矿物燃料的使用(Criqui 等 2000)。

减排减缓政策使得核能发电具有很大优势,因为它产生的温室气体量微乎其微。尽管如此,在很多国家,核能发电并不能作为全球变暖问题的解决方法。主要问题是:(a)与 CCGTs 相比的高成本;(b)公众所关注的运行安全问题及核废料问题;(c)核废料的处理和核燃料的循环利用问题;(d)核燃料运输的安全问题;(e)核武器扩散问题(Hagen 1998)。联合循环燃气轮机预计是 2005—2020 年世界范围内最大的新能量的提供者,是有天然气的地区取代煤炭发电的最佳候选方案。到 2020 年,生物废料为主,农林副产品和风能也可能做出很大的贡献。水力发电是已有的技术,将来也可能会在减少二氧化碳排放方面作出比预期更大的贡献。最后,尽管太阳能发电成本可望大幅度下降,但对中心发电站来说将仍然是昂贵的,这一情况将持续到 2020 年左右,但其仍可能对利基市场和非网发电做出更大贡献。最好的减排减缓政策是根据各地的环境,并综合利用各项技术而制定的。

温室气体减排减缓的附加利益包括贸易和由于新技术及其生产所用的燃料而造成的就业机会的增加。更多的使用可再生能源的附加利益包括:(a) 边远地区社会和经济的发展(例如增加农村就业机会,减少贫困和农民进城);(b) 土地复原(农村新发展,防止水土流失等);(c) 减少排放以及潜在的燃料多样性;(d) 消除昂贵的废弃物处理,如作物残留、家居垃圾(IPCC 2001)。

电力部门温室气体减排减缓的附加成本包括就业机会的减少和产品收入的损失、旧的技术(如煤电厂)以及减排减缓前的燃料(如煤炭、石油)(OECD 1998)。与再生技术有关的环境影响包括提高关注生物质能精细耕作对生态的影响、土地流失、水力发电造成的其他负面影响,噪音,鸟类死亡以及风力发电带来的视觉干扰(Pimental 等 1994,IEA 1997,1998b,Miyamoto 1997)。

## 10.2.5 交通

交通能源在世界范围内一直在稳步增长,亚洲、中东以及北非地区增长得更加迅速(Schafer 1998)。除非高效交通工具(比如燃料电池车)利用迅速增加,否则在简短的时间内几乎是没有办法能够减少交通能源的消耗,当然这不包括利用经济上的、社会的以及政治上的手段(Michaelis 和 Davidson 1996)。迄今为止,没有一个政府能够制定出有效的政策来减少整个社会的需求,并且几乎所有的政府发现从政策上找到合适的解决的方法是比较困难的(IEA 1997b)。

1995 年,全球二氧化碳的排放量的 22% 来自于运输部门的贡献;并且就全球来说,运输部门的排放量以每年大约 2.5% 的速率迅速增长着。自 1990 年以来,主要的增长地区是发展中国家(其中,亚太地区每年 7.3% 的排放率),实际上每年只换来低于 5% 的经济增长。混合汽油—电动汽车以与同等型号的四座燃料汽车相比节省 50%~100% 的绝对经济优势被商业所推崇。然而大规模普及这种技术仍受到诸如价格之类的各方面阻碍,这种阻碍只能依靠政策调节来消除。

提高燃油价格的措施已促使各厂家在 2010 年以前自觉地将汽车的油耗降低了 20%,而达到上述的效果仅仅是增加了少量成本。Bose(1998)研究发现,在印度 6 个城市中,改善公共交通来满足 80% 的出行需要,引进清洁燃料和引擎技术,都可以大大减少排放和油耗。汽车的排放量比基线情况减少了 30%~80%。为了履行《京都议定书》的承诺,在货物运输的情况下,柴油成本每加仑增加 0.68 美元,仅使美国货物运输量减少 4.9%,碳费的影响使美国碳元素的排放量降低到 1990 年水平的 3% 以下。海运燃料的成本预计每加仑上升 0.84 美元,国内海运可望下降到只有 10%(EIA 1998)。减少温室气体排放的政策促使燃料的使用量降低,减少了废气的排放量,降低了废气的危害(Ross 1999)。减少温室气体排放的政策还带来了一些其他方面的附带效益,诸如降低了道路拥挤,减少了车祸的发生以及降低了噪音以及道路的损坏。最近,在瑞士、奥地利以及法国做的一项关于空气污染与其对应的保健费用的关系的研究,表明在这方面所用的保健费总计达到497.0亿美元,占整个国民生产总值的1.1%~5.8%(Sommer等1999)。

在降低旅行的燃料费用方面,在没有配套的财政政策的情况下,技术效率的改进受反弹作用的影响。反弹效应使美国存在大约20%的温室气体的减少潜力(Greene 1999)。在欧洲,由于油价较高,因此这种反弹效应可能高达40%(Michaelis 1997)。

交通政策的主要驱动力来自于地方关注、交通阻塞以及空气污染(Bose 2000)。一直以来都尝试改变载客汽车的耗油量来减少温室气体排放。1993年,美国试图研发一种是当前3倍燃油经济的汽车(80英里每加仑)。据估计,这种车辆的成本最低每辆增加2500美元(DeCicco和Mark1997),而最高每辆增加6000美元(Duleep 1997)。由于这种车辆的设计原则是为了满足达到预期的排放标准,因此对当地的空气污染的改善并没有什么辅助作用。Dowlatabadi等(1996)研究发现,提高燃料价格,达到60英里每加仑,对改善空气中臭氧浓度收效甚微,并且除非采取措施,否则将可能降低客车的安全性。

澳大利亚交通与信息经济统计局(BTCE 1996)发现:(a)对都市道路使用费的收取;(b)城市公共交通票价的降低;(c)在全市范围内停车费的收取;(d)标签新车对购买者燃油效率的告知;以及(e)将货物从公路运输转成到铁路运输,所有这些措施为整个社会带来了零或负成本收益。

改善公共交通,促进和完善清洁燃料以及发动机技术(如催化转换器、无铅汽油、电动汽车并逐步淘汰二冲程发动机)都可以大大减少废气的排放和燃料的消耗(Bose 1998)。根据显示有理由相信,预计到2010年及其以后,运输的继续增长将高于效率的改进;并且如果没有重大的政策干预,到2020年,全球温室气体排放量将较1995年提高50%~100%(Bose 1999,Denis和Koopman 1998,Jansen和Denis 1999,van Wee和Annema 1999)。

减少交通阻塞带来了许多附带的益处包括:降低了空气污染的危害(WHO 1999)、减少阻塞(Barker等1993)、降低了事故的发生频率(Ross 1999)、减少噪声以及道路的损坏。

另外,飞机能源效率的改善必须依靠将来废气排放的控制、尽可能借助政策措施来提高价格并进而影响整个航空系统。通过税收来提高机票的价格面临着许多政治上的障碍。目前正在执行的许多的航空运输体系的双边条约规定包括除运作的成本外免收税费、改善经营体制。虽然飞机、发动机技术以及空中交通管理系统效率的改进将给环境带来极大的效益,但是这些效益不能够完全抵消由于航空规模的增长所导致的排放量的增加(Penner等1999)。

## 10.2.6 工业和制造业

制造业部门的温室气体减排减缓效应看起来是非常复杂的,这取决于使用碳作为基燃料投入和生产者适应生产技术以及通过增加成本来转嫁给消费者的能力(IPCC 2001)。1995 年,工业排放的废气中碳的含量占了 43%。在 1971—1995 年期间,工业部门的碳排放量每年以 1.5%的比例增长,自 1990 年以来,增长速度放慢到 0.4%。工业部门一直在努力寻找更有效的节能措施以及与减少温室气体相关的工艺过程。只有在经合经济中每年碳的排放量是在减少的(1990—1995 年,每年 0.8%)。经济转型中的二氧化碳的排放减少得最为迅速(在工业总产下降下,1990 年至 1995 年为 -6.4%)。

可能的减排减缓办法主要包括以下几个方面:(a) 节约能源(采取更加有效的技术);(b) 转向低含量碳的产品(如电子和制药);(c) 接受额外的税收或排放许可以及对产品销售和利润的可能影响;(d) 转移到国外生产;(e) 改善材料利用率(包括循环利用、更高效的产品设计、材料替代);(f) 燃料转换;(g) 对二氧化碳移除和吸收;(h) 用于混纺水泥(IPCC 2001)。

提出的附带减排减缓方案包括:(a) 采用节能技术;(b) 对科学技术知识进行积累以开发新产品和新工艺;(c) 国际化制造业促使科学技术转移给发展中国家并使财富在各个地区更加公平地分配(IPCC 2001)。缓解就业的政策将增加产量以及在能源设备产业中的雇佣人数。基于温室气体排放将较 1990 年水平减少 10%这一创新性的假定,预计到 2010 年,美国的国内生产总值可望增长 0.02%(Laitner 等 1998)。

中国减少二氧化碳排放量的潜力是基于各项税收下的节能技术方案的采用,补贴措施就是最好的例子,例如,通过采用先进的炼焦炉钢铁工业体系,到 2010 年,仅有 15.9%的目前存在的烘炉将被先进的所取代。用碳税代替的份额上升到 62%。以税收和补贴先进烘炉这方面的份额将上涨到 100%(Jiang 等 1998)。节能技术(如材料和热循环)对于减少碳的排放有很大的潜力。例如,Ikeda 等(1995)估计,在日本,1990 年钢铁工业中的副产品以及废钢铁的应用,二氧化碳的排放量降低了 2.4%。

一些辅助生产成本通过产品转移到非附件 B 国家,包括附件 B 国家失去一些制造行业就业的机会以及增加非附件 B 国家的排放量。

温室气体的减排减缓政策将促使各个工业领域发展无害环境技术,但也可能带来经济效率低、能源产业密集等一些负面的影响。

使用氢氟碳化物(HFCs)以及氟化碳(PFC)在较小程度上的增长,因此预计到 1997 年,这些化学物质将取代氯氟烃(CFCs)大约 8%的使用量。考虑能源效率对保护臭氧层是十分重要的,尤其对市场刚刚开始起步并期待快速增长的发展中国家。基于目前的趋势并且如果没有除了破坏臭氧层物质的替代区以外的新用途,预计到

2100年，氢氟碳化物(HFC)中碳的含量将达到每年370 kt或相当于每年170 Mt，而氟化碳(PFC)中碳的含量将低于每年12 Mt。最大排放量可能与从事商业制冷的移动空调以及固定空调有关。目前应用氢氟碳化物(HFCs)发泡比较少，但若在这里用氢氟碳化物(HFCs)替代比较硬的氯氟烃(HCFCs)，那么预计到2010年，大约每年将使用碳达到30 Mt，并且每年有相当于510 Mt的碳的排放量。氢氟碳化物(HFCs)的未来市场依赖于HCFC的替代技术。如果限制和再循环氢氟碳化物(HFCs)的措施被认为可以接受并且是行之有效的办法的话，氢氟碳化物(HFCs)(作为温室气体但对平流层臭氧的破坏并不是最严重)即使在世界范围内限制温室气体的情况下也可能增加。替代方案(如使用其他替代品，而这种替代品不是对臭氧层有破坏作用就是对全球变暖存在着潜在的威胁)，至于某些碳氢化合物或其他的一些处理过程，可能对含氟的混合物的制造者有某些负面影响但同时也给其他行业提供了新的机遇。

行业的直接减排减缓很可能从它的行动中受益。这包括再生核电、减排减缓设备生产者(包括能源－碳节能技术)，农业和林业生产的能源作物以及科研服务生产的能源和节省碳的研发。从长远来看，他们可能从资金的实用性以及应用其他资源来替代矿物燃料中受惠。不止如此，他们也能从减轻税收负担中受益，如果这些税收收入是用来减排减缓以及由于雇主、法人或者其他税收的减少的收入再循环。这些研究报道，GDP下降并不总是提供一系列可循环方案，建议增加GDP的政策尚未研究出来。福利的范围和性质将随政策而改变。部分减排减缓政策可能促使整个净经济受益和能源产业密集，意味着许多行业的收益将超过煤炭等矿物燃料的损失。相反的，其他规划比较差一点的政策能导致整个产业亏损。

### 10.2.7 建筑行业

建筑物需要能源用来照明、供暖、制冷并且需要利用电能使电器设备能够正常工作。1995年，建筑物所消耗的能源大约占与二氧化碳排放量有关的全球能源的31%，并且排放量自1971年以来每年以1.8%的比例增长。而减排减缓的办法主要包括替换所应用的材料、设计热控、提高建筑物的质量。

很多新的成本效益的技术和措施有可能大大降低发展中国家和发达国家建筑物的温室气体排放的增长速度。这些技术和措施包括改善整个建筑物的能源利用，比如降低整个建筑物内部器件的排放量。

实施能源效率技术和措施可减少住宅区的二氧化碳排放量，到2010年，在发达国家住宅区碳的排放量减少325 Mt，在经济转型区，每吨碳节约的成本在150～250美元；而在发展中国家，住宅区碳的排放量可减少125 Mt，每吨碳节约的成本在－50～200美元之间。同样，到2010年，商业大厦二氧化碳的排放量在发达国家可减少185 Mt，在经济转型区每吨碳节约的成本在250～400美元之间，在发展中国家可减少 80Mt 的排放量,每吨碳节约的成本在 0～400 美元之间(Acosta 等 1996,Brown 等 1998)。

建筑部门需要投入大部分可再生能源(如水电能、生物能)。多部门模型表明,碳税的许可政策对施工生产和就业来说几乎没有什么影响(Bertram 等 1993,Cambridge Econometrics 1998)。

### 10.2.8 农林业

这个部门对来自于能量的应用的全球碳的排放量的贡献只有 4%,但有超过 20% 的温室气体排放(每年相当于百万吨碳)主要来自于由甲烷、氧化亚氮(Mosier 等 1998)以及陆地碳。由于在应用过程中有额外费用,因此,农民使用这种技术的强度的不确定性是非常显著的。但是缓解气候政策的不确定性将影响农业部门经济的发展。

在发展中国家的农业生产中,由于先进的农业技术和改进的管理体系的应用,如果每 $hm^2$ 所增加的产量可以满足日益增长的需求的话,就有可能减少毁林以提供更多的农业用地的发生。如果肥沃的天然草地或湿地栖息被用来人工造林的话,它们会给生物多样性带来消极影响(Keenan 等 1997,Lugo 1997)。

农业排放的物质(即挥发性有机物和氮氧化物)的减少带来许多附带效益,包括减少臭氧层损害从而保护人类健康和植被(EPA－环保局 1997)。提高能源使用效率以及增加非矿物燃料能源的使用等减排减缓策略可以降低氧化亚氮的排放。停止砍伐森林和防止森林退化不仅保持了碳生物的储存,而且还保持了生物的多样性(Dixon 等 1993,EPA/USIJI 1998)。保护森林资源还可以固定水资源,防止洪水爆发(Chomitz 和 Kumari 1996)和土地沙漠化(Kuliev 1996)。农用林业系统可以改善土壤性质和养护土壤(Wang 和 Feng 1995)。

保护森林的附带费用还包括当地居民迁移、从森林中获得的收入以及生活物质的减少等社会费用。农业生产中,为了提高产量,土壤中碳的积累需要添加更多的氮从而导致了大量氮氧化物的排放。使用化肥、农药、农机的改善可能增强或抵消任何从土壤中获得的由于矿物燃料释放的二氧化碳中的碳元素(Flach 等 1997)。其他的把碳元素固定在土壤中的做法可能有负面的效应,包括杀虫剂和营养素的使用对水资源的污染(Cole 等 1993,Insensee 和 Sadeghi 1996),化肥的广泛应用对环境可能造成的影响(Batjes 1998)。

### 10.2.9 废弃物管理

目前对从煤层或垃圾掩埋得到的沼气的利用增加了很多。回收成本对一半地下沼气来说具有消极作用(EPA 1999)。在美国,如果人均再利用率能从全国均值达到西雅图州人均再利用率的 40%(美国全国平均水平为 29%),那么美国温室气体排放量将有可能减少 4%。减少包括甲烷在内的温室气体排放的政策激励了废弃物处理部门经济的发展。

在美国,社区报告显示,减少废弃物的产生、对废弃物进行回收以及堆积成肥料的成本不仅不多于而且常常还有可能少于处理废弃物所用的成本(EPA 1999)。总的平均回收成本略高于填埋废弃物的费用(Ackerman 1997)。就减少温室气体排放来说,最有效的处理办法是在制造业中减少矿物燃料的使用,比如循环利用之类。如果考虑整个生物界的周期循环,则需要考虑的不仅仅是对材料的处理,考虑减少温室气体相关材料的循环往往比原材料要多得多。还有很多经济有效的办法来减少废弃物中的温室气体排放。能源的减少必然将作为最有效的、最明智的工具来减少固体废弃物的温室气体排放。

## 10.2.10 部门减灾技术方案

对各个部门能够减少温室气体排放的最主要的潜在因素进行评估,所需要的成本范围见表 10.2。在工业部门,估计消除碳排放的影响的成本由负数(即无亏损,可以从减少中获利)到每吨碳 300 美元左右。在建筑部门,能源效率的技术和措施的强制执行可以使住宅区二氧化碳的排放量减少。到 2010 年,发达国家住宅区的排放量每年可减少到 325 Mt,在经济转型国家每吨碳所需要的成本在 150～250 美元之间;而在发展中国家,每年的排放量将减少到 125 Mt,而每吨碳所需要的成本在 50～125 美元之间。同样,对于商业区而言,到 2010 年,发达国家每年二氧化碳的排放量将减少到 185 Mt,在经济转型国家每吨碳所需要的成本在 250～400 美元之间;而在发展中国家,每年的排放量将减少到 80Mt,而每吨碳所需要的成本在 0～400 美元之间。对于运输部门来说,每吨碳的成本在 200～300 美元之间,而对于农业部门来说,每吨碳的成本在 100～300 美元之间。包括废弃物的再利用产生沼气在内的能源部门,大约每吨碳也能节省下 100 美元。在能源供给部门,大量的燃料转换技术的替代品,每吨碳的成本大约在 -100～200 多美元之间。这些潜力的实现将取决于诸如人类和社会的影响以及政府的干预等市场状况。

**表 10.2** 温室气体排放以及相当于消除每 t 碳排放的代价估计,估计的依据是 2010—2020 年,社会经济的兴起依靠的能源效率和技术供给,无论在全球或地区都存在不同程度的不确定性。

| 区域 | 美元/tC | 2010 年 潜力[a] | 2010 年 可能性[b] | 2020 年 潜力[a] | 2020 年 可能性[b] |
|---|---|---|---|---|---|
| **建筑物/供应** | | | | | |
| 住宅区 | 经济合作与发展地区 | ◆◆◆◆ | ◇◇◇◇ | ◆◆◆◆ | ◇◇ |
| | 发展中国家 | ◆◆◆ | ◇◇◇ | ◆◆◆◆ | ◇◇◇◇ |
| 商业部门 | 经济合作与发展地区 | ◆◆◆◆ | ◇◇ | ◆◆◆◆ | ◇◇◇◇ |
| | 发展中国家 | ◆◆◆ | ◇◇◇ | ◆◆◆ | ◇◇◇◇ |
| **运输部门** | | | | | |
| 自动化效率改进 | 美国 | ◆◆◆ | ◇◇◇◇◇ | ◆◆◆ | ◇◇◇ |
| | 欧洲 | ◆◆◆ | ◇◇ | ◆◆◆ | ◇◇ |
| | 日本 | ◆◆◆◆ | | ◆◆◆◆ | ◇◇ |
| | 发展中国家 | ◆◆◆ | ◇◇ | ◆◆◆ | ◇◇ |
| **制造业** | | | | | |
| 从化肥生产以及炼油中消除二氧化碳 | 全球 | ◆ | ◇◇◇◇ | ◆ | ◇◇◇◇ |
| 源材料利用率的改进 | 全球 | ◆◆◆ | ◇◇◇◇ | ◆◆◆ | ◇◇◇◇ |
| 混合水泥 | 全球 | ◆ | ◇◇◇ | ◆ | ◇◇◇ |
| 化学工业中氮氧化物的减少 | 全球 | ◆◆ | ◇◇◇◇ | ◆◆ | ◇◇◇ |
| 整个工业中碳氟化物的减少 | 全球 | ◆ | ◇◇◇ | ◆ | ◇◇◇ |
| 化工部门的海德洛碳-23 的降低 | 全球 | ◆ | ◇◇◇ | ◆ | ◇◇◇ |
| 能源利用率的改进 | 全球 | ◆◆◆◆ | ◇◇◇◇ | ◆◆◆◆ | ◇◇◇◇ |

续表

| 区域 | 美元/tC (−400 / −200 / 0 / +200) | 2010年 潜力[a] | 2010年 可能性[b] | 2020年 潜力[a] | 2020年 可能性[b] |
|---|---|---|---|---|---|
| **农业** | | | | | |
| 耕作农田和增加 | 发展中国家 | ■ (−400~−200) | ◆◆ | ◇◇ | ◆◆ | ◇◇ |
| 管理部门 | 全球 | ■ (−200~0) | ◆◆◆ | ◇◇◇ | ◆◆◆ | ◇◇◇ |
| 土壤碳的吸收 | 全球 | ■ (0~+200) | ◆◆◆ | ◇◇ | ◆◆◆◆ | ◇◇◇ |
| 氮、肥料管理部门 | 经济合作与发展地区 | ■ (0~+200) | ◆◆ | ◇◇◇ | ◆◆ | ◇◇◇ |
| 沼气减少 | 全球 | ■ (−200~0) | ◆◆ | ◇◇ | ◆◆ | ◇◇ |
| | 美国 | ■ (+200) | ◆ | ◇ | ◆ | ◇ |
| | 发展中国家 | | ◆◆◆ | ◇◇ | ◆◆◆ | ◇◇ |
| 稻田灌溉和肥料 | 全球 | ■ (−200~0) | ◆ | | ◆ | |
| **废弃物** | | | | | |
| 填埋垃圾所产生的甲烷 | 经济合作与发展地区 | ■ (−400~−200) | ◆◆◆ | ◇◇◇ | ◆◆◆◆ | ◇◇◇ |
| **能源供应** | | | | | |
| 核电 | 全球 | ■ (−200~0) | ◆◆◆ | ◇◇ | ◆◆◆ | ◇◇ |
| | 附件Ⅰ国家 | ■ (0) | ◆◆ | ◇◇ | ◆◆◆ | ◇◇ |
| | 非附件Ⅰ国家 | ■ (0~+200) | ◆ | ◇ | ◆ | ◇ |
| 核气 | 附件Ⅰ国家 | ■ (0~+200) | ◆◆ | | ◆◆ | |
| | 非附件Ⅰ国家 | | ◆ | | ◆ | |
| 煤气 | 附件Ⅰ国家 | ■ (−200~0) | ◆◆◆ | ◇◇◇ | ◆◆◆ | ◇◇◇ |
| | 非附件Ⅰ国家 | ■ (0) | ◆◆ | ◇◇ | ◆◆◆ | ◇◇ |

续表

| 区域 | 美元/tC −400 −200 0 +200 | 2010年 潜力[a] | 2010年 可能性[b] | 2020年 潜力[a] | 2020年 可能性[b] |
|---|---|---|---|---|---|
| 煤炭中固定的二氧化碳 | 全球 | ◆ | ◇◇ | ◆◆ | ◇◇ |
| 燃气中固定的二氧化碳 | 全球 | ◆ | ◇◇ | ◆◆ | ◇◇ |
| 生物碳 | 全球 | ◆ | ◇◇◇◇ | ◆◆◆ | ◇◇◇◇ |
| 生物气体 | 全球 | ◆ | ◇◇◇ | ◆◆ | ◇◇◇ |
| 风煤或天然气 | 全球 | ◆◆◆ | ◇◇◇ | ◆◆◆◆ | ◇◇◇◇ |
| 10%的生物产生的燃料煤 | 美国 | ◆ | ◇◇ | ◆◆ | ◇◇ |
| 太阳能煤 | 附件 I 国家 | ◆ | ◇◇◇ | ◆◆ | ◇ |
| 水力发电煤 | 非附件 I 国家 | ◆ | ◇ | ◆ | ◇ |
| 水力发电煤气 | 全球 | ◆ |  | ◆◆ |  |

[a] 潜力是根据相当于被节省的每吨碳成本范围（美元/tC）给出的。

◆表示<20 Mt C/a，◆◆表示 20～50 Mt C/a，◆◆◆表示 50～100 Mt C/a，◆◆◆◆表示 100～200 Mt C/a，◆◆◆◆◆ 表示>200 Mt C/a。

[b] 潜力可能性基于文献所示的成本。

◇表示非常不可能，◇◇表示不可能，◇◇◇表示可能，◇◇◇◇表示很可能，◇◇◇◇◇表示极有可能。

[c] 总能量供应部代技术使每吨碳大约可以节省碳 100 到 200 多美元。对于这种潜力的认识将由市场状况所决定，被人们和社会所选择并被政府干预。大量的燃料转换剂替代技术使每吨碳大约可以节省碳 100 到 200 多美元。对于这种潜力的认识将由市场状况所决定，被人们和社会所选择并被政府干预。

来源：Group(1997)，IPCC(2000)，Kashiwgi 等(1999)，Kroeze 和 Mosier(1999)，Lal 和 Bruce(1999)，Moore(1998)，OECD(1999)，Reilly 等(2003)，Reimer 和 Freund (1999)，USDOE/EIA(1998)，Wang 和 Smith(1999)，Worrell 等(1997)和 Zhou(1998)。

## 10.3 国家政策和相关措施引起的国家、区域以及全球的成本和效益

### 10.3.1 发展、稳定以及可持续发展的问题

在多数情况下,国家层次上的气候变化减排减缓政策的执行,已经暗示了短期经济和社会的发展、地方的环境质量以及同辈人的平等。根据减排减缓成本估计,沿着上述路线可以消除基于决策框架基础上的影响,这些影响包括影响温室气体减排减缓的各方面政策目标。这种评估的目的是让决策者了解不同的政策目标可以满足不同的效率,给出公平优先以及其他政策约束,例如自然资源以及客观环境。

### 10.3.2 国内政策

确定降低总成本尤其重要的因素是利用排放的大量减少来满足给定的目标;因此,排放的基准线是关键的因素。二氧化碳增长率取决于国内生产总值的增长率,单位能量产出的下降率以及单位能量使用的二氧化碳排放的下降率。

在由十多个国际模式所组成的多模式对照方案中,能源部门模式可以通过《京都议定书》的核查。实施碳税以降低废气排放并且收取一次性税收。碳税的总量为市场提供了粗略的干涉,而这些干涉可能是市场需要的,相当于消除了边际成本以便于符合减排减缓指标的规定。多少税收才能满足特定的目标将取决于边际能源供应(包括储存)是否有目的。这反过来将取决于诸如需要减少排放的数量、成本以及能否获取碳基和无碳技术的假设,矿物燃料资源基地以及短期和长期价格涨落等因素。

在没有国际排放贸易的情况下,到2010年,必须满足京都限制的碳税在各个模式中变化很大(图10.1),就美国而言,计算的结果在76~322美元,欧洲经济联合组织在20~665美元,日本在97~645美元;对于其他的经济联合组织(加拿大、澳大利亚和新西兰)在46~425美元。所有这些报道的数字都是以1990年的经济水平为标准。如果考虑国际排放贸易的话,每吨碳的边际成本可减少20~135美元。这些模式一般不包括无悔措施,也没考虑二氧化碳以及除二氧化碳以外的温室气体的减排减缓潜力。

上述研究假设碳税(或拍卖排放许可)的收入对于经济的一次性付清的模式来说是循环的。一个给定的边际成本的排放约束给社会带来的净成本将减少,这种减少的前提是边际率税收方面的财政的减少,例如所得税以及销售税。虽然通过一次性付清的模式的税收再循环没有任何有效收益,但通过边际率减少的再循环有助于避免某些效率成本以及某些静负载减少现行税率。这就提出收入与碳税的平衡的可能

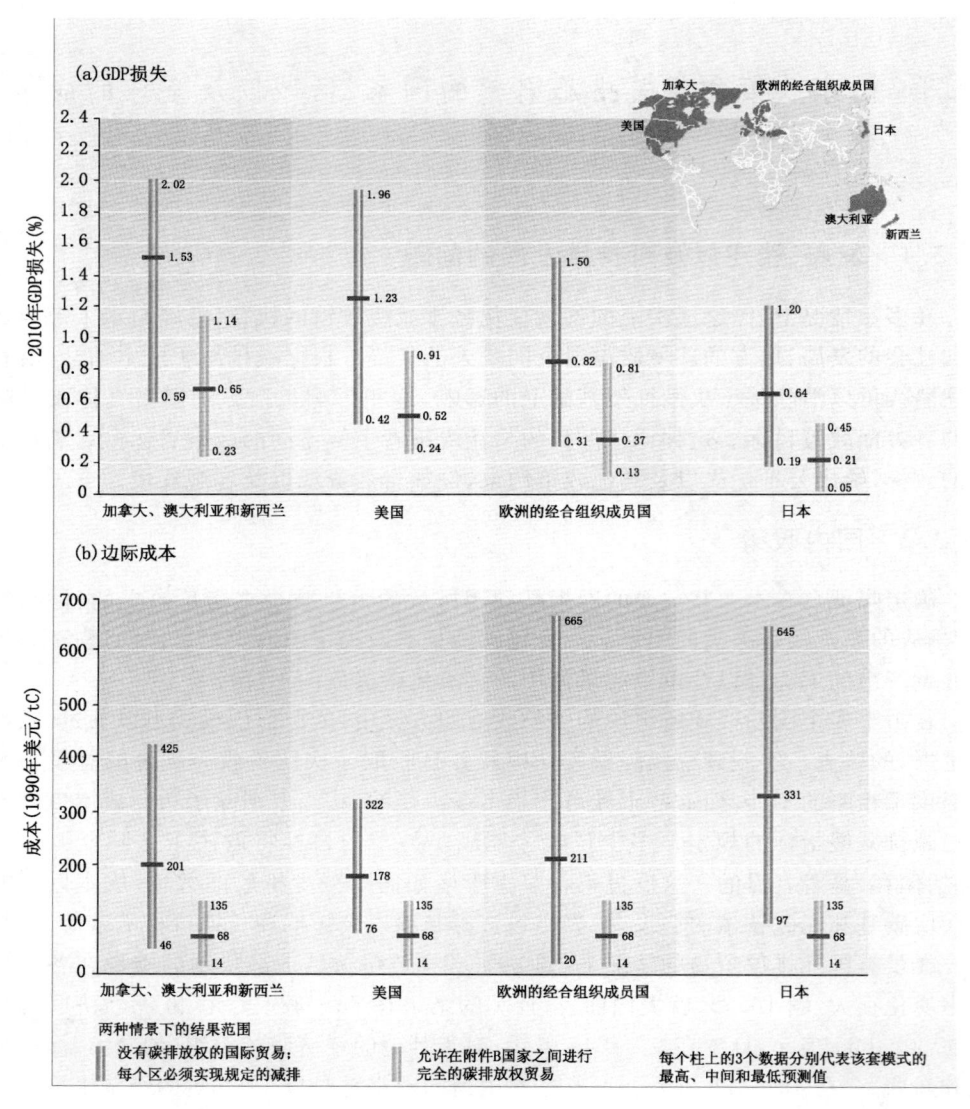

图 10.1 根据全球模型推算的附件 II 国家 2010 年的 GDP 损失和边际成本。其中彩色图片来自 http://www.grida.no/climate/ipcc tar/vol4/english/fig7－2.htm 的网站（来源：IPCC 2001）

性，通过改善生态环境以及降低成本税制这两点提供了可能双重盈利的可能性（详细见 10.4.3 部分）。

### 10.3.3 碳税

在引进二氧化碳税收这种方法的所有国家中,某些行业的税收被免除,而各地税务部门的税收是不同的。多数研究认为税收的免除提高了与统一的税收政策相关的经济成本。不过大量成本免除的结果不同。

除了总成本之外的费用的分配对于气候政策的整体评价是非常重要的。如果部分人群比以前所处的位置更糟糕的话,获得效率的政策可能不会使福利宏观改善。值得注意的是,在社会中如果存在减少收入差别的可能的话,对收入分配应该考虑再估计。碳税的分配作用将呈现出倒退现象,除非税收收入直接或间接地用来关照低收入人群。

### 10.3.4 国际排污权交易

排放配额的国际贸易可以降低成本已经成为公识。这将发生在发达国家为了消除边际成本而向边际成本比较低的国家购买减排配额。这里的"适应性"常常指的是允许减排减缓发生在最便宜的地方而不考虑地理位置。值得注意的是,排放减少发生的位置与谁支付是无关的。

"地方涨落"可以发生在各种尺度上。它可以发生在全球、地区以及国家尺度层次上。在全球贸易理论方案下,各个国家对排放上限以及参与国际市场排放限额的买卖都一致表示同意。清洁发展机制可能会使其中的一部分成本的降低被限制。当市场被定义在区域层次上(比如附件 B 国家),市场交易就更加有限了。举个例子来说,在 2002 年,欧盟已通过一项关于二氧化碳排放量交易的方案,这套方案的目的在于协助各成员国以最符合成本效益的方式来履行《京都议定书》的义务。最后,这种交易发生在由于国内排放限制的国内同行业之间。

表 10.3 显示了附件 B 与全球之间为了降低排放的成本而存在排放贸易与无排放贸易之间结果的对比。在每个方案中,它们的目的都是为了实现《京都议定书》的减排减缓目标。所有模型都表明由于市场交易规模的扩大而有显著成果。各个模型之间的差异是由于它们的基准线、假定的成本、提供有效性的能满足供应以及能源部门需求的低成本替代品以及处理短期宏观震荡的方案的不同。一般而言,计算所有无交易情况下所得到的费用总额比 GDP 低 2%,并且大多数情况低 1%。附件 B 是存在交易的情况下,为整个地区的经合组织降低了少于 0.5% 的成本,并且整个地区在此情况下可降低 0.1%~1.1%。总的来说,全球贸易总成本将降低 0.5% GDP,相对于平均经合组织收入而言,将降低 0.2%。

所谓的"热风"的问题影响了执行《京都议定书》的成本。近期,东欧以及前苏联一些国家的经济活动的衰退已导致温室气体排放量减少。虽然最终有望扭转这一趋势,一些国家排放量仍低于《京都议定书》中的预期限制。如果这种情况发生的话,将有可能出现他们将多余的排放配额出售给那些试图寻找最低成本来满足需要的国家。从贸易中节省成本对超出的排放限额以及热风作用都非常敏感。

多次对GDP降低的方案的评估都遵守《京都议定书》中的基准线。多数经济分析都集中在总成本碳排放活动，而忽视了减缓非二氧化碳气体排放的成本节约潜力、碳吸收，以及没有考虑环境附带效益和已避免的气候变化，也未利用税收来消除扭曲。包括那些可以降低成本可能性。

表10.3 能量模型论坛的扼要结果：2010年GDP损失（单位：%；2010年京都目标）
（来自：Hourcade等 2001）

| 模型 | 无贸易 ||||  附件Ⅰ贸易 |||| 全球贸易 ||||
|---|---|---|---|---|---|---|---|---|---|---|---|---|
| | 美国 | 经合组织 | 日本 | CANZ* | 美国 | 经合组织 | 日本 | CANZ* | 美国 | 经合组织 | 日本 | CANZ* |
| ABARE-GTEM | 1.96 | 0.94 | 0.72 | 1.96 | 0.47 | 0.13 | 0.05 | 0.23 | 0.09 | 0.03 | 0.01 | 0.04 |
| AIM | 0.45 | 0.31 | 0.25 | 0.59 | 0.31 | 0.17 | 0.13 | 0.36 | 0.20 | 0.08 | 0.01 | 0.35 |
| CETA | 1.93 | | | | 0.67 | | | | 0.43 | | | |
| G-CUBED | 0.42 | 1.50 | 0.57 | 1.83 | 0.24 | 0.61 | 0.45 | 0.72 | 0.06 | 0.26 | 0.14 | 0.32 |
| GRAPE | | 0.81 | 0.19 | | | 0.81 | 0.10 | | | 0.54 | 0.05 | |
| MERGE3 | 1.06 | 0.99 | 0.80 | 2.02 | 0.51 | 0.47 | 0.19 | 1.14 | 0.20 | 0.20 | 0.07 | 0.67 |
| MS-MRT | 1.88 | 0.63 | 1.20 | 1.83 | 0.91 | 0.13 | 0.22 | 0.88 | 0.29 | 0.03 | 0.02 | 0.32 |
| Oxford | 1.78 | 2.08 | 1.88 | | 1.03 | 0.73 | 0.52 | | 0.66 | 0.47 | 0.33 | |
| RICE | 0.94 | 0.55 | 0.78 | 0.96 | 0.56 | 0.28 | 0.30 | 0.54 | 0.19 | 0.09 | 0.09 | 0.19 |

\* CANZ指加拿大、澳大利亚和新西兰。

Oxford模式的结果不包含所列举范围内的技术和概要的决策者，因为这种模式没有受到实质性的学术评论（因此对IPCC评估是不恰当的）并且是依靠早在20世纪80年代初的数据作为主要的参数来决定模式的结果。这种模式与CLIMOX模式完全无关，是由英国牛津大学能源研究所研发的。

约束的理论将导致资源按照某种方案重新分配，而首选的方案就是没有限度、潜在成本节约和燃料代替的方案[①]。相关的价格将随之改变。这种被迫调整将导致经济性能下降，进而影响国内生产总值。显然，排放额交易的市场越广阔，降低减排减缓成本的机会就越多。反之，限制一个国家通过购买排放配额来满足其减排减缓义务的话，将增加减排减缓成本。多项研究计算大幅度增加是真实存在的，尤其是消除边际成本最高的国家。另一个可能限制碳交易的节省的参数是交易系统的交易制度，即交易成本、管理费用、保险确定性、战略性的使用许可行为（Ha Duong等

---

① 在《京都议定书》的协议中，一些欧洲国家一直极力限制京都机制的使用，不仅是因为经济联合组织国家具有道义和责任来率先减少温室气体排放；还因为国内工业化国家的排放限制将带动技术创新从而超越其他的国家，而在传统的经济模式中通常不考虑这种可能性。

## 第10章 减缓的成本和效益评估

1999)。

附件B国家实施《京都议定书》在不同的研究领域与地区之间成本的估计,这一成本主要依赖京都机制的应用以及与内部之间的相互作用的假定。绝大多数的全球研究报告以及这些成本的比较应用都是国际能源经济模型。下面是被影响的GDP的观测结果(IPCC 2001)。

(1)附件Ⅱ国家:在附件B国家间没有排放贸易的情况下,全球的多数研究结果显示,预计到2010年,附件Ⅱ中不同的地区国内生产总值将下降约0.22%。附件B国家间全部实行排放贸易,则预计到2010年,国内生产总值将减少0.1%~1.1%。这里报告的模型结果已做了充分应用排放贸易而无交易成本假定。结果显示,不允许附件B在每个交易区域内部承担全部国内交易。模型中不包括汇以及非二氧化碳温室气体。他们不包括清洁发展机制负面成本方案,附带效益或有目标的收入再循环。

各地区成本又受到以下因素的影响:

(a)限制应用附件B贸易、在执行机制中限制高的交易成本以及提高效率都可以提高成本。

(b)包含国内政策以及方法的无悔的可能性在内,利用清洁发展机制、汇以及包含非二氧化碳温室气体在内,所有这些都可以降低成本。个别国家的费用可以相差更多。

模型表明京都机制对控制高风险成本起重要的作用,并因此可以补充国内政策机制。同样,他们可以将不公平的国际影响的风险最小化以及可以帮助拉平边际成本的水平。上述全球模型研究报告显示,在无贸易的情况下,满足京都目标的国民边际成本每吨碳大约在20~600美元,而在附件B有贸易的情况下,每吨碳大约在15~150美元之间。这些机制成本的降低可能取决于包括一些细节执行、国内和国际机制的兼容性、约束以及交易成本。

(2)经济过渡。对大部分的国家来说,国内生产总值增加几个百分点对这个国家的影响是微不足道的。这反映出对于改善能源效率的机遇不适用于附件Ⅱ国家。依据能源效率大幅度提高的假设以及/或者一些国家的经济持续不景气,转让的份额可能超过第一期预计的排放量。在这种情况下,模式表明,通过交易收益分配取得的收入促进国内生产总值增长。但是,对某些经济过渡来说,落实《京都议定书》将类似于附件B国家一样冲击国内生产总值。

(3)非附件Ⅰ国家。附件Ⅰ国家的排放限制已经确立,虽然不同,但对非附件Ⅰ国家有溢出效应。

(a)石油输出,非附件Ⅰ国家。分析报告成本不同,包括降低GDP方案以及削减石油税收方案。这项研究报告显示最低成本,表明到2010年,附件B的国家若无减排减缓贸易的话,则预计GDP将下降0.2%,若存在排放贸易则预计GDP下降不到

0.05%。研究报告显示,到 2010 年,附件 B 国家若无排放交易的话,则成本下降最高的可达石油收入的 25%,而存在排放贸易的则预计将达到 13%。这些研究没有考虑到政策和措施,也没有考虑到附件 B 中的排放贸易可能对非附件Ⅰ以及石油输出国的影响的减弱,因此往往夸大了这些国家的成本与总成本。对这些国家的影响包括,可以进一步减少对矿物燃料的搬迁费用,根据碳含量调整能源税收,增加天然气的使用以及使非附件Ⅰ和石油输出国的经济多元化。

(b)其他的非附件Ⅰ国家由于出口到经合组织国家的需求减少,碳密集产品以及其他需要继续进口的产品的价格上涨,因此可能会受到相反的影响。这些国家可能会从油价下降、碳密集型产品出口增加以及专门环境无害技术的转让中受益。一个国家的净收支平衡取决于哪些因素占主导。由于这些复杂的因素,各个国家输赢未卜。

(c)碳泄漏,碳密集型产业向非附件Ⅰ国家的可能搬迁以及为适应价格的变化对贸易流量的广泛影响,都导致碳泄漏约 5%～20%。免税,例如对于能源密集型产业使模型估计碳泄漏的可能性几乎为零,但将导致总成本增加。在模型中,没有包含专门环境无害技术和知识的转让,可能导致泄漏降低,尤其是对较长的时期来说可能将抵消泄漏。

## 10.4 无悔、综合效益、双重红利、"溢出"效益、泄漏和避免损失

### 10.4.1 无悔选择

无悔选择的含义就是减少具有净负成本温室气体的排放。这意味着,一些减排减缓的方式可以实现负成本,因为这些方案产生直接或间接效益(例如减少市场失灵造成的收益、通过回收带来的双重红利收入、附带效益)足以抵消成本实施方案。现有市场或体制不完善而使市场存在无悔的潜力,防止采取成本效益的减排减缓措施。问题的关键是这些不完善的体制能否通过政策措施来消除成本效益。

无悔潜能的存在是必要的,但对于潜在的可实施方案来说是不够的。实际执行的方案也需要发展战略。这项发展战略比较复杂,但能全面解决市场失灵和体制障碍(Cameron 等 1999)。基于社会成本概念,无悔问题反映了关于工作效率和经济的一些特定假设,尤其是社会福利功能的存在和稳定:

(1)现有市场的削减或体制失灵以及其他障碍阻止了采用成本效益的减排减缓措施。

(2)利用双重红利与碳循环的税收收入抵消税务的扭曲。

(3)附带效益和成本(或附带影响)在减少温室气体已对其他的环境政策有影响

的情况下可以协同或取舍。上述其他的环境政策包括当地空气污染、城市拥挤或土地和自然资源退化。

## 10.4.2 市场不完善

无悔潜力的存在意味着市场和机构还不完美,这是由于市场不完善,如缺乏信息、歪曲的价格信号、缺乏竞争以及由于规则不健全导致的制度上的缺陷、产权界定不够、畸变诱导财政体制、金融市场的限制等。减少市场不完善的建议有可能能够正确识别和执行那些能够纠正市场和体制的失灵而不使付出成本大于获益的政策和措施。

## 10.4.3 双重红利

由气候减排减缓政策产生的双重红利的潜力在20世纪90年代得到了广泛研究。除了改善环境的首要目标外(第一股红利),如果这种政策通过提高收入工具被实行,如碳税或拍卖排放许可证,产生第二股红利可以抵消这些政策总成本(IPCC 2001)。所有国内温室气体政策有间接的经济成本,这来源于政策工具和财政体系的相互作用,但就提高收入政策而言,这个政策成本被部分抵消(或抵消),例如,财政收入由于减少现有扭曲税收(Bohm 1998)。这些提高收入政策能否减少实际中的扭曲税收取决于收入是否能用于循环减税(Bovenberg 等 1994)。

可以区分弱的和强的双重红利形式。当收入用于减少先前扭曲边际税率时,相对于收入以一次性总付钱的形式向个人和公司返还时的成本而言,弱形式双重红利指一定中等收入的环保改革的成本被减少。强形式的双重红利指中等收入的环境税改革的成本是零或负的。虽然弱形式的双重红利实际上受到普遍的支持,但是强形式的双重红利的说法是有争议的。

模拟结果表明,在沿非环保线效率特别低下或者紊乱的经济中,收入循环的效果的确能够强到足以超过主要的成本和各种税收作用的影响。因此强双重红利可以物化。这样,在一些涉及欧洲经济的研究中,根据有关的劳工法,其税收系统可能被高度扭曲了,这样能够得到强双重红利,在任何情况下常常多于其他回收方案。相比之下,多数对美国的碳税或许可政策的研究说明,通过更低劳动税的回收方案没有通过资本税收方案有效。但是他们一般不能找到一个强双重红利。另一个结论是,即使在没有强双重红利效益时,(在收入被用于降低优先税边际税率的收入回收政策下的收入比非税收再循环政策要多),例如原始配额。

## 10.4.4 辅助成本效益(辅助影响)

旨在减少温室气体的政策可以产生正面和负面辅助影响,包括对公共健康、生态、土地利用、原材料等。辅助效益或共生效益是指温室气体减排减缓政策的非气候效益。它被明确地纳入减排减缓政策的初步建立。所谓共生效益,反映了大部分政策旨在解决温室气体和其他常常具有同等重要性的气体的减排减缓,并反映了涉及制定这些政策的基本原理,如相关的发展目标,可持续性,公平性。相比之下,辅助效益一词意味着气候变化减排减缓政策的那些次要的或边际对问题的影响,这里的问题是在提出温室气体减排减缓政策之后出现的。

正的辅助效益可能由减少破坏健康或破坏环境的常规污染物的减排减缓政策所造成。负的辅助效益可能会增加破坏健康或破坏环境,如增加对柴油燃料的依赖,这样可以比使用汽油有更低的温室气体排放,但是增加了健康和环境风险。

例如,运输部门的选择对温室气体的排放和城市污染物的控制方案有影响。温室气体的排放控制政策,如车辆维修方案,减少了温室气体和其他污染物的排放。另一个选择(如引入柴油车代替汽油车)虽然减少了温室气体排放,但是增加了氮氧化物的排放,会造成当地空气污染。这些政策服务所需的总费用和净成本依赖于具体的基线和政策情景(IPCC 2001)。

这些辅助效益的定义范围和大小有很少的一致性,包括将它们纳入气候政策的方法。尽管在方法发展上,发展估计辅助效益和温室气体减排减缓的成本收益的定量方法仍然非常具有挑战性。在短期内,尽管存在这些困难,在某些情况下,温室气体政策的辅助效益可能是私人减排减缓成本的显著部分。在某些情况下,可以和减排减缓成本相比较。辅助效益在发展中国家尤为重要。此外,从国际角度来看,一些被视为一种温室气体减排减缓方案的事务,在国家层面上可将其当作与当地污染物和温室气体同等重要。

这些辅助成本收益的确切程度、规模和范围将会因当地的地理条件和基线条件变化。在一些情况下,基线条件和人口密度相对低的碳排放的地方,收益也可能低。一些模式(如可计算的一般均衡模型)在估计辅助成本时,存在一定的困难,由于他们很少有必要的空间信息(Dessus 和 OConnor 1999,Garbaccio 等 2000,Brendemoen 和 Vennemo 1994,Scheraga 和 Leary 1993,Boyd 等 1995)。一些模拟公共卫生辅助效益的不确定性的主要组成部分是排放和大气浓度直接联系,特别是针对二次污染物的重要性(见专栏 10.1)。然而,人们认识到,除那些对公共卫生没有量化或者货币化外,它有显著辅助效益。有令人信服的证据表明,辅助效益可能是减排减缓成本一个重要的部分,或者某些情形下甚至大于减排减缓成本,特别是那些污染水平基线条件相对较高的地方,并有可能有最小的辅助成本。它似乎说明用于估计辅助成本的方法和模式有一个重大的差异。

## 专栏 10.1　气候变化和空气污染：同一个硬币的两个面？

对于包含在气候谈判中超出温室气体排放的问题，第一步很明显需要考虑它和空气污染的联系。科学研究和政治谈判在这两个问题上已经各自独立地有了很大发展。这令人惊讶不已，并已经产生了相反的效果。因为这两个问题拥有共同的排放源，交织在一起，与大气过程有关，并相互依存。通过《京都议定书》处理气候变化的过程的迟延和满足 Gotenburg 协议目标的困难，以及欧洲的《国家排放上限指标》意味着改变这种局面只是在最近才在工业化国家开始。另外，涉及发展中国家在国际气候变化制度中被迫承担的重要性已经突显在城市空气污染和温室气体排放问题中。

根据大气过程，空气污染和气候变化的主要联系是：(1)对流层臭氧；(2)气溶胶。对流层臭氧是第三种重要的温室气体，它主要影响了其他温室气体的生存时间。相反，气候变化影响了大气化学过程，导致臭氧的形成。臭氧是一种重要的空气污染，它影响生态系统的活力和人类的健康。颗粒物质(如气溶胶)对辐射强迫也有重要的影响，这取决于它的组成成分：硫酸盐，硝酸盐。有机气溶胶有一个负的辐射强迫，而黑碳气溶胶有一个正的效应。由于第一组成分的优势，气溶胶的净效应一般是纯冷却。颗粒物也是一个最重要的空气污染物之一。对人类健康的影响似乎取决于颗粒的大小而不是颗粒的成分。颗粒物越小，他们穿透呼吸系统越深，对健康产生更严重的影响。

气候变化和空气污染对人类和生态系统的影响通过改变的曝光和被改变的敏感性相互影响。生态系统对空气污染的曝光能随着气候变化导致的物候因素(如生长期的长度)和被改变的天气类型变化。由于气候变化影响生态系统的活力、土壤过程以及生态系统的成分(空气污染物的临界荷重)，它们的敏感性能够发生变化。

温室气体和空气污染主要来源于同一个源，这一事实导致消除措施的协同作用或交换，可以发生交换的例子包括：(1)通过额外给发电厂的管道排气脱硫以减轻酸化来增加能源消费(与温室气体排放有关)；(2)通过一些特殊的选择减少氨排放来增加氮氧化物排放；(3)如果在运输过程中将汽油机换为更高能效的柴油机和发动机，能够增加排放或颗粒物。然而，通过转向于更清洁和更有效的能源体系，可以得到大多数协同机会。实现京都目标能够减少达到空气质量目标的成本的70%，这取决于情景。不仅在选择技术性减排方案，而且在制定政策时，最大化协同和最小化交换之间的联系必须被考虑。例如，温室气体排放贸易减少了满足温室气体减排减缓目标所需的成本，但是能改变排放的空间分布，有时，这会使得达到空气质量标准更加困难。

主要来源：Tuinstra(2004)

### 10.4.5 "溢出"效益和泄漏

在一个经济与国际贸易和资本流通紧密联系的世界里，一个经济体的减排对其他减排或非减排经济体将有社会安全方面影响。这些影响称为溢出效应，包括对贸易、碳泄漏、合理的环保技术的转移和扩散以及其他的问题。

**工业再分配** 泄漏影响反映了国内排放的削减被生产转移所补偿的程度，因此，增加了国外的排放。发展中国家可能没有从中获益，由于在发展中国家收入的下降可用的资金更少，并且从发达国家进口促进发展的资本货物的代价更加高昂，如机械和运输设备。

**科技的溢出** 一个国家的科技政策能通过以下三种方式影响其他国家或特定部门的发展：(1)研究和发展，这可以增加知识基础；(2)对低二氧化碳技术增加市场准入；(3)关于科技成就和标准的国内政策。

在模拟研究中，附件 B 国家的排放约束对非附件 B 国家的影响的主要发现优于《京都议定书》的是附件 B 消除对非附件 B 国家有一个主要的相反的影响。在《京都议定书》的模拟研究中，结果更为复杂，一些非附件 B 区域获得了好的福利，而其他的地区则丧失了这种利益。这主要是由于京都模拟中的目标比前京都模拟中的目标更为温和。已经普遍发现，在统一独立的废除作用下大多数遭受福利损失的非附件 B 国家比那些进行排放贸易的国家遭受的损失小。

附件 B 国家排放的减少将容易导致非附件 B 国家排放的增加，减轻附件 B 国家排放减少量的环境效力，这被称为碳泄漏。通过可能的高能耗工业的重新配置，它可以以 5％～20％的概率出现，结果导致在国际市场上附件 B 国家的竞争力减小和在国际市场上更低的生产价格以及由于更好的贸易条件改变了收入。

对得到的碳泄漏估计不同的减少可能主要是由于基于类似合理的假设和数据源的新模式的发展。这些发展没有必要对正确的行为假设反映更普遍的一致。一个可能的结果似乎是碳泄漏是减排减缓战略一个严格递增的函数。这意味着在京都目标情景下的碳泄漏并不比以前考虑的更为严格的目标情景下显得严重。而且，在排放贸易下的排放泄漏要比国内没有排放贸易的低。在实际中发现，高能耗工业的解除和其他因素使对不可能的碳泄漏的估计过高，但会提高累计成本。

碳泄漏也可能受世界上石油市场假定的竞争力程度的影响（Berg 等 1997a）。虽然大多数研究中假定了一个石油竞争市场，考虑了不完整的竞争性的研究发现，如果 OPEG 对石油的供给能够运用一定程度的市场支配力，碳泄漏就较低，因此减少了国家石油价格的降低（Berg 等 1997b）。无论 OPEG 是否起一个卡特尔的作用，它对 OPEG 和其他石油生产国财富的丧失以及附件 B 国家允许价格的标准有一个相当重要的影响。

这与被引起的技术变革有关。合乎环境要求的工艺的改革（没有被包含在模中)可能导致更低的泄漏,特别是从长远来看,这种改革可能远远超过所需要补偿的泄漏。

### 10.4.6 被避免的损失

这一节中以上所讨论的无悔选择,双重红利,辅助效益或共生效益,溢出效益和泄漏等问题提出了减排减缓政策对短期经济影响和其他方面的影响。他们没有包括什么可能是减排减缓政策的主要理由,即减轻了气候变化所带来的预期破坏,这里的气候变化指的是从长期来看主要是自然变化引起的。由减排减缓行动所避免的损失应该在有减排减缓政策和无减排减缓政策影响的情况下分别计算。特定减排减缓政策带来的可避免的损失还没有被系统地分析,例如,在不同尺度上的温室气体稳定的大气浓度的政策。

多年来,在货币谈判中对气候变化造成的各种损失的量化已经进行了不同的尝试。IPCC第二次评估报告对排放控制潜在效益的评估方法做了详细的讨论(Pearce 等 1996)。IPCC第三次评估报告对1995年全球影响的评估提供一个更新,它以GDP的百分比的形式表示(表1.5)。这些估计必须被谨慎地使用,主要有以下几个理由:(1)被选指标的选择是任意的,并且并不是所有的指标能够很容易或明确地被货币化;(2)在对将来影响的认识上有严重的分歧;(3)适应性影响很难去量化;(4)这类评估高度依赖于与人口统计学,人口,经济和科技(Aahein 2002)等有关的未来发展的假设。一些评估已经证明是非常有争议的,这主要归因于统计生命的货币价值。

自1995年以来,由于已经更多地考虑适应性,基于市场对损害影响的评估已经减少。例如适应避免损失的成本比损失的完全潜在影响要小,所以要避免。由于在总的货币损害评估中有很大的不确定性,Simth 等 (2001) 把这些总的影响仅仅当作所关注的5个原因之一。同样,由于主要的影响是局地的,一个全球的或区域的损害评估(或被避免的损害)是否有意义都是可疑的。由于不确定性,涉及长时间尺度和货币损害估计的不完全覆盖,这些评估主要是一些象征性的,从更多短期可持续发展的优先权的前景来看,这些评估仅仅只是作为一个大致的指南。

## 10.5 符合一系列稳定性目标的成本

百年尺度的成本收益研究估计大气中稳定的二氧化碳浓度的成本随着浓度稳定水平的下降而增加,不同的基线对绝对成本有强烈的影响。当浓度的稳定水平从750~550 ppm 变化时,虽然在成本上有一个适中的增加,但是从550~450 ppm 变化时,除非基线情景的排放非常低(图10.2),成本将有一个大的增加。然而,这些研究没有将碳的吸收和其他二氧化碳气体一起考虑,科技变化引发了更多雄心勃勃的目

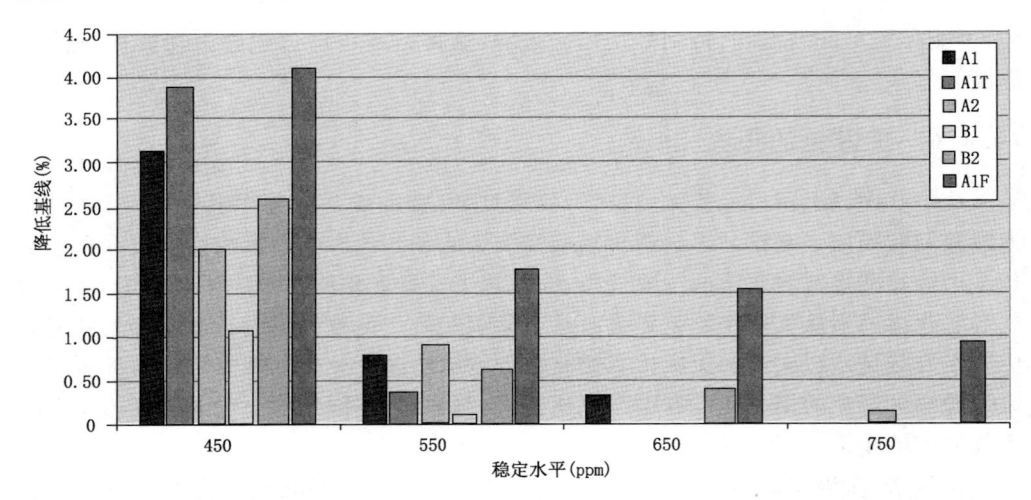

图 10.2　表现为全球平均 GDP 减少的不同稳定水平和基线前景下,稳定大气中二氧化碳浓度的成本。彩图版本见原出版物或网站 http://www.grida.no/climate/ipcc tar/vol4/english/fig7-4.htm.(来源:Hourcade 等 2001)

标,在研究中对这类可能的影响没有进行检查。

特别是参考情景的选择有强大的影响。应用 IPCC 关于排放情景的特别报告(SRES)把情景看作一个分析稳定性的基线,最近研究清楚地表明,在这里所评价的大多数稳定性情景中的 GDP 的平均减少在基线值的 3% 以下(在所有的稳定情景中,对于某一年最大的减少达到了 6.1%)。同时,由于科技发展和转化对经济显著的正反馈,相对于基线部分情景表明 GDP 增加了。模拟的 GDP 的减少(经过情景和稳定水平平均)到 2020 年最低,约为 1%,到 2050 年达到一个最大值(1.5%),而到了 2100 年又下降到 1.3%。然而,有最高排放基线的前景群中,被估计减少的 GDP 大小在整个模拟期间一直增加。相比于绝对 GDP 的规模,由于他们的尺度较小,在被称为后 SRES 的稳定情景中,减少的 GDP 没有造成 21 世纪 GDP 的增长率显著的下降。例如,在 1990—2100 年期间,所有稳定情景中 GDP 的增长率平均来看每年仅仅被减少了 0.003%,每年最大的减少量达到了 0.06%。

二氧化碳在大气中的浓度更多地由计算决定,而不是逐年的排放。也就是一个特定的浓度目标可以通过许多排放途径实现。许多研究表明,对决定总的减排减缓成本而言,排放途径的选择和目标本身同等重要。这类研究分成两类:(1)假定目标是已知的;(2)把这个问题当作不确定情况下的决策依据之一。

对假设目标是已知的研究来说,这个问题是为达到所制定的目标而确定最小减排减缓成本的途径之一。这里的途径的选择能视为一个碳预算问题。到目前为止,

### 第 10 章　减缓的成本和效益评估

这个问题仅仅根据二氧化碳已经被解决，对非二氧化碳气体的处理十分有限[①]。

浓度目标定义为在现在到实现这个目标期间被排放到大气中的碳的许可数量。这个问题是随着时间的过去如何最好地分配碳预算。已经尝试来确定最小成本的途径以符合一个特定的目标，大多数这类研究推断这样的途径容易在最初几年中逐渐偏离模式的基线，稍后将更快地减少。产生这种情况有几个原因。近期当前世界能源系统使得现有股本提前退休最小化，这种转变给科技发展提供了时间，避免了过早锁定在快速发展的早期版本低排放技术。另一方面，近期更多有争议的将减少和气候变化相关的环境风险，刺激现有低排放技术的快速部署，为未来技术变革提供强有力的近期激励，这有助于避免锁定在碳密集型技术，随后允许紧缩根据科学认识的演变被视为理想的目标。应该指出的是浓度目标越低，碳预算越少，因此越早偏离基线。然而，即使有更高的碳浓度目标，更多从基线的渐渐转变不能否定早期行动的必要。所有的稳定目标要求将来的股本更少地用于碳密集型工业。这对短期投资决定有直接的暗示。新的补充方案进入市场通常要很多年。如果低碳和低成本替代品在需要的时候可以得到，这要求直接和持续致力于研究和发展。在表 8.5 中，我们对严格的早期削减适度性争论做了总结。

上面提出了减排减缓成本的问题。检查选择一个排放基线途径对另外一个的环境影响，是十分重要的。这仅仅是因为不同的排放途径不仅减排减缓成本不同，而且避免环境影响所带来的效益也不相同。

目标是确定已知的，显然这种假定过于简单。《联合国气候变化框架公约》（简称《公约》）认识到决策问题的动态本质，要求结合气候变化及其影响的最佳科学信息定期评论。面对长期不确定性，这样一个连续性的决策过程旨在确定短期避险策略。由于长期的不确定性，相关的问题不是"什么是未来一百年最好的行动方针"而是"什么是下一期间最好的方针"。多项研究显示，最好的避险效果取决于风险评估利害、成败的可能性和减排减缓成本。风险保险费的数额是社会愿意支付用于避免风险的资金，它最终是一个政治决定，在不同的国家决定不同。

大多数用于评估满足特定减排减缓目标成本的模型往往过于简化科技变化的过程。一般而言，技术变化率被假定依赖于排放控制的水平。这样的变化一般是自动的。近年来，对诱发的技术变化问题注意已经增强。部分人辩称这种改变可能大幅降低，甚至淘汰二氧化碳政策减排减缓的成本。另外部分人对技术变革所致的影响的乐观性更少。

最近的研究表明，对时间选择的影响取决于技术变化的来源。当技术变化的通道被认为主要是研究和开发，诱发的技术变革使得最好在未来能更专注于消减。原

---

[①] 一个著名的例外是麻省理工学院（MIT）的工作，他们的工作表明包含除二氧化碳气体外的非二氧化碳气体的减排减缓策略能够显著地节约成本。来源：Reilly 等（2003）。

因是相对于目前的减排减缓成本,技术变革降低了未来减排减缓成本,使之更符合成本效益的去对未来减排减缓给予更多的重视。但是,在现实生活中,当技术变革渠道将从实践中学习,诱发的技术变革已经对最佳减排减缓时机有不明确的影响。一方面,诱发的技术变革使未来减排减缓成本较低,这暗示今后要重视减排减缓努力。另一方面,目前还有一个附加值消减,因为这样的减排减缓有助于积累经验或学习,有助于降低将来的减排减缓成本。未来工业污染,这两种作用中哪一种占优势取决于技术和成本功能的特性。

## 参考文献

Aahein H A. 2002. Impacts of climate change in monetary terms? Issues for developing countries. *International Journal Global Environmental Issues*, **2**(3/4):223-239.

Ackerman F. 1997. *Why Do We Recycle? Markets, Values, and Public Policy*. Washington:Island Press.

Acosta Moreno R, Baron R, Bohm P, et al. 1996. Technologies, policies and measures for mitigating climate change. In R T Watson, M C Zinyowera and R H Moss eds., *IPCC Technical Paper* 1. Geneva:Intergovernmental Panel on Climate Change.

Barker T, Johnstone N and OSheaT. 1993. The CEC carbon/energy tax and secondary transport-related benefits. *Energy-Environment-Economy Modelling Discussion Paper No. 5*, Department of Applied Economics. University of Cambridge.

Batjes N H. 1998. Mitigation of atmospheric $CO_2$ concentrations by increased carbon sequestration in the soil. *Biology and Fertility of Soils*, **27**:230-235.

Berg E, Kverndokk S and Rosendahl K. 1997a. Gains from cartelization in the oil market. *Energy Policy*, **25**(13):1075-1091.

Berg E, Kverndokk S and Rosendahl K. E. 1997b. Market power, international $CO_2$ taxation and petroleum wealth. *The Energy Journal*, **18**(4):33-71.

Bernstein L and Pan J eds. 2000. *Sectoral Economic Costs and Benefits of GHG Mitigation*. Proceedings of an IPCC expert meeting, 14-15 February 2000, Technical Support Unit, Working Group III. Geneva:Intergovernmental Panel on Climate Change.

Bertram G, Stroonbergen A and Terry S. 1993. *Energy and Carbon Taxes Reform Options and Impacts*. Wellington:Prepared for the Ministry of the Environment, New Zealand by Simon Terry Associates and Business and Economic Research Ltd.

Bohm P. 1998. Public investment issues and efficient climate change policy. In *The Welfare State Public Investment and Growth*. H Shibata and T Ihori, eds., Tokyo:Springer-Verlag.

Bose R K. 1998. Automotive energy use and emission control:a simulation model to analyze transport strategies for Indian metropolises. *Energy Policy*, **23**(13):1001-1016.

Bose R K. 1999. Engineering-economic studies of energy technologies to reduce carbon emissions in the transport sector. Proceedings of the international workshop on *Technologies to Reduce*

*Greenhouse Gas Emissions: Engineering-Economic Analyses of Conserved Energy and Carbon*. Paris: International Energy Agency.

Bose R K. 2000. Mitigating GHG emissions from the transport sector in developing nations: synergy explored in local and global environmental agendas. In L Bernstein and J Pan eds. , *Sectoral Economics Costs and Benefits of GHG Mitigation*. Proceedings of IPCC expert meeting, 1415 February 2000, Technical Support Unit, Working Group III. Geneva: Intergovernmental Panel on Climate Change.

Bovenberg A, Lans R and de Mooij A. 1994. Environmental levies and distortionary taxation. American *Economic Review*, **84**(4):1085-1089.

Boyd R, Krutilla K and Viscusi W K. 1995. Energy taxation as a policy instrument to reduce $CO_2$ emissions: a net benefit analysis. *Journal of Environmental Economics and Management*, **29**(1):1-25.

Brendemoen A and Vennemo H. 1994. A climate treaty and the Norwegian economy: a CGE assessment. *The Energy Journal*, **15**(1):77-93.

Brown M A, Levine M D, Rom J P, *et al*. 1998. Engineering-economic studies of energy technologies to reduce greenhouse gas emissions: opportunities and challenges. *Annual Review of Energy and Environment*, **23**:287-385.

BTCE. 1996. *Transport and Greenhouse Costs and Options for Reducing Emissions*. Bureau of Transport and Communication Economics Report No. 94. Canberra: Australian Government Publishing Service.

BTM Consult. 1999. International Wind Energy Development-world Market Update 1998, plus forecast for 1999—2003. Copenhagen: BTM Consult.

Cambridge Econometrics. 1998. *Industrial Benefits from Environmental Tax Reform*. A report to the Forum for the Future and Friends of the Earth, Technical Report No. 1. London: Forum for the Future.

Cameron L J, Montgomery W D and Foster H L. 1999. The economics of strategies to reduce greenhouse gas emissions. *Energy Studies Review*, **9**(1):63-73.

Chipato C. 1999. *Ruminant methane in Zimbabwe*. Washington: Global Livestock Group.

Chomitz K M and Kumari K. 1996. *The Domestic Benefits of Tropical Forests:A Critical Review Emphasising Hydrological Functions*. Policy Research Working Paper No. WPS1601. New York NY: World Bank.

Cole C V, Flach K, Lee J, *et al*. 1993. Agricultural sources and sinks of carbon. *Water, Air, and Soil Pollution*, **70**:111-122.

Criqui P, Kouvaritakis N and Schrattenholzer L. 2000. the impacts of carbon constraints on power generation and renewable energy technologies. In L Bernstein and J Pan eds. *Sectoral Economic Costs and Benefits of GHG Mitigation*. Proceedings of an IPCC Expert Meeting, 14-15 February 2000, Technical Support Unit, Working Group III. Geneva: Intergovernmental Panel on Climate Change.

DeCicco J and Mark J. 1997. Meeting the energy and climate challenge for transportation. *Energy Policy*, **26**:395-412.

Denis C and Koopman J. 1998. *EUCARS: A Partial Equilibrium Model of European CAR Emissions* (Version3.0., II/341/98-EN. European Commission: Directorate General II).

Dessus S and OConnor D. 1999. Climate Policy Without Tears: CGE-Based Ancillary Benefits Estimates for Chile. OECD Development Centre. Paris: Organization for Economic Co-operation and Development.

Desvousges W, Naughton M and Parsons R. 1992. Benefits transfer: conceptual problems in estimating water quality benefits. *Water Resources Research*, **28**:675-683.

Dixon R K, Winjum J K and Schroeder P E. 1993. Conservation and sequestration of carbon: the potential of forest and agroforest management practices. *Global Environmental Chang* 1e, **3**(2) 159-173.

Dowlatabadi, H., Lave, L. and Russell, A. G. 1996. A free lunch at higher CAF'E: a review of economic, environment, and social benefits. *Energy Policy*, **24**:253-264.

Duleep K G. 1997. Evolutionary and revolutionary technologies for improving fuel economy. In J de Cicco and M Delucchi eds., Transport, energy and environment: how far can technology take us? *Sustainable Transportation Energy Strategies*. Washington: American Council for an Energy-Efficient Economy.

ECMT. 1997. *CO Emissions from Transport*. Paris: Organization for Economic Development.

EPA. 1997. *The Benefits and Costs of the Clean Air Act*, 1970 to 1990. Washington: US Environmental Protection Agency.

EIA. 1998. *Impacts of the Kyoto Protocol on US Energy Markets and Economic Activity*. Report No. SR/OIA/98-03. Washington: US Energy Information Agency.

EIA. 2000. *International Energy Outlook* 2000. Washington.

EPA. 1999. *The Benefits and Costs of the Clean Air Act*, 1990 to 2010. Report No. EPA-410-R-99-001. Washington: Environmental Protection Agency.

EPA/USIJI. 1998. *Activities Implemented Jointly*. Third Report of the Secretariat of the UN Framework Convention on Climate Change. Report No. 236-R-98-004. Washington: Environmental Protection Agency and US Initiative on Joint Implementation, p. 19 (vol. 1) and p. 607 (vol. 2).

Extern E. 1995. *Externalities of Energy*, Vol. 3 *Coal and Lignite*. Luxembourg: Commission of the European Communities, DGXII.

Extern E. 1997. *Externalities of Fuel Cycles Extern E Project: Results of National Implementation*. Draft Final Report. Brussels: Commission of the European Communities, DGXII.

Extern E. 1999. In M Holland, J Berry, D Forster eds. *Externalities of Energy*, Vol. 7: *Methodology* 1998 *Update*. Luxembourg: Office for the Official Publications of the European Communities.

Ferriter J. 1997. The effects of $CO_2$ reduction policies on energy markets. In Y Kaya and K Yokobori, eds. *Environment, Energy and Economy*. New York: United Nations University Press.

Flach K W, Barnwell Jr T O and Crosson P. 1997. Impacts of agriculture on atmospheric carbon dioxide. In E. A. Paul, E. T. Elliot, K. Paustian and C. V. Cole, eds., *Soil Organic Matter in Temperate Agrosystems, Long Term Experiments in North America*. Boca Raton: CRC Press, pp. 3-13.

Frankhauser S and McCoy D. 1995. Modelling the economic consequences of environmental policies. In H Folmer, L Gabel, J Opschoor eds., *Principles of environmental and resource economics: A guide to Decision Makers and Students*. Aldershot: Edward Elgar. pp. 253-275.

Garbaccio R F, Ho M S and Jorgenson D W. 2000. The health benefits of controlling carbon emissions in China. Expert Workshop on *Assessing the Ancillary Benefits and Costs of Greenhouse Gas Mitigation Policies*. March 279. Washington: Harvard University Press.

Greene D L. 1999. *An Assessment of Energy and Environment Issues Related to the Use of Gas-to-Liquid Fuels in Transportation*. Report No. ORNL/TM-1999/258. Oak Ridge: Oak Ridge National Laboratory.

Ha-Duong M, Hourcade J-C and Lecoq F. 1999. Dynamic consistency problems behind the Kyoto Protocol. *International Journal Environment and Pollution*, **11**(4):426-446.

Hagan R. 1998. The future of nuclear power in Asia. *Pacific and Asian Journal of Energy*, **8**(1):9-22.

Hourcade J C, Shukla P, Cituentes L, et al. 2001. Global, regional and national costs and ancillary benefits of mitigation. In B Metz, O Davidson, R Swart and J Pan eds., *Climate Change 2001: Mitigation*. Intergovernmental Panel on Climate Change. Cambridge and New York: Cambridge University Press.

IEA. 1997a. *Renewable energy policy in IEA countries*. Paris: International Energy Agency.

IEA. 1997b. *Transport, Energy and Climate Change*. Paris: International Energy Agency.

IEA. 1998a. *World Energy Outlook*, 1998 edn. Paris: International Energy Agency.

IEA. 1998b. *Biomass: Data, Analysis and Trends*. Paris: International Energy Agency.

IEA. 1999. *Coal Information* 1998, 1999 edn. Paris: International Energy Agency.

Ikeda A, Ishikawa M, Suga M, et al. 1995. Application of input-output table for environmental analysis (7)-Simulations on steel-scrap, blast furnace slag and fly-ash utilisation. *Innovation and IO technique-usiness. Journal of PAPAIOS*, **6**(2):39-61(in Japanese).

Insensee A R and Sadeghi A M. 1996. Effect of tillage reversal on herbicide leaching to groundwater. *Soil Science*, **161**, 3829.

Interlaboratory Working Group. 1997. *Scenarios of US Carbon Reductions: Potential Impacts of Energy Technologies by 2010 and Beyond*. Reports LBNL-40533 and ORNL-444, respectively. Berkeley: Berkeley National Laboratory/Oak Ridge: Oak Ridge National Laboratory.

IPCC. 1996. J P Bruce, H Lee and E Haites eds., *Climate Change 1995: Economic and Social Dimensions of Climate Change*. Cambridge: Cambridge University Press.

IPCC. 2000. R T Watson, I R Noble, B Bolin, et al. eds. *Land Use, Land Use Change, and For-*

estry: *A Special Report of the Intergovernmental Panel for Climate Change*. Cambridge: Cambridge University Press.

IPCC. 2001. Metz B, Davidson O, Swart R and Pan J eds., *Climate Change* 2001: *Mitigation*. Cambridge and New York: Cambridge University Press.

Jansen H and Denis C. 1999. A welfare cost assessment of various policy measures to reduce pollutant emissions from passenger road vehicles. *Transportation Research-D*, **4**d (6): 379-396

Jiang K, Hu X, Matsuoka Y and Morita T. 1998. Energy technology changes and $CO_2$ emission scenarios in China. *Environmental Economics and Policy Studies*, 141-160.

Johnson T M, Li J, Jiang Z and Taylor R P. 1995. Energy demands in China: overview report. Issues and Options in Greenhouse Gas Emissions Control. Subreport No. 2. Washington: World Bank.

Kashiwagi T, Saha B B, Bonilla D and Akisawa A. 1999. Energy efficiency and structural change for sustainable development and $CO_2$ mitigation. In *Costing Methodologies*, a contribution to the Intergovernmental Panel on Climate Change expert meeting. Tokyo: Tokyo University of Agriculture and Technology.

Keenan R, Lamb D, Woldring O, *et al.* 1997. Restoration of plant biodiversity beneath tropical tree plantations in Northern Australia. *Forest Ecology and Management*, **99**: 117-131.

Knapp R. 2000. Discussion on coal. In L Bernstein and J Pan eds. *Sectoral Economic Costs and Benefits of GHG Mitigation*. Proceedings of an IPCC Expert Meeting, 14-15, February 2000, Technical Support Unit, IPCC Working Group III. Geneva: International Panel on Climate Change.

Kroeze C and Mosier A. 1999. New estimates for emissions of nitrous oxides. In J van Ham, A P M Baede, L A Meyer and R Ybena, eds., *Second International Symposium on Non-$CO_2$ Greenhouse Gases*. Dordrecht: Kluwer.

Kuliev A. 1996. Forests? An important factor in combating desertification. *Problems of desert development*, **4**: 29-31.

Laitner S, Bernow S and DeCicco J. 1998. Employment and other macroeconomic benefits of an innovation-led climate strategy for the United States. *Energy Policy*, **26**(5): 425-432.

Lal R and Bruce J P. 1999. The potential of world cropland soils to sequester C and mitigate the greenhouse effect. *Environmental Science and Policy*, **2**(2): 177-186.

Lugo A. 1997. The apparent paradox of re-establishing species richness on degraded lands with tree monocultures. *Forest Ecology and Management*, **99**, 919.

Michaelis L. 1997. $CO_2$ *Emissions from Road Vehicles*. Working Paper 1, Annex 1, UNFCCC Expert Group on the United Nation Framework Convention on Climate Change. Paris: Organization for Economic Co-operation and Development.

Michaelis L and Davidson O. 1996. GHG mitigation in the transport sector. *Energy Policy*, **24** (1011), 969-984.

Miyamoto K ed. 1997. Renewable biological systems for alternative sustainable energy production.

*FAO Agricultural Series Bulletin* 128. Rome: Food and Agriculture Organization.

Moore T. 1998. Electrification and global sustainably. Electric Power Research Institute Journal, 43-52.

Mosier A R, Kroeze C, Nevison C, et al. 1998. Closing the global $N_2O$ budget: nitrous oxide emissions through the agricultural nitrogen cycle. *Nutrient Cycling in Agrosystems*, **52**: 225-248.

Munasinghe M. 1990. *Energy Analysis and Policy*. London: Butterworth- Heinemann Press.

Munasinghe M. 1992. *Environmental Economics and Sustainable Development*. Paper presented at the UN Earth Summit, Rio de Janeiro, and reproduced as Environment Paper No. 3. Washington: World Bank.

Munasinghe M ed. 1996. *Environmental Impacts of Macroeconomic and Sectoral Policies*. Washington: World Bank.

Munasinghe M, Meier P, Hoel M, et al. 1996. Applicability of techniques of cost-benefit analysis to climate change. In J P Bruce, H Lee and E H Haites eds. , *Climate Change* 1995: *Economic and Social Dimensions*. Geneva: Intergovernmental Panel on Climate Change.

OECD. 1998. *Projected Costs of Generating Electricity: Update* 1998. Paris: Organization for Economic Co-operation and Development, International Energy Agency and Nuclear Energy Agency.

OECD. 1999. *New Release: Financial Flows to Developing Countries in* 1998. *Rise in Aid: Sharp Fall in Private Flows*. Paris: Organization for Economic Co-operation and Development.

Palmquist R B. 1991. Hedonic methods. In J Braden and C Klostad, eds. *Measuring the Demand for Environmental Quality*. New York: North Holland Publication Company.

Parson E A and Fisher-Vanden K. 1997. Integrated Assessment Models of Global Climate Change. *Annual Review of Energy and the Environment*, **22**: 589-628.

Pearce D W, Cline W R, Achanta A N, et al. 1996. The social costs of climate change: greenhouse damage and the benefits of control. In J P Bruce, Hoesung Lee and E F Haites, eds. , *Climate Change* 1995: *Economic and Social Dimensions of Climate Change*. Cambridge: Cambridge University Press.

Penner J E, Lister D H, Giggs D J, et al. , eds. 1999. *Aviation and the Global Atmosphere*. Geneva: Intergovernmental Panel on Climate Change.

Pershing J. 2000. Fossil fuel implications on climate change mitigation responses. In L Bernstein and J Pan, eds. , *Sectoral Economic Costs and Benefits of GHG Mitigation*. Proceedings of an IPCC Expert Meeting, 14-15 February 2000, Technical Support Unit, Working Group III. Geneva: Intergovernmental Panel on Climate Change.

Pimental D, Rodrigues G, Wane T, et al. 1994. Renewable energy: economic and environmental issues. *Bioscience*, **44**(8).

Piscitello E S and Bogach V S. 1997. *Financial Incentives for Renewable Energy*. Proceedings of an International Workshop, 1721 February 1997. World Bank Discussion Paper No. 391. Amsterdam.

Reilly J, Tubiello F, McCarl B, et al. 2003. US agriculture and climate change: new results. *Climatic Change*, **57**:43-69.

Reimer P and Freund P. 1999. *Technologies for Reducing Methane Emissions*. Paris: International Energy Agency.

Ross A. 1999. *Road Accidents: A Global Problem Requiring Urgent Action*. Roads and Highways Topic Note No. RH-2. Washington: World Bank.

Schafer A. 1998. The global demand for motorised mobility. *Transportation Research*, **32**(6):455-477

Scheraga J D and Leary N A. 1993. *Costs and Side Benefits of Using Energy Taxes to Mitigate Global Climate Change*. Proceedings 86th Annual conference. Washington: National Tax Association, pp. 133-138.

SDPC. 1996. *National Strategy for New and Renewable Energy Development Plan for* 1996 to 2010 *in China*. Beijing: State Development Planning Commission.

Smith J B, Schellnhuber H-J, Mirza M Q, et al. 2001. Vulnerability to climate change and reasons for concern: a synthesis. In J M McCarthy, O F Canziani, N A Leary, et al., eds., *Climate Change* 2001: *Impacts, Adaptation and Vulnerability*. Cambridge: Cambridge University Press.

Sulilatu W F. 1998. *Co-combustion of Biofuels*. Bioenergy Agreement Report T13. Paris: International Energy Agency.

Sommer H, Seethaler R, Chanel O, *et al*. 1999. *Health Costs Due to Road Traffic-related Air Pollution: An Impact Assessment Project of Austria, France and Switzerland*. Economic Evaluation, Technical Report on Economy. Rome: World Health Organization.

Tuinstra W, Eerens H C, van Minnen J, et al. 2004.. *Air Quality and Climate Change Policies in Europe*. EEA Technical Report. Copenhagen: European Environment Agency.

USDOE/EIA. 1998. *Impacts of the Kyoto Protocol on US Energy Markets and Economic Activity*. Report No. SR/OIAF/9803. Washington: US Department of Energy.

US EPA. 1999. *Cutting the Waste Stream in Half: Community Record-Setters Show How*. Report No. EPA 530-R-99-013. Washington: Environmental Protection Agency.

Van Wee B and Annema J A. 1999. *Transport, Energy Savings and $CO_2$ Emission Reductions: Technical-economic Potential in European Studies Compared*. Paris: International Energy Agency.

Wang X and Feng Z. 1995. Atmospheric carbon sequestration through agroforestry in China. *Energy*, **20**(2):117-121

Wang X and Smith K R. 1999. *Near-term Health Benefits of Greenhouse Gas Reductions: A Proposed Assessment Method and Application in Two Energy Sectors in China*. Report No. WHO/SDE/PHE/99.1 Geneva: World Health Organization.

WCI. 1999. *Coal-power for Progress*. London: World Coal Institute.

WHO. 1999. *Transport, Environment, and Health*. Third Ministerial Conference on Environment and Health. London, 16-19 June. New York NY: World Health Organizations.

Worrell E, Levine M, Price L, et al. 1997. *Potentials and Policy Implications of Energy and Material Efficiency Improvement*. New York: United Nations Divisions for Sustainable Development.

Zhou, P P. 1998. *Energy Efficiency for Climate Change-Opportunities and Prerequisites for Southern Africa*, Report No. 20. Copenhagen: International Network for Sustainable Energy.

# 第 11 章 气候变化和可持续发展:总结

## 11.1 主要结论

### 11.1.1 气候变化

在前面的章节,我们总结了现代科学对气候变化和可持续发展这两个相互联系问题的理解及其与政策的联系。主要基于政府间气候变化专门委员会(IPCC)的评估报告,我们讨论了气候系统的变化及其对脆弱的自然系统和人类系统的影响,也讨论了它们在可持续发展中的作用。对通过适应与减缓以响应气候变化的措施以及评价这些措施的方法也都作了详细介绍。

对气候问题的理解以及应对措施在过去的 5~10 年中进展迅速。形成了许多新观点,要选择其中最重要的一个是很困难的,部分原因是对于不同的人而言重要的事情也是不同的这一事实。尽管如此,在专栏 11.1 中,我们还是列举了 12 项最惊人的新发现以突出个人观点,它们不仅在科学上是重要的,而且对于气候的发展和其他的政策也具有巨大的潜在影响。

国际上应对气候变化的努力缺乏进展,非常有趣的是,其主要原因既不是技术和其他措施的缺乏,也不是国家和国际水平上对经济成本的限制。决策者声称没有足够的措施来应对气候变化,或者说实施那些措施的代价将使他们的经济面临危机,通常这些观点看来都没有科学和经济学依据。为什么会进步缓慢?怎样才能将负面的发展转变为正面的?并且怎样才能加速向正面发展的转变?

---

**专栏 11.1 关于气候变化和气候变化响应措施方面的关键发现**

1. 全球气候正在发生变化的证据更强了,人类活动对这一变化至少要负部分责任。

2. 不可能排除气候系统发生非线性、大尺度和不可逆变化的可能性,但对这些问题的理解得到加强,虽然这些风险在 21 世纪内会发生的可能性很小。

3. 许多物理和生物系统在区域尺度上受到气候变化影响的证据得到增加。

4. 发展中国家的贫困人口在气候变化影响面前是最脆弱的,因为他们的适应能力是最低的。

5. 惯性是自然和社会经济系统的一个重要因素,这就强调了在制定气候响应战略时,我们需要有长远的目光和确保安全的可能的余地。

6. 技术发展已经相当迅速,许多已知的技术和生物学措施使我们能够实现短期的减排目标(例如:《京都议定书》规定的限排目标),也能够实现在长远的时间内将温室气体的浓度稳定在较低水平的要求。

7. 除了涉及科技和生物学的许多方面,涉及经济结构变化、制度调整的措施和行为也能够为我们适应或减缓气候变化提供重要的机会。

8. 对于适应气候变化的方方面面,诸如文化、政治、制度、经济和科技等都存在许多障碍,但是,国际国内的各种类型的方针政策能够帮助克服这些障碍。

9. 从宏观经济方面来看,大多数国家减排需要的成本依赖于政策与措施的结合和执行,并且这将只占每年计划经济增长率的零点几个百分点。但是对于特殊的部门(如能源密集型产业)和国家(如石油输出国),减排的成本将有所增加。

10. 对温室气体的排放而言,国家所遵循的一般社会经济学模式的特征与能够被执行得有效的气候政策是一样重要的。

11. 虽然减排和适应的两个方面能够被有效地单独评估,它们也能够以更全面的方式估计,即承认它们对复杂的相互联系的人类和自然系统的依赖性。

12. 全国性的、区域性的和局地性的减排对气候变化的适应,能够使可持续发展包括改善公平性互相得到加强。

气候变化会影响那些与未来人类可持续发展密切相关的部门,尤其是能源和粮食部门。能源和粮食供给系统的变化将与经济的、科技的、环境的、社会的和制度上的许多重要的系统紧密地结合在一起,这对于应对气候变化问题是必要的。这样复杂的问题,如发达国家成功地应对环境问题,以及臭氧层损耗和酸化等环境问题,使得只用简单的科技解决方法不再有效。形成一种综合的新方式将不得不在现代社会的各个部门进行必要的变化,并且重视各部门内在的规范性的本质。刺激这一变化过程的方法之一就是拓展对气候变化响应的讨论,从单一的科技解决方法(如在能源系统中)这一狭隘的途径拓展到关于世界能够采取的替代发展道路这一更基础性的探讨。在某些方面,在 1992 年和 2002 年的世界环境和发展大会上已经做了这样的讨论。尽管世界各国的领导人在这些会议上巧舌如簧,但是这些国际谈判会议上的承诺尚未在区域的、国家的甚至局地的水平上得到执行。基于这样的原因,本书的主题是通过寻找气候变化问题的解决办法(或者更多的是)提出更广阔的发展目标,从而为可持续发展提供这样的机会。

## 11.1.2 可持续发展的联系

在前面的章节中我们讨论了实现可持续发展的各种可能途径。虽然关于这个观点的适当解释始终没有公认的确切定义,但达成了一个广义的协议,它主要包括3个大的系统:(a)社会的;(b)经济的;(c)环境的。我们已经提出了一种一般性的涉及若干学科的方式,即应用科学知识使这3个系统的发展更加可持续,这种方式被称之为可持续学"sustainomics"。在"sustainomics"框架下,虽然可持续发展的精确定义是一个很难理解的(和不太相关的)目标,但是努力使现存的发展以更加可持续的方式(包括与气候变化的联系)进行是更实际和更有希望的,因为许多不可持续的行为是相对容易被辨别的。

那些税收来源主要依靠于矿物燃料出口的国家可能除外。

图11.1描述了气候变化政策和广义的发展问题之间的相互作用。气候变化政策能够以各种不同的方式影响发展的机会,例如:(a)减少气候变化的影响;(b)提供辅助效益;(c)增加与减排和适应有关的成本;(d)对其他国家造成正面或负面的溢出;(e)引导特殊科技的发展。经济的、社会的和环境的发展政策(这些政策并不是明确地针对气候变化)也能够严重影响气候以及应对气候变化的适应和减排的能力,并通过以下的方式来实现:(a)争取特殊的优先发展权;(b)具体部门制定的环境的、社会的或者是经济的政策;(c)制度上的变革;(d)激励特殊科技的创新和变革。虽然把这两个问题协调起来的方式是强调了它们两者之间的联系,但也可能夸大了它们的独立性。就这一观点而言,气候政策的制定者们可能继续关注气候政策的制定,而不是用一大套理由将政策的制定推给其他的政府部门、公众以及其他社会利益相关者。同样的,虽然经济和社会政策的制定者可能越来越认识到气候变化问题应该归入它们政策评估标准的范畴,但他们仍旧把气候变化问题作为一种单独的、附加的、相对较低要求的评估标准来考虑。因此我们建议,只有当气候变化和可持续发展能够以一种较综合和整体的方式来处理时,气候变化政策才能取得较大的成效。同时我们应该认识到气候变化是一个重要的问题,这一问题的解决能够和其他的社会、经济和环境问题的解决一起来考虑。通过关注巨大的潜在的科技和社会变革,能够将气候变化带来的危险转变为更加可持续发展的机会。与此同时,这样一种综合的方式考虑了对这两个问题的识别及避免它们之间的不利影响。仅仅10年以前,气候变化和可持续发展大多被认为是两个可通过较独立的和平行策略来处理的问题。近来,两个问题是紧密联系的观点得到了承认,并且对这个问题政策的改进必须同时考虑其与另外一个问题的联系。至此,我希望我已经列出了之所以要采取综合方式的强有力的证据,而综合的方式是有效行动的首要必备条件。对气候变化不做出充分的响应,向可持续发展迈进也是不可能的,同时,不努力实现更加可持续的发展(MDMS)

# 第 11 章  气候变化和可持续发展：总结

减排和对气候变化的适应是不会有效的。

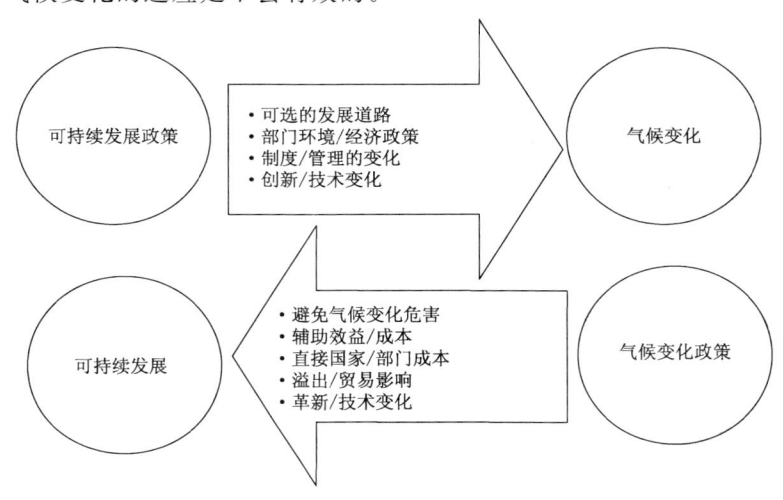

图 11.1  可持续发展、气候变化和政策之间的联系

图 11.2 考虑可持续发展的 3 个系统，阐明他们相互之间重要的依赖性。我们从一系列长久的可能的综合应对策略中选出了下面 6 个重要的例子，这些例子同时陈述了可持续发展和气候变化的目标：

(1) 探究可替代的可持续发展道路。1992 年在里约热内卢召开的联合国环境和发展大会，随后，2002 年在约翰内斯堡召开的关于可持续发展的世界首脑会议，各国政府重申了他们将承诺把可持续发展作为他们发展的中心目标。这就要求包括政府的利益相关者、私营部门和整个社会在内的所有人员，对未来的发展道路做深入的讨论。而独立于气候变化的社会发展目标中的优先考虑的事情对气候变化将有重大的影响。

(2) 发展和采用符合环境要求的合理的科技。科技创新和改革对解决各种包括气候变化在内的环境问题是至关重要的。使科技向着符合环境要求的正确方向发展，并以洁净高效的方式服务于多种目的。

(3) 在成本评估中以一种平衡的方式充分综合环境和社会的外部因素。这就要求我们在评估政策的成本和效益时，对各种标准都予以同等的重视，而不是将气候变化视为一些重要部门（如能源和运输部门）发展政策中唯一或者主要的评判标准而忽视其他部门的理由。

(4) 保护多样性加强生态弹性。考虑到将来可能的气候变化，应该保护生物的多样性。加强生态系统的弹性，能够降低生态系统对气候变化及其他影响的脆弱性。

(5) 可持续管理自然资源，抵制污染。所有的社会都不同程度地依赖于自然资源。由于受到人类过度利用自然资源的压力，已经使许多国家的自然资源受到了严重的威胁。以一种可持续发展的方式管理这些资源,可以降低这些资源本身的脆弱性以及人类对他们的依赖程度。减少局地和区域性的空气污染与气候变化的减排是一致的。通常情况下,消除那些对人体健康有害的污染,也可以降低人类对气候变化和其他影响的脆弱性。

(6)加强社会的能力和公平性。无论是国际社会间,还是国家内部,加强社会的能力和公平性是经济的可持续发展的本质所在。这包括授予社会团体决策权,以及加强适当的管理和制度系统的建设。这种做法也将同时加强减缓和适应气候变化的能力,并将降低气候变化影响的脆弱性。

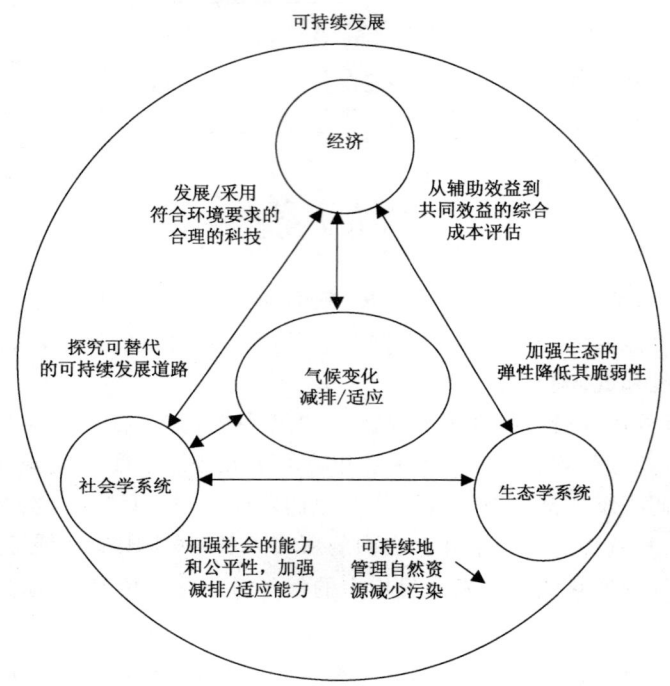

图11.2 气候变化和可持续发展的一体化

## 11.2 加强可持续发展科学并将其知识应用于气候变化

### 11.2.1 未来方向的思考

我们相信关于经济学、社会学和环境学系统的可持续发展的决策应该基于对发展中的科学基础的正确评估,这些科学基础主要包括自然和社会科学、工程学以及人

第 11 章　气候变化和可持续发展：总结 · 337 ·

文学科。IPCC 的三个工作组都已经明确给出了研究需要的列表。然而，目前的科学议程对于处理上文所讨论的社会－生态学系统组成部分之间的复杂联系是否适宜呢？气候变化是 20 世纪 80 年代自然主义者将其作为一个全球环境问题提出的，这远远脱离了它的社会背景（Cohen 等 1998）。虽然社会学系统在科学和政策的讨论中都越来越受到重视，但它也只是被看作一种附加条件，在讨论问题的决议中并没有起到什么决定性作用。然而我们并不是提倡要终止正在进行的关于气候政策的讨论，如果不是绝对必要的话，我们力争以一种有希望的方式继续进行，即以一种更加综合的方式提出应对气候变化的办法，从而在一个更加广阔的框架内努力实现更加可持续的发展（MDMS）。

这种综合的方式对科学也有重要的意义。在专栏 11.2 中，我们描述了所谓的可持续科学的发展历程。20 世纪 80 年代，世界气候研究计划（WCRP）成立，并负责对当时提出的关于气候变率和气候变化的概念做出回应。不久以后，岩石圈和生物圈作为变化的地球系统关键组成部分的重要性得到承认，国际地圈－生物圈计划（IGBP）和生物多样性计划（DIVERSITAS）成立。只有到了 90 年代，人类活动是导致全球变化的一个因素才被承认，作为前面三个计划的同类计划的国际全球环境变化人文因素计划（IHDP）才成立。1995 年 IGBP 的全球分析、解释及模式化工作组成立，实现了 IGBP 的各种核心计划所产生的知识的一体化。1997 年，Lubchenco（1998）在美国科学发展委员会做了一次里程碑式的演说，他提出了人类对地球生态系统的影响不断加剧，他呼吁科学的新的社会契约，呼吁科学家们将他们的精力和才能都奉献给当代这个最迫切的问题。在 20 世纪的最后几年里和 21 世纪初，一系列的国际会议和机构，如布达佩斯、阿姆斯特丹和美国 BSD（ICSU 2002，IGBP/IHDP/WCRP/Biodiversitas 2001，NAS 1999，UNESCO 1999）进一步探究了这些问题。他们都提倡自然和社会科学之间建立一种更加一体化的方式，提倡在科学型企业和当前的可持续问题之间建立更好的联系。

## 11.2.2　关于努力实现更加可持续发展的想法

主要是在西方的一些国家，已经发展了一些当代的方式（如可持续科学和生态经济学），这些方式主要关注环境和自然资源。从发展中国家的角度，发展是首要问题，与人民息息相关的问题（如贫穷和公平问题），它们扮演着重要的角色。因此，我们应该立足于广泛的科学的可持续发展，只有这样才能在东西方的观点之间维持一种平衡。可持续科学问题的提出有助于建立为上述目的所用的知识基础。这一知识基础以外，可持续学（Sustainomics）的研究作为平稳的、跨学科的、整体的理论框架而提出，它将使发展更加可持续，使我们更加接近科学的可持续发展。通过实践以及发展，学习并应用于实际的项目，使我们进一步加深了这一研究。本书中的这些项目包括：(a) 可持续发展评估，主要包括评估社会学、环境学和经济学系统的发展；(b) 影响评估政策和计划的模型的行为;(c)考虑社会的、环境的和经济的发展指标的多重标准的分析。

> **专栏 11.2　可持续发展科学的发展历程**
>
> 知识基础的发展
>
> 1980:世界气候研究计划
> 1986:国际地圈生物圈计划
> 1987:布伦特兰会议提出可持续发展
> 1990:生物多样性计划
>
> 知识集成及政策联动
>
> 1992:联合国环境与发展大会,里约热内卢—《21世纪议程》和《里约宣言》。可持续学框架列出了使发展更加可持续的纲要;可持续发展的精细三角关系(Munasinghe 1992)知识的综合和政策的联系
> 1995:全球分析、解释及模式化任务
> 1996:国际全球环境变化人文因素计划
> 1997:呼吁科学的新的社会契约(Lubchenco,1998)
> 1999:布达佩斯"科学为21世纪服务"大会[1]
> 2001:阿姆斯特丹全球变化会议(IGBP/IHDP/WCRP/Biodiversitas,2001)
> 2001:提出持续性科学的建议(Kates 等 2001)
> 2001:"Sustainomics"框架的详细阐述(可持续发展 Prep-Com 部分)
> 2002:可持续发展世界首脑会议——地球峰会,约翰内斯堡
> 2003:政府间气候变化专门委员会批准可持续发展为各工作组第四次评估报告主要的议题
>
> [1]"国际全球环境变化人文因素计划"关于全球环境变化的发展起源于1990年国际关系安全认证(ISSC)的"环境变化人文因素计划"。1996年2月,国际科学联合理事会(ICSU)加入国际关系安全认证(ISSC),同时"环境变化人文因素计划"改名为"国际全球环境变化人文因素计划"。

知识本身是重要的。同时,它们的发展过程和应用过程对于它们的效用也是至关重要的。气候政策的制定之所以被认为是一项艰巨而又充满争议的任务,一个重要的原因是不同的利益相关团体和国家对这个问题的看法各不相同,而且在选择可行的决策框架时都具有不定因素。结果就未能有一致的首选的策略或方法来执行气候政策。

使发展更加可持续是一种有希望的可行的途径,同时也能成为人们意见一致的

一个共同目标。它需要以供人分享的方式来制定政策，即开始时就应了解各种各样的问题，以及各种利益相关者的需求。我们希望本书致力于提供知识基础，这样就能帮助全球社会通过它们共同的努力，来处理好气候变化和可持续发展之间的相互关联的问题。

## 11.2.3 应对气候变化问题

《联合国气候变化框架公约》(UNFCCC)寻求避免对气候系统造成危险的人为的干扰。温室气体的排放和气候变化的迹象都在加强。因此，在当前的情况和未来人们期望的全球稳定气候目标之间仍有很大的差距。到目前为止，《京都议定书》作为长时间商议的唯一结果，远未生效，而且遭到美国这一最大的温室气体排放户的反对。《议定书》要求温室气体的排放在2012年实现减少5%～10%，这个指标似乎远远低于UNFCCC要求实现的减排目标。虽然这一协议只是前进了一小步，但是这对于政策的改变以及影响科技和经济政策长远趋势都是一个利好的信号。因此，在《京都议定书》进程中，附件Ⅰ的国家（这些国家的人均排放量要明显高于非附件Ⅰ国家）应该率先减排。

我们认为在可持续发展的背景下，应对气候变化将可能极大地提高各种措施的效果。气候变化研究得益于人们对此问题关注的热情，政府提供的经费，以及某些机构和私人企业的捐赠和资助。在这一点上，研究和分析政策的团体起着重要的作用，而且应该更积极地给决策者提供短期的较好的意见和指导（例如：修正过去的《京都议定书》），并应对长远的挑战，如决定未来可能达到的人们期望和可行的温室气体浓度水平。以被动的态度提供气候变化事实可能是太过于保守的，因此，研究者（特别是那些社会科学家）应该主动解释公共政策的内容和涵义（包括公平性和评估等棘手的问题）。

正如前面解释的，一个基本问题就是不同的利益相关者往往以不同的前提和假设为出发点，从而阻碍了达成可行的解决方案。在前景不确定的情况下，决策者应该同时评估影响风险以及补救政策的成本和效益。本书列出的方案提供了一种可行的针对最终目标的初始框架，而这一最终目标就是确定相关的评估，界定选择的途径，在构建方案的过程中和执行商定的行动中辨别利益相关者和参与者的角色。为了限制扩大范围，我们应该把焦点放在气候变化和可持续发展相互联系的结点上。明确和执行对气候变化的响应措施，可以使正在进行的发展更加可持续，这也可以促进气候政策成为国家议程的主流。

应用一些大型和理论的模式，在一个整体较高的水平上，已经做了很多的气候研究工作，例如：全球和区域的气候模拟。但是，对影响和有效补救措施有意义的评估，则要求更多地关注局地水平上实际的野外工作，通过这种方式才能有效地了解实际的脆弱性和适应性，才能适当地协调执行者的行为，才能加强利益相关者的参与。此外,分析的过程中需要考虑长期的全球范围和短期的局地范围的联系,并将两者综合。例如:将全球的碳市场的资金与地区维持生计的碳排放需求计划接轨。需要消除我们在理解社会系统、机构以及生态系统的不断的演变和适应时存在的差距。另外一个需要考虑的重要问题是:在一定的时间和空间内的弱势群体本身的脆弱性,他们身负重压的生活以及其他利益相关者的行为。持久的政策则要求降低他们对气候风险的脆弱性,增强减缓和适应气候变化的能力。这些观点强调了应该寻求有希望的研究途径,进而作为促进达成有效气候协议的关键。

## 参考文献

Cohen S, Demeritt Robinson J and Rothman D. 1998. Climate change and sustainable development: towards dialogue. *Global Environmental Change*, **8**(4):341-371.

ICSU. 2002. *Report of the Scientific and Technological Community to the World Summit on Sustainable Development*. Science for Sustainable Development, Report No. 1.

IGBP/IHDP/WCRP/Biodiversitas. 2001. International Geosphere-Biosphere Programme/International Human Dimensions Programme/World Climate Research Programme/Biodiversitas international biodiversity research programme. (The Amsterdam Declaration).

Kates R W, Clark W C, Corell R, et al. 2001. Sustainability science. *Science*, **27** (292):641-642 (extended version published by the Belfer Center for Science and International Affairs, John F Kennedy School of Government. Boston: Harvard University).

Lubchenco J. 1998. Entering the century of the environment: a new social contract for science. *Science*, **279**:491-497.

NAS. 1999. *Our Common Journey: A Transition toward Sustainability*. Report of the Board on Sustainable Development. Washington: National Academy Press.

UNESCO. 1999. *Declaration on Science and the Use of Scientific Knowledge*. World Conference on Science. New York: United Nations Educational, Scientific and Cultural Organization.

# 后 记

《气候变化与可持续发展入门教程——事实、政策分析及应用》的中文版译自莫汉·穆纳辛哈（Mohan Munasinghe）教授（IPCC 前副主席）和罗布·斯沃特（Rob Swart）博士（IPCC 第三工作组技术支撑小组前任组长）的原著《Primer on Climate Change and Sustainable Development--Facts，Policy Analysis and Applications》。本书填补了一个世界再也不能忽视的领域的空白，告诉我们走可持续发展之路的重要性，简洁明了地阐述了气候变化对贫困的影响，包括现实存在的收入不公的不断恶化的影响，并进行了深刻的剖析。为了使决策者、政策分析专家、研究者、学生、从业者和有识公众学习和了解气候变化与可持续发展之间的关系，在中国科学院院士秦大河以及中国气象局科技与气候变化司、国家气候中心领导的关心和支持下，该书的中文版得以问世。

徐影、马世铭、赵宗慈、高学杰、张婉佩、董文杰、苗秋菊、郭彩丽、刘洪滨参加了本书的主要翻译和校对工作，很多学生张莉、宋亚芳、王遵娅、朱玉祥、胡娅敏、索渺清、周晓霞、赵亮、刘芸芸、马晓青、李秀萍、徐经纬、赵东、张德、夏坤、孙传勇、陈潇潇、聂肃平、石英、张冬峰、宋瑞艳、王勇、许崇海、彭友兵、尹红、尉英华、章大全、支蓉、张文、何文平、龚志强、侯威等在各位导师的支持下参加了初期的试翻译工作，从中得到了锻炼，中国气象局国家气候中心气候变化室的郝泽飞担任了全书图表的制作工作，在此一并表示感谢。

同时，还要感谢中国气象局科技与气候变化司为本书的出版提供了资助，以及中国气象局国家气候中心帮助做最后文字校对的汪方、黄磊、许红梅等同志。

由于时间仓促，翻译工作中的疏漏在所难免，敬请广大读者和专家批评指正。

罗勇<br>
2012 年 7 月